Baustatik

Teil 1 Grundlagen

Von Dipl.-Ing. Gottfried C.O. Lohmeyer
Beratender Ingenieur IngKN, Baumeister BDB
Hannover

7., überarbeitete und erweiterte Auflage
Mit 364 Bildern, 42 Tafeln, 128 Beispielen
und 116 Übungsaufgaben

B. G. Teubner Stuttgart 1996

Zusammenfassung des Inhalts

Die Pfeile zeigen, wie die beiden Teile vorteilhaft ab Abschnitt 6 von Teil 1 nebeneinander erarbeitet werden können.

Die Deutsche Bibliothek – CIP-Einheitsaufnahme

Lohmeyer, Gottfried C. O.:
Baustatik / von Gottfried C. O. Lohmeyer
Bis 3.Aufl. u. d. T.: Lohmeyer, Gottfried:
Baustatik für Techniker
Teil 1. Grundlagen. – 7., überarb. u. erw. Aufl. 1996
ISBN 3-519-15025-5

Printed in Germany
Satz: Fotosatz-Service Köhler OHG, Würzburg
Druck und Bindung: Wilhelm Röck GmbH, Weinsberg
Einbandgestaltung: Peter Pfitz, Stuttgart

Vorwort

Moderne Baukonstruktionen erfordern ein sorgfältiges Planen, Konstruieren und Ausführen der Bauwerke. Dazu sind solide Kenntnisse der Baustatik nötig. Dies gilt nicht nur für den Konstrukteur und Tragwerksplaner, sondern auch für den Planenden im Architekturbüro und für den Bauleiter auf der Baustelle.

Bei der Planung, Konstruktion und Ausführung eines Bauwerkes ist nicht nur die Funktion des Gebäudes ausschlaggebend. Um Bauschäden zu vermeiden, müssen die Baustoffe entsprechend ihren Eigenschaften eingesetzt werden; die Bauteile sind unter Beachtung ihrer statischen Bedeutung zu konstruieren und die jeweils neusten Erkenntnisse der Bauphysik sind zu berücksichtigen.

Das vorliegende zweiteilige Werk vermittelt die wichtigen einfachen statischen Gesetze und deren Anwendung im Rahmen einer technischen Allgemeinbildung; es dient nicht der Ausbildung spezialisierter Statiker. Manche Probleme werden daher bewußt vereinfacht und dem Zweck des Buches entsprechend besonders praxisnah dargestellt. Viele durchgerechnete Beispiele erläutern und vertiefen die Darstellung; eine sehr große Zahl von Übungsaufgaben, deren Lösungen am Ende des Buches gebracht werden, soll zur sicheren Handhabung und breiten Anwendung des Stoffes befähigen. Die beiden Bände können daher vielen in der Bautechnik Tätigen eine Hilfe bei der Lösung üblicher statischer Probleme sein; sie sind zum Selbststudium geeignet.

Teil 1 „Grundlagen“ geht auf die wichtigsten Probleme der einfachen Statik ein. Ohne komplizierte theoretische Ableitungen werden die Formeln entwickelt und dargestellt, die zur Bestimmung der äußeren und inneren Kräfte in den Bauteilen erforderlich sind. Besondere mathematische Kenntnisse werden nicht vorausgesetzt.

Teil 2 „Festigkeitslehre“ erklärt die Beanspruchung der Bauteile und die Bemessung von Konstruktionsteilen aus Holz, Mauerwerk, Beton und Stahl sowie die Bodenpressung. Abschließend wird an einer statischen Berechnung für ein kleines Wohnhaus der Zusammenhang der vorher detailliert betrachteten Probleme gezeigt.

Es wird vorteilhaft sein, den Stoff der beiden Teile nicht streng hintereinander zu erarbeiten, sondern ab Abschnitt 6 von Teil 1 nebeneinander und verschränkt auch im Teil 2 entsprechend der nebenstehenden Darstellung vorzugehen.

Dieses zweiteilige Lehrbuch wurde ursprünglich für die Ausbildung und die Praxis des Bautechnikers geschrieben. Es hat in drei rasch aufeinanderfolgenden Auflagen eine erfreuliche Aufnahme und Verbreitung gefunden und sich auch für das Architekturstudium als nützlicher Leitfaden zur Einführung in die praktische Baustatik bewährt. Dementsprechend wurde dem Titel des Buches von der vierten Auflage an eine allgemeinere Fassung gegeben und das Buch auf eine breitere Basis gestellt.

Die vorliegende siebte Auflage wurde wiederum erweitert. Die DIN-Normen sind in ihrer neuesten Fassung berücksichtigt. Neue Beispiele wurden eingefügt und vorhandene ergänzt.

Besonderer Dank gilt all denen, die durch ihre kritische Stellungnahme sehr wertvolle Anregungen vermittelten und wichtige Hinweise vorbrachten. Soweit wie möglich sind sie in dieser Neuauflage berücksichtigt worden. Für die ausgezeichnete Zusammenarbeit sei dem Verlag und seinen Mitarbeitern gedankt.

Der künftigen Entwicklung des Buches können fachkundige Kritiken und Verbesserungsvorschläge sehr dienen; sie sind daher auch weiterhin erwünscht.

Hannover, Juni 1996 G. Lohmeyer

Inhalt

(Abschnitte, die mit * gekennzeichnet sind, enthalten Übungsaufgaben)

3 Bestimmung von Schwerpunkten

4 Belastung der Bauwerke

DIN-Normen

Für dieses Buch einschlägige Normen sind entsprechend dem Entwicklungsstand ausgewertet worden, den sie bei Abschluß des Manuskripts erreicht hatten. Maßgebend sind die jeweils neuesten Ausgaben der Normblätter des DIN Deutsches Institut für Normung e. V. im Format A4, die durch den Beuth-Verlag GmbH, Berlin und Köln, zu beziehen sind.

Sinngemäß gilt das gleiche für alle sonstigen angezogenen amtlichen Richtlinien, Bestimmungen, Verordnungen usw.

Einheiten

Mit dem „Gesetz über Einheiten im Meßwesen" vom 2. 7. 1969 und seiner „Ausführungsverordnung" vom 26. 6. 1970 wurden für einige technische Größen neue Einheiten eingeführt. Der Umrechnung von „alten" in „neue" Einheiten und umgekehrt dienen folgende Hinweise des Fachnormen-Arbeitsausschusses „Einheiten im Bauwesen" (ETB):

Kraftgrößen: Es wird empfohlen, sich auf möglichst wenige der zahlreichen Einheiten, die sich mit Hilfe dezimaler Vorsätze (z. B. k für 1000) bilden lassen, zu beschränken. Angesichts der im Bauwesen unvermeidlichen Streuungen der Bauwerksabmessungen und der Baustoffestigkeiten kann die Erdbeschleunigung genügend genau mit $g = 10\,\text{m/s}^2$ angenommen werden; es braucht nicht mit dem genaueren Wert $9{,}81\,\text{m/s}^2$, geschweige denn mit der Normalfallbeschleunigung $g_n = 9{,}80665\,\text{m/s}^2$ gerechnet zu werden. Der „Fehler" liegt zwar bei den zulässigen Spannungen um knapp 2% auf der unsicheren Seite, er wird in der Regel aber dadurch ausgeglichen, daß die Lastannahmen um das gleiche Maß auf der sicheren Seite liegen.

Kräfte: Für Kraftgrößen wird die Einheit **kN** (Kilonewton) empfohlen. Bei Zahlenvorsätzen kleiner als 0,1 kann mit **N** (Newton [1])) und bei solchen größer als 1000 mit **MN** (Meganewton) gerechnet werden.

Tafel **1** Umrechnungswerte für **Kräfte und Einzellasten**

Kraft		kp	Mp	N	kN	MN
1 N	=	10^{-1}	10^{-4}	1	10^{-3}	10^{-6}
1 kN	=	10^{2}	10^{-1}	10^{3}	1	10^{-3}
1 MN	=	10^{5}	10^{2}	10^{6}	10^{3}	1
1 kp	=	1	10^{-3}	10	10^{-2}	10^{-5}
1 Mp	=	10^{3}	1	10^{4}	10	10^{-2}

N = Newton (neu)
kN = Kilonewton
MN = Meganewton

kp = Kilopond (alt)
Mp = Megapond

Tafel **2** Umrechnungswerte für **Streckenlasten** (längenbezogene Kräfte)

Streckenlast		kp/cm	kp/m	Mp/m	N/mm	N/m	kN/m	MN/m
1 N/mm	=	1	10^{2}	10^{-1}	1	10^{3}	1	10^{-3}
1 N/m	=	10^{-3}	10^{-1}	10^{-4}	10^{-3}	1	10^{-3}	10^{-6}
1 kN/m	=	1	10^{2}	10^{-1}	1	10^{3}	1	10^{-3}
1 MN/m	=	10^{3}	10^{5}	10^{2}	10^{3}	10^{6}	10^{3}	1
1 kp/cm	=	1	10^{2}	10^{-1}	1	10^{3}	1	10^{-3}
1 kp/m	=	10^{-2}	1	10^{-3}	10^{-2}	10	10^{-2}	10^{-5}
1 Mp/m	=	10	10^{3}	1	10	10^{4}	10	10^{-2}

1) Newton (sprich: njuten) = englischer Physiker (1643 bis 1727)

Tafel **3** Umrechnungswerte für **Spannungen, Festigkeiten und Flächenlasten**

Spannung Festigkeit Flächenlast		$\frac{kp}{mm^2}$	$\frac{kp}{cm^2}$	$\frac{kp}{m^2}$	$\frac{Mp}{mm^2}$	$\frac{Mp}{cm^2}$	$\frac{Mp}{m^2}$	$\frac{N}{mm^2}$	$\frac{N}{m^2}$	$\frac{kN}{m^2}$	$\frac{MN}{m^2}$
1 N/mm^2	=	10^{-1}	10	10^5	10^{-4}	10^{-2}	10^2	1	10^6	10^3	1
1 N/m^2	=	10^{-7}	10^{-5}	10^{-1}	10^{-10}	10^{-8}	10^{-4}	10^{-6}	1	10^{-3}	10^{-6}
1 kN/m^2	=	10^{-4}	10^{-2}	10^2	10^{-7}	10^{-5}	10^{-1}	10^{-3}	10^3	1	10^{-3}
1 MN/m^2	=	10^{-1}	10	10^5	10^{-4}	10^{-2}	10^2	1	10^6	10^3	1
1 kp/mm^2	=	1	10^2	10^6	10^{-3}	10^{-1}	10^3	10	10^7	10^4	10
1 kp/cm^2	=	10^{-2}	1	10^4	10^{-5}	10^{-3}	10	10^{-1}	10^5	10^2	10^{-1}
1 kp/m^2	=	10^{-6}	10^{-4}	1	10^9	10^{-7}	10^{-3}	10^{-5}	10	10^{-2}	10^{-5}
1 Mp/mm^2	=	10^3	10^5	10^9	1	10^2	10^6	10^4	10^{10}	10^7	10^4
1 Mp/cm^2	=	10	10^3	10^7	10^{-2}	1	10^4	10^2	10^8	10^5	10^2
1 Mp/m^2	=	10^{-3}	10^{-1}	10^3	10^{-6}	10^{-4}	1	10^{-2}	10^4	10	10^{-2}

Tafel **4** Umrechnungswerte für **Momente**

Moment		kpcm	kpm	Mpm	Nmm	Nm	kNm	MNm
1 Nmm	=	10^{-2}	10^{-4}	10^{-7}	1	10^{-3}	10^{-6}	10^{-9}
1 Nm	=	10	10^{-1}	10^{-4}	10^3	1	10^{-3}	10^{-6}
1 kNm	=	10^4	10^2	10^{-1}	10^6	10^3	1	10^{-3}
1 MNm	=	10^7	10^5	10^2	10^9	10^6	10^3	1
1 kpcm	=	1	10^{-2}	10^{-5}	10^2	10^{-1}	10^{-4}	10^{-7}
1 kpm	=	10^2	1	10^{-3}	10^4	10	10^{-2}	10^{-5}
1 Mpm	=	10^5	10^3	1	10^7	10^4	10	10^{-2}

Tafel **5** Umrechnungswerte für **Dichte und Eigenlasten**

Dichte Eigenlast		kg/m^3	kg/dm^3	t/m^3	kN/m^3
1 kN/m^3	=	10^2	10^{-1}	10^{-1}	1
1 kg/m^3	=	1	10^{-3}	10^{-3}	10^{-2}
1 kg/dm^3	=	10^3	1	1	10
1 t/m^3	=	10^3	1	1	10

Formelzeichen

Für die hier benutzten mathematischen und technischen Formelzeichen sowie Symbole wird auf Seite 270 verwiesen; siehe auch Wendehorst, Bautechnische Zahlentafeln.

Tafel **6** **Griechisches Alphabet** (DIN 1453)

A α	*a* Alpha	H η	*ē* Eta	N ν	*n* Nü	T τ	*t* Tau
B β	*b* Beta	Θ ϑ	*th* Theta	Ξ ξ	*x* Ksi	Y υ	*ü* Ypsilon
Γ γ	*g* Gamma	I ι	*j* Jota	O o	*ŏ* Omikron	Φ φ	*ph* Phi
Δ δ	*d* Delta	K $\varkappa$	*k* Kappa	Π π	*p* Pi	X χ	*ch* Chi
E ε	*ĕ* Epsilon	Λ λ	*l* Lambda	P ϱ	*r* Rho	Ψ ψ	*ps* Psi
Z ζ	*z* Zeta	M μ	*m* Mü	Σ σ	*s* Sigma	Ω ω	*ō* Omega

Verzeichnis der Tafeln

Neue Einheiten

5 Standsicherheit der Bauwerke

6 Berechnung statisch bestimmter Tragwerke

7 Berechnung statisch unbestimmter Tragwerke

8 Berechnung von Dreigelenktragwerken

9 Berechnung von Fachwerkbindern

10 Berechnung einfacher Rahmen

1 Einführung

Die ersten Anfänge der Statik sind schon im Altertum zu finden. Jedoch erst in der Neuzeit entwickelte sich die Statik als Sondergebiet der Physik zu einem selbständigen Wissensbereich der Technik. Die Physik bildet zusammen mit der Chemie die Grundlage der Technik.

Physik

Die Physik ist eine Wissenschaft, die sich mit den Vorgängen in der uns umgebenden Natur beschäftigt. Das griechische Wort „physis" heißt Natur. In der Physik werden durch Beobachtungen und Messungen die Naturvorgänge in Regeln erfaßt und mathematisch dargestellt.

Mechanik

Die Mechanik befaßt sich mit dem Ruhezustand und den Bewegungen der Körper, aber auch mit den Kräften, die diese Bewegungen hervorrufen. Sie ist eines der ältesten Gebiete der Physik.

Die Kinematik ist ein Teilgebiet der Mechanik. Sie ist die Lehre von der Bewegung, ohne die Ursache einer Bewegung zu behandeln.

Beispiel

Bei einer Maschine sind verschiedene Teile in Bewegung. Zahnräder greifen ineinander. Mit solchen Bewegungsabläufen befaßt sich die Kinematik.

Die Dynamik ist ein anderes Teilgebiet der Mechanik. Sie untersucht die Bewegung der Körper infolge Krafteinwirkung und die Änderung des Bewegungszustandes von Körpern.

Beispiel

Eine Maschine soll eine Arbeit verrichten. Dazu müssen sich verschiedene Teile bewegen. Eine bestimmte Drehzahl ist erforderlich. Mit diesen Aufgaben beschäftigt sich die Dynamik.

Statik

In der Statik bestimmt man den Gleichgewichtszustand der Körper unter dem Einfluß von Kräften. Sie hat sich als Teilgebiet der theoretischen Mechanik seit dem ausgehenden Mittelalter entwickelt. Vom 18. Jahrhundert an versucht man, die Ergebnisse für die Kräftebestimmung in Bauwerken, für die Prüfung ihrer Standfestigkeit und für die Bemessung von Tragwerken nutzbar zu machen. Der Name Statik kommt vom lateinischen Wort stare (statum), feststehen.

Die Statik ist also die Lehre vom Gleichgewicht der festen Körper unter dem Einfluß von Kräften.

Die Baustatik befaßt sich mit der Ermittlung der angreifenden Kräfte, mit dem Nachweis der Standsicherheit der einzelnen Bauteile und des ganzen Bauwerks sowie mit der Bestimmung der erforderlichen Bauteilabmessungen unter dem Gesichtspunkt von Sicherheit und Wirtschaftlichkeit.

Beispiel

Die vorgenannte Maschine steht in einer Halle. Die Standsicherheit dieser Maschinenhalle, der Verlauf der Kräfte in den einzelnen Bauteilen und die Abmessungen der Bauteile werden durch die Berechnungen der Statik bestimmt.

Die Festigkeitslehre ist die Lehre von den Formänderungen und Festigkeiten der Körper unter dem Einfluß von Kräften. Sie ist ein Teilgebiet der Statik.

Beispiele

Die Maschine der vorigen Beispiele steht auf einem Fundament. Dieses Fundament braucht eine bestimmte Größe und Festigkeit, damit das innere Gefüge des Fundaments nicht zerstört wird.

Alle Bauteile der Maschinenhalle müssen bestimmte Abmessungen erhalten, damit sie nicht ausknicken (Stützen, Wände) oder sich nicht zu stark durchbiegen (Decken, Balken). Es ist die Aufgabe der Festigkeitslehre, dabei zweckmäßige und wirtschaftliche Bauwerke zu erhalten.

Geschichte

Archimedes (285–212 v. Chr.) gilt als der größte Mathematiker und Physiker des Altertums. Er entdeckte unter anderem den Schwerpunkt, das Hebelgesetz, die schiefe Ebene, den statischen Auftrieb.

Galileo Galilei (1564–1642) war Naturforscher und begründete die moderne Kinematik und Dynamik.

Isaak Newton (1643–1727) ist der Begründer der klassischen Mechanik.

Gottfried W. Leibniz (1646–1716) erfand unabhängig von Newton die Integral- und Differentialrechnung. Diese Mathematik bildet die Grundlage für die weitere Entwicklung der Ingenieurwissenschaft und der Statik.

Claude L. M. H. Navier (1785–1836) begründete die wissenschaftliche Elastizitätslehre und die Baustatik. 1826 erschien von ihm die erste systematische Darstellung der Baustatik und Festigkeitslehre.

K. Culmann führte seit 1864 graphische Methoden zur zeichnerischen Lösung statischer Aufgaben ein. L. Cremona (1872) und W. Ritter (1888) entwickelten diese Verfahren weiter. A. Föppl (1854–1924) knüpfte an die Arbeiten von Navier an und förderte die technische Mechanik als Wissenschaft. Die Arbeiten von A. Castigliano (1873) und H. Müller-Breslau (1866) führten durch besondere Fortschritte zur heutigen Baustatik.

1.1 Aufgaben der Statik

Der wichtigste Bestandteil der heutigen Statik ist der rechnerische Standsicherheitsnachweis. Wenn in früheren Jahrhunderten bedeutende Bauwerke erstellt wurden, mußte man sich auf die praktische Erfahrung und das statische Gefühl verlassen. Schrittweise wagte man sich an immer kühnere Konstruktionen heran. Die meisten unserer heutigen Bauwerke aus Holz, Stahl, Stahlbeton oder Spannbeton sind ohne moderne Statik nicht vorstellbar.

Ein Bauwerk hat schon im Bauzustand und besonders im Endzustand bestimmte Lasten aufzunehmen. Diese werden bei der Berechnung in einer Lastenermittlung erfaßt und zusammengestellt. Die Lasten ergeben sich aus der Eigenlast der Bauteile, aus den Verkehrslasten durch den Nutzungszweck des Gebäudes und aus Wind und Schnee.

Es ist nachzuweisen, daß alle Kräfte sicher auf den Baugrund übertragen und dort aufgenommen werden können. Die Kräfte belasten und verformen die Bauteile. Hierdurch werden im Inneren des Werkstoffgefüges Spannungen hervorgerufen, die ermittelt werden müssen. Sie dürfen eine bestimmte Größe nicht überschreiten.

Die Berechnung beginnt in der Statik bei den obersten Bauteilen und folgt dem Kraftfluß nach unten. Sie erfaßt also als erstes das Dach und schließt nach der Untersuchung der verschiedenen Bauteile mit der Untersuchung der Fundamentsohle ab.

Die Bauwerke setzen sich aus einzelnen Bauteilen zusammen. Man stellt sie dar in waagerechten Grundrissen und lotrechten Schnitten. Ebenfalls in Ebenen betrachtet man die Wirkung der Kräfte in den Bauwerken. Wir haben es daher in der Regel mit der Statik der Ebene zu tun.

Zur Ermittlung unbekannter Kräfte kennt man in der Statik zwei grundsätzliche Methoden:

Die zeichnerischen Verfahren (graphische Lösungen). Sie werden heute nur noch für einige Sonderfälle angewandt. Sie sind im allgemeinen ungenauer und zeitraubender, dafür aber anschaulicher als rechnerische Verfahren.

Die rechnerischen Verfahren (analytische Lösungen). Sie werden für fast alle statischen Aufgaben gebraucht. Sie setzen Kenntnis der statischen Formeln voraus und erfordern bestimmte Kenntnisse der einfachen Mathematik. Zum Rechnen in der Statik war bis vor kurzem der Rechenschieber unentbehrlich. Er wird nun durch den elektronischen Tisch- oder Taschenrechner ersetzt.

1.2 Tragwerke

Das zu erstellende Bauwerk wird nicht in jeder Einzelheit durch die statische Berechnung erfaßt. Man betrachtet nur die tragenden Konstruktionselemente, die Tragwerke.

Die Tragwerke ergeben bei entsprechender Zuordnung zusammen mit anderen Bauteilen das gesamte Bauwerk. Die Tragwerke sind also Teile des Bauwerkes. Jedes einzelne Tragwerk hat Lasten zu tragen und muß in der Lage sein, diese Kräfte aufzunehmen und weiterzuleiten.

Beispiel

In einem Schulgebäude findet im Obergeschoß in Raum A der Statik-Unterricht statt. Der Fußboden dieses Raumes wird durch Personen, Möbel und andere Gegenstände belastet. Die Decke darunter muß diese Lasten und ihre Eigenlast auf Balken und Wände übertragen. In den Wänden wirken schon Lasten aus dem Dachgeschoß. Die Lasten aus dem Erdgeschoß und dem Kellergeschoß kommen hinzu. Gemeinsam werden diese Lasten mit den Eigenlasten der Bauteile in die Fundamente übertragen. Die Fundamente führen alle Kräfte in den Baugrund (Bild **3.1**).

Damit die Berechnung nicht zu umständlich wird, werden die Tragwerke so weit wie möglich vereinfacht. Dadurch erhält man statische Systeme, für die jeweils entsprechende Berechnungsverfahren ausgearbeitet wurden.

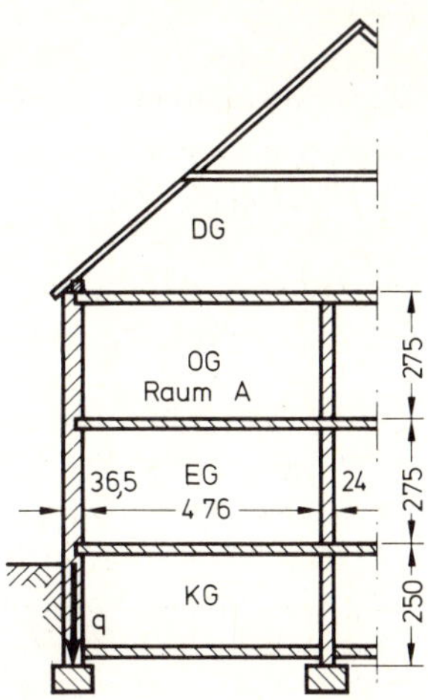

3.1
Tragwerke eines Gebäudes sind alle Bauteile, die Lasten zu übertragen haben, z.B. Decken, Balken, Wände, Fundamente.

1.3 Körper

Tragwerke und Bauteile sind feste Körper, die jedoch verformbar sind. Jeder Körper nimmt einen Raum ein, besteht aus einem Stoff und besitzt eine Masse. Infolge der Erdanziehung auf die Masse haben die Körper eine Eigenlast. Die Eigenlast eines Körpers ist die von dem Schwerefeld der Erde auf den Körper ausgeübte Kraft.

Beispiel

Ein Stein, der in der Hand liegt, drückt auf die Handfläche. Die Masse des Steines ist spürbar als Eigenlast (Bild **4**.1). Wenn der Stein aus der Handfläche rollt, fällt er infolge der Erdanziehung herunter.

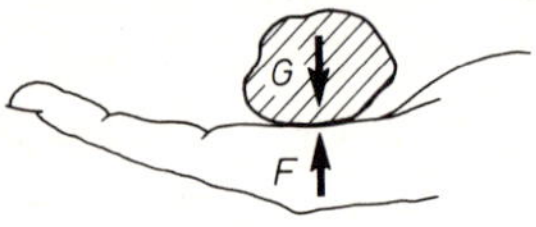

4.1
Ein Stein drückt mit der Eigenlast G (Gewicht) auf die Handfläche. Die Hand muß mit der Kraft F dagegendrücken.

1.4 Kräfte

Im allgemeinen Sprachgebrauch werden verschiedene Kraftbezeichnungen verwendet. Eine unmittelbare Krafterzeugung erfolgt durch die Masse eines Körpers im Schwerefeld der Erde: es ist die Gewichtskraft. Die Eigenlast der Baustoffe und Bauteile wirken als Gewichtskräfte. Auf Bauwerke wirken außerdem: Windkräfte, Kräfte bzw. Lasten aus Schnee und Eis, Lagergütern und Verkehr, Erddruck und Wasserdruck. Andere Kräfte werden nach ihrer Entstehung bezeichnet: Muskelkraft, Federkraft, Magnetkraft, Fliehkraft, Reibungskraft.

Die auf einen Körper wirkende Kraft ist die Ursache für eine Bewegung oder eine Bewegungsänderung dieses Körpers. Bleibt der Körper in Ruhe, so ist dies die Folge einer Stütz- oder Festhaltekraft, die der äußeren Last entgegenwirkt.

Beispiel

Damit ein Stein in der Hand gehalten werden kann, muß die Hand der Eigenlast des Steines entgegenwirken. Dazu ist eine Kraft nötig. Der Stein drückt sich in die Handfläche ein.

Daraus wird deutlich:
Kräfte sind die Ursache für die Formänderung von Körpern. Kräfte sind mit unseren Sinnesorganen nicht wahrnehmbar, sie sind nur an ihrer Wirkung zu erkennen.

1.4.1 Bezeichnung von Kräften

Kräfte werden ganz allgemein mit dem Buchstaben F bezeichnet. F ist die Abkürzung für die englische Benennung der Kraft: Force (gesprochen: forß).

Um mehrere Kräfte voneinander unterscheiden zu können, erhalten die Kräfte verschiedene Indizes (Fußzeiger), beispielsweise:

$$F_1, F_2, F_3, F_4, F_5, \ldots$$
$$F_A, F_B, F_C, F_D, F_E, \ldots. \qquad (4.1)$$

Kräfte können auch nach ihrer Entstehung oder ihrer Wirkung andere Bezeichnungen erhalten, beispielsweise:

Gewicht G; Auflagerkraft A oder B oder C usw.;

Erddruckkraft E; Wasserdruckkraft W; resultierende Kraft R

In der Technik erhalten Kräfte die Einheit Newton, abgekürzt N. Damit wird die Einheit der Kraft nach dem englischen Physiker Isaak Newton benannt (gesprochen: njuten). Größere Kräfte haben die Einheiten Kilonewton (kN) oder Meganewton (MN).

$$1\,000\,\mathrm{N} = 1\,\mathrm{kN}$$

$$1\,000\,000\,\mathrm{N} = 1\,\mathrm{MN} \tag{5.1}$$

Das auf einen Körper wirkende Schwerefeld der Erde zieht den Körper nach unten. Diese Schwerkraft stellt für einen Körper keine charakteristische Eigenschaft dar. Sie ist wegen der Ortsabhängigkeit der Fallbeschleunigung ebenfalls ortsabhängig.

Die Normfallbeschleunigung (am Normort, 45° nördlicher Breite in Höhe des Meeresspiegels) beträgt:

$$g_n = 9{,}80665\,\mathrm{m/s^2} \tag{5.2}$$

Die Fallbeschleunigung kann für Berechnungen in der Statik genau genug angenommen werden mit:

$$g_n \approx 10\,\mathrm{m/s^2} \tag{5.3}$$

Beispiele zur Erläuterung

1. Ein Stein rollt aus der Handfläche und fällt nach unten. Würde man die Höhe messen, die der Stein in jeder Sekunde fällt, könnte man feststellen, daß er von Sekunde zu Sekunde eine größere Höhe durchfällt. Der Stein wird schneller, er wird beschleunigt. Die Beschleunigung beträgt (ohne Luftwiderstand) für alle Körper etwa 10 Meter je Quadratsekunde: $a = 10\,\mathrm{m/s^2}$. Dieses ist die naturbedingte Erdbeschleunigung. Sie beträgt genau $a = 9{,}81\,\mathrm{m/s^2}$.

2. Ein Stein, der die gleiche Masse (das gleiche Gewicht) wie eine Tafel Schokolade hat, liegt in der Hand:

$$m = 100\,\mathrm{g} \quad \text{oder} \quad m = 0{,}1\,\mathrm{kg}$$

Der Stein drückt auf die Handfläche mit einer Kraft, die sich aus der Masse mal der Fallbeschleunigung ergibt:

Bei einer Beschleunigung von etwa $g_n = 10\,\mathrm{m/s^2}$ errechnet sich die Größe der Kraft mit:

$$F = m \cdot g_n = 0{,}1\,\mathrm{kg} \cdot 10\,\mathrm{m/s^2} = 1\,\mathrm{kg} \cdot \mathrm{m/s^2}$$

Die komplizierte Einheit $\mathrm{kg} \cdot \mathrm{m/s^2}$ wird durch die einfache Einheit N (Newton) ersetzt:

$$F = m \cdot g_n$$
$$F = 0{,}1\,\mathrm{kg} \cdot 10\,\mathrm{m/s^2}$$
$$F = 1\,\mathrm{kg} \cdot \mathrm{m/s^2}$$
$$F = 1\,\mathrm{N}$$

Das bedeutet:
Die Masse einer Tafel Schokolade von 100 g wirkt auf ihre Unterlage mit einer Kraft von 1 Newton = 1 N.

3. Im Schwerefeld der Erde drückt die Masse der Schokolade (oder die Masse des Steins) auf die Handfläche mit einer Kraft von 1 Newton (Bild **4.**1). Die Hand muß mit einer Kraft von 1 Newton dagegendrücken, damit die Schokolade nicht die Hand nach unten drückt. Drückt die Hand mit einer größeren Kraft, wird die Schokolade angehoben.

4. Im Schwerefeld des Mondes drückt die Masse derselben Tafel Schokolade nur mit einer Kraft von 1/6 Newton auf die Handfläche, da die Fallbeschleunigung des Mondes nur etwa 1/6 der Fallbeschleunigung der Erde beträgt. Die Masse der Tafel Schokolade hat sich nicht verändert.

Aus den vorhergehenden Beispielen sind zwei wichtige Folgerungen zu ziehen:
- Die Schwerkraft ist ortsabhängig.
- Die Masse ist ortsunabhängig.

Außerdem kann die Feststellung getroffen werden, daß das Verhältnis der wirkenden Kraft zur erreichten Beschleunigung für jeden Körper eine konstante (gleichbleibende) Größe ist. Es ist seine Masse.

Galilei (1564–1642) hatte diese Gesetzmäßigkeit schon erkannt. Newton (1643–1727) formulierte diese Gesetze allgemeingültig:

$$\text{Masse} = \frac{\text{Kraft}}{\text{Beschleunigung}} \qquad \boldsymbol{m = \frac{F}{a}} \tag{6.1}$$

$$\text{Kraft} = \text{Masse} \cdot \text{Beschleunigung} \qquad \boldsymbol{F = m \cdot a} \tag{6.2}$$

Dieses ist das Grundgesetz der Mechanik.

Auf einen Körper können mehrere Kräfte wirken. Für weitere Betrachtungen sind die Antworten auf folgende Fragen sehr wichtig:
- Wie groß sind die wirkenden Kräfte?
- In welcher Richtung wirken die Kräfte?
- Wo greifen die Kräfte an?

Beispiele zur Erläuterung

1. Ein Stein soll geworfen werden. Hierzu muß mit der Hand eine Kraft ausgeübt werden. Die Kraft setzt den Stein in Bewegung. Wichtig hierfür sind die Größe und die Richtung der Kraft. Die Wirkungslinie der Kraft geht durch den Schwerpunkt des Steins.

2. Die anfängliche Bewegungsrichtung des Steins wird durch die Richtung der ausgeübten Kraft F bestimmt (Bild **6.**1 a). Die Bewegungsrichtung des Steins wird sich ändern, weil ihn sein Gewicht nach unten zieht.

3. Die Eigenlast (Gewicht G) des Steins im Schwerefeld der Erde kann ebenfalls als Kraft dargestellt werden. Auf den Stein wirken somit 2 Kräfte. Beide Kräfte sind Vektoren. Sie können durch Pfeile dargestellt werden, wenn ihre Größe, Richtung und Wirkungslinie bekannt sind (Bild **6.**1 b).

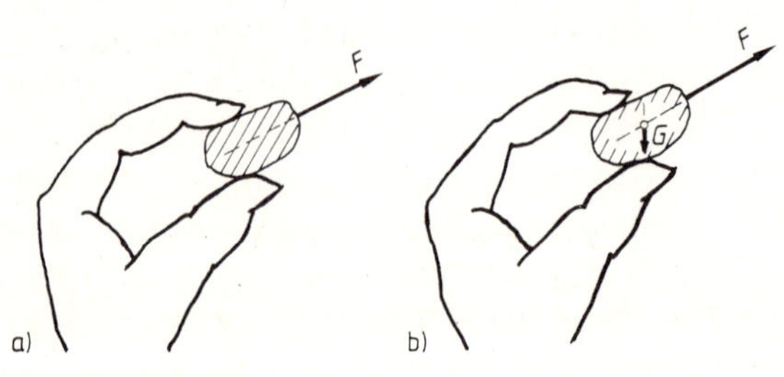

6.1 Ein Stein wird mit einer Hand geworfen
a) Die Hand übt auf den Stein eine Kraft F aus. Die Richtung der Kraft bestimmt die anfängliche Flugrichtung des Steins
b) Der Stein wird durch sein Gewicht G im Schwerefeld der Erde während des Fluges nach unten gezogen

1.4.2 Zeichnerische Darstellung von Kräften

Eine Kraft kann durch eine Strecke mit Pfeilspitze dargestellt werden; also durch einen Kraftpfeil (Bild **7**.1). Eine Kraft ist eindeutig angegeben durch ihre 3 Bestimmungsstücke:

- **Größe** (Größenbetrag in N oder kN)
- **Richtung** (Pfeilspitze)
- **Lage** (Wirkungslinie)

Mit diesen 3 Angaben kann eine Kraft als Kraftpfeil anschaulich dargestellt werden. Diesen Kraftpfeil kann man auch als Vektor bezeichnen. Ein Vektor ist eine gerichtete Größe.

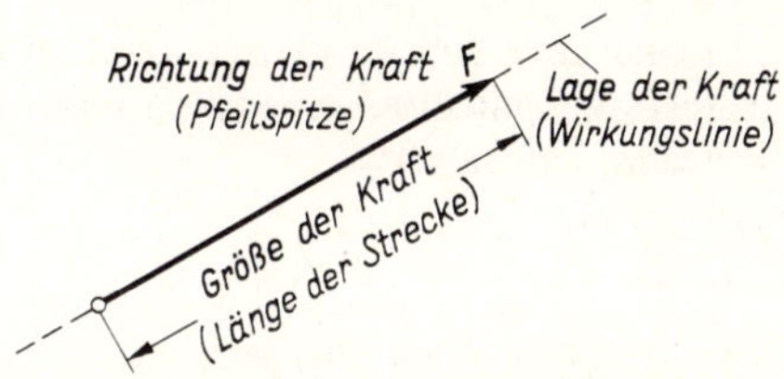

7.1 Die Darstellung einer Kraft als Vektor durch einen Kraftpfeil

Größe der Kraft

Die Größe einer Kraft wird durch die Länge einer Strecke zeichnerisch dargestellt. Dazu dient ein Kräftemaßstab (Bild **7**.2a). Zum Beispiel: 1 Zentimeter entspricht 1,0 Kilonewton (1 cm ≙ 1,0 kN). Den Kräftemaßstab kann man beliebig wählen. Er ist aber abhängig von der Größe der zu zeichnenden Kraft, von der erforderlichen Genauigkeit und von dem vorhandenen Platz.

Richtung der Kraft

Die Richtung der Kraft wird durch die Pfeilspitze angezeigt. Dazu kann man außerdem den Richtungswinkel α benutzen (Bild **7**.2b), der auf eine waagerechte Linie bezogen wird (α = griechischer Buchstabe Alpha).

Lage der Kraft

Die Lage der Kraft am Körper wird durch die Wirkungslinie festgelegt (Bild **7**.2a). Entlang dieser übt die Kraft ihre Wirkung aus. Wenn nur der Angriffspunkt der Kraft bekannt ist, muß außerdem der Richtungswinkel gegeben sein.

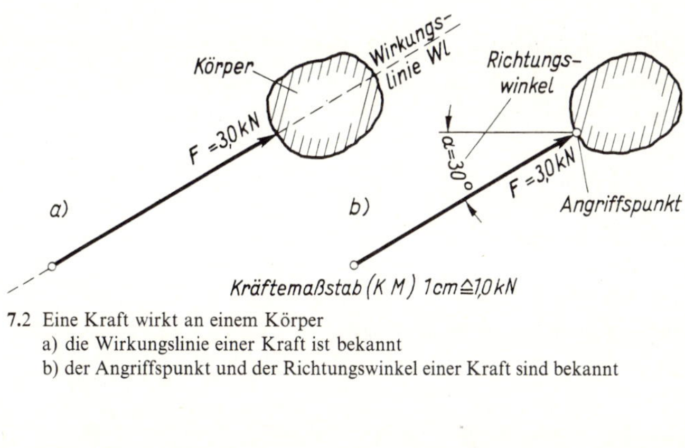

7.2 Eine Kraft wirkt an einem Körper
a) die Wirkungslinie einer Kraft ist bekannt
b) der Angriffspunkt und der Richtungswinkel einer Kraft sind bekannt

Vektor und Skalar

Eine Kraft, deren Größe, Richtung und Lage bekannt ist, kann durch einen Kraftpfeil dargestellt werden. Dieser Kraftpfeil wird als Vektor bezeichnet (Bild **7.1**). Das Rechnen mit solchen Kräften wird Vektorrechnung genannt.

Die Vektoren werden zur Unterscheidung von nicht gerichteten Größen mit einem hochgesetzten Pfeil bezeichnet, z. B.: $\vec{F}$ oder $\vec{R}$. Die Länge eines Vektors kann auch als absoluter Betrag des Vektors ausgedrückt werden. Der absolute Betrag des Vektors ist gleich der Größe der Kraft.

$$\vec{F} = F \quad \text{in kN}$$

Eine nicht gerichtete Größe ist ein Skalar. Ein Skalar ist beispielsweise die Temperatur. Die Temperatur kann durch eine gerichtete Größe nicht angegeben werden. Als Angabe genügt ein reeller Zahlenwert.

1.5 Rechnen in der Statik

Ein physikalischer Vorgang kann durch eine Formel zum Ausdruck gebracht und genau erfaßt werden. Eine solche Formel stellt einen gesetzmäßigen Zusammenhang der physikalischen Größen dar. Einige der physikalischen Größen sind die Grundgrößen der Statik (z. B. Länge, Kraft, Moment).

Die meisten in der Statik vorkommenden Formeln sind Größengleichungen. In den Formeln werden zur Abkürzung der statischen Größen genormte Formelzeichen verwendet.

Als Abkürzungen für die statischen Größen sind Formelzeichen in DIN 1080 „Begriffe, Formelzeichen und Einheiten im Bauingenieurwesen“ festgelegt (s. Abschn. 12).

Das Formelzeichen enthält den Zahlenwert und die Maßeinheit.

Die Maßeinheit der Kraft ist meistens das Kilonewton (kN), seltener das Newton (N) oder das Meganewton (MN).

Die Maßeinheit der Länge ist Meter (m), seltener Zentimeter (cm) oder Millimeter (mm).

1.5.1 Verwendung von Einheiten

Die Wahl der Einheiten ist an sich beliebig. Die verwendeten Einheiten sollen aber auf die empfohlenen Einheiten beschränkt werden. Die aus der Multiplikation entstehende Einheit des Ergebnisses muß klar bestimmt werden können. Es ist daher angebracht, neben dem Zahlenwert jeweils die gewählten Einheiten mitzuschreiben.

Beispiele zur Erläuterung

1. Eine Kraft, die den Zahlenwert 100 und die Maßeinheit Kilonewton hat, wird folgendermaßen benannt:

$$F = 100\,\text{kN}$$

2. Für eine Länge mit dem Zahlenwert 2 und der Maßeinheit Meter wird geschrieben:

$$l = 2\,\text{m}$$

3. Beim Multiplizieren der Kraft mit der Länge nach der Formel $M = F \cdot l$ entsteht folgendes Ergebnis:

$$M = F \cdot l$$
$$M = 100\,\text{kN} \cdot 2\,\text{m}$$
$$M = 200\,\text{kN} \cdot \text{m}$$
$M = 200$ kNm (gesprochen: Kilonewtonmeter)

4. In besonderen Fällen können auch andere Einheiten der Kraft und der Länge benutzt werden:

$$M = F \cdot l = 100\,\text{kN} \cdot 200\,\text{cm} = 20\,000\,\text{kNcm}$$
oder $M = F \cdot l = 0{,}1\,\text{MN} \cdot 200\,\text{cm} = 20\,\text{MNcm}$
oder $M = F \cdot l = 0{,}1\,\text{MN} \cdot 2{,}0\,\text{m} = 0{,}2\,\text{MNm}$

In Zwischenrechnungen können bei genügender Übung zur praktischen Handhabung die Einheiten weggelassen werden. Dies geschieht dann, wenn die Rechnungen sonst unnötig umfangreich würden. Ab Abschnitt 4.5.2 wird in dieser Weise verfahren.

Es darf jedoch nicht der Überblick verloren gehen, welche Einheiten im Endergebnis zu stehen haben. Beim Endergebnis müssen die Einheiten angegeben werden.

Bei umfangreichen oder komplizierten Formeln kann es zweckmäßig sein, zur Kontrolle die Einheiten gesondert hinter die Formel zu schreiben.

Beispiele zur Erläuterung

Zur Berechnung der maximalen Bodenpressung max p_s gibt es nachstehende Formel, hinter der die Einheiten angegeben sind:

$$\max p_s = \frac{R_v}{b_y \cdot b_z} + \frac{R_v \cdot 6e_y}{b_y^2 \cdot b_z} \qquad \text{Einheiten: } \frac{\text{MN}}{\text{m}^2} = \frac{\text{MN}}{\text{m} \cdot \text{m}} + \frac{\text{MN} \cdot \text{m}}{\text{m}^2 \cdot \text{m}}$$

Es kommen auch einheitengebundene Gleichungen vor; sie werden Zahlenwertgleichungen genannt und sind im Gebrauch gelegentlich bequemer als die Größengleichungen. Im Gegensatz zur Rechnung mit Größengleichungen müssen bei Zahlenwertgleichungen vorgeschriebene Einheiten benutzt werden, die jeweils zusätzlich zur Formel angegeben sind.

Zur Berechnung der vorhandenen Durchbiegung vorh f wird in der Praxis nachstehende einheitengebundene Gleichung mit den zugehörigen Einheiten verwendet:

$$\text{vorh}\,f = \frac{\text{vorh}\,\sigma \cdot l^2}{h \cdot k} \text{ in cm} \quad \text{mit} \quad \begin{array}{ll} \sigma \text{ in N/mm}^2 & l \text{ in m} \\ h \text{ in cm} & k \text{ ist ein Beiwert ohne Einheit} \end{array}$$

Würden hier Zahlenwerte mit anderen Einheiten eingesetzt, ergäben sich falsche Lösungen.

1.5.2 Auf- und Abrunden von Ergebnissen

Beim Ausrechnen der Zahlenwerte muß mathematisch richtig gearbeitet werden. Für die Angabe der Ergebnisse genügt es meistens, mit drei tragenden Ziffern zu arbeiten. Je nach Größe der Zahl werden meistens nicht mehr als zwei Stellen hinter dem Komma angegeben.

Die Genauigkeit der Berechnung wird durch viele Ziffern nicht besser, wenn vorher die Lasten oder Kräfte nur geschätzt werden konnten oder ungenau angenommen werden mußten.

Das bedeutet, daß die Zahlen auf- oder abgerundet werden müssen, spätestens beim Ergebnis. Das Runden von Zahlen geschieht nach DIN 1333.

Aufrunden:
Die zu rundende Stelle wird um 1 erhöht, wenn eine 5 bis 9 folgt.

Abrunden:
Die zu rundende Stelle bleibt unverändert, wenn eine 0 bis 4 folgt.

Beispiel zur Erläuterung
Nachstehende Zahlen werden auf drei tragende Ziffern gerundet:

aufrunden	$6{,}346 \approx 6{,}35$	$21{,}55 \approx 21{,}6$	$137{,}8 \approx 138$
abrunden	$7{,}322 \approx 7{,}32$	$23{,}84 \approx 23{,}8$	$216{,}3 \approx 216$

2 Wirkung der Kräfte

Kräfte, die auf einen Körper wirken, werden diesen verschieben, wenn kein gleichgroßer Widerstand dagegen wirkt. Es ist dabei gleichbedeutend, ob eine Kraft drückend wirkt oder ob sie in gleicher Richtung ziehend wirkt (Bild **11**.1).

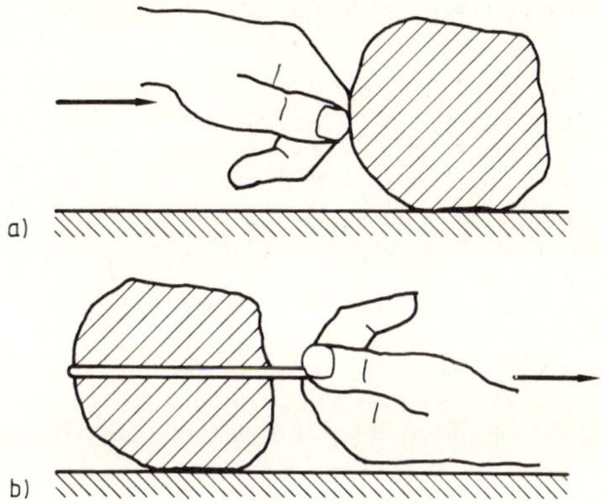

11.1 Ein Stein liegt auf einer Unterlage.
Auf den Stein wirkt eine Kraft, sie will ihn verschieben
a) die Kraft wirkt drückend
b) die Kraft wirkt ziehend
Die Auswirkung auf den Stein ist die gleiche: er wird in Kraftrichtung verschoben

Die Bauwerke und ihre einzelnen Bauteile werden durch Kräfte belastet. Es sind Kräfte, die durch Wind und Schnee entstehen, die aus den Eigenlasten der Baustoffe und aus der Nutzung der Bauwerke herrühren.

Diese Kräfte sollen von den Bauteilen aufgenommen und auf die darunter angeordneten Bauteile übertragen werden. Alle Kräfte müssen vom Baugrund aufgenommen werden. Die Bauteile dürfen sich unter Krafteinwirkung nicht verschieben, die Bauteile sollen sich nicht zu stark verformen, das ganze Bauwerk muß standsicher sein.

Die an einem Körper wirkenden Kräfte können nach bestimmten Regeln zu einer einzigen Ersatzkraft zusammengefaßt werden, ohne die Wirkung der Kräfte zu verändern. Umgekehrt kann man eine Kraft zerlegen in mehrere Teilkräfte mit der gleichen Wirkung.

2.1 Zusammensetzen von Kräften

Das Zusammenwirken von Kräften soll nachfolgend an zwei Kräften gezeigt werden.

Es wird zunächst angenommen, daß die Wirkungslinien der beiden Kräfte in der dargestellten Ebene liegen (in der Zeichenebene). Die Kräfte greifen also nicht räumlich an. Beide Kräfte können auch auf einer Linie wirken, sie haben dann eine gemeinsame Wirkungslinie.

2.1.1 Kräfte mit gemeinsamer Wirkungslinie

Zwei an einem Körper in gemeinsamer Wirkungslinie angreifende Kräfte können durch einfaches Addieren (Zusammenzählen) zu einer einzigen Kraft zusammengefaßt werden. Diese Kraft hat die gleiche Wirkung wie die beiden Einzelkräfte zusammen. Die Wirkung der zusammengefaßten Kraft entspricht dem Resultat (Ergebnis) der Wirkungen beider Einzelkräfte. Diese Kraft heißt resultierende Kraft, kurz Resultierende.

Daraus ist für Kräfte mit gemeinsamer Wirkungslinie zu folgern:

1. Kräfte können beliebig auf ihrer Wirkungslinie verschoben werden.

2. Bei einer Verschiebung auf der Wirkungslinie ändert sich die Wirkung der Kräfte nicht.

3. Zwei Kräfte können durch Addieren zu einer Resultierenden zusammengefaßt werden.

4. Die Resultierende ist gleich der algebraischen Summe aller Kräfte:

$$R = F_1 + F_2 \tag{12.1}$$

Beispiele zur Erläuterung

1. An einem Körper drückt eine Kraft F_1 mit 10 kN, und auf derselben Wirkungslinie zieht eine Kraft F_2 mit 5 kN in der gleichen Richtung an der gegenüberliegenden Seite des Körpers (Bild **12.**1). Die Größe der Resultierenden R beträgt

$$R = F_1 + F_2 \qquad R = 10\,\text{kN} + 5\,\text{kN} = 15\,\text{kN}$$

Es ist für die Bewegungsänderung des Körpers völlig gleichgültig, ob er durch eine Kraft von $F_1 = 10\,\text{kN}$ gedrückt und gleichzeitig durch eine Kraft $F_2 = 5\,\text{kN}$ gezogen wird oder ob er insgesamt durch eine Kraft $R = 15\,\text{kN}$ gezogen oder gedrückt wird.

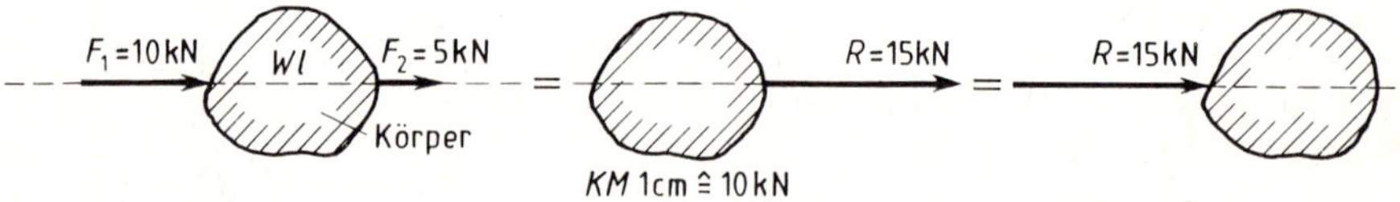

12.1 Zwei Kräfte mit gemeinsamer Wirkungslinie *Wl* und gleicher Richtung verschieben einen Körper

2. Auf einen Körper drücken zwei Kräfte, die einander entgegengesetzt gerichtet sind. F_1 drückt mit 35 kN nach rechts, F_2 mit 20 kN nach links (Bild **12.**2a).
Die Resultierende wird berechnet.

$$R = F_1 - F_2 = +35\,\text{kN} - 20\,\text{kN} = +15\,\text{kN}$$

Die Resultierende hat die Größe von 15 kN und wirkt nach rechts.

Der Körper wird bei Wirkung der Kräfte F_1 und F_2 in gleicher Weise bewegt wie bei alleiniger Wirkung der Resultierenden R. Er wird nach rechts verschoben (Bild **12.**2b).

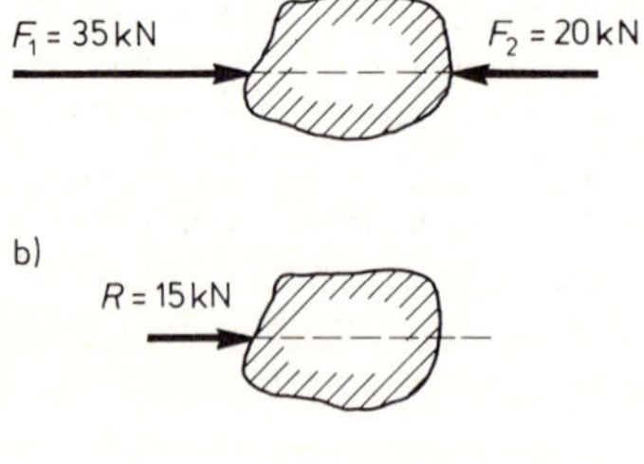

12.2
Zwei Kräfte mit gemeinsamer Wirkungslinie *Wl* und entgegengesetzter Richtung verschieben einen Körper

2.1.2 Kräfte mit verschiedenen Wirkungslinien

Zwei Kräfte, die an einem Punkt des Körpers mit verschiedenen Wirkungslinien angreifen, können nicht einfach durch Addieren zusammengefaßt werden. Aber auch hier gibt es eine Resultierende mit der gleichen Wirkung (Bild **13**.1).

Wenn erst die Kraft F_1 einen Körper nach rechts und dann die Kraft F_2 diesen nach unten bewegt, ergibt sich eine Gesamtverschiebung in schräger Richtung (Bild **13**.1), ebenso in umgekehrter Reihenfolge, wenn also erst die Kraft F_2 nach unten und dann die Kraft F_1 nach rechts wirken würden (Bild **13**.1c). Dem Verlauf der resultierenden Bewegung muß aber auch die Richtung der resultierenden Kraft entsprechen.

Es ist für die Bewegung eines Körpers gleichgültig, ob er erst durch die eine Kraft und dann durch die andere Kraft bewegt wird oder umgekehrt. Die gleiche Wirkung hat die Resultierende.

Zur Bestimmung der Resultierenden gibt es zwei Möglichkeiten: das zeichnerische oder das rechnerische Verfahren.

a) Zeichnerisches Verfahren (grafische Methode)

Das zeichnerische Verfahren ist sehr anschaulich und trotz des Zeichenaufwandes einfacher als die rechnerische Methode. Es soll zunächst das zeichnerische Verfahren erklärt werden.

Aus Bild **13**.1 ist zu erkennen, daß die Resultierende aus dem zeichnerischen Aneinanderreihen der beiden Kräfte F_1 und F_2 ermittelt werden kann. Ihre Größen, ihre Richtungen und die Neigungen ihrer Wirkungslinien sind dabei zu beachten. Zeichnet man die Kräfte in einem bestimmten Kräftemaßstab, so kann man auch die Resultierende aus der Zeichnung in diesem Maßstab entnehmen. Die Richtung der Resultierenden ergibt sich vom Anfangspunkt A des einen Kraftpfeils zum Endpunkt E des anderen Kraftpfeils. Die Wirkungslinie der Resultierenden ist damit ebenfalls gegeben (Bild **14**.1).

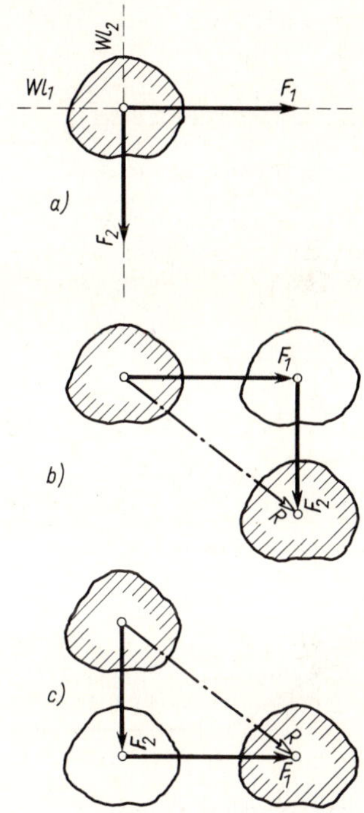

13.1 Zwei innere Kräfte mit verschiedenen Wirkungslinien (Wl_1 und Wl_2) verschieben einen Körper

Betrachtet man die beiden Kräftedreiecke (Bild **14**.1b und c), dann stellt man fest, daß die Resultierende in beiden Dreiecken die gleiche ist. Beide Kräftedreiecke lassen sich auch so zusammenschieben, daß sich die Resultierende eines Kräftedreiecks mit der Resultierenden des anderen Kräftedreiecks deckt. Man erhält damit in Bild **14**.1c ein Rechteck, da die beiden Kräfte F_1 und F_2 hier rechtwinklig zueinander wirken. Wenn der Winkel zwischen ihren Wirkungslinien beliebig groß ist, entsteht beim Zusammenschieben der Kräftedreiecke ein Parallelogramm, das sog. Kräfteparallelogramm. Gleichbenannte Kräfte verlaufen parallel zueinander. Die Resultierende R ist die Diagonale des Parallelogramms vom Anfangspunkt A des einen Kraftpfeils zum Endpunkt E des anderen Kraftpfeils (Bild **14**.2).

Zusammenfassung

Beim zeichnerischen Verfahren wird von der Lage der Kräfte ausgegangen. Im Lageplan wird die Lage der Kräfte dargestellt. Zur Bestimmung der Resultierenden werden die Kräfte in Kraftdreiecken maßstäblich dargestellt und aneinandergereiht. Daraus entsteht der Kräfteplan.

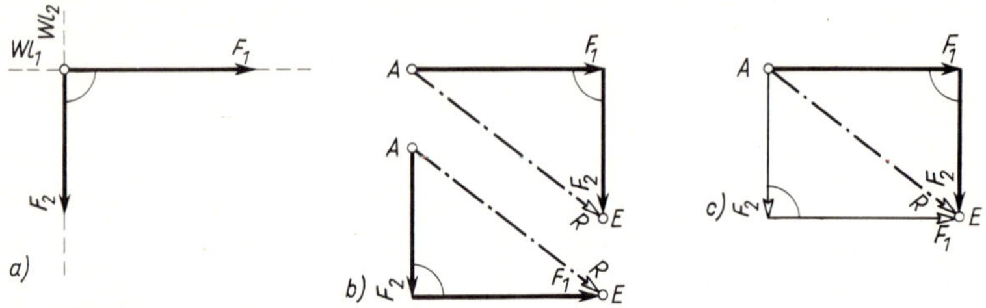

14.1 Zwei Kräfte werden ersetzt durch eine Resultierende
a) Lageplan, b) Kräftedreiecke, c) Kräfteplan

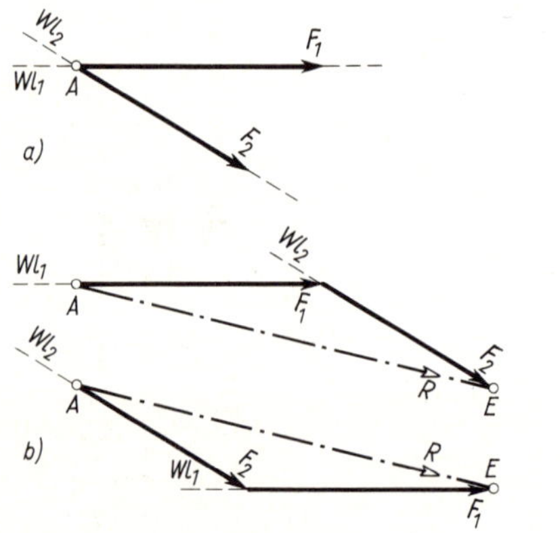

14.2 Das Parallelogramm der Kräfte
a) Lageplan mit zwei angreifenden Kräfte
b) Kräftedreiecke
c) Kräfteplan als Kräfteparallelogramm
d) Lageplan mit der Resultierenden, die die angreifenden Kräfte ersetzt

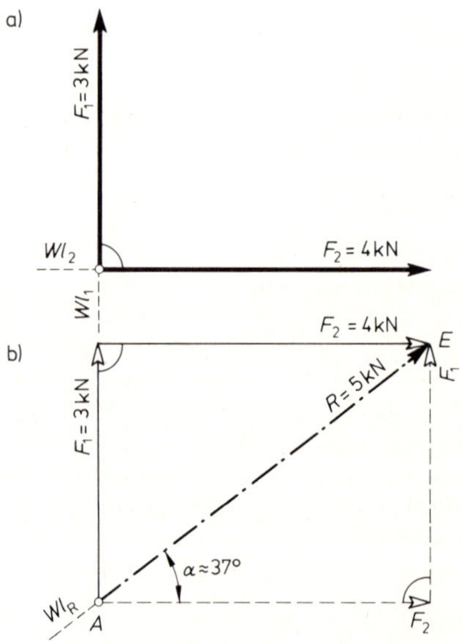

14.3 Zwei Kräfte mit verschiedenen Wirkungslinien (Wl_1 und Wl_2)
a) Lageplan: Beide Kräfte ziehen an einem Punkt
b) Kräfteplan: Die Kräfte werden hintereinander gereiht; entweder $F_1 \cdots F_2$ oder $F_2 \cdots F_1$. Daraus ergibt sich die Resultierende R vom Anfangspunkt A zum Endpunkt E in Größe und Richtung.

Beispiel zur Erläuterung

An einem Punkt ziehen zwei Kräfte im rechten Winkel zueinander:

$$F_1 = 3\,\text{kN}, \qquad F_2 = 4\,\text{kN}$$

Die Resultierende ergibt sich aus Bild **14.3** mit $R = 5\,\text{kN}$. Der Winkel α beträgt etwa 37° zur Waagerechten.

(Hinweis: Dreiecke mit den Seitenverhältnissen 3:4:5 sind rechtwinklig nach dem Lehrsatz des Pythagoras).

Beispiele zur Übung

1. Zwei Kräfte $F_1 = 100\,\text{kN}$ und $F_2 = 200\,\text{kN}$ greifen rechtwinklig zueinander an einem Punkt an (Bild **15.1**).

a) Wie groß ist die Resultierende?

b) Wie groß ist der Winkel α zwischen der Resultierenden und der Kraft F_2?

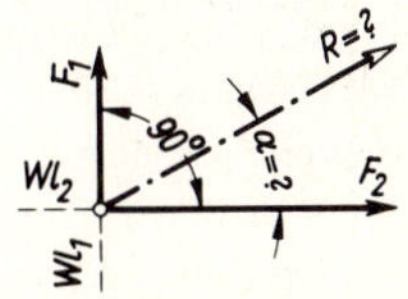

15.1 Zwei Kräfte an einem Punkt

2. Der Eckpfosten eines Zaunes wird durch die Spanndrähte belastet mit $F = 2\,\text{kN}$ in einem rechten Winkel (Bild **15.2**).

a) Wie groß ist die Resultierende, die von der Verankerung aufzunehmen ist?

b) Wie groß ist der Winkel zu den beiden Kräften?

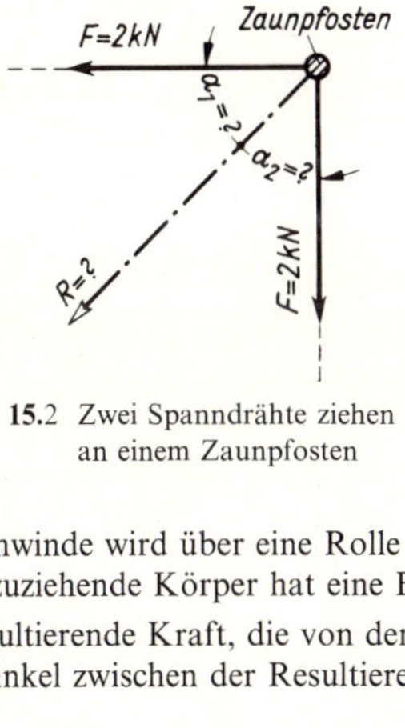

15.2 Zwei Spanndrähte ziehen an einem Zaunpfosten

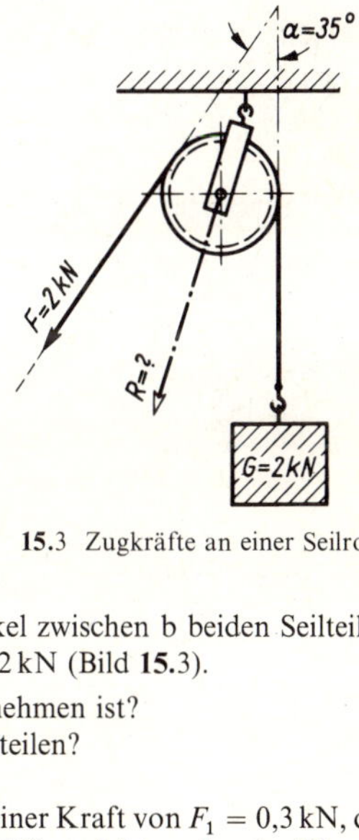

15.3 Zugkräfte an einer Seilrolle

3. Das Seil einer Baumwinde wird über eine Rolle geführt. Der Winkel zwischen b beiden Seilteilen beträgt 35°. Der hochzuziehende Körper hat eine Eigenlast von $G = 2\,\text{kN}$ (Bild **15.3**).

a) Wie groß ist die resultierende Kraft, die von der Halterung aufzunehmen ist?

b) Wie groß ist der Winkel zwischen der Resultierenden und den Seilteilen?

4. Ein Wagen wird von zwei Bauarbeitern gezogen. Der eine zieht mit einer Kraft von $F_1 = 0{,}3\,\text{kN}$, der andere Arbeiter mit $F_2 = 0{,}4\,\text{kN}$. Beide ziehen unter einem Winkel von 15° zur Längsachse des Wagens (Bild **15.4**).

a) Wie groß ist die Resultierende, mit der der Wagen gezogen wird?

b) Wie groß ist der Winkel α der Resultierenden zur Längsachse des Wagens?

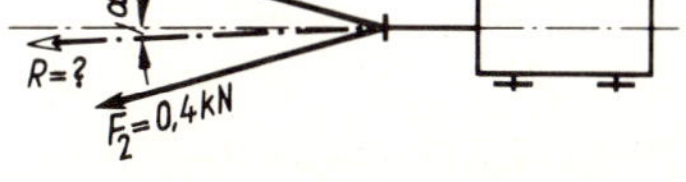

15.4 Zugkräfte an einem Wagen

5. Ein Dachpfosten aus Holz erhält Druckkräfte aus zwei Kopfbandstreben von je 12 kN. Beide sind mit einem Winkel von 45° angeschlossen (**16**.1). Wie groß ist die Druckkraft in dem Dachpfosten?

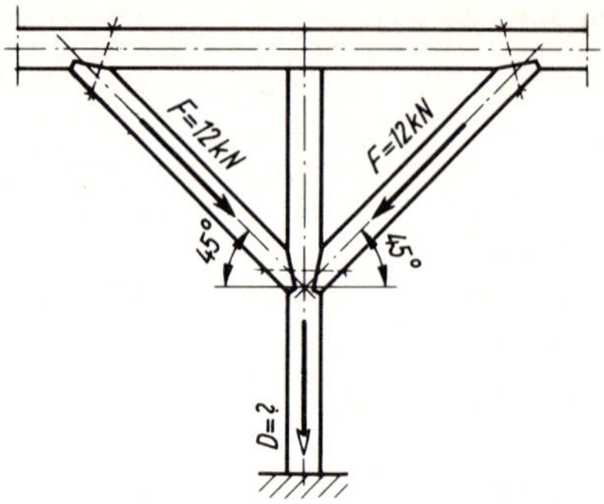

16.1 Druckkräfte an einem Dachpfosten

6. Bei einer Konstruktion aus Stahl sind zwei Stäbe an einem Blech durch Schrauben angeschlossen (**16**.2). Die Kräfte sind $F_1 = 15$ kN und $F_2 = 20$ kN. Die Winkel zur Lotrechten sind $\alpha_1 = 15°$ und $\alpha_2 = 30°$.

a) Wie groß ist die Resultierende?

b) Wie groß ist der Winkel α_R der Resultierenden zur Lotrechten?

7. Eine freistehende Gartenmauer hat auf 1 m Mauerlänge in der Mitte der Wandhöhe eine zusammengefaßte waagerechte Winddruckkraft von $W = 1{,}2$ kN aufzunehmen (**16**.3). Die Eigenlast der Mauer beträgt je Meter $G = 8{,}65$ kN und wirkt zusammengefaßt in der Mitte der 24 cm dicken Mauer. Mauerhöhe $h = 2{,}00$ m

a) Wie groß ist die Resultierende?

b) Wie groß ist der Winkel der Resultierenden zur Lotrechten?

c) Wo durchstößt die Resultierende die Fuge zwischen Mauerwerk und Fundament? Wie groß ist der Abstand c des Durchstoßpunktes von der Kante K?

8. Eine Stützmauer hat auf 1 m Länge eine Eigenlast von $G = 6$ kN (**16**.4). Die Druckkraft aus dem Erdreich beträgt $E = 2{,}5$ kN und greift unter einem Winkel $\delta = 30°$ in einem Drittel der Wandhöhe an. Wandhöhe $h = 90$ cm, Wandbreite $b = 36{,}5$ cm

a) Wie groß ist die Resultierende?

b) Wie groß ist der Winkel α der Resultierenden zur Lotrechten?

c) Wie groß ist der Abstand der Resultierenden von der Kante K?

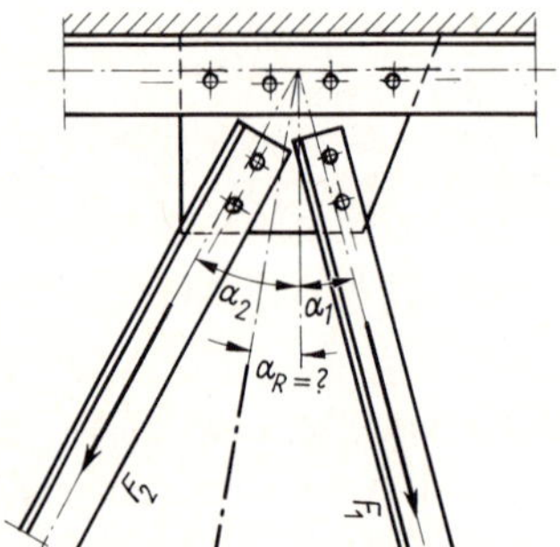

16.2 Zwei Zugkräfte an dem Knotenpunkt eines Dachbinders

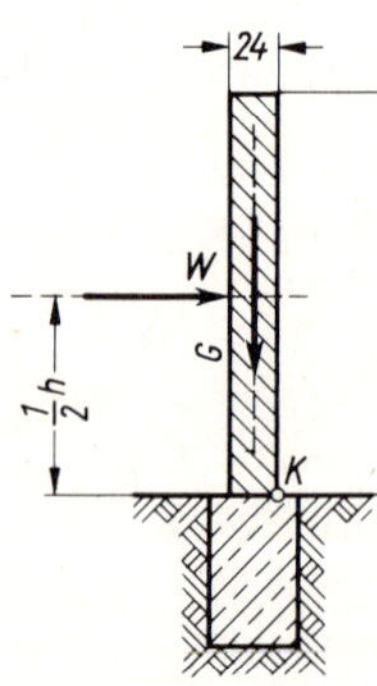

16.3 Winddruck bei einer Gartenmauer

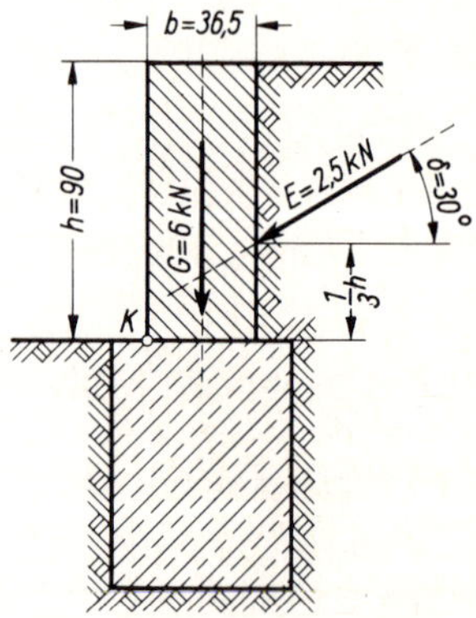

16.4 Erddruck bei einer kleinen Stützmauer

b) Rechnerisches Verfahren (analytische Methode)

Dieser Abschnitt kann beim Durcharbeiten zurückgestellt werden, da der Inhalt für das Verständnis des folgenden Stoffes nicht unbedingt erforderlich ist.

Für den Sonderfall, daß zwei Kräfte rechtwinklig zueinander wirken, ist die rechnerische Lösung mit Hilfe des Lehrsatzes von Pythagoras und mit Winkelfunktionen durchführbar.

Kraftangriff in rechtem Winkel

Beide Kräfte bilden ein rechtwinkliges Kräftedreieck. Die Resultierende R ist darin die Hypothenuse des Dreiecks (Bild **17.1**).

Die Größe der Resultierenden kann mit Gleichung 13.1 berechnet werden, die sich aus dem Lehrsatz des Pythagoras für das rechtwinklige Dreieck ergibt (Bild **17.2**):

$$a^2 + b^2 = c^2$$

$$R^2 = F_1^2 + F_2^2 \qquad \boldsymbol{R = \sqrt{F_1^2 + F_2^2}} \tag{17.1}$$

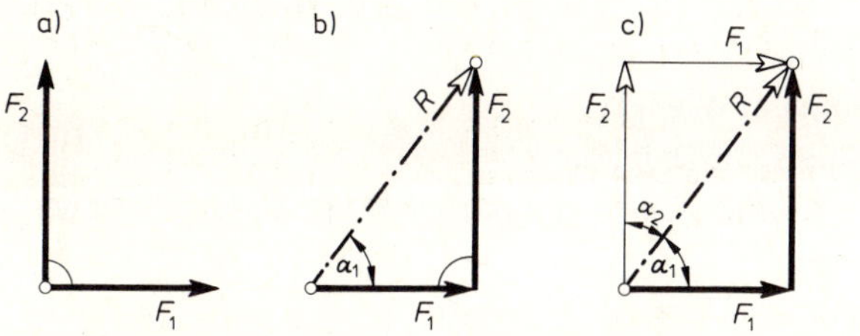

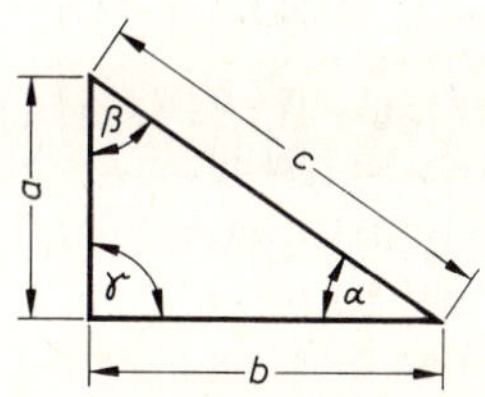

17.1 Zwei Kräfte sind durch eine Resultierende zu ersetzen

a) Lageplan: Beide Kräfte greifen an einem Punkt an und stehen rechtwinklig zueinander

b) Kräfteplan: Beide Kräfte bilden ein rechtwinkliges Kräftedreieck

c) Kräfteplan als Kräfteparallelogramm

17.2 Rechtwinkliges Dreieck mit den Seiten a, b und c

Die Richtung der Resultierenden kann mit den Winkelfunktionen berechnet werden. Die Resultierende verläuft vom Anfangspunkt der ersten Kraft zum Endpunkt der anderen Kraft. Der Winkel der Resultierenden zur waagerechten Kraft F_1 wird mit α_1 bezeichnet und der Winkel zur Kraft F_2 mit α_2 (Bild **17.1**):

$$\tan\alpha_1 = \frac{F_2}{F_1} \qquad \tan\alpha_2 = \frac{F_1}{F_2} \tag{17.2, 17.3}$$

Beide Winkel ergeben zusammen einen rechten Winkel

$$\alpha_1 + \alpha_2 = \alpha \tag{17.4}$$

Die Lage der Resultierenden ist das dritte Bestimmungsstück. Die Wirkungslinie der Resultierenden geht durch den Schnittpunkt der beiden Kräfte. Damit ist die Lage der Resultierenden bekannt.

Beispiel zur Erläuterung

Zwei Kräfte $F_1 = 300\,\text{kN}$ und $F_2 = 400\,\text{kN}$ greifen rechtwinklig zueinander an einem Punkt an (Bild **18.1**).

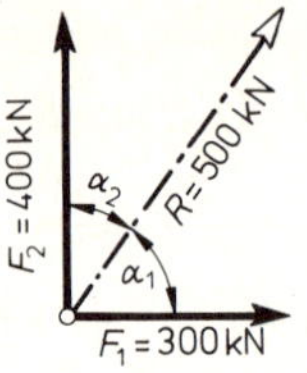

18.1 Zwei Kräfte greifen an einem Punkt rechtwinklig zueinander an mit $F_1 = 300\,\text{kN}$ und $F_2 = 400\,\text{kN}$

Größe der Resultierenden:

$$R = \sqrt{F_1^2 + F_2^2}$$

$$R = \sqrt{(300\,\text{kN})^2 + (400\,\text{kN})^2}$$

$$R = 500\,\text{kN}$$

Winkel zur Waagerechten:

$$\tan\alpha_1 = \frac{F_2}{F_1} = \frac{400\,\text{kN}}{300\,\text{kN}} = 1{,}333 \qquad \alpha_1 = 53^\circ$$

Winkel zur Senkrechten:

$$\tan\alpha_2 = \frac{F_1}{F_2} = \frac{300\,\text{kN}}{400\,\text{kN}} = 0{,}75 \qquad \alpha_2 = 37^\circ$$

Kontrolle:

$$\alpha = \alpha_1 + \alpha_2 = 53^\circ + 37^\circ = 90^\circ$$

Kraftangriff in spitzem oder stumpfem Winkel

Beide Kräfte bilden ein schiefwinkliges Kräftedreieck.

Die Resultierende R kann mit dem Kosinussatz entsprechend Bild **18.**2 berechnet werden. Er lautet: $c^2 = a^2 + b^2 - 2ab \cdot \cos\gamma$

Umgeformt für die Resultierende im Kräftedreieck erhält man:

$$\boldsymbol{R = \sqrt{F_1^2 + F_2^2 - 2\,F_1 \cdot F_2 \cdot \cos\gamma}} \tag{18.1}$$

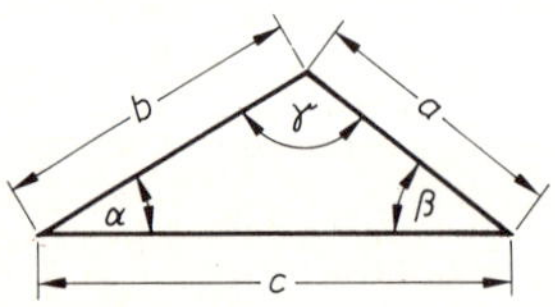

18.2
Schiefwinkliges Dreieck mit den Seiten a, b und c sowie den zugeordneten Winkeln α, β und γ

Die Winkel der Resultierenden zwischen den Kräften sind mit dem Sinussatz zu bestimmen. Er lautet entsprechend Bild **18.**2:

$$a : b : c = \sin\alpha : \sin\beta : \sin\gamma \tag{18.2}$$

Daraus erhält man mit den Kräften des Kräftedreiecks:

$$F_1 : F_2 : R = \sin\alpha : \sin\beta : \sin\gamma$$

Die fehlenden Winkel α (gegenüber F_1) und β (gegenüber F_2) können berechnet werden:

$$\sin\alpha = \sin\gamma \cdot \frac{F_1}{R} \tag{18.3}$$

$$\sin\beta = \sin\gamma \cdot \frac{F_2}{R} \tag{18.4}$$

Beispiel zur Erläuterung

An einem Knotenpunkt einer Stahlkonstruktion entsprechend Bild **12**.2 greifen die Kräfte $F_1 = 15\,\text{kN}$ und $F_2 = 20\,\text{kN}$ an. Das Kräftedreieck ist in Bild **15**.1 dargestellt.

Daraus ergibt sich der Winkel

$$\gamma = 180° - \alpha_1 - \alpha_2$$

$$\gamma = 180° - 15° - 30° = 135°$$

$$\cos\gamma = \cos(180° - 15°) = -\cos 45° = -0{,}707$$

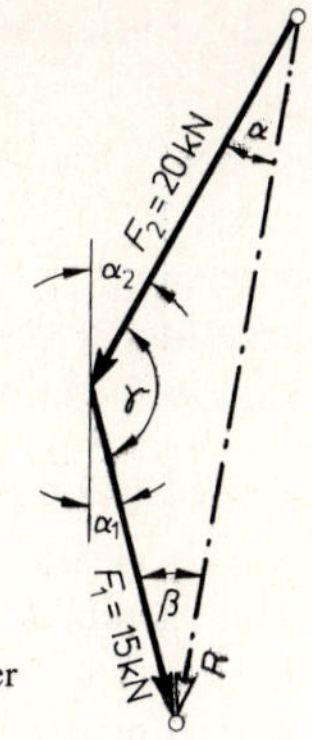

19.1
Schiefwinkliges Kräftedreieck für die Kräfte an den Knotenpunkt einer Stahlkonstruktion nach Bild **16**.2

Die Resultierende wird berechnet:

$$R = \sqrt{F_1^2 + F_2^2 - 2\,F_1 \cdot F_2 \cdot \cos\gamma}$$

$$R = \sqrt{(15^2 + 20^2 - 2 \cdot 15 \cdot 20 \cdot (-0{,}707)}$$

$$R = \sqrt{225 + 400 + 424}$$

$$R = 32{,}4\,\text{kN}$$

Die Winkel werden berechnet:

$$\sin\alpha = \sin\gamma \cdot \frac{F_1}{R}$$

$$\sin\alpha = 0{,}707 \cdot \frac{15\,\text{kN}}{32{,}4\,\text{kN}}$$

$$\sin\alpha = 0{,}327 \qquad \alpha = 19{,}1°$$

$$\sin\beta = \sin\gamma \cdot \frac{F_2}{R}$$

$$\sin\beta = 0{,}707 \cdot \frac{20\,\text{kN}}{32{,}4\,\text{kN}}$$

$$\sin\beta = 0{,}436 \qquad \beta = 25{,}9°$$

$$\alpha + \beta + \gamma = 19{,}1° + 25{,}9° + 135° = 180°$$

$$\alpha_R = \beta - \alpha_1 = 25{,}9° - 15°$$

$$\alpha_R = 10{,}9°$$

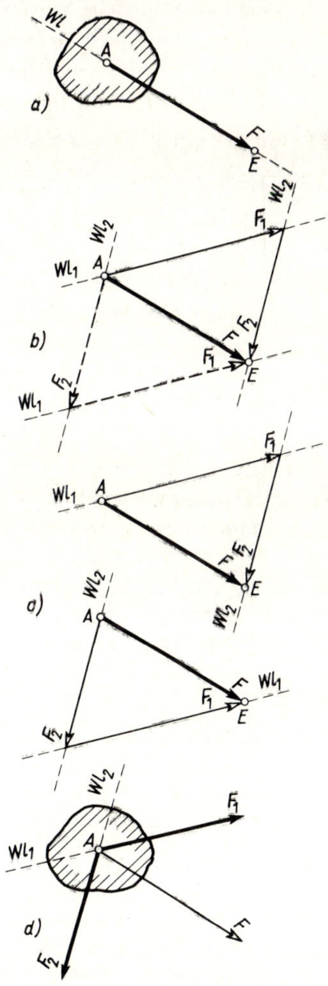

19.2
Eine Kraft wird zerlegt in zwei Komponenten

a) Lageplan mit der angreifenden Kraft am Körper
b) Kräfteparallelogramm (Kräfteplan)
c) die beiden Kräftedreiecke
d) Lageplan mit den Komponenten der Kraft

2.2 Zerlegen von Kräften

Kräfte, die an einem Körper angreifen, können für weitere Berechnungen in zwei (oder mehrere) Teilkräfte beliebig zerlegt werden. Diese Teilkräfte werden als Komponenten bezeichnet (Komponente = Bestandteil eines Ganzen). Sie sind die Ersatzkräfte für die ursprüngliche Kraft und haben zusammen die gleiche Wirkung wie diese.

Das Zerlegen von Kräften kann zeichnerisch oder rechnerisch erfolgen.

a) Zeichnerisches Verfahren

Die Größe einer Kraft ist durch die Länge des Kraftpfeils bekannt, gekennzeichnet durch Anfangspunkt A und Endpunkt E. Wenn eine Kraft zerlegt werden soll, sind auch die Anfangs- und Endpunkte ihrer Komponenten bekannt: es sind dieselben Punkte. Für die Zerlegung der Kraft zeichnet man die gewählten Wirkungslinien der Komponenten jeweils durch die Punkte A und E parallel ein (**19**.2). Damit erhält man das Kräfteparallelogramm.

Natürlich genügt auch hier das halbe Parallelogramm, also ein Kräftedreieck, zur eindeutigen Bestimmung der Komponenten.

Sehr oft sollen Kräfte in lotrechte (vertikale) Komponenten F_v und waagerechte (horizontale) Komponenten F_h zerlegt werden (Bild **20**.1).

Beispiel zur Erläuterung

An einem Körper greift eine schräg nach oben wirkende Kraft von $F = 100$ kN an. Der Winkel α zur Waagerechten beträgt 30° (Bild **20**.2). Wie groß sind die Komponenten F_v und F_h?

Lösungsweg

Zunächst wird ein Lageplan gezeichnet, in dem die gegebenen Verhältnisse dargestellt werden (Bild **20**.2). Als nächstes zeichnet man getrennt vom Lageplan das Kräfteparallelogramm oder nur ein Kräftedreieck.

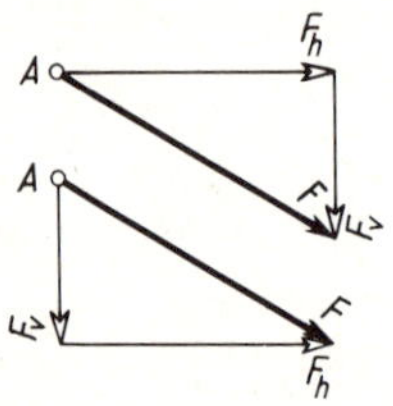

20.1
Die vertikale und die horizontale Komponente einer schrägen Kraft

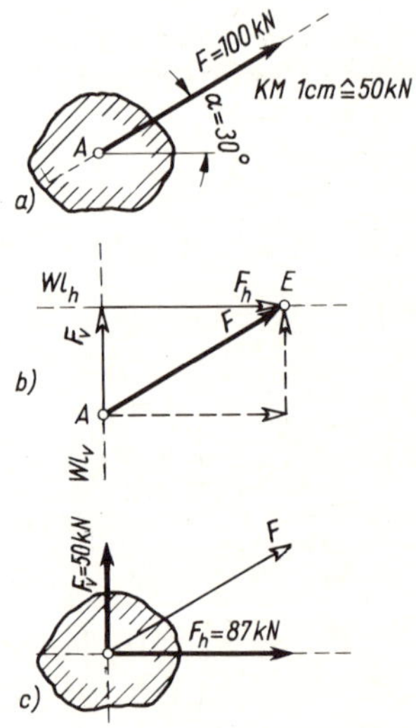

20.2
Eine Kraft wirkt schräg an einem Körper
a) Lageplan mit der angreifenden Kraft
b) Kräfteparallelogramm (Kräfteplan)
c) Lageplan mit den Komponenten der Kraft

Dabei zeichnet man zunächst die gegebene Kraft in dem gleichen Maßstab in der gleichen Neigung. Anfangspunkt A und Endpunkt E sind damit bekannt (Bild **20**.2b). Durch beide Punkte kann man jetzt die gegebenen Wirkungslinien der Komponenten zeichnen. Damit ist das Kräfteparallelogramm konstruiert. Zeichnet man durch den Punkt A nur die Wirkungslinie der einen Kraft und durch den Punkt E die Wirkungslinien der anderen Kraft, so bekommt man eines der beiden Kräftedreiecke. Man nennt ein Kräfteparallelogramm oder Kräftedreieck einfach Kräfteplan. Die Komponenten werden nun vom Kräfteplan in den Lageplan parallel übertragen. Der Angriffspunkt der ursprünglichen Kraft ist auch der Angriffspunkt der beiden Komponenten (Bild **20**.2c).

Ergebnis

Aus dem Kräfteplan (**20.**2b) kann man für die Komponente $F_v = 87$ kN abmessen, für die Komponente $F_h = 50$ kN. Beide Komponenten zusammen haben die gleiche Endwirkung wie die ursprüngliche Kraft allein.

Beispiele zur Übung

1. Eine Kraft $F = 250$ kN greift an einem Punkt unter einem Winkel von 30° an. Diese Kraft ist in eine vertikale Komponente und in eine horizontale Komponente zu zerlegen (Bild **21.**1).

a) Wie groß ist die vertikale Komponente F_v?

b) Wie groß ist die horizontale Komponente F_h?

2. An einer Stützwand greift eine Kraft von 15 kN unter einem Winkel von 25° an (Bild **21.**2)

a) Wie groß ist die in Richtung der Wandrückseite wirkende Komponente F_v?

b) Wie groß ist die rechtwinklig auf die Wandrückseite wirkende Komponente F_h?

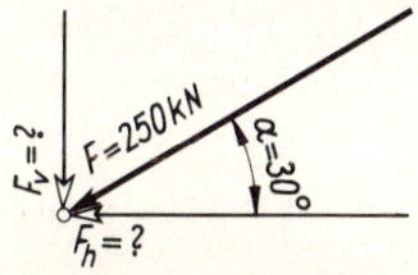

21.1 Eine Kraft soll durch zwei Komponenten ersetzt werden

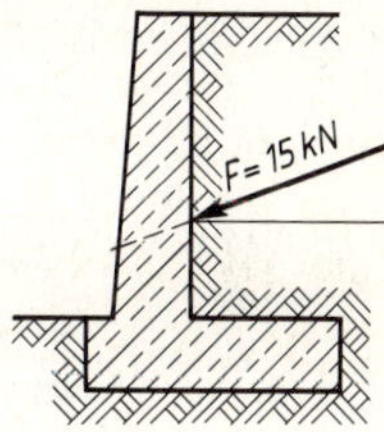

21.2
Schräg angreifende Erddruckkraft an einer Stützwand

3. Auf einem Dach mit einem Neigungswinkel $\alpha = 40°$ wirkt eine Last $F = 1$ kN. Diese Last ist in eine Komponente rechtwinklig zum Dachsparren $F_{\perp}$ und in eine zweite Komponente in Richtung des Dachsparrens $F_{\parallel}$ zu zerlegen (Bild **21.**3).

a) Wie groß ist $F_{\perp}$? b) Wie groß ist $F_{\parallel}$?

4. Eine Holzstrebe (Sparren) hat eine Druckkraft von 8 kN auf eine Schwelle zu übertragen (**21.**4). Die Komponenten rechtwinklig auf die Außenflächen der Schwelle sind zu bestimmen. Neigung der Strebe 35°.

a) Wie groß ist die Komponente F_v? b) Wie groß ist die Komponente F_h?

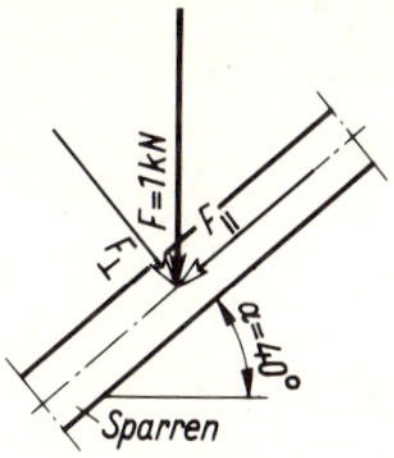

21.3
Vertikale Last auf einem Sparren

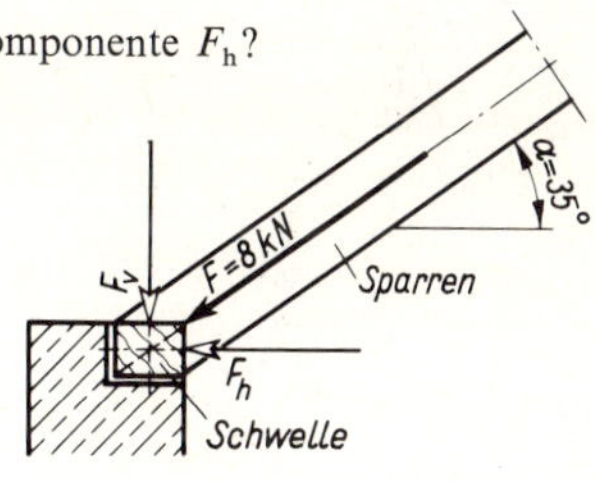

21.4 Die Druckkraft in einem Sparren

b) Rechnerisches Verfahren

Für eine Kraft F, die in zwei Komponenten F_1 und F_2 zerlegt werden soll, müssen die Wirkungslinien 1 und 2 der beiden Komponenten bekannt sein. Andernfalls sind unzählige Lösungen möglich.

Komponenten in spitzem oder stumpfem Winkel

Die rechnerische Lösung ist mit dem Sinussatz durchführbar.

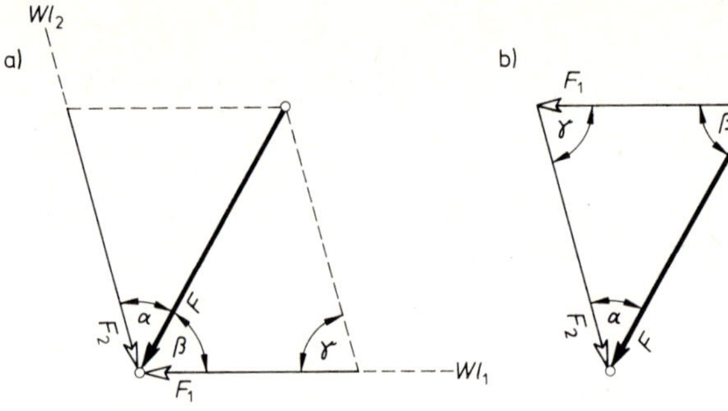

22.1
Eine Kraft wird in zwei Komponenten mit spitzen Winkeln zerlegt
a) Parallelogramm der Kräfte mit den Wirkungslinien Wl_1 und Wl_2
b) Kräfteplan

Aus dem Parallelogramm der Kräfte (Bild **22.**1a) erhält man mit den zugehörigen Winkelbezeichnungen das Kräftedreieck (Bild **22.**1b). Der Sinussatz liefert die Gleichung:

$$F_1 : F_2 : F = \sin\alpha : \sin\beta : \sin\gamma \qquad (22.1)$$

Daraus erhält man die beiden Kraftkomponenten F_1 und F_2:

$$\boldsymbol{F_1 = F \cdot \frac{\sin\alpha}{\sin\gamma}} \qquad \boldsymbol{F_2 = F \cdot \frac{\sin\beta}{\sin\gamma}} \qquad (22.2)\ (22.3)$$

Beispiel zur Erläuterung

An einem Gerüst wirkt eine horizontale Kraft von $F = 1{,}0\,\text{kN}$. Diese Kraft wird in zwei Komponenten in Richtung der beiden Streben zerlegt (Bild **22.**2).

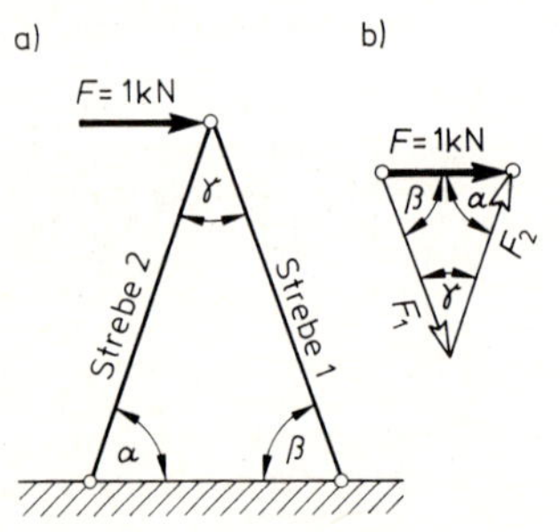

22.2
Die an einem Gerüst angreifende horizontale Kraft wird in 2 Komponenten in Richtung der Streben zerlegt
a) Lageplan
b) Kräfteplan KM: 1 cm ≙ 1 kN

$\alpha = \beta = 70°$ $\qquad \gamma = 180° - 2 \cdot 70° = 40°$

$F_1 = F \cdot \dfrac{\sin\alpha}{\sin\gamma}$ $\qquad F_2 = F \cdot \dfrac{\sin\beta}{\sin\gamma}$

$F_1 = 1{,}0\,\text{kN} \cdot \dfrac{\sin 70°}{\sin 40°}$

$F_1 = 1{,}0\,\text{kN} \cdot \dfrac{0{,}940}{0{,}643}$

$F_1 = 1{,}46\,\text{kN}$ $\qquad F_2 = F_1 = 1{,}46\,\text{kN}$

Komponenten in rechtem Winkel

Die rechnerische Lösung ist mit den Winkelfunktionen möglich. Häufig sind Kräfte in die vertikalen Komponenten F_v und die horizontalen Komponenten F_h zu zerlegen.

Mit dem Winkel α zwischen einer schräg angreifenden Kraft F und der horizontalen Ebene erhält man die Komponenten

$$\boldsymbol{F_v = F \cdot \sin\alpha} \qquad \boldsymbol{F_h = F \cdot \cos\alpha} \qquad (22.4)\ (22.5)$$

Beispiel zur Erläuterung

Der Sparren eines Daches hat eine Druckkraft von $F = 8\,\text{kN}$ auf die Schwelle zu übertragen (Bild **21**.4). Die vertikale und die horizontale Komponente werden berechnet für $\alpha = 35°$.

$F_v = F \cdot \sin\alpha$ $\qquad$ $F_h = F \cdot \cos\alpha$

$F_v = 8{,}0\,\text{kN} \cdot \sin 35°$ $\qquad$ $F_h = 8{,}0\,\text{kN} \cdot \cos 35°$

$F_v = 8{,}0\,\text{kN} \cdot 0{,}574$ $\qquad$ $F_h = 8{,}0\,\text{kN} \cdot 0{,}819$

$F_v = 4{,}58\,\text{kN}$ $\qquad$ $F_h = 6{,}55\,\text{kN}$

2.3 Gleichgewicht der Kräfte

Jeder Körper will (infolge der Erdanziehung auf seine Masse) nach unten fallen. Soll das nicht geschehen, muß der Körper unterstützt oder aufgehängt werden (Bild **23**.1). Liegt ein Körper auf einer Unterlage, so entsteht als Gegenkraft zur Eigenlast des Körpers eine Lagerkraft oder Stützkraft. Die Stützkraft ist eine Reaktionskraft. Sie muß um so größer sein, je schwerer der Körper ist (Bild **4**.1).

Die angreifende Aktionskraft muß durch eine gegenwirkende Reaktionskraft im Gleichgewicht gehalten werden.

Aktion = − Reaktion

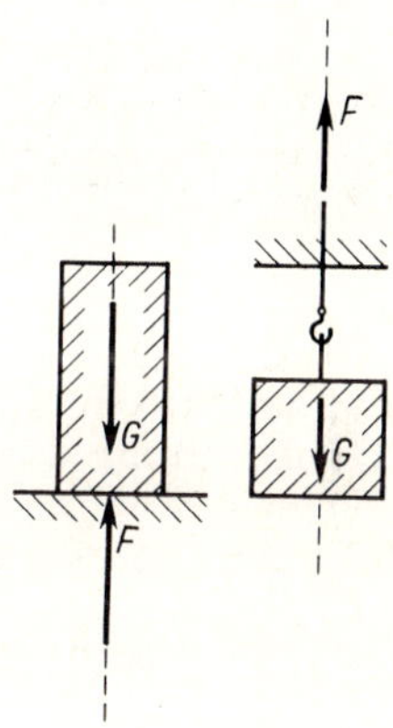

23.1
Die Eigenlast *G* eines Körpers wird durch eine Gegenkraft *F* gehalten

Die an einem Körper wirkenden Kräfte sind die Ursache einer Bewegungsänderung des Körpers. In der Statik ist man aber nicht an Bewegungen oder Bewegungsänderungen eines Körpers interessiert, sondern an seinem Ruhezustand. Ein Körper soll sich nicht bewegen. Er soll in Ruhe bleiben. Die Bewegungen müssen verhindert werden. Wenn eine Kraft keine Bewegungsänderung des Körpers hervorrufen soll, muß dieser Kraft eine gleichgroße Kraft (Gegenkraft) entgegenwirken (Bild **24**.1 und **24**.2).

Kraft = − Gegenkraft

Die Gegenkraft wirkt auf derselben Wirkungslinie wie die angreifende Kraft.

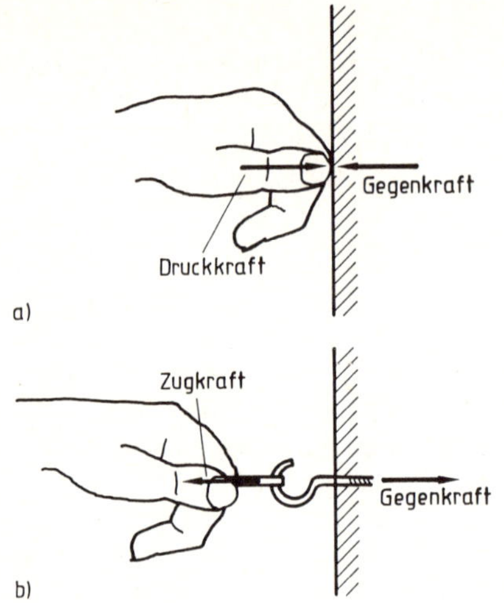

24.1 Ein Gegenstand soll von Hand verschoben werden. Ob gedrückt oder gezogen wird ist gleichbedeutend: bis zur Verschiebung setzt der Körper der wirkenden Kraft eine gleichgroße Gegenkraft entgegen
a) Druckkraft mit gleichgroßer Gegenkraft
b) Zugkraft mit gleichgroßer Gegenkraft

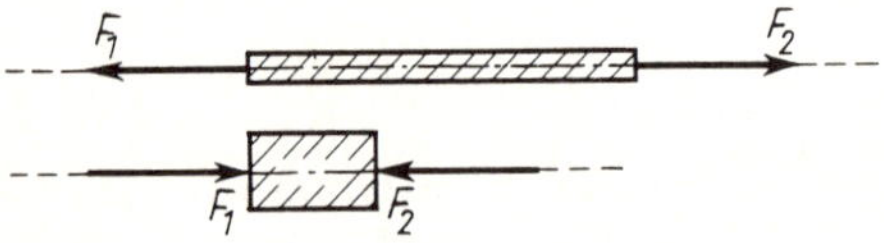

24.2 Kraft F_1 und Gegenkraft F_2 halten sich das Gleichgewicht

Werden mehrere Kräfte durch eine Resultierende ersetzt, so ersetzt diese auch die Gesamtwirkung der angreifenden Kräfte. Wenn die Resultierende in ihrer Wirkung aufgehoben werden soll, muß ihr eine gleichgroße Kraft auf derselben Wirkungslinie entgegengesetzt werden (Bild **24.**3).

Resultierende = − Gleichgewichtskraft

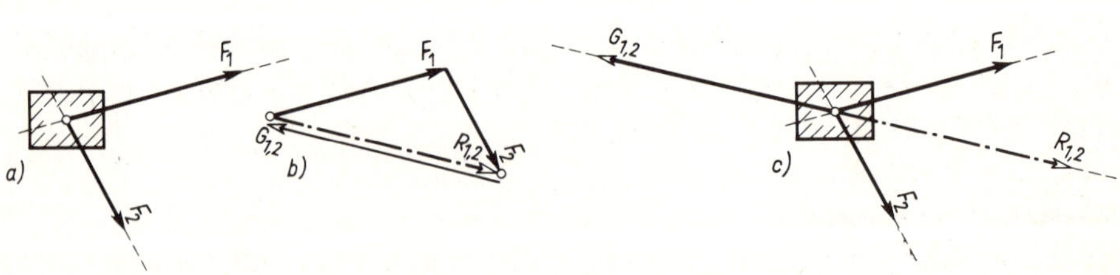

24.3 Zwei Kräfte werden durch eine Kraft ins Gleichgewicht gebracht
a) Lageplan mit den angreifenden Kräften
b) Kräfteplan mit der Resultierenden $R_{1,2}$ und der Gleichgewichtskraft $G_{1,2}$
c) Lageplan für das Gleichgewicht

2.4 Lineares Kräftesystem

Mehrere Kräfte, die auf einer Linie wirken, haben diese Linie als gemeinsame Wirkungslinie. Ein solches System wird als „lineares Kräftesystem“ bezeichnet.

Für mehrere Kräfte gilt im Prinzip das gleiche wie für zwei Kräfte: ihre Wirkung kann algebraisch addiert werden.

Zeichnerisches Verfahren

Bei der zeichnerischen Lösung einer Aufgabe werden die Kräfte durch Vektoren in einem frei wählbaren Kräftemaßstab im Lageplan und im Kräfteplan dargestellt.

Im Lageplan werden die Kräfte in ihrer Lage so gezeichnet, daß ihre Wirkungslinie durch den Angriffspunkt geht. Die Richtung der Kräfte wird durch die Pfeilspitze angegeben (Bild **25.**1a).

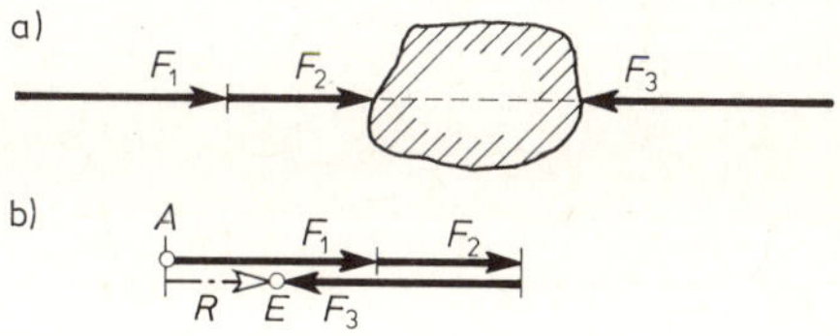

25.1 Lineares Kräftesystem: Alle Kräfte wirken auf einer Linie, sie haben eine gemeinsame Wirkungslinie
a) Lageplan
b) Kräfteplan

Es ergibt sich gelegentlich, daß Kräfte der gezeichneten Darstellung entgegenwirken. Diese Kräfte erhalten dann ein negatives Vorzeichen (–). Anders ausgedrückt: Negative Kräfte wirken nicht wie dargestellt in Richtung der Pfeilspitze, sondern in entgegengesetzter Richtung (Bild **25.**2). In der Praxis wird häufig hiervon Gebrauch gemacht.

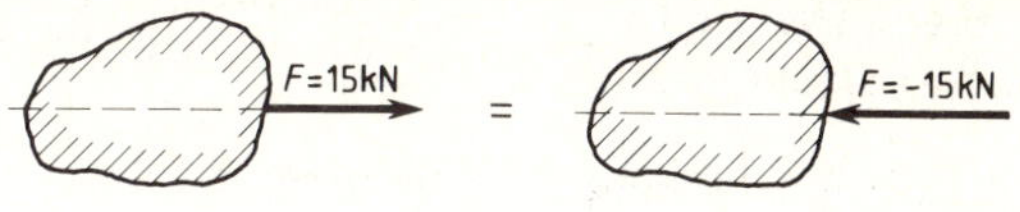

25.2 Eine Kraft mit negativem Vorzeichen kann durch eine entgegengesetzt gerichtete, gleich große Kraft mit positivem Vorzeichen dargestellt werden

Im Kräfteplan werden zur Verdeutlichung entgegengesetzt gerichtete Kräfte etwas neben die Wirkungslinie verschoben. Damit sind beide Kraftrichtungen darstellbar. Die Entfernung zwischen Anfangspunkt A und Endpunkt E der dargestellten Kräfte ist die Resultierende R (Bild **24.**3b).

Rechnerisches Verfahren

Bei der rechnerischen Lösung einer Aufgabe können die Kräfte durch Addieren zu einer Resultierenden zusammengefaßt werden, wie es bei zwei Kräften schon in Abschnitt 2.1.1 gezeigt wurde. Die Resultierende R ergibt sich aus der Summe aller Einzelkräfte:

$$R = F_1 + F_2 + F_3 + \dots \qquad (25.1)$$

Die mathematische Darstellung dieser Rechnung kann auch auf zwei andere Arten erfolgen:

R ist gleich der Summe *F* von 1 bis n $$R = \sum_{1}^{n} F \qquad (26.1)$$

R ist gleich der Summe F_i mit i = 1,2,3 ... $$R = \sum F_i \qquad (26.2)$$

$\sum$ (Sigma = großer griechischer Buchstabe S) wird als Zeichen für Summe benutzt.

Bei der rechnerischen Auswertung werden einander entgegengesetzt wirkende Kräfte durch entsprechende Vorzeichen unterschieden. Kräfte in der einen Richtung erhalten positive Vorzeichen (+) und in der anderen Richtung negative Vorzeichen (−).

Es gilt die Vereinbarung, nach links (oder nach unten) gerichtete Kräfte positiv zu bezeichnen (+). Die nach rechts (oder nach oben) gerichteten Kräfte erhalten ein negatives Vorzeichen (−).

Beispiel zur Erläuterung

Beim Tauziehen sind an der linken Seite eines Seiles 4 Jugendliche und an der rechten Seite 5 Kinder angetreten. Alle ziehen zunächst gleichzeitig mit den angegebenen Kräften (Bild **26.1**).

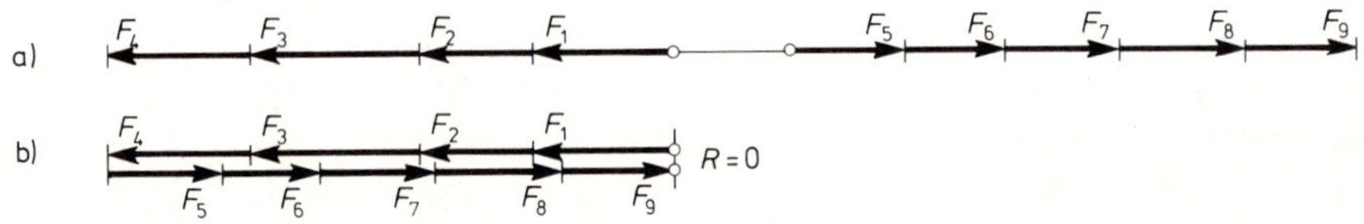

26.1 An einem Tau ziehen die 4 Kräfte F_1 bis F_4 nach links und die 5 Kräfte F_5 bis F_9 nach rechts
a) Lageplan (Kräftemaßstab KM: 1 mm ≙ 40 N), b) Kräfteplan mit $R = 0$

Zeichnerische Lösung:

Die Kräfte sind im Kräftemaßstab (KM: 1 mm ≙ 40 N) dargestellt. Da in der Summe die nach links gerichteten Kraftvektoren gleichlang den nach rechts gerichteten sind, ist der Kampf noch unentschieden: es herrscht Gleichgewicht.

Rechnerische Lösung:

Die nach links gerichteten Kräfte werden positiv, die nach rechts gerichteten Kräfte werden negativ in die Rechnung eingesetzt.

$$R = +(F_1 + F_2 + F_3 + F_4) - (F_5 + F_6 + F_7 + F_8 + F_9)$$
$$R = +(500\,\text{N} + 400\,\text{N} + 600\,\text{N} + 500\,\text{N}) - (400\,\text{N} + 350\,\text{N} + 400\,\text{N} + 450\,\text{N} + 400\,\text{N})$$
$$R = +2000\,\text{N} - 2000\,\text{N}$$
$$R = 0$$

Da sich die nach links gerichteten Kräfte mit den nach rechts gerichteten gegenseitig aufheben, ist das Ergebnis Null: es herrscht Gleichgewicht.

Beispiel zur Erläuterung

Im weiteren Verlauf des Wettstreits verstärken die Jugendlichen ihre Kräfte mehr, dafür kommt den Kindern ein weiteres Kind zu Hilfe (Bild **27.1**).

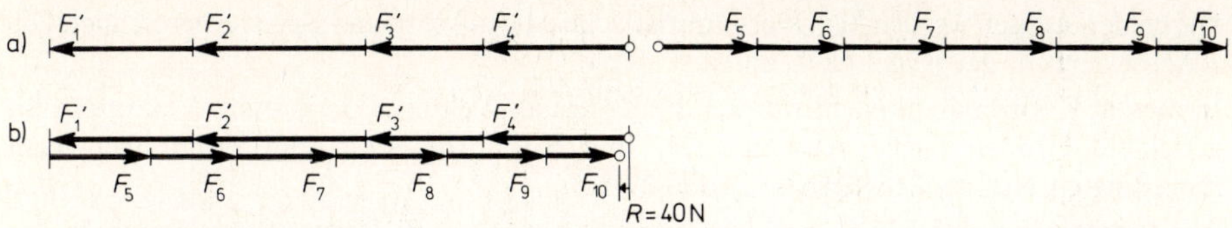

27.1 An einem Tau werden die nach links ziehenden Kräfte vergrößert, die nach rechts ziehenden Kräfte werden um eine weitere Kraft verstärkt

a) Lageplan (Kräftemaßstab KM: 1 mm ≙ 40 N)

b) Kräfteplan mit $R = +40\,\text{N}$: Verschiebung nach links

Zeichnerische Lösung:

Die Gesamtstrecke der nach links gerichteten Kraftvektoren ist länger als die Summe der nach rechts gerichteten Kraftvektoren.

Der Kampf geht zugunsten der stärkeren Jugendlichen aus: Es findet eine Bewegung nach links statt.

Rechnerische Lösung:

$$R = +(F_1' + F_2^2 + F_3' + F_4') - (F_5 + F_6 + F_7 + F_8 + F_9 + F_{10})$$

$$R = +(590\,\text{N} + 480\,\text{N} + 690\,\text{N} + 580\,\text{N}) - (400\,\text{N} + 350\,\text{N} + 400\,\text{N} + 450\,\text{N} + 400\,\text{N} + 300\,\text{N})$$

$$R = +2340\,\text{N} - 2300\,\text{N}$$

$$R = +40\,\text{N}$$

Die Resultierende ist positiv. Es bleibt also eine nach links gerichtete Kraft übrig: Es findet eine Verschiebung nach links statt.

2.5 Zentrales ebenes Kräftesystem

Mehrere Kräfte, deren Wirkungslinien in einer Ebene liegen und sich in einem Punkt schneiden, bilden ein zentrales ebenes Kräftesystem (Bild **27.**2a).

Es ist zweckmäßig, in den Schnittpunkt aller Kräfte den Mittelpunkt eines Achsenkreuzes zu legen. Damit ist ein besseres Zurechtfinden möglich; die Orientierung wird erleichtert. Dieses Achsenkreuz hat eine waagerecht liegende Achse und eine rechtwinklig dazu stehende senkrechte Achse. Dieses Achsenkreuz ist ein sogenanntes Koordinatensystem (Bild **27.**2b).

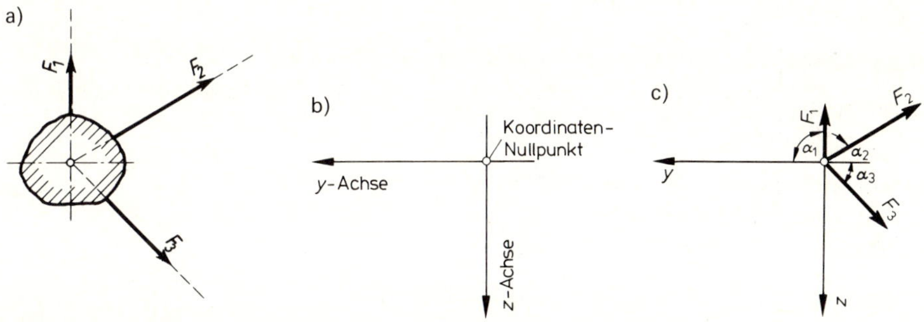

27.2 Die Wirkungslinien dreier Kräfte schneiden sich in einem Punkt
a) Kräfte am Körper, b) Koordinatensystem, c) Kräfte im Koordinatensystem

Die beiden Achsen werden bei Querschnittsflächen als y-Achse und z-Achse bezeichnet. Die z-Achse zeigt in der Regel nach unten.

In diesem Koordinatensystem werden die Kräfte als Vektoren dargestellt. Vektoren sind gerichtete Größen (siehe Abschnitt 1.4, Bild **6**.1). Alle Kraftvektoren müssen vom Koordinaten-Nullpunkt wegweisen (Bild **27**.2c).

Zur Bestimmung der Resultierenden aller Kräfte sind zwei Lösungsarten möglich: das zeichnerische oder das rechnerische Verfahren.

2.5.1 Zeichnerische Bestimmung der Resultierenden

Zur zeichnerischen Bestimmung der Resultierenden werden die Kraftpfeile im Kräfteplan maßstäblich aneinandergereiht (Bild **28**.1b). Vom Anfangspunkt A des ersten Kraftpfeils zum Endpunkt E des letzten Kraftpfeils verläuft die Resultierende. Damit ist die Größe und die Richtung der Resultierenden bekannt. Die Wirkungslinie der Resultierenden geht durch den Schnittpunkt aller angreifenden Kräfte im Lageplan. Dort kann die Resultierende eingetragen werden (Bild **28**.1c). Die Übertragung der Kräfte von der Aufgabenstellung in den Kräfteplan und von dort in den Lageplan erfordert maßstabgerechtes Zeichnen und eine genaue Parallelverschiebung.

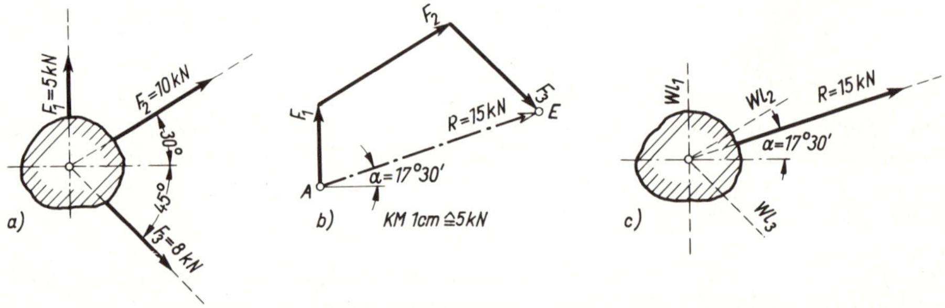

28.1 Drei Kräfte werden wurch eine Resultierende ersetzt
a) Lageplan mit den drei angreifenden Kräften, b) Kräfteplan zur Ermittlung der Resultierenden, c) Lageplan mit der Resultierenden

Beispiel zur Erläuterung

Bei einem Körper greifen drei Kräfte an (Bild **28**.1a). Ihre Wirkungslinien schneiden sich in einem Punkt. Die Resultierende ist zu bestimmen.

Lösung

Der Kräfteplan liefert die Größe und die Richtung der Resultierenden: $R = 15$ kN, $\alpha = 17°$ (Bild **28**.1b). Die Wirkungslinie der Resultierenden geht ebenfalls durch den Schnittpunkt der Wirkungslinien aller Kräfte. Die Resultierende wird in den Lageplan eingetragen (Bild **28**.1c).

Beispiele zur Übung

1. An einem Mast sind 3 Seile befestigt (Bild **29**.1).

a) Wie groß ist die resultierende Kraft?

b) Wie groß ist der Winkel α, den die Resultierende zur Kraft F_3 bildet?

2. Ein Mauerhaken hat 3 Spanndrähte zu halten (Bild **29**.2).

a) Wie groß ist die Resultierende, die den Haken belastet?

b) Welche Richtung – bezogen auf die Mauer – hat diese resultierende Kraft?

3. Eine Stützwand hat auf einem Meter Länge eine Last von $F = 55$ kN aufzunehmen. Die Eigenlast der Wand beträgt $G = 40$ kN. Außerdem wirkt eine Erddruckkraft $E = 20$ kN mit einem Winkel von $\delta = 20°$ zur Waagerechten (Bild **29**.3).

a) Wie groß ist die resultierende Kraft, die die Wand belastet?

b) Wie groß ist der Winkel der Resultierenden zur Vertikalen?

c) Wie groß ist der Abstand der Resultierenden in der Bodenfuge von der Kante K?

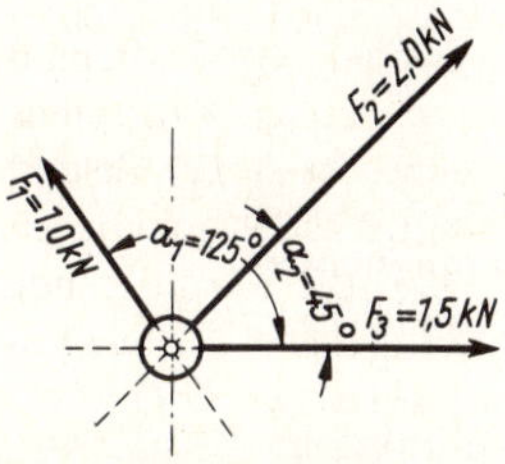

29.1 Drei Kräfte an einem Mast

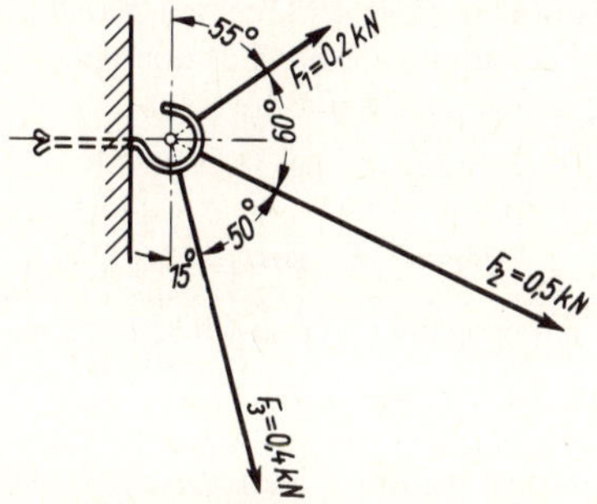

29.2 Drei Kräfte an einem Haken

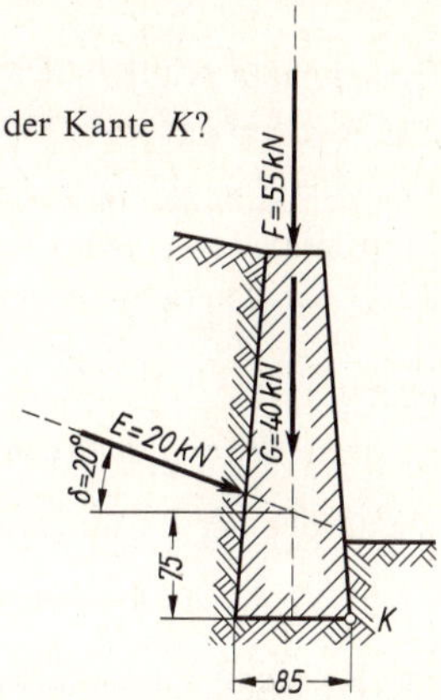

29.3 Stützwand mit Erddruck und Auflast

2.5.2 Rechnerische Bestimmung der Resultierenden

Für mehrere Kräfte, deren Wirkungslinien sich in einem Punkt schneiden, kann die Resultierende auch rechnerisch bestimmt werden. Da diese Kräfte ein zentrales Kräftesystem bilden, ist es zweckmäßig, in den Schnittpunkt aller Kräfte den Mittelpunkt eines Achsenkreuzes zu legen.

Die Kraftvektoren können in ihre waagerechten Komponenten F_y und in ihre senkrechten Komponenten F_z zerlegt werden (Bild **29**.4). Falls die Vorzeichen eine Rolle spielen, gilt im allgemeinen folgende Vorzeichenregel:

Positiv sind die nach links gerichteten Komponenten F_y
und die nach unten gerichteten Komponenten F_z.

Negativ sind die nach rechts gerichteten Komponenten F_y
und die nach oben gerichteten Komponenten F_z.

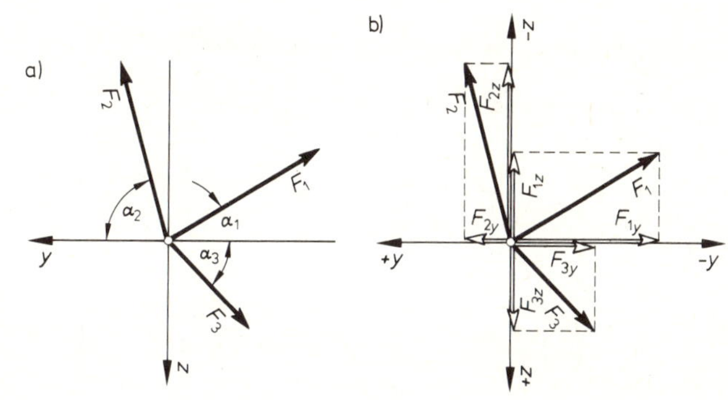

29.4 Zentrales Kräftesystem
a) Kräfte im Koordinatensystem mit den zugehörigen Winkeln α
b) Kräfte im Koordinatensystem mit ihren Komponenten F_y und F_z

Der Winkel α zur Festlegung der Kraftrichtung ist jeweils der Winkel zur waagerechten Achse, zur y-Achse.

Mit den Winkelfunktionen können die Kraftkomponenten berechnet werden:

$$\leftarrow \boldsymbol{F}_y = +\boldsymbol{F} \cdot \cos\alpha \qquad \downarrow \boldsymbol{F}_z = +\boldsymbol{F} \cdot \sin\alpha$$
$$\rightarrow \boldsymbol{F}_y = -\boldsymbol{F} \cdot \cos\alpha \qquad \uparrow \boldsymbol{F}_z = -\boldsymbol{F} \cdot \sin\alpha \qquad (30.1 \ldots 30.4)$$

Aus der Summe der horizontalen bzw. senkrechten Kraftkomponenten erhält man die horizontale bzw. senkrechte Komponente der Resultierenden:

$$\boldsymbol{R}_y = \sum \boldsymbol{F}_{iy} \qquad \boldsymbol{R}_z = \sum \boldsymbol{F}_{iz} \qquad (30.5, 30.6)$$

oder

$$\boldsymbol{R}_y = \sum \boldsymbol{F}_i \cdot \cos\alpha_i \qquad \boldsymbol{R}_z = \sum \boldsymbol{F}_i \cdot \sin\alpha_i \qquad (30.7, 30.8)$$

Die Größe der Resultierenden errechnet sich aus ihren beiden Komponenten:

$$\boldsymbol{R} = \sqrt{\boldsymbol{R}_y^2 + \boldsymbol{R}_z^2} \qquad (30.9)$$

Die Richtung der Resultierenden bestimmt man mit der Tangens-Funktion:

$$\tan\alpha_R = \frac{\boldsymbol{R}_z}{\boldsymbol{R}_y} \qquad (30.10)$$

Aus den Vorzeichen der beiden Komponenten R_y und R_z der Resultierenden kann man deren Richtungen und die Richtung der Resultierenden erkennen. Es ist damit die Resultierende eindeutig bestimmt.

Beispiel zur Erläuterung

Drei Kräfte greifen an einem Körper an (Bild **28.1**). In ihrem gemeinsamen Schnittpunkt wird ein Achsenkreuz mit einer waagerechten y-Achse und einer senkrechten z-Achse gelegt (Bild **30.1**).

Die Resultierende wird berechnet.

Gegeben:	$\uparrow F_1 = 5{,}0\,\text{kN}$	$\alpha_1 = 90°$	$\cos\alpha_1 = 0$	$\sin\alpha_1 = 1{,}000$
	$\nearrow F_2 = 10{,}0\,\text{kN}$	$\alpha_2 = 30°$	$\cos\alpha_2 = 0{,}866$	$\sin\alpha_2 = 0{,}500$
	$\searrow F_3 = 8{,}0\,\text{kN}$	$\alpha_3 = 45°$	$\cos\alpha_3 = 0{,}707$	$\sin\alpha_3 = 0{,}707$

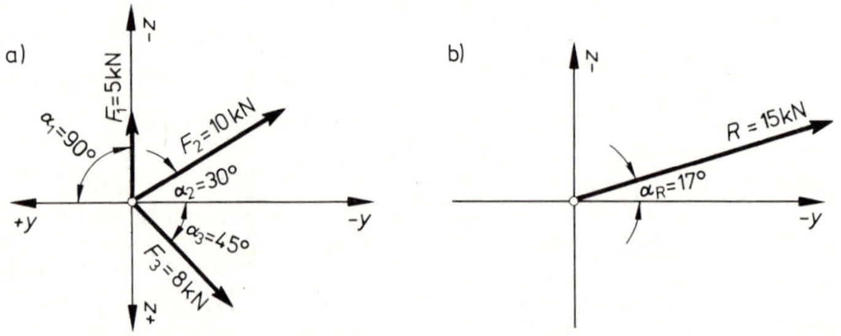

30.1 Drei Kräfte im Koordinatensystem zur Bestimmung der Resultierenden (Kräftemaßstab KM: 1 cm ≙ 5 kN)
a) die Kräfte mit den zugehörigen Winkeln
b) die Resultierende mit ihrem Winkel

Waagerechte Komponenten:

$$
\begin{aligned}
& F_{1y} = F_1 \cdot \cos\alpha_1 = \quad 5{,}0\,\text{kN} \cdot 0 \quad = \quad 0 \;\;\text{kN} \\
\rightarrow\;& F_{2y} = F_2 \cdot \cos\alpha_2 = -10{,}0\,\text{kN} \cdot 0{,}866 = -8{,}66\,\text{kN} \\
\rightarrow\;& F_{3y} = F_3 \cdot \cos\alpha_3 = -\;\;8{,}0\,\text{kN} \cdot 0{,}707 = -5{,}66\,\text{kN} \\
\hline
\rightarrow & \textstyle\sum F_{iy} = R_y \qquad\qquad\qquad\qquad\quad = -14{,}32\,\text{kN}
\end{aligned}
$$

Senkrechte Komponenten:

$$
\begin{aligned}
\uparrow\;& F_{1z} = F_1 \cdot \sin\alpha_1 = -\;\;5{,}0\,\text{kN} \cdot 1{,}000 = -5{,}00\,\text{kN} \\
\uparrow\;& F_{2z} = F_2 \cdot \sin\alpha_2 = -10{,}0\,\text{kN} \cdot 0{,}500 = -5{,}00\,\text{kN} \\
\downarrow\;& F_{3z} = F_3 \cdot \sin\alpha_3 = \quad 8{,}0\,\text{kN} \cdot 0{,}707 = +5{,}66\,\text{kN} \\
\hline
\uparrow & \textstyle\sum F_{iz} = R_z \qquad\qquad\qquad\qquad\quad = -4{,}34\,\text{kN}
\end{aligned}
$$

Resultierende:

$$\nearrow R = \sqrt{R_y^2 + R_z^2}$$

$$R = \sqrt{(-14{,}32\,\text{kN})^2 + (-4{,}34\,\text{kN})^2}$$

$$R = 14{,}96\,\text{kN} \approx 15\,\text{kN}$$

Winkel der Resultierenden:

$$\tan\alpha_R = \frac{R_z}{R_y}$$

$$\tan\alpha_R = \frac{-4{,}34\,\text{kN}}{-14{,}32\,\text{kN}} = 0{,}303$$

$$\alpha_R = 16{,}9^\circ \approx 17^\circ$$

Beispiel zur Erläuterung

Die Berechnung der Resultierenden kann auch tabellarisch erfolgen:

i	← ↓	F_i kN	α_i	$\cos\alpha_i$	$\sin\alpha_i$	$F_{iy} = F_i \cdot \cos\alpha_i$ kN	$F_{iz} = F_i = \sin\alpha_i$ kN
1	↑	5,0	90°	0	1,000	0	− 5,00
2	↗	10,0	30°	0,866	0,500	− 8,66	− 5,00
3	↘	8,0	45°	0,707	0,707	− 5,66	+ 5,66
$\sum F_i$						$\uparrow R_y = -\;14{,}32$	$\rightarrow R_z = -\;4{,}34$
$(\sum F_i)^2$						$R_y^2 = 205{,}06$	$R_z^2 = 18{,}84$
$R_y^2 + R_z^2$						223,90	
$R = \sqrt{R_y^2 + R_z^2} =$						$14{,}96\,\text{kN} \approx 15\,\text{kN}$ ↗	
$\tan\alpha = R_z/R_y = -4{,}34/-14{,}32 = 0{,}303$						$\alpha = 16{,}9^\circ \approx 17^\circ$	

2.5.3 Gleichgewicht im zentralen Kräftesystem

Die Kraft, die einer Kräftegruppe das Gleichgewicht hält, muß der Resultierenden auf derselben Wirkungslinie entgegenwirken und ebenso groß sein wie diese. Diese Gegenkraft, die auch Gleichgewichtskraft genannt wird, hebt die Wirkung der Resultierenden auf. Die Summe aller Kräfte ist dann Null und der Körper im Gleichgewicht. Hierfür gelten die folgenden Gleichgewichtsbedingungen:

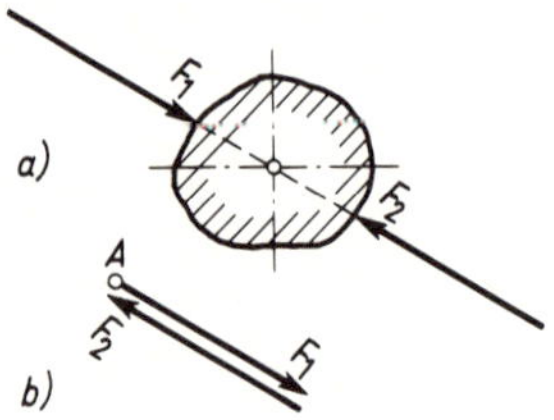

32.1 Zwei Kräfte im Gleichgewicht
a) Lageplan
b) Kräfteplan

Zwei Kräfte stehen im Gleichgewicht, wenn sie gleichgroß und auf gleicher Wirkungslinie entgegengesetzt gerichtet sind (Bild **32.**1).

Zeichnet man für die beiden Kräfte einen Kräfteplan, wird man erkennen, daß man mit dem Kraftpfeil der zweiten Kraft zum Anfangspunkt des ersten Kraftpfeils zurückkehrt. Anfangspunkt und Endpunkt des Kräfteplanes fallen zusammen. Der Kräfteplan ist geschlossen. Es ist Gleichgewicht vorhanden.

Zusammenfassung

Drei oder mehr Kräfte stehen im Gleichgewicht, wenn sich ihre Wirkungslinien in einem Punkt schneiden und der Kräfteplan geschlossen ist. Der Umfahrungssinn muß stetig sein (Bild **32**.2).

Wenn an einem Körper beispielsweise zwei Kräfte F_1 und F_2 auf verschiedenen Wirkungslinien angreifen, so können diese zunächst durch eine resultierende Kraft R ersetzt werden (Bild **32.**3). Dieser Resultierenden wird auf der gleichen Wirkungslinie die Gleichgewichtskraft F_3 entgegengesetzt. Der Kräfteplan ist bei stetigem Umfahrungssinn geschlossen (Einbahnverkehr). Die Kraft F_3 wird vom Kräfteplan parallel in den Lageplan übertragen, wobei ihre Wirkungslinie durch den Schnittpunkt der beiden anderen geht.

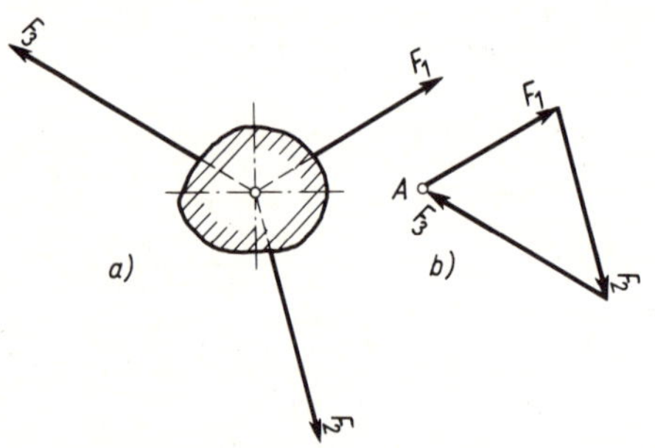

32.2 Drei Kräfte im Gleichgewicht
a) Lageplan
b) Kräfteplan

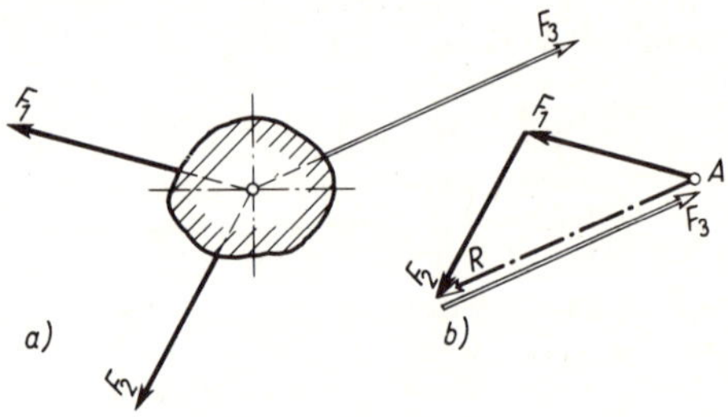

32.3 Zwei Kräfte werden durch eine dritte Kraft ins Gleichgewicht gebracht
a) Lageplan
b) Kräfteplan

Mehrere Kräfte stehen im Gleichgewicht, wenn sich ihre horizontalen und vertikalen Komponenten gegenseitig aufheben (Bild **33.**1).

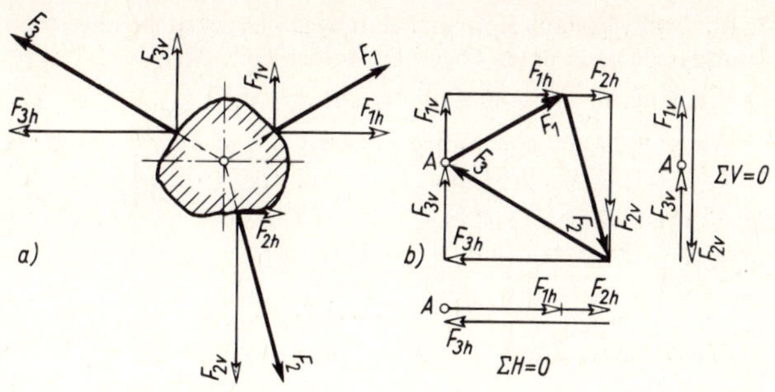

33.1
Drei Kräfte im Gleichgewicht

a) Lageplan mit den vertikalen und horizontalen Komponenten der Kräfte
b) Kräfteplan; auch die Komponenten der Kräfte heben sich gegenseitig auf. Ihre Summe ist Null

Zusammenfassung

Die Summe aller vertikal gerichteten (lotrechten) Kräfte muß gleich Null sein.

$$\sum F_{\mathrm{iv}} = \sum \boldsymbol{V}_{\mathbf{i}} = \mathbf{0} \quad \text{mit} \quad i = 1, 2, 3. \ldots \tag{33.1}$$

Die Summe aller horizontal gerichteten (waagerechten) Kräfte muß gleich Null sein.

$$\sum F_{\mathrm{ih}} = \sum \boldsymbol{H}_{\mathbf{i}} = \mathbf{0} \quad \text{mit} \quad i = 1, 2, 3, \ldots \tag{33.2}$$

Beispiel zur Erläuterung

Der Sparren eines Daches bringt eine Kraft von $S = 17\,\mathrm{kN}$ auf den waagerechten Zugbalken. Der Winkel beträgt 30° (Bild **33.**2). Wie groß sind Zugkraft Z im Zugbalken und Auflagerkraft A in der Schwelle?

Aus dem Krafteck Bild **33.**2b sind abzugreifen:
$A = 8{,}5\,\mathrm{kN}$, $Z = 14{,}7\,\mathrm{kN}$.

Anmerkung: Die Kraft S wird vom Sparren in der Versatzfläche übertragen und dort in den Zugbalken eingeleitet. Die Versatzfläche liegt außerhalb der Sparren-Mittelachse. Die dadurch entstehende zusätzliche Beanspruchung wird hier nicht berücksichtigt.

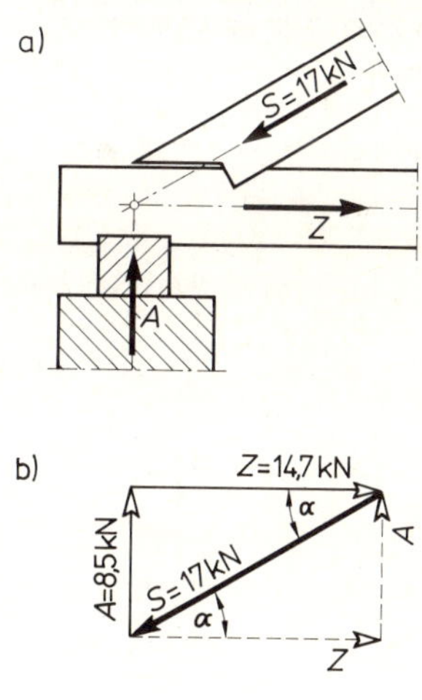

33.2
Ein Sparren leitet Kräfte in den Zugbalken und in die Schwelle (Kräftemaßstab KM: 1 cm ≙ 6 kN)

a) Detail
b) Krafteck

Beispiele zur Übung

1. Ein Vordach aus Stahl über einer Laderampe wird durch einen Zugstab am Herunterklappen gehindert. Die an der Spitze angreifende Kraft beträgt $F = 2\,\mathrm{kN}$, die Neigung des Zugstabes ist 20° (Bild **34.**1).

a) Wie groß ist die Kraft Z, die der Zugstab aufzunehmen hat?
b) Wie groß ist die horizontale Druckkraft D?

2. Die Laufbühne aus Holz wird durch eine Druckstrebe abgestützt. Die Last $F = 4\,\text{kN}$ soll durch die Druckstrebe nach unten abgeleitet werden (Bild **34.**2).

a) Wie groß ist die Kraft D in der Druckstrebe?

b) Wie groß ist die horizontale Zugkraft Z?

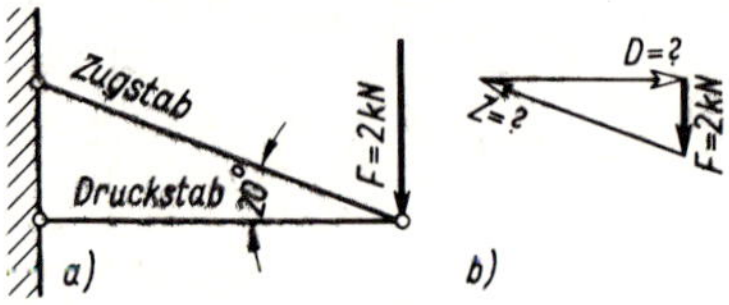

34.1 Die Kräfte bei einem Vordach
a) Lageplan, b) Kräfteplan (als Lösungshinweis)

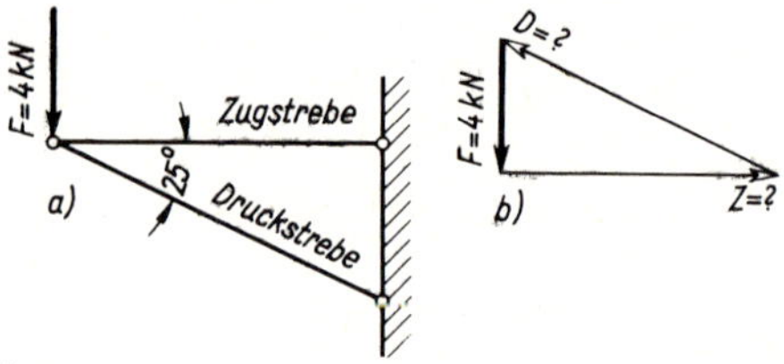

34.2 Die Kräfte bei einer Laufbühne
a) Lageplan, b) Kräfteplan zur Lösung

3. Ein Kran zieht eine Last an einem Verladebalken hoch. $F = 25\,\text{kN}$. Der Winkel der Seile zur Waagerechten beträgt jeweils 15° (Bild **34.**3). Wie groß ist die Kraft in jedem Zugseil?

4. Der Schwenkarm an einem Aufzugsmast hat eine Last von 5 kN zu heben (Bild **34.**4).

a) Wie groß ist die Kraft Z im Zugstab? b) Wie groß ist die Kraft D im Druckstab?

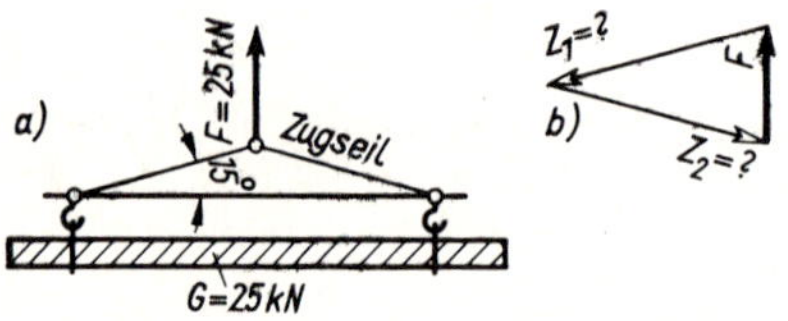

34.3 Die Kräfte in den Zugseilen eines Verladebalkens
a) Lageplan, b) Kräfteplan

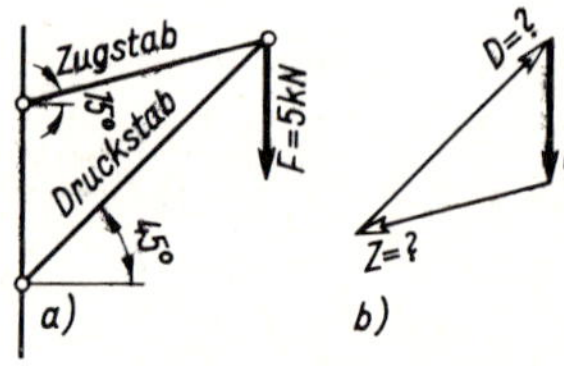

34.4 Die Kräfte an dem Schwenkarm eines Aufzugsmastes
a) Lageplan, b) Kräfteplan

5. Eine Hängewerkbrücke aus Holz erhält in der Mitte eine vertikale Belastung von $F = 70\,\text{kN}$; Neigung der Streben 30° (Bild **34.**5).

a) Wie groß sind die Druckkräfte in den Streben S_1 und S_2?

b) Wie groß sind die Kräfte in den Auflagern A und B?

c) Wie groß ist die Kraft in dem Zugband Z?

Hinweis:

Der Vertikalstab V erhält keine Kraft aus der Belastung F.

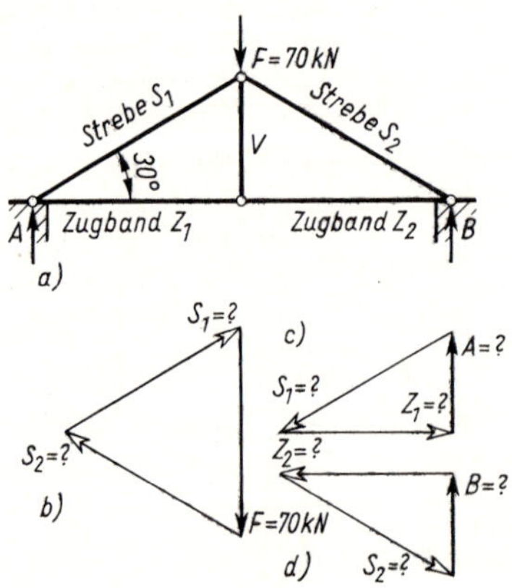

34.5 Die Kräfte an einer Hängewerkbrücke
a) Lageplan
b) Kräfteplan für den oberen Knotenpunkt
c) Kräfteplan für den Auflagerpunkt A
d) Kräfteplan für den Auflagerpunkt B

2.6 Allgemeines ebenes Kräftesystem

Oft belasten mehrere in der Ebene liegende Kräfte einen Körper, deren Wirkungslinien sich nicht in einem Punkt schneiden. Solche Kräfte bilden ein allgemeines ebenes Kräftesystem.

Die Größe und die Richtung der Resultierenden ist im allgemeinen Kräftesystem auf die gleiche Weise zu finden wie beim zentralen Kräftesystem.

Die Bestimmung der Lage der Resultierenden erfordert jedoch besondere Maßnahmen. Hierbei gibt es zwei grundsätzlich zu unterscheidende Fälle:

1. Die Wirkungslinien der Kräfte können in mehreren Punkten auf der Zeichenebene zum Schnitt gebracht werden.

2. Die Wirkungslinien der Kräfte haben keinen Schnittpunkt auf der Zeichenebene oder sie verlaufen parallel.

Beim erstgenannten Fall kann die Ermittlung der Resultierenden zeichnerisch durchgeführt werden. Die Verfahren werden in Abschnitt 2.6.1 näher erklärt.

Für den zweiten Fall kommen das zeichnerische Verfahren oder die rechnerische Lösung in Frage. Die zeichnersiche Lösung zeigt Abschnitt 2.6.2 mit dem Seileck-Verfahren; die rechnerische Lösung erläutert Abschnitt 2.6.7 mit dem Momentensatz.

2.6.1 Kräfte mit verschiedenen Schnittpunkten

Kräfte, die sich nicht in einem Punkt schneiden, können schrittweise zusammengesetzt werden, wenn sich die Schnittpunkte auf der Zeichenebene befinden. Hierzu dient das Verfahren von Culmann.

Beispiele zur Erläuterung

1. An einem Körper greifen 3 Kräfte an, die nicht gemeinsam zum Schnitt gebracht werden können (Bild **36.**1). Bestimmt man zunächst die Teilresultierende $R_{1,2}$ der Kräfte F_1 und F_2, kann man diese mit der Kraft F_3 zum Schnitt bringen. Durch diesen Schnittpunkt läuft die Wirkungslinie der Resultierenden R.

2. Auf einen Träger wirken 4 Kräfte (Bild **36.**2). Mit jeweils 2 Kräften wird ein Parallelogramm gebildet. Hierzu müssen die Kräfte je nach ihrer Lage auf ihren Wirkungslinien verschoben werden. Mit dem Parallelogramm wird die Resultierende dieser beiden Kräfte bestimmt. Der Schnittpunkt der beiden Teilresultierenden ergibt die Lage der Gesamt-Resultierenden. Das Parallelogramm der Kräfte bringt die Größe der Resultierenden R.

Beispiele zur Übung

1. An einem Träger wirken 3 Kräfte entsprechend Bild **36.**3. Die Resultierende ist in Größe, Richtung und Lage zu bestimmen; das bedeutet die Klärung folgender Fragen:

a) Wie groß ist die Resultierende?

b) Wie groß ist der Winkel α der Resultierenden zur Waagerechten?

c) Wie groß ist der Abstand x von der linken Auflagerkante?

2. An einer Stützmauer wirken außer der Eigenlast $G = 65\,\mathrm{kN}$ eine Erddruckkraft von $E = 18\,\mathrm{kN}$ und auf der anderen Seite eine Wasserdruckkraft $W = 3\,\mathrm{kN}$ (Bild **36.**4).

a) Wie groß ist die Resultierende?

b) Wie groß ist der Winkel zwischen der Resultierenden und der Vertikalen?

c) Wie groß ist der Abstand c der Resultierenden in der Bodenfuge von der Kante K?

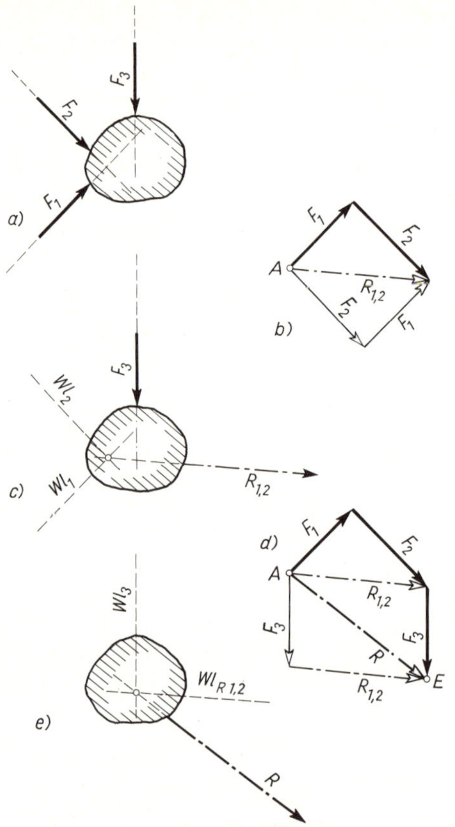

36.1 Allgemeines ebenes Kräftesystem

a) Drei Kräfte an einem Körper ohne gemeinsamen Schnittpunkt
b) Kräfteplan mit Teilresultierender $R_{1,2}$
c) Die Wirkung der Kräfte F_1 und F_2 wird durch die Teilresultierende $R_{1,2}$ ersetzt
d) Kräfteplan mit Gesamt-Resultierender R
e) Die Wirkungslinie der Teilresultierenden $R_{1,2}$ wird mit der Wirkungslinie der Kraft F_3 zum Schnitt gebracht. Damit ist die Lage der Gesamt-Resultierenden R gegeben.

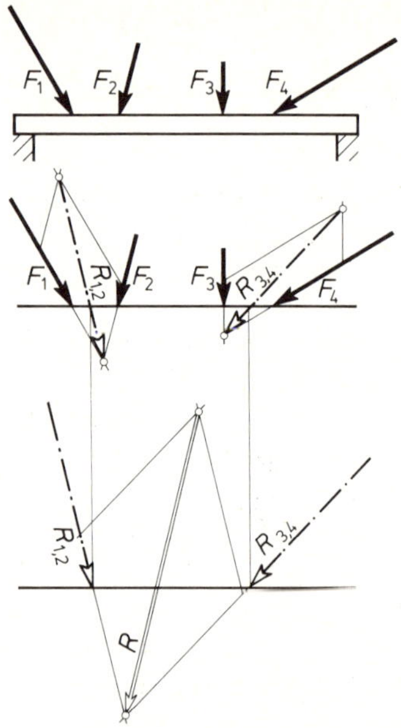

36.2 Allgemeines ebenes Kräftesystem

a) Lageplan: Vier Kräfte wirken auf einen Träger
b) Kräfteplan: Die Kräfte werden paarweise durch ihre Teilresultierende ersetzt: F_1 und F_2 zu $R_{1,2}$ sowie F_3 und F_4 zu $R_{3,4}$. Hierfür werden die Kräfte auf ihrer Wirkungslinie bis zum Schnitt verschoben.
c) Kräfteplan: Die Teilresultierenden $R_{1,2}$ und $R_{3,4}$ werden mit dem Parallelogramm der Kräfte zur Gesamt-Resultierenden zusammengesetzt.

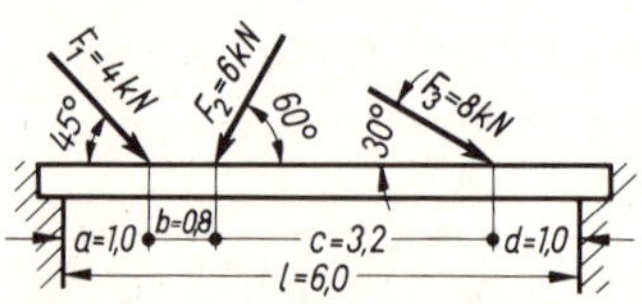

36.3 Drei Kräfte an einem Träger

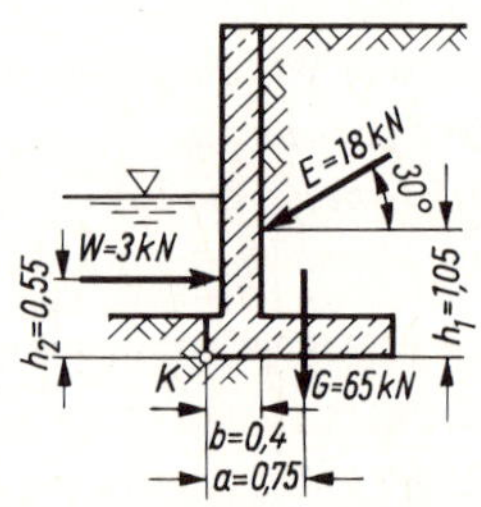

36.4 Stützmauer mit Erddruck und Wasserdruck

3. Der massive Zwischenpfeiler einer Holzbrücke erhält eine Auflast von $F_1 = 40\,\text{kN}$ und hat eine Eigenlast von $G = 300\,\text{kN}$. Aus den Streben erhält der Pfeiler schräg angreifende Lasten von $F_2 = 15\,\text{kN}$ und $F_3 = 18\,\text{kN}$ (Bild **37**.1).

a) Wie groß ist die Resultierende?

b) Welchen Winkel zur Vertikalen bildet die Resultierende?

c) Wo schneidet die Resultierende die Bodenfuge? (Maß *c* von der linken Kante der Fundamentsohle aus gemessen)

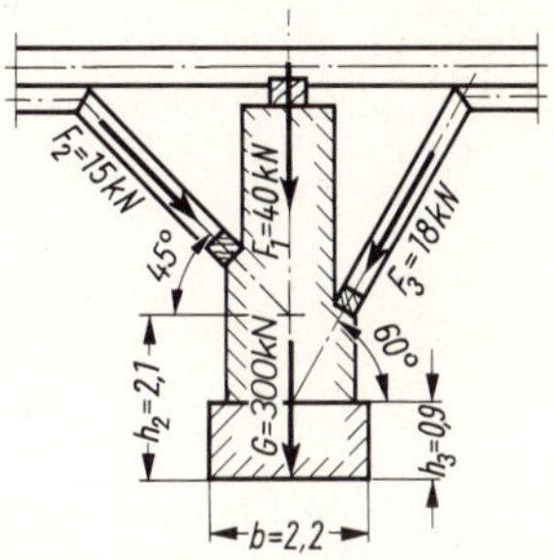

37.1 Vier Kräfte an einem Brückenpfeiler

2.6.2 Kräfte ohne Schnittpunkt ihrer Wirkungslinien

Für Kräfte, die sich auf der Zeichenebene nicht zum Schnitt bringen lassen, ist ein anderes Verfahren nötig. Das kann der Fall sein, wenn der Schnittpunkt zu weit entfernt liegt oder wenn die Kräfte parallel wirken. Hierfür wird das Seileck-Verfahren angewendet. Es wird im folgenden beschrieben.

Seileck-Verfahren

Nach dem Lageplan zeichnet man zunächst das Krafteck mit der Resultierenden *R*. Die Größe der Resultierenden ist damit bekannt. Zur Bestimmung der Lage der Resultierenden muß ein Trick angewendet werden.

Seitlich neben dem Krafteck wählt man einen beliebigen Punkt im mittleren Bereich der Resultierenden. Zu diesem Punkt 0 zieht man von den Enden der Kraftvektoren Verbindungslinien, die mit 1,2,3 .... bezeichnet werden. Es entsteht dadurch die sogenannte Polfigur mit dem Polpunkt 0 und den Polstrahlen 1,2,3 .....

Die Polstrahlen können als Komponenten der einzelnen Kräfte gedacht werden: Polstrahl 1 und 2 als Komponenten für F_1, Polstrahl 2 und 3 als Komponenten für F_2, usw.

In den Lageplan können daher die Polstrahlen parallel übertragen werden, und zwar Polstrahl 1 und 2 im Schnitt mit der Wirkungslinie von F_1, Polstrahl 2 und 3 im Schnitt mit der Wirkungslinie von F_2, usw. Dabei entsteht ein Linienzug, dessen äußere Strahlen sich in einem Punkt schneiden: dieses ist der Punkt, durch den die Wirkungslinie der Resultierenden läuft.

Begründung: So wie im Krafteck zwischen den Polstrahlen 1 und 2 die Kraft F_1, zwischen den Polstrahlen 2 und 3 die Kraft F_2 liegt, wird auch die Resultierende von den äußeren Polstrahlen eingeschlossen.

Der im Lageplan entstandene Kräfteplan wird als Seileck bezeichnet. Die parallel hierher übertragenen Polstrahlen werden im Seileck auch Seilstrahlen genannt. Mit dem Schnittpunkt der äußeren Seilstrahlen ist die Lage der Resultierenden bekannt.

Beispiel zur Erläuterung

Auf einen Träger wirken 5 Kräfte in den angegebenen Größen und Richtungen (Bild **38.**1). Mit Polfigur und Seileck wird die Aufgabe gelöst.

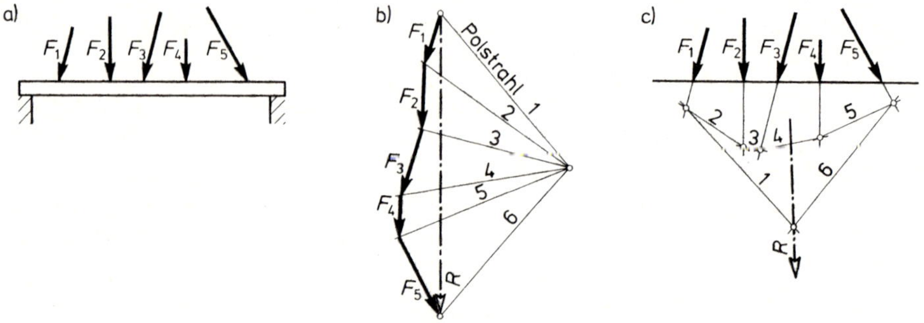

38.1 Polfigur und Seileck zur Bestimmung der Resultierenden
a) Fünf Kräfte wirken auf einen Träger
b) Polfigur mit Polpunkt 0 und Polstrahlen 1 bis 6. Die Größe und Richtung der Resultierenden ist bestimmt.
c) Kräfteplan mit den Kräften F_1 bis F_5 und Seileck mit den Seilstrahlen 1 bis 6. Die Lage der Resultierenden ist bestimmt.

2.6.3 Kräftepaar

Ein Körper, auf den Kräfte wirken, darf sich nicht verschieben oder verdrehen: er muß im Gleichgewicht sein. Das bedeutet, daß der Resultierenden aller Kräfte eine gleichgroße Kraft entgegenwirken muß. Die Gegenkraft muß auf derselben Wirkungslinie angreifen (Bild **38.**2).

Würde man eine gleichgroße Kraft parallel zur Resultierenden anordnen, fände zwar keine Verschiebung, wohl aber eine Verdrehung des Körpers statt (Bild **38.**3).

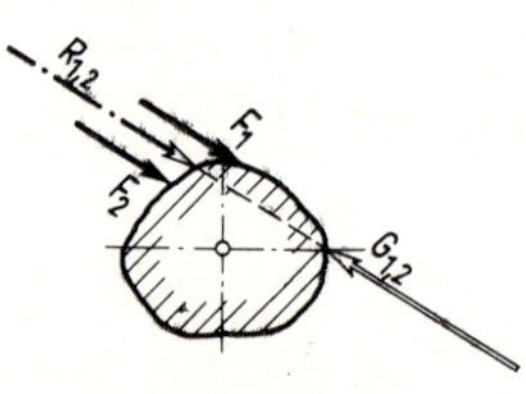

38.2 Resultierende und Gegenkraft auf derselben Wirkungslinie

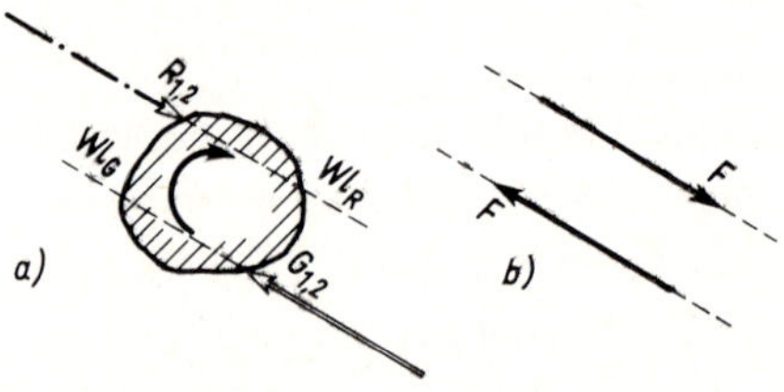

38.3 a) Resultierende und Gegenkraft auf parallelen Wirkungslinien
b) zwei gleichgroße entgegengesetzt gerichtete Kräfte auf parallelen Wirkungslinien bilden ein Kräftepaar

Zwei gleichgroße Kräfte, die auf parallelen Wirkungslinien entgegengesetzt gerichtet sind, bilden ein Kräftepaar. Die algebraische Summe der beiden Kräfte ist gleich Null, und es erfolgt keine Verschiebung des Körpers. Der Körper befindet sich aber trotzdem nicht in Ruhe, da er gedreht wird. Ein Kräftepaar ist die Ursache der Drehung eines Körpers. Es besitzt ein Drehvermögen.

2.6.4 Moment

Das Drehvermögen eines Kräftepaares bezeichnet man als Drehmoment M. Ein Drehmoment ist abhängig von der Größe und von dem Abstand der Kräfte des Kräftepaares. Erhöht man die Kraft, dann wird das Drehmoment größer. Verlängert man den Wirkabstand, dann wird das Drehmoment ebenfalls größer.

Die Größe des Drehmomentes wird berechnet aus dem Produkt einer Kraft und dem Wirkabstand (Hebelarm) (Bild **39**.1). Dieser wird immer rechtwinklig zur Kraftrichtung gemessen.

Drehmoment M = Kraft F · Wirkabstand a

$$\boldsymbol{M = F \cdot a} \tag{39.1}$$

F wird in der Regel in kN, a in m eingesetzt. Daraus ergibt sich das Moment in kN · m, also in kNm (Kilonewtonmeter).

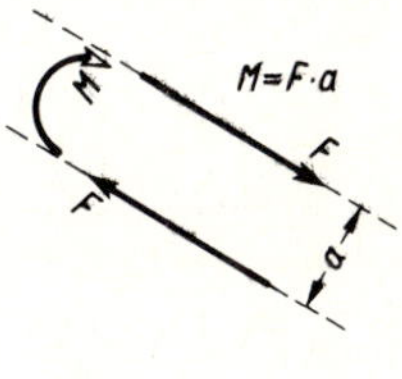

39.1 Das Drehmoment eines Kräftepaares

Auch eine scheinbar einzelne Kraft besitzt ein Drehvermögen, bezogen auf einen Drehpunkt. Dieser Drehpunkt muß unverschieblich festgehalten sein. Dazu ist eine Gegenkraft gleicher Größe erforderlich. Man hat also auch hier ein Kräftepaar, selbst wenn die Gegenkraft nach außen nicht in Erscheinung tritt. Das Drehmoment einer Kraft bezeichnet man als statisches Moment.

Zusammenfassung

Unter einem statischen Moment auf einen Punkt versteht man das Produkt aus der Kraft und ihrem rechtwinkligen Wirkabstand vom Bezugspunkt.

Die rechtsdrehenden Momente (im Uhrzeigersinn) werden als positiv (+) bezeichnet (Bild **39**.2), die linksdrehenden Momente (entgegen dem Uhrzeigersinn) als negativ (−).

Die folgenden Beispiele sollen zeigen, daß das Drehmoment eines Kräftepaares aus den Momenten der beiden Einzelkräfte berechnet werden kann.

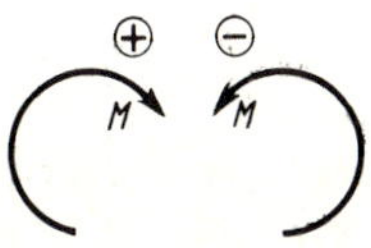

39.2 Die Vorzeichen der Drehmomente: rechtsdrehend positive (im Uhrzeigersinn), linksdrehend negativ (entgegen dem Uhrzeigersinn)

Beispiele zur Erläuterung

1. Drehpunkt in der Mitte zwischen den Kräften (Bild **40.**1 a)

$$M = F \cdot \frac{a}{2} + F \cdot \frac{a}{2} = F \cdot \left(\frac{a}{2} + \frac{a}{2}\right) \qquad M = F \cdot a$$

2. Drehpunkt beliebig zwischen den Kräften (Bild **40.**1 b)

$$M = F \cdot a_1 + F \cdot a_2 = F \cdot (a_1 + a_2) \quad M = F \cdot a$$

3. Drehpunkt auf der Wirkungslinie einer Kraft (Bild **40.**1 c)

$$M = F \cdot a + F \cdot 0 \qquad M = F \cdot a$$

4. Drehpunkt oberhalb der beiden Kräfte (Bild **40.**1 d)

$$M = F \cdot (a + b) - F \cdot b = F \cdot a + F \cdot b - F \cdot b \qquad M = F \cdot a$$

5. Drehpunkt unterhalb der beiden Kräfte (Bild **40.**1 e)

$$M = F \cdot (a + c) - F \cdot c = F \cdot a + F \cdot c - F \cdot c \qquad M = F \cdot a$$

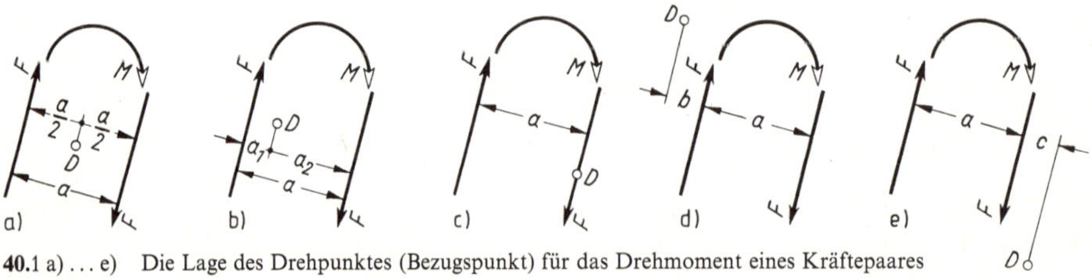

40.1 a) ... e) Die Lage des Drehpunktes (Bezugspunkt) für das Drehmoment eines Kräftepaares

Folgerung

Ein Kräftepaar ergibt unabhängig von der Lage des Drehpunktes *D* stets das gleiche Drehmoment.

Bei Beispiel 3 ist zu erkennen, daß eine Kraft um einen Punkt allein ein Drehmoment ergeben kann. Die andere Kraft des Kräftepaares sorgt für die Unverschieblichkeit des Drehpunktes.

Beispiele zur Übung

1. Wie groß ist das Drehmoment eines Kräftepaares aus den Kräften $F = 10$ kN mit dem Wirkabstand $a = 0{,}20$ m (Bild **40.**2 a)?

2. Die Größe des Drehmomentes eines Kräftepaares aus $F = 20$ kN mit dem Wirkabstand $a = 0{,}10$ m ist zu berechnen (Bild **40.**2 b).

3. Ein Kräftepaar aus $F = 4$ kN und dem Wirkabstand $a = 0{,}50$ m ergibt ein Drehmoment welcher Größe (Bild **40.**2 c)?

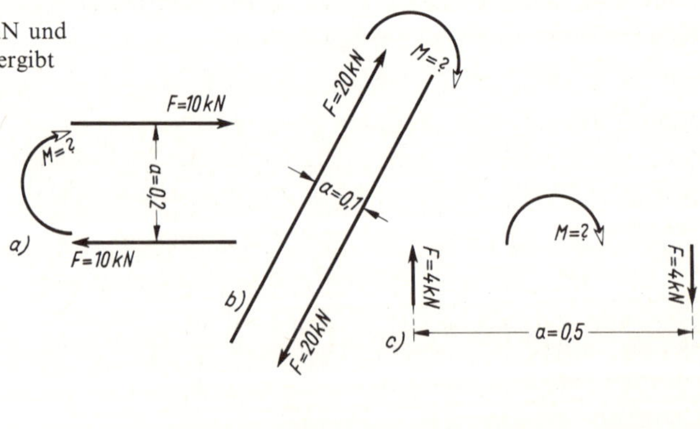

40.2 a)···c)
Drehmoment eines Kräftepaares

Der Vergleich der Beispiele 1 bis 3 zeigt:
Die Kräftepaare der drei Beispiele sind gleichwertig, da ihre Drehmomente gleich groß sind.

4. Wie groß ist das Drehmoment zweier gleichgroßer Kräfte $F = 5\,\text{kN}$, die 0,25 m und 0,80 m von einem Drehpunkt entfernt entgegengesetzt in vertikaler Richtung wirken (Bild **41.**1 a)?

5. Welches Drehmoment ergeben zwei Kräfte, die 12 kN groß sind und von einem Drehpunkt 0,30 m entfernt waagerecht entgegengesetzt wirken (Bild **41.**1 b)?

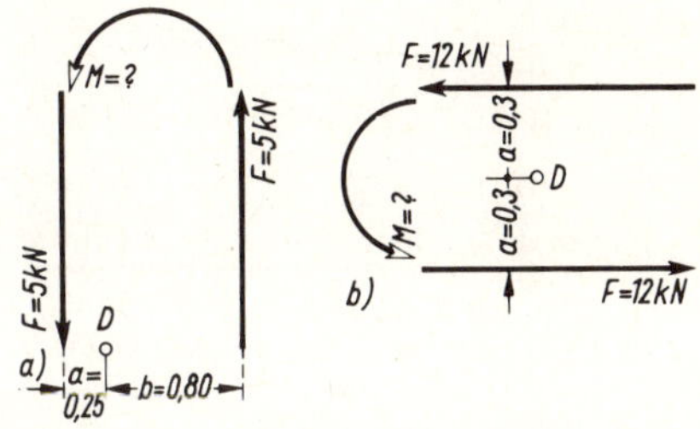

41.1 a) und b) Drehmoment zweier Kräfte

2.6.5 Gleichgewicht im allgemeinen Kräftesystem

Die Verschiebung eines Körpers erfolgt durch angreifende Kräfte. Die Drehung eines Körpers geschieht durch ein Kräftepaar oder ein angreifendes Drehmoment.

Wenn der Körper sich aber nicht bewegen darf, also in Ruhe bleiben soll, müssen den angreifenden Kräften und Drehmomenten gleichgroße Kräfte und Drehmomente entgegenwirken. Das bedeutet:

Die Summe aller vertikalen Kräfte muß gleich Null sein.

$$\sum V_i = 0 \qquad i = 1, 2, 3, \ldots \tag{41.1}$$

Die Summe aller horizontalen Kräfte muß gleich Null sein.

$$\sum H_i = 0 \tag{41.2}$$

Die Summe aller Momente der Kräfte für jeden Drehpunkt muß gleich Null sein.

$$\sum M_i = 0 \tag{41.3}$$

Mit diesen 3 Gleichgewichtsbedingungen kann untersucht werden, ob die an einem Tragwerk angreifenden Kräfte im Gleichgewicht sind.

Für ein Tragwerk, das sich im Gleichgewicht befindet, können hiermit unbekannte Kräfte ermittelt werden.

Die beiden Gleichungen $\sum V_i = 0$ und $\sum H_i = 0$ kann man auch ersetzen durch zwei weitere Momentenbedingungen $\sum M_i = 0$ um zwei andere beliebige Drehpunkte. Alle drei Drehpunkte dürfen nicht auf einer Geraden liegen.

Die Gleichgewichtsbedingungen lauten dann:

Ein Körper ist im Gleichgewicht, wenn die Summe aller Momente um drei Drehpunkte gleich Null ist, wobei die Punkte nicht auf einer Geraden liegen.

$$\sum M_{(I)} = 0 \qquad \sum M_{(II)} = 0 \qquad \sum M_{(III)} = 0 \tag{41.4}$$

2.6.6 Hebelgesetz

Die rechnerische Ermittlung unbekannter Kräfte soll zunächst am Hebel gezeigt werden. Der Hebel ist ein Körper, der um eine Achse drehbar ist. Außerhalb der Achse greifen Kräfte an. Diese Kräfte versuchen, eine Drehung um die Achse zu erzeugen. Wenn sie keine Drehung bewirken, ist der Hebel im Gleichgewicht.

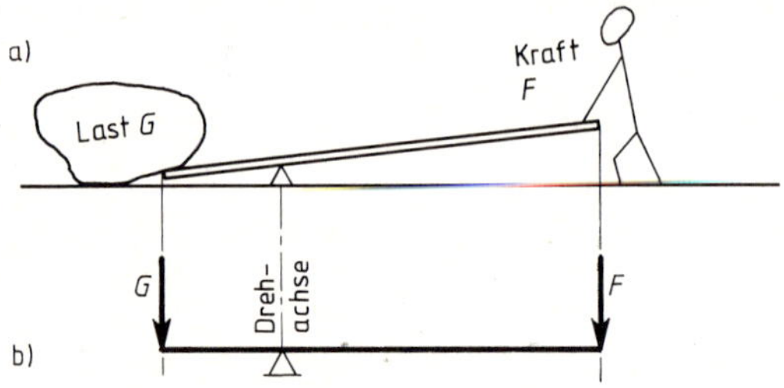

42.1 Hebel zum Anheben einer schweren Last G
a) Darstellung der Situation
b) Schematische Darstellung

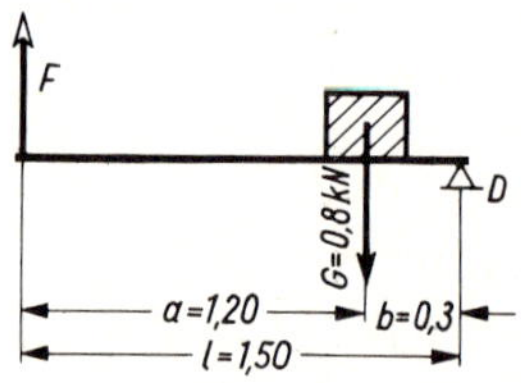

42.2 Zwei Kräfte an einem einseitigen Hebel

Einseitiger Hebel

Greifen die Kräfte an einer Seite des Hebels an, so spricht man von einem einseitigen Hebel (Bild **42.**2).

Die Gleichgewichtsbedingung lautet:

Die Summe aller Momente um den Drehpunkt *D* muß gleich Null sein.

$$\sum M_{(D)} = 0 \qquad (42.1)$$

Daraus folgt: $F \cdot l - G \cdot b = 0$, wobei das rechtsdrehende Moment positiv, das linksdrehende Moment negativ eingesetzt wurde. Das rechtsdrehende Moment ist gleich dem linksdrehenden Moment:

$$F \cdot l = G \cdot b$$

Die Kraft, die das Gleichgewicht hält, ist dann

$$F = \frac{G \cdot b}{l} \qquad (42.2)$$

Beispiel zur Erläuterung

Durch einen einseitigen Hebel ist ein Körper mit einer Eigenlast von $G = 0{,}8$ kN in 0,3 m Abstand vom Drehpunkt D zu halten. Der Hebel hat eine Gesamtlänge von $l = 1{,}50$ m (Bild **42.**2). Wie groß muß die Kraft F am Ende des Hebels werden, wenn sie das Gleichgewicht halten soll?

$$\sum M_{(D)} = 0 \qquad F \cdot l - G \cdot b = 0$$

$$F = \frac{G \cdot b}{l} = \frac{0{,}8\,\text{kN} \cdot 0{,}30\,\text{m}}{1{,}50\,\text{m}} = 0{,}16\,\text{kN}$$

Zweiseitiger Hebel

Bei einem zweiseitigen Hebel greifen die Kräfte an verschiedenen Seiten des Drehpunktes an (Bild **43.**1). Bei Gleichgewicht muß auch hier die Summe aller Momente um den Drehpunkt D gleich Null sein.

$$\sum M_{(D)} = 0$$

Daraus folgt:

$$F \cdot b - G \cdot a = 0$$

Das rechtsdrehende Moment ist gleich dem linksdrehenden Moment:

$$F \cdot b = G \cdot a$$

Die erforderliche Kraft F ist dann

$$F = \frac{G \cdot a}{b}$$

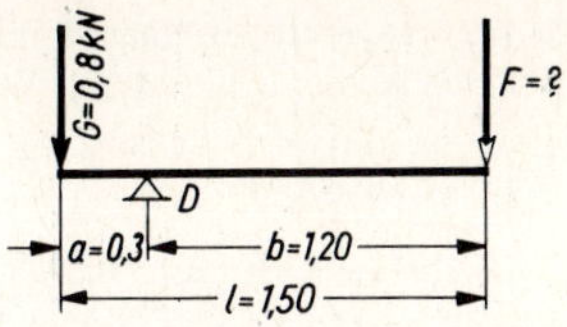

43.1 Zwei Kräfte an einem zweiseitigen Hebel

Beispiel zur Erläuterung

An dem einen Ende eines 1,50 m langen zweiseitigen Hebels wirkt die Eigenlast $G = 0{,}8$ kN. Abstand vom Drehpunkt $a = 0{,}3$ m (Bild **43** 1). Wie groß muß die am anderen Ende wirkende Kraft F sein, um das Gleichgewicht zu halten?

$$\sum M_{(D)} = 0 \qquad F \cdot b - G \cdot a = 0 \qquad F \cdot b = G \cdot a$$

$$F = \frac{G \cdot a}{b} = \frac{0{,}8\,\text{kN} \cdot 0{,}30\,\text{m}}{1{,}20\,\text{m}} = 0{,}2\,\text{kN}$$

Winkelhebel

Wenn ein zweiseitiger Hebel am Drehpunkt winkelig geknickt ist, spricht man von einem Winkelhebel (Bild **43**.2).

Die Momentensumme aller Kräfte um den Drehpunkt D muß bei Gleichgewicht Null sein.

$$\sum M_{(D)} = 0$$

Daraus folgt wieder:

$$F_2 \cdot b - F_1 \cdot a = 0 \qquad F_2 \cdot b = F_1 \cdot a \qquad F_2 = \frac{F_1 \cdot a}{b}$$

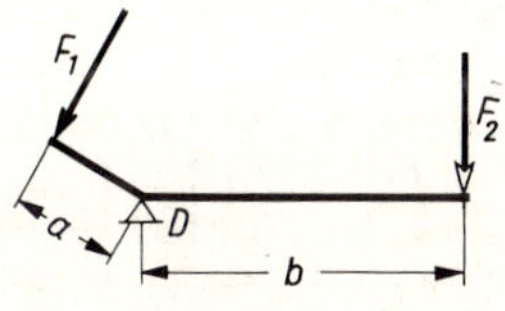

43.2 Winkelhebel

Beispiele zur Erläuterung

1. An seinem freien Ende hat ein Winkelhebel rechtwinklig zur Stabachse eine Kraft $F_1 = 0{,}8$ kN zu halten (Bild **44.**1 a). Wie groß muß die Kraft F_2 am anderen Ende des Hebels werden, damit das Gleichgewicht erhalten bleibt?

$$\sum M_{(D)} = 0 \qquad F_2 \cdot b - F_1 \cdot a = 0 \qquad F_2 \cdot b = F_1 \cdot a$$

$$F_2 = \frac{F_1 \cdot a}{b} = \frac{0{,}8\,\text{kN} \cdot 0{,}30\,\text{m}}{1{,}20\,\text{m}} = 0{,}2\,\text{kN}$$

2. Die lotrecht an einem Winkelhebel wirkende Kraft F_1 wird durch die Kraft F_2 im Gleichgewicht gehalten (Bild **44.**1 b). Welche Größe hat die Kraft F_2?

$$\sum M_{(D)} = 0 \qquad F_2 \cdot b - F_1 \cdot d = 0 \qquad F_2 \cdot b = F_1 \cdot d$$

$$F_2 = \frac{F_1 \cdot d}{b} = \frac{0{,}8\,\text{kN} \cdot 0{,}15\,\text{m}}{1{,}20\,\text{m}} = 0{,}1\,\text{kN}$$

3. Die waagerecht an einem Winkelhebel angreifende Kraft F_1 soll durch die Kraft F_2 im Gleichgewicht gehalten werden (Bild **44.**1c). Wie groß muß die Kraft F_2 sein?

$$\sum M_{(D)} = 0 \qquad F_2 \cdot b - F_1 \cdot c = 0 \qquad F_2 \cdot b = F_1 \cdot c$$

$$F_2 = \frac{F_1 \cdot c}{b} = \frac{0{,}8\,\text{kN} \cdot 0{,}26\,\text{m}}{1{,}20\,\text{m}} = 0{,}17\,\text{kN}$$

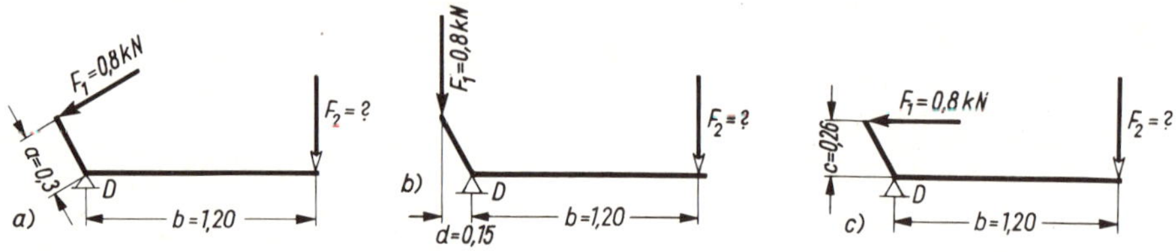

44.1 a)···c) Zwei Kräfte an einem Winkelhebel

2.6.7 Momentensatz

Die resultierende Kraft einer Kräftegruppe übt auf einen Körper als Ganzes die gleiche Wirkung aus wie die Kräftegruppe selbst. Wirken diese Kräfte mit einem zugehörigen Wirkabstand drehend auf einen Körper ein, so bilden sie Drehmomente.

Die Summe all dieser Drehmomente hat ebenfalls die gleiche Wirkung auf den Körper wie das Drehmoment der resultierenden Kraft, bezogen auf den gleichen Drehpunkt.

Greifen z.B. zwei Kräfte F_1 und F_2 bei einem auskragenden Träger an (Bild **44.**2), so ergeben die beiden Momente aus den Kräften $F_1 \cdot a_1$ und $F_2 \cdot a_2$ zusammen die gleiche Drehwirkung um den Punkt D wie das Moment aus der Resultierenden $R \cdot a_0$.

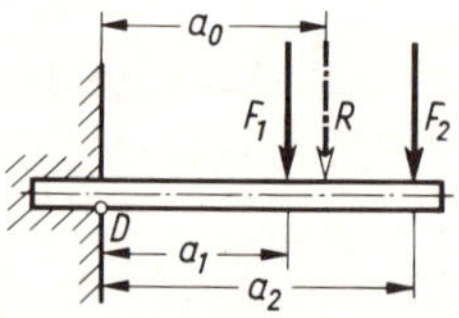

44.2 Die Drehwirkung der Resultierenden ist gleich der Drehwirkung der angreifenden Kräfte

Das heißt

$$F_1 \cdot a_1 + F_2 \cdot a_2 = R \cdot a_0 \qquad (44.1)$$

Ganz allgemein ausgedrückt

$$\sum \boldsymbol{F}_i \cdot \boldsymbol{a}_i = \boldsymbol{R} \cdot \boldsymbol{a}_0 \qquad i = 1, 2 \qquad (44.2)$$

Damit wird der Momentensatz aufgestellt:

Die Drehmomente aller Einzelkräfte zusammen sind gleich dem Drehmoment der Resultierenden um denselben Drehpunkt.

Dieser Momentensatz gilt für jeden beliebigen Drehpunkt. Er läßt sich auch anwenden zur Bestimmung der Lage der Resultierenden. Wenn der Abstand a_0 unbekannt ist, stellt man den Momentensatz $\sum F_i \cdot a_i = R \cdot a_0$ nach der unbekannten Größe a_0 um, und man erhält

$$\boldsymbol{a}_0 = \frac{\sum \boldsymbol{F}_i \cdot \boldsymbol{a}_i}{\boldsymbol{R}} \qquad i = 1, 2, 3, \ldots \qquad (44.3)$$

Die Anwendung des Momentensatzes ist immer dann angebracht, wenn die Wirkabstände der Kräfte leicht ermittelt werden können.

Beispiel zur Erläuterung

Auf einer Decke steht ein Gabelstapler mit einem zulässigen Gesamtgewicht von 7 t. Die Achslasten betragen:
$F_1 = 65$ kN, $F_2 = 5$ kN. Der Achsabstand beträgt $b = 1{,}4$ m (Bild **45**.1).
Wie groß ist die Resultierende?
Wo liegt die Resultierende?

$$R = F_1 + F_2 = 65\,\text{kN} + 5\,\text{kN} = 70\,\text{kN}$$

$$a_0 = \frac{\sum F_i \cdot a_i}{R} = \frac{F_1 \cdot a_1 + F_2 \cdot a_2}{R}$$

$$a_0 = \frac{65\,\text{kN} \cdot 1{,}9\,\text{m} + 5\,\text{kN} \cdot 3{,}3\,\text{m}}{70\,\text{kN}}$$

$$= \frac{123{,}5\,\text{kNm} + 16{,}5\,\text{kNm}}{70\,\text{kN}}$$

$a_0 = 2{,}0$ m von der linken Kante

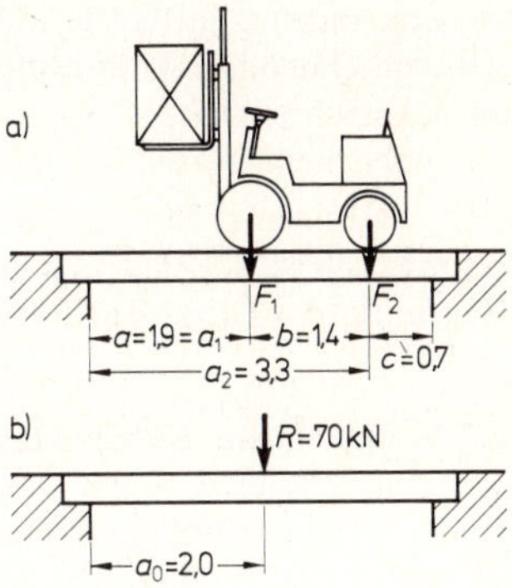

45.1 Ein Gabelstapler belastet eine Decke
a) Stellung des Gabelstaplers
b) Resultierende der beiden Achslasten

Beispiele zur Übung

1. Bei einem auskragenden Träger (Balkonträger o.ä.) greift im Abstand $a_1 = 1{,}2$ m eine Last $F_1 = 1{,}0$ kN an und im Abstand $a_2 = 1{,}5$ m eine Last $F_2 = 1{,}2$ kN (Bild **45**.2).

a) Wie groß ist die Resultierende? b) Wo liegt die Resultierende, $a_0 = ?$

2. Ein Unterzug unter 4 Deckenträgern hat eine Belastung $F_1 = F_2 = F_3 = F_4 = 8$ kN aufzunehmen (Bild **45**.3).

a) Wie groß ist die Resultierende?

b) Wie groß ist der Abstand a_0 von der linken Auflagerkante?

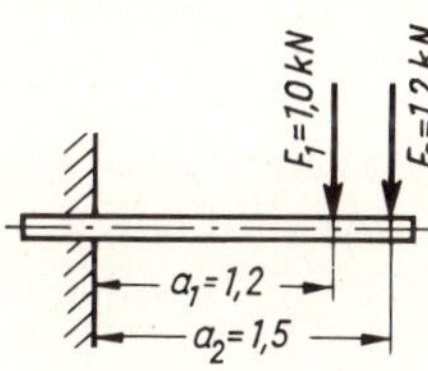

45.2 Zwei Kräfte an einem auskragenden Träger

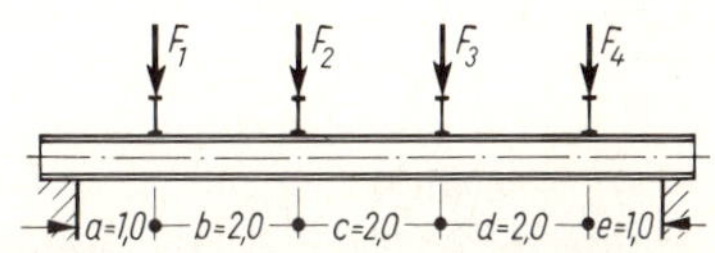

45.3 Unterzug unter vier Deckenträgern

3. Ein Lastkraftwagen steht auf einer Brücke. Die Achslasten sind $F_1 = 90$ kN und $F_2 = F_3 = 105$ kN (Bild **45**.4).

a) Wie groß ist die Resultierende?

b) Wie groß ist der Abstand a_0 gemessen von der linken Brückenauflagerkante?

4. Auf einem Fundament stehen in gleichen Abständen 4 Stützen, die aber unterschiedliche Lasten zu tragen haben (Bild **45**.5).

a) Wieviel kN beträgt die Resultierende?

b) Wie weit wirkt sie von der linken Fundamentkante entfernt? $a_0 = ?$

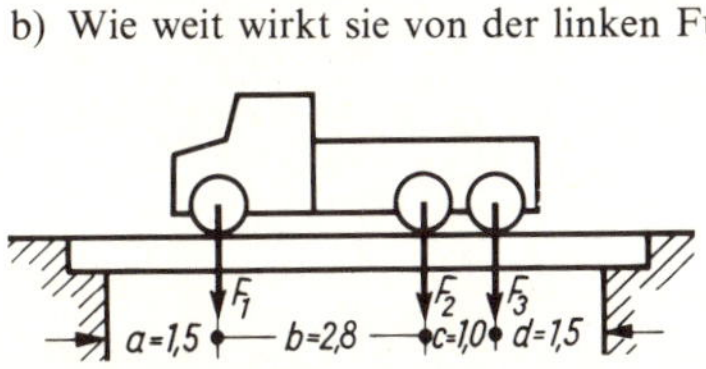

45.4 Lastkraftwagen auf einer Brücke

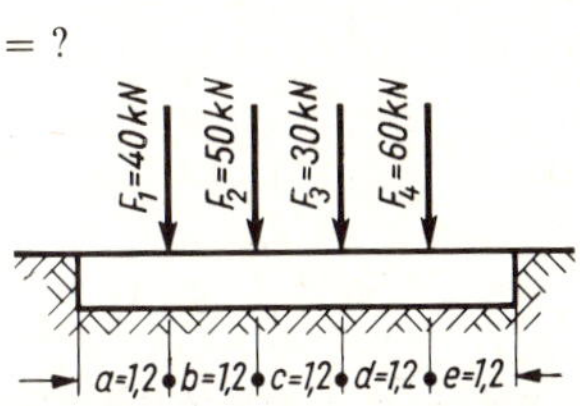

45.5 Stützen auf einem Fundament

2.7 Zentrales räumliches Kräftesystem

Bauwerke sind räumliche Gebilde. An vielen Stellen der Bauwerke greifen Kräfte an. Die angreifenden Kräfte wirken räumlich. Die räumliche Darstellung kann meistens vereinfacht werden, indem die Kräfte in einzelnen Ebenen dargestellt werden. Oft wird daher das wirkende **räumliche Kräftesystem** auf **ebene Kräftesysteme** oder gar **lineare Kräftesysteme** zurückgeführt. Diese Arbeitsweise vereinfacht die statische Berechnung. Daher wurden in den vorstehenden Abschnitten diese einfacheren Kräftesysteme ausführlich erklärt.

Für diejenigen Fälle, bei denen eine räumliche Betrachtung der wirkenden Kräfte erforderlich ist, soll das räumliche Kräftesystem kurz dargestellt werden. Hierzu werden die Regeln für das ebene Kräftesystem um eine Dimension auf die dritte Dimension erweitert.

2.7.1 Räumliches Koordinatensystem

In der Technik werden verschiedene räumliche Koordinatensysteme angewendet. Für das Bauwesen und insbesondere die Baustatik ist das dreiachsige rechtwinklige Koordinatensystem zweckmäßig.

Bauwerke als Ganzes können einem globalen Koordinatensystem (X, Y, Z) zugeordnet werden. Einzelne Bauwerksteile werden einem lokalen Koordinatensystem aus x-, y- und z-Achse zugeordnet.

Das bisherige Koordinatenkreuz mit y- und z-Achse wird also um die x-Achse erweitert (Bild **46**.1).

Die positiven Achsen des Koordinatensystems sind in Bild **46**.1 dargestellt. Die entgegengesetzten Richtungen sind negativ. Daraus ergeben sich die Vorzeichen der Kräfte im Koordinatensystem.

Bei Koordinatensystemen für stabartige Tragwerke (z.B. Stützen, Träger) liegt die x-Achse in der Stabrichtung, die y- und die z-Achse liegen in der Querschnittsfläche. Die z-Achse zeigt in der Regel nach unten.

Kräfte, die im Raum wirken, werden als Kraftvektoren dargestellt. Dabei greift eine Kraft stets im Nullpunkt 0 des Koordinatensystems an.

Die Richtung der Kraft weist stets vom Nullpunkt weg (Bild **46**.2).

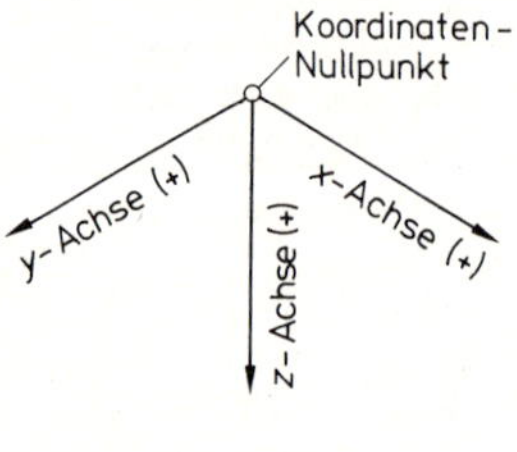

46.1
Räumliches rechtwinkliges Koordinatensystem mit den positiven Achsen x, y, z

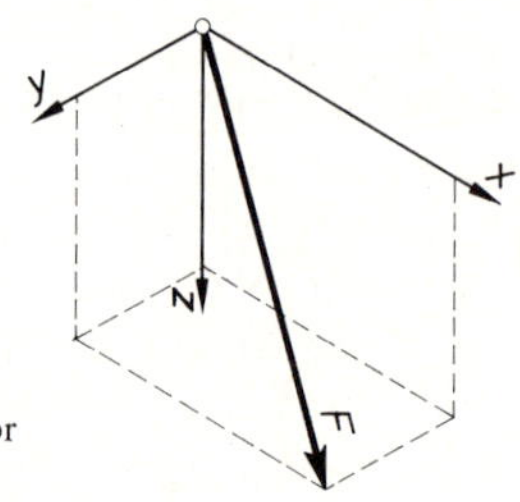

46.2
Eine Kraft im Raum als Vektor und Raumdiagonale

2.7.2 Kräfte im Raum

Eine Kraft, die im Raum wirkt, kann in drei Komponenten zerlegt werden. Im Raum ist eine Zerlegung in drei Komponenten eindeutig möglich. Die Komponenten werden dazu auf die drei Achsen x, y und z bezogen. Eine Kraft F kann in ihrer Wirkung durch ihre drei Komponenten F_x, F_y und F_z ersetzt werden (Bild **47.1**).

Aus Bild **47.1** a ist zu erkennen, daß die drei Komponenten F_x, F_y und F_z den Kanten eines Quaders entsprechen. Die Kraft F bildet die Raumdiagonale. Bild **47.1** b zeigt, daß der Quader dem bisherigen Kräfteparallelogramm entspricht, das um eine Dimension erweitert wurde.

Die Größe einer Kraft F errechnet sich aus ihren drei Komponenten

$$F = \sqrt{F_x^2 + F_y^2 + F_z^2} \tag{47.1}$$

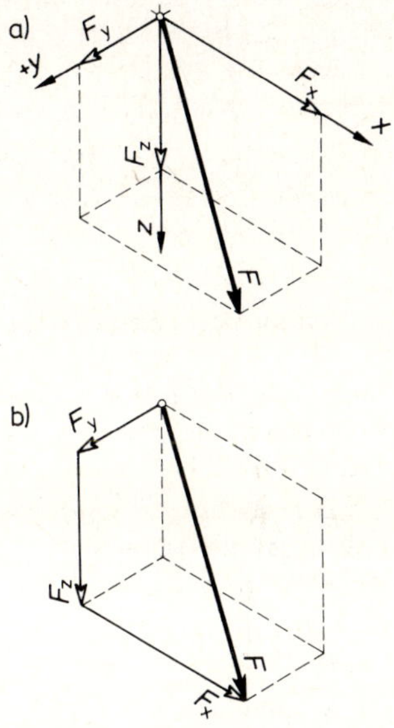

47.1
Die Komponenten einer Kraft als Kanten des Quaders
a) Lageplan der Kraft mit ihren Komponenten
b) Kräfteplan für Kräfte im Raum

Die Richtung einer Kraft F ist bestimmt durch die Winkel, die sie mit den Achsen bildet (Bild **48.1**):

$$\cos\alpha_x = \frac{F_x}{F} \qquad \cos\alpha_y = \frac{F_y}{F} \qquad \cos\alpha_z = \frac{F_z}{F} \tag{47.2 ... 47.4}$$

In gleicher Weise, wie eine im Raum wirkende Kraft in ihre drei Komponenten zerlegt wird, können Kräfte zu einer Resultierenden zusammengesetzt werden.

Mehrere Kräfte, die im Raum wirken, bilden ein räumliches Kräftesystem: eine Kräftegruppe. Bei einer solchen Kräftegruppe werden die einzelnen Kräfte in gleicher Weise in ihre Komponenten zerlegt. Umgekehrt läßt sich Resultierende einer Kräftegruppe bestimmen. Hierfür werden zunächst aus der Summe der Kraftkomponenten für jede Achse die Teilresultierenden ermittelt.

Die Teilresultierenden für jede Achse sind

$$R_x = \sum F_{ix} \qquad R_y = \sum F_{iy} \qquad R_z = \sum F_{iz} \tag{47.5 ... 47.7}$$

Die Größe der Resultierenden einer Kräftegruppe wird berechnet mit:

$$R = \sqrt{R_x^2 + R_y^2 + R_z^2} \tag{47.8}$$

Beispiele zur Erläuterung

1. Drei Kräfte im rechtwinklig räumlichen Koordinatensystem wirken in folgender Größe:

$F_x = 7{,}0\,\text{kN}$, $F_y = 8{,}5\,\text{kN}$, $F_z = 5{,}0\,\text{kN}$

Die Resultierende wird in ihrer Größe und mit ihren Winkeln bestimmt.

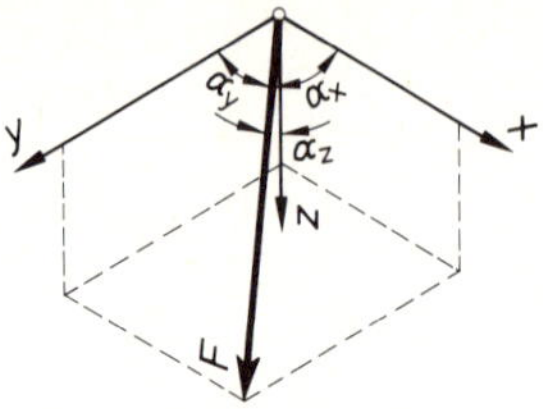

48.1 Die Winkelbezeichnungen für eine Kraft im räumlichen Koordinatensystem

$$R = \sqrt{F_x^2 + F_y^2 + F_z^2}$$
$$= \sqrt{(7{,}0\,\text{kN})^2 + (8{,}5\,\text{kN})^2 + (5{,}0\,\text{kN})^2}$$
$$= \sqrt{49{,}0\,\text{kN}^2 + 72{,}25\,\text{kN}^2 + 25{,}0\,\text{kN}^2}$$
$$R = 12{,}1\,\text{kN}$$

$$\cos\alpha_x = \frac{F_x}{R} = \frac{7{,}0\,\text{kN}}{12{,}1\,\text{kN}} = 0{,}579 \qquad \alpha_x = 54{,}6°$$

$$\cos\alpha_y = \frac{F_y}{R} = \frac{8{,}5\,\text{kN}}{12{,}1\,\text{kN}} = 0{,}703 \qquad \alpha_y = 45{,}3°$$

$$\cos\alpha_z = \frac{F_z}{R} = \frac{5{,}0\,\text{kN}}{12{,}1\,\text{kN}} = 0{,}413 \qquad \alpha_z = 65{,}6°$$

2. An einem Punkt wirken folgende Kräfte (Bild **48.**2a):

in *x*-Achse $F_{1x} = +10\,\text{kN}$ $F_{2x} = +\ 6\,\text{kN}$

in *y*-Achse $F_{1y} = +12\,\text{kN}$ $F_{2y} = -\ 8\,\text{kN}$

in *z*-Achse $F_{1z} = +20\,\text{kN}$ $F_{2z} = -12\,\text{kN}$

Die Resultierende aller Kräfte ergibt sich aus folgender Rechnung:

$$R_x = \sum F_{ix} = +10\,\text{kN} + 6\,\text{kN} = +16\,\text{kN}$$
$$R_y = \sum F_{iy} = +12\,\text{kN} - 8\,\text{kN} = +\ 4\,\text{kN}$$
$$R_z = \sum F_{iz} = +20\,\text{kN} - 12\,\text{kN} = +\ 8\,\text{kN}$$
$$R = \sqrt{R_x^2 + R_y^2 + R_z^2}$$
$$= \sqrt{(+16\,\text{kN})^2 + (+4\,\text{kN})^2 + (+8\,\text{kN})^2}$$
$$= \sqrt{+256\,\text{kN}^2 + 16\,\text{kN}^2 + 64\,\text{kN}^2}$$
$$R = 18{,}3\,\text{kN}$$

Die Winkel der Resultierenden:

$$\cos\alpha_x = \frac{R_x}{R} = \frac{16\,\text{kN}}{18{,}3\,\text{kN}} = 0{,}874 \qquad \alpha_x \approx 29°$$

$$\cos\alpha_y = \frac{R_y}{R} = \frac{4\,\text{kN}}{18{,}3\,\text{kN}} = 0{,}219 \qquad \alpha_y \approx 77°$$

$$\cos\alpha_z = \frac{R_z}{R} = \frac{8\,\text{kN}}{18{,}3\,\text{kN}} = 0{,}437 \qquad \alpha_z \approx 64°$$

Bild **48.**2b zeigt die Resultierende im Raum.

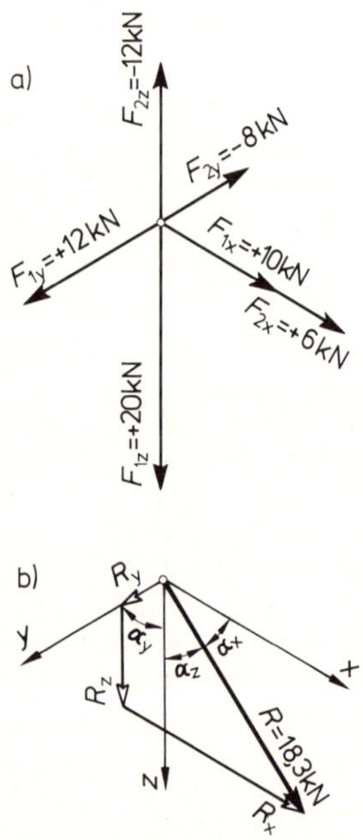

48.2 Kräftegruppe im Raum
a) Räumliches Kräftesystem
b) Die Resultierende mit ihren Komponenten und Winkeln im Raum

3 Bestimmung von Schwerpunkten

Auf die Masse eines Körpers wirkt die Schwerkraft der Erde. Infolge der Schwerkraft entstehen in jedem Masseteilchen eines Körpers nach unten gerichtete Massekräfte. Jeder Körper hat einen Punkt, in dem man sich all diese Massekräfte als seine gesamte Eigenlast vereinigt denken kann. Dieser Massemittelpunkt ist der Angriffspunkt der ganzen Schwerkraft eines Körpers. Es ist der Schwerpunkt.

Wird ein Körper in seinem Schwerpunkt unterstützt, so ist er in jeder Lage in Ruhe, er ist im Gleichgewicht. Die Resultierende der Eigenlast geht hier bei jeder Lage des Körpers durch den Schwerpunkt. Für den Schwerpunkt heben sich die Drehmomente aller Kräfte der Masseteilchen gegenseitig auf.

Die Lage des Schwerpunktes eines Körpers wird nur durch seine geometrische Form bestimmt, wenn der Körper ein gleichmäßig dichtes Gefüge besitzt.

Alle geraden Linien, die durch den Schwerpunkt gehen, sind Schwerlinien. Wenn man einen Körper an einem beliebigen Punkt (P_1 bis P_3) drehbar aufhängt, wird sich der Schwerpunkt durch die Erdanziehung soweit wie möglich nach unten bewegen. Der Schwerpunkt befindet sich dann lotrecht unter dem Aufhängepunkt. Von beliebigen Aufhängepunkten ausgehende lotrechte Linien sind Schwerlinien (Bild **49.**1). Alle diese Linien schneiden sich in einem Punkt. Es ist der Schwerpunkt *S*.

Zusammenfassung

Jeder Körper hat einen Schwerpunkt, in dem man sich die Schwerkraft angreifend denken kann. Er fällt bei regelmäßig geformten Körpern aus einheitlichem Material mit dem geometrischen Mittelpunkt zusammen. Er kann bei unregelmäßig geformten Körpern außerhalb des mit Materie gefüllten Körpers liegen.

Von diesen Feststellungen wird bei der Bestimmung des Schwerpunktes ausgegangen. Die Kenntnis der Lage des Schwerpunktes ist bei vielen Aufgaben der Statik notwendig.

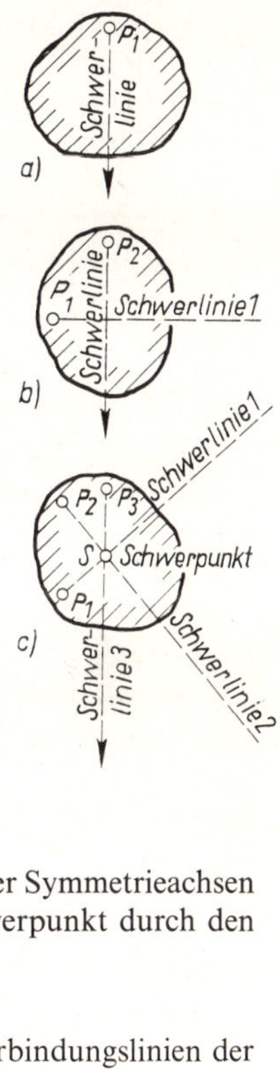

49.1 Mehrfache Aufhängung eines beliebigen Körpers ergibt mehrere Schwerlinien

3.1 Schwerpunkte von Körpern

Der Schwerpunkt eines symmetrischen Körpers liegt im Schnittpunkt der Symmetrieachsen (Spiegelachsen). Bei einem Quader oder einem Würfel ist der Schwerpunkt durch den Schnittpunkt der Raumdiagonalen gegeben (Bild **50.**1).

Der Schwerpunkt einer Kugel ist ihr Mittelpunkt.

Bei einem Prisma findet man den Schwerpunkt auf der Mitte der Verbindungslinien der Schwerpunkte von Grundfläche und Deckfläche (Bild **50.**2).

Bei einer Pyramide oder einem Kegel liegt der Schwerpunkt im Viertelspunkt der Verbindungslinie vom Schwerpunkt der Grundfläche zur Spitze (Bild **50.**3).

In der Praxis wird man oft nur die Schwerpunkte von prismatischen Körpern zu bestimmen haben. Träger und Balken sind solch prismatische Körper. Hierbei bestimmt man den Schwerpunkt der Querschnittsfläche. Die Querschnittsflächen eines prismatischen Körpers erhält man durch ebene Schnitte rechtwinklig zur Achse des Körpers.

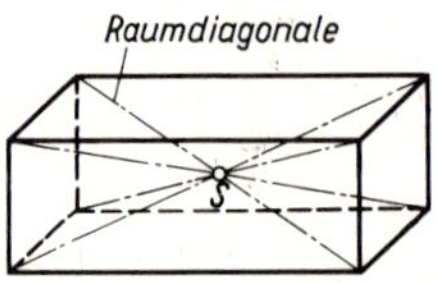

50.1 Die Raumdiagonalen eines Quaders schneiden sich im Schwerpunkt

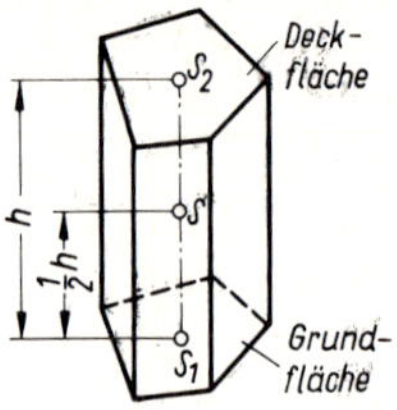

50.2 Schwerpunkt eines Prismas

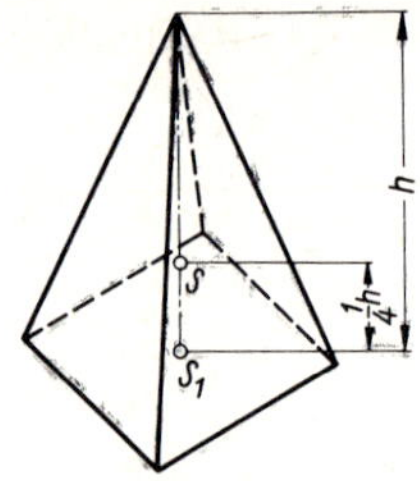

50.3 Schwerpunkt einer Pyramide

Die Verbindungslinie der Schwerpunkte aller Querschnittsflächen ist die Schwerachse eines Körpers, sie wird auch Stabachse genannt (**50**.4). Der Schwerpunkt kann auch außerhalb einer Querschnittsfläche liegen. Damit liegt auch die Schwerachse außerhalb des Körpers (**50**.5).

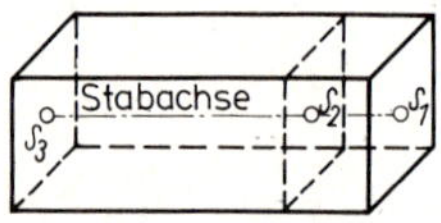

50.4 Stabachse eines prismatischen Körpers

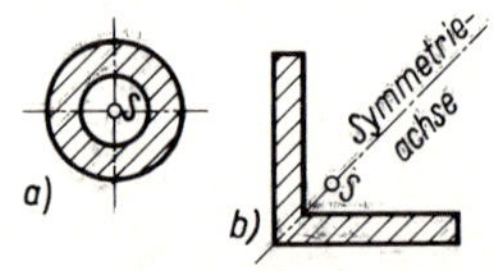

50.5 Der Schwerpunkt kann außerhalb des Körpers liegen

3.2 Schwerpunkte von Flächen

Flächen haben keine räumliche Ausdehnung, also keine Masse und keine Eigenlast. Unter dem Schwerpunkt einer Fläche stellt man sich den Schwerpunkt eines sehr dünnen scheibenförmigen Körpers vor. Meist sind die untersuchten Flächen ja auch die Querschnittsflächen von Körpern.

Bei Flächen mit einer Symmetrieachse liegt der Schwerpunkt auf der Symmetrieachse (Bild **50**.6). Bei Flächen mit mehreren Symmetrieachsen liegt der Schwerpunkt im Schnittpunkt der Symmetrieachsen und ist damit bekannt (Bild **50**.7).

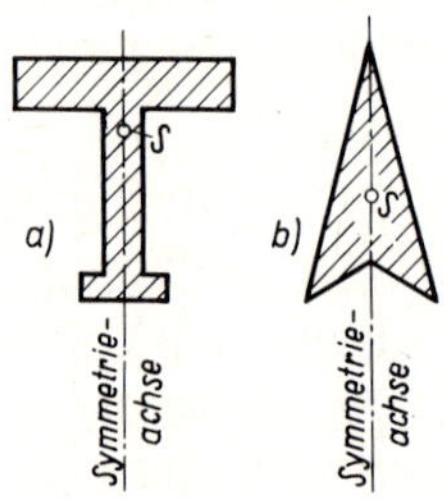

50.6 Der Schwerpunkt liegt auf der Symmetrieachse

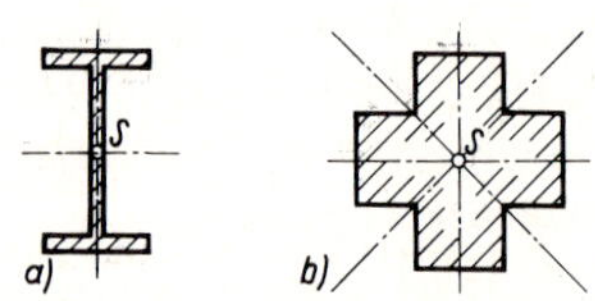

50.7 Der Schwerpunkt liegt im Schnittpunkt mehrerer Symmetrieachsen

3.2.1 Einfache Flächen

Parallelogramm (Bild **51.**1). Der Schwerpunkt liegt im Schnittpunkt der Diagonalen. Das gleiche gilt für Rechteck- und Quadratflächen.

Schwerpunktabstand $z_0 = \dfrac{h}{2}$ (51.1)

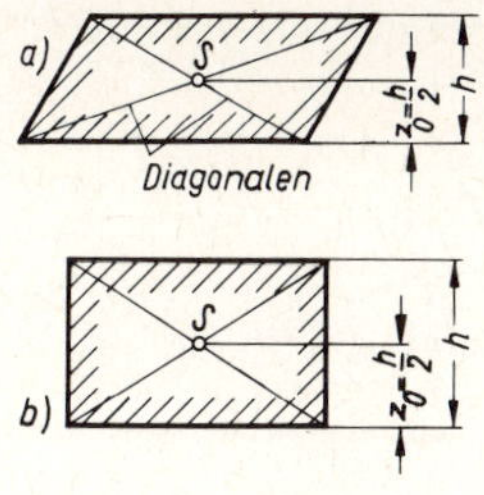

51.1 Schwerpunkt eines Parallelogramms

Dreieck (Bild **51.**2). Der Schwerpunkt liegt im Schnittpunkt der Seitenhalbierenden. Die Längen der Seitenhalbierenden werden durch den Schwerpunkt zu $^1/_3$ und $^2/_3$ geteilt.

Schwerpunktabstand $z_0 = \dfrac{h}{3}$ (51.2)

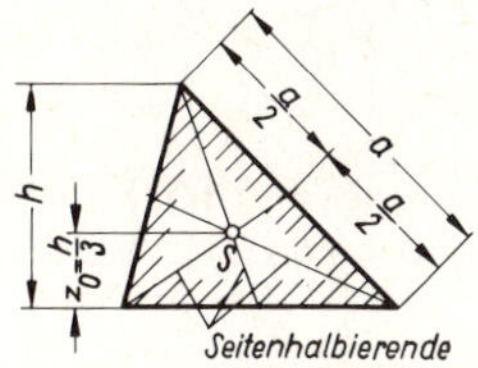

51.2 Schwerpunkt eines Dreiecks

Trapez (Bild **51.**3). Der Schwerpunkt liegt auf der Verbindungslinie der Mittelpunkte der parallelen Seiten und auf der Verbindungslinie der verlängerten parallelen Seiten.

Schwerpunktabstand

$$z_0 = \frac{h}{3} \cdot \frac{a + 2b}{a + b} \qquad (51.3)$$

$$z_0' = \frac{h}{3} \cdot \frac{2a + b}{a + b}$$

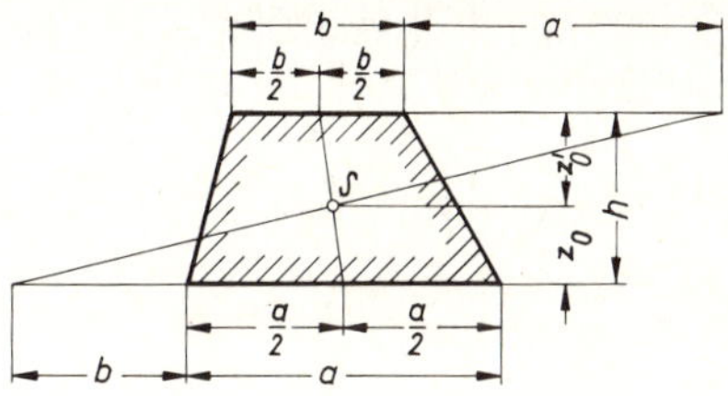

51.3 Schwerpunkt eines Trapezes

Regelmäßige Vielecke (Bild **51.**4). Der Schwerpunkt ist der Mittelpunkt des Umkreises.

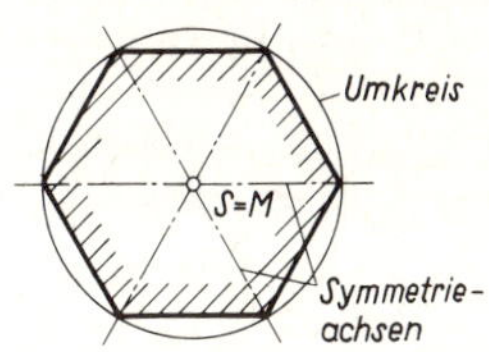

51.4 Schwerpunkt eines regelmäßigen Vielecks

Kreis und Kreisring (Bild **51.**5). Der Schwerpunkt ist der Kreismittelpunkt.

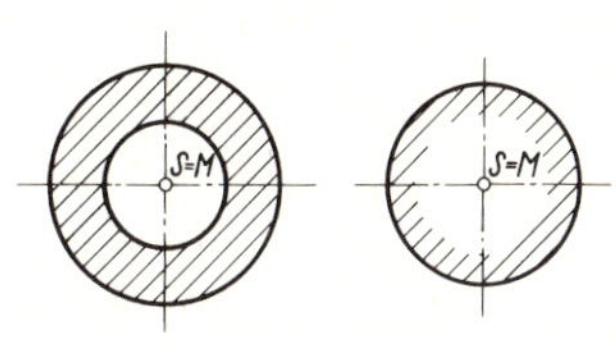

51.5 Schwerpunkt von Kreis- und Kreisringflächen

Kreisausschnitt (Bild **52.**1). Der Schwerpunktabstand z_0 einer Kreisausschnittfläche vom Kreismittelpunkt M wird berechnet mit

$$z_0 = \frac{2}{3} \cdot \frac{r \cdot s}{b} \qquad (51.4)$$

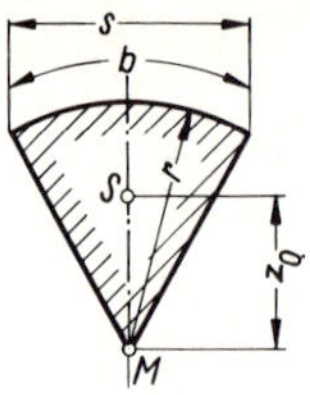

52.1 Schwerpunkt eines Kreisausschnittes

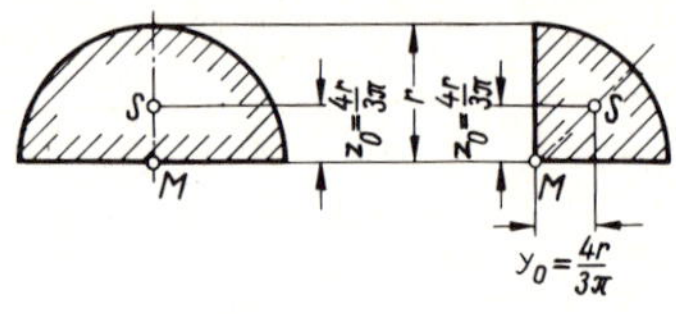

52.2 Schwerpunkt eines Halb- und Viertelkreises

Für die Halbkreis- und Viertelkreisfläche (Bild **52**.2) ergibt sich daraus mit $s = 2r$ und $b = r \cdot \pi$

$$z_0 = \frac{2}{3} \cdot \frac{r \cdot 2r}{r \cdot \pi} \qquad z_0 = \frac{4}{3} \cdot \frac{r}{\pi} \quad \text{oder} \quad z_0 = 0{,}424\,r \tag{52.1}$$

Kreisabschnitt (Bild **52**.3). Der Schwerpunktabstand bei flachen Kreisabschnittflächen von der Sehne kann näherungsweise wie für einen Parabelabschnitt berechnet werden mit

$$z_0 \approx \frac{2}{5}\,h \tag{52.2}$$

Profilflächen (Bild **52**.4). Die Maße für die Lage des Schwerpunktes bei genormten Profilen aus Stahl sind den Profiltafeln zu entnehmen und brauchen nicht mehr berechnet zu werden (s. DIN 1024, 1026, 1028, 1029 u.a.).

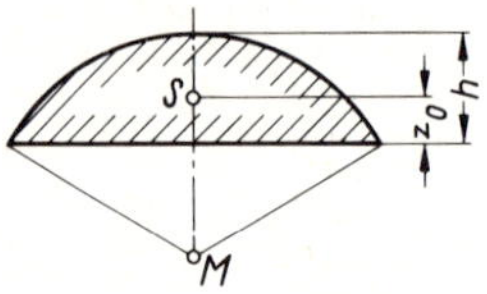

52.3 Schwerpunkt eines Kreisabschnittes

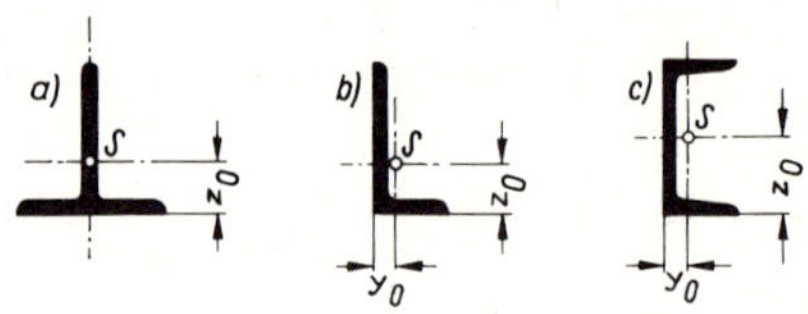

52.4 Schwerpunkt genormter Profilquerschnitte

3.2.2 Zusammengesetzte Flächen

Zusammengesetzte Flächen aus mehreren Einzelflächen (Bild **52**.5). Sind diese Einzelflächen symmetrisch angeordnet, liegt der Schwerpunkt in der Symmetrieachse bzw. im Schnittpunkt der Symmetrieachsen (Bild **52**.6).

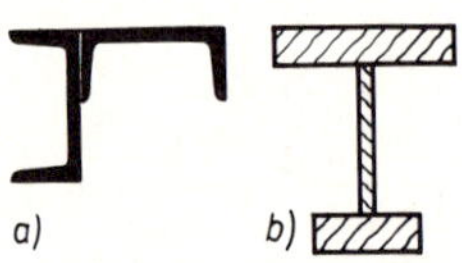

52.5 Zusammengesetzte Flächen

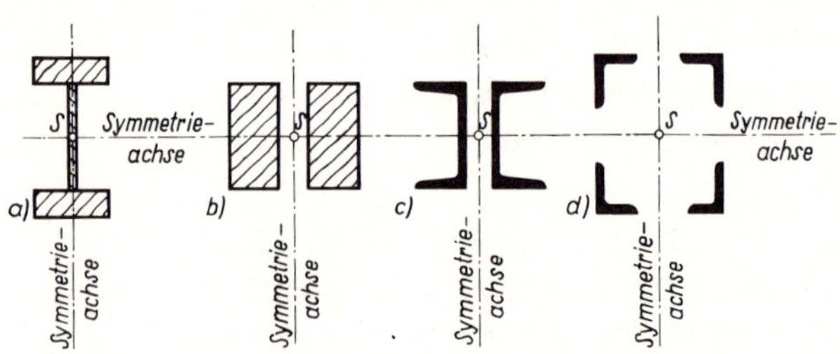

52.6 Der Schwerpunkt liegt im Schnittpunkt der Symmetrieachsen

Auch andere Flächen, deren Schwerpunkt durch Zerlegen in Teilflächen bestimmt werden kann, nennt man zusammengesetzte Flächen (Bild **53**.1). Bestehen solche Flächen aus zwei

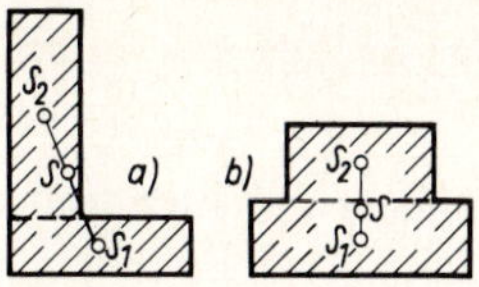

53.1 Der Gesamtschwerpunkt liegt auf der Verbindungslinie zweier Teilschwerpunkte

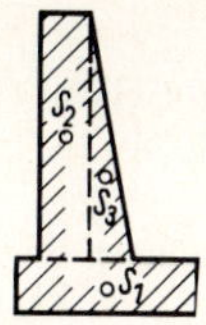

53.2 Zerlegen in Teilflächen mit bekannten Schwerpunkten

Teilflächen, so befindet sich der Gesamtschwerpunkt immer auf der Verbindungslinie der Einzelschwerpunkte.

Bei zusammengesetzten Flächen kann der Gesamtschwerpunkt berechnet werden, wenn die Einzelschwerpunkte der Teilflächen leicht zu bestimmen sind. Die Fläche wird dann in Teilflächen mit bekannten Schwerpunkten zerlegt (Bild **53.**2), z. B. in Rechtecke, Dreiecke usw.

Zur Berechnung der Lage des Schwerpunktes wird an die Fläche ein rechtwinkliges Achsenkreuz gelegt. Die beiden Bezugsachsen werden mit y und z bezeichnet. y-Achse und z-Achse können beliebig gewählt werden, die Anordnung sollte jedoch sinnvoll geschehen. Die z-Achse zeigt in der Regel nach unten bzw. oben. Die Schwerpunktabstände der Teilflächen, bezogen auf die y-Achse und z-Achse, sind bekannt. Die „Schwerkräfte" der Teilflächen A_1, A_2, $A_3, \ldots$ wirken in ihren Schwerpunkten S_1, S_2, $S_3, \ldots$ Die „Schwerkraft" der Gesamtfläche A wirkt im Schwerpunkt S der Gesamtfläche. Jede Teilfläche ruft um einen Drehpunkt auf der y-Achse und z-Achse jeweils ein statisches Moment hervor.

Folgerung

Die Summe der statischen Momente aller Teilflächen ist ebenso groß wie das statische Moment der Gesamtfläche, bezogen auf die gleiche Achse (Bild 53.3).

Es kann also auch hier der Momentensatz aufgestellt werden, indem anstelle der Kräfte in die Gleichung die Teilflächen eingesetzt werden.

Aus der Gleichung (44.1)

$$F_1 \cdot a_1 + F_2 \cdot a_2 + \cdots = R \cdot a_0$$

wird nun (53.1)

$$A_1 \cdot y_1 + A_2 \cdot y_2 + \cdots = A \cdot y_0$$

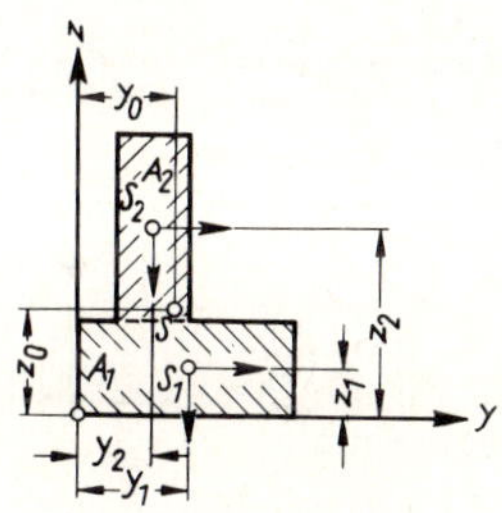

53.3 Die statischen Momente der Teilflächen zur Berechnung der Schwerpunkte

Die Summe aller Teilflächen A_1, A_2, A_3, ... ergibt die Gesamtfläche A.

Damit kann ganz allgemein geschrieben werden

$$\sum A_i \cdot y_i = A \cdot y_0$$
$$\sum A_i \cdot z_i = A \cdot z_0 \qquad i = 1, 2, 3, \ldots \tag{53.2}$$

Durch zweimaliges Anwenden des Momentensatzes erhält man also nach Umstellen der Gleichung die Abstände y_0 und z_0 des Schwerpunktes von den beiden Bezugsachsen

$$\boldsymbol{y_0 = \frac{\sum A_i \cdot y_i}{A} \qquad z_0 = \frac{\sum A_i \cdot z_i}{A}} \tag{53.3}$$

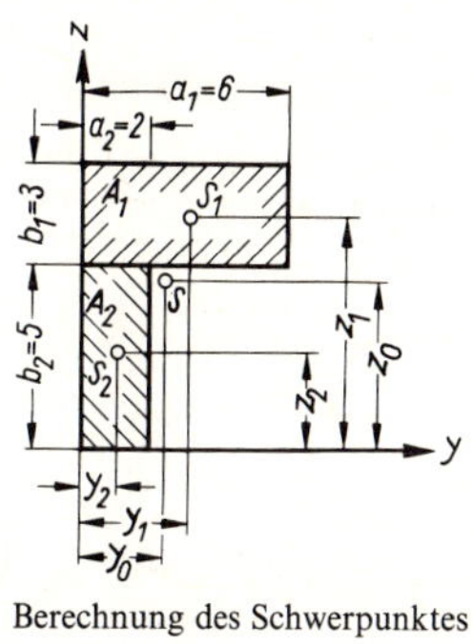

53.4 Berechnung des Schwerpunktes

Beispiele zur Erläuterung

1. Für die zusammengesetzte Fläche (Bild **53**.4) sind die Abstände des Gesamtschwerpunktes von den Achsen zu berechnen.

$$A_1 = a_1 \cdot b_1 = 6{,}0\,\text{cm} \cdot 3{,}0\,\text{cm} = 18{,}0\,\text{cm}^2 \qquad y_1 = \frac{6{,}0\,\text{cm}}{2} = 3{,}0\,\text{cm} \qquad z_1 = 5{,}0\,\text{cm} + \frac{3{,}0\,\text{cm}}{2} = 6{,}5\,\text{cm}$$

$$A_2 = a_2 \cdot b_2 = 2{,}0\,\text{cm} \cdot 5{,}0\,\text{cm} = 10{,}0\,\text{cm}^2 \qquad y_2 = \frac{2{,}0\,\text{cm}}{2} = 1{,}0\,\text{cm} \qquad z_2 = \frac{5{,}0\,\text{cm}}{2} = 2{,}5\,\text{cm}$$

$$A = A_1 + A_2 = 28{,}0\,\text{cm}^2$$

$$y_0 = \frac{\sum A_i \cdot y_i}{A} = \frac{A_1 \cdot y_1 + A_2 \cdot y_2}{A} = \frac{18{,}0\,\text{cm}^2 \cdot 3{,}0\,\text{cm} + 10{,}0\,\text{cm}^2 \cdot 1{,}0\,\text{cm}}{28{,}0\,\text{cm}^2}$$

$$= \frac{54{,}0\,\text{cm}^3 + 10{,}0\,\text{cm}^3}{28{,}0\,\text{cm}^2} = \frac{64{,}0\,\text{cm}^3}{28{,}0\,\text{cm}^2} = 2{,}28\,\text{cm}$$

$$z_0 = \frac{\sum A_i \cdot z_i}{A} = \frac{A_1 \cdot z_1 + A_2 \cdot z_2}{A} = \frac{18{,}0\,\text{cm}^2 \cdot 6{,}5\,\text{cm} + 10{,}0\,\text{cm}^2 \cdot 2{,}5\,\text{cm}}{28{,}0\,\text{cm}^2}$$

$$= \frac{117{,}0\,\text{cm}^3 + 25{,}0\,\text{cm}^3}{28{,}0\,\text{cm}^2} = \frac{142{,}0\,\text{cm}^3}{28{,}0\,\text{cm}^2} = 5{,}07\,\text{cm}$$

Es ist zweckmäßig, die Berechnung der Schwerpunktabstände tabellarisch durchzuführen. Das ist übersichtlicher und leichter kontrollierbar.

i	a_i cm	b_i cm	A_i cm²	y_i cm	z_i cm	$A_i \cdot y_i$ cm³	$A_i \cdot z_i$ cm³
1	6,0	3,0	18,0	3,0	6,5	54,0	117,0
2	2,0	5,0	10,0	1,0	2,5	10,0	25,0
3	—	—	—	—	—	—	—
$\sum$			28,0			64,0	142,0

$$y_0 = \frac{64{,}0\,\text{cm}^3}{28{,}0\,\text{cm}^2} = 2{,}28\,\text{cm}$$

$$z_0 = \frac{142{,}0\,\text{cm}^3}{28{,}0\,\text{cm}^2} = 5{,}07\,\text{cm}$$

2. Für die Querschnittsfläche eines Mauerpfeilers (Bild **54**.1) ist die Lage des Schwerpunktes zu bestimmen.

Der Mauerpfeiler hat eine Symmetrieachse, auf der der Schwerpunkt liegt. Es ist noch der Abstand von der unteren Kante zu berechnen.

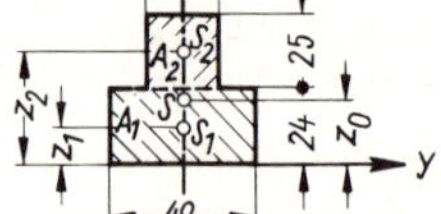

54.1 Schwerpunkt eines Mauerpfeilers

$$A_1 = 49\,\text{cm} \cdot 24\,\text{cm} = 1176\,\text{cm}^2 \qquad z_1 = \frac{24\,\text{cm}}{2} = 12\,\text{cm}$$

$$A_2 = 24\,\text{cm} \cdot 25\,\text{cm} = 600\,\text{cm}^2 \qquad z_2 = 24\,\text{cm} + \frac{25\,\text{cm}}{2} = 36{,}5\,\text{cm}$$

$$A = A_1 + A_2 = 1776\,\text{cm}^2$$

$$z_0 = \frac{\sum A_i \cdot z_i}{A} = \frac{A_1 \cdot z_1 + A_2 \cdot z_2}{A} = \frac{1176\,\text{cm}^2 \cdot 12\,\text{cm} + 600\,\text{cm}^2 \cdot 36{,}5\,\text{cm}}{1776\,\text{cm}^2}$$

$$= \frac{14112\,\text{cm}^3 + 21900\,\text{cm}^3}{1776\,\text{cm}^2} = \frac{36012\,\text{cm}^3}{1776\,\text{cm}^2} = 20{,}3\,\text{cm}$$

3. Für den Querschnitt eines Holzbalkens (Bild **55**.1), der durch ein Zapfenloch geschwächt wird, ist der Schwerpunktabstand zu berechnen.

Der Querschnitt hat eine Symmetrieachse, es ist daher nur ein Abstand zu berechnen.

1. Möglichkeit (Bild **55**.1 oben): Der Querschnitt wird in 3 Teilflächen zerlegt. Die rechte und die linke Teilfläche sind gleichgroß und daher haben gleiche Abstände von der z-Achse. Sie können daher auch gleich bezeichnet werden.

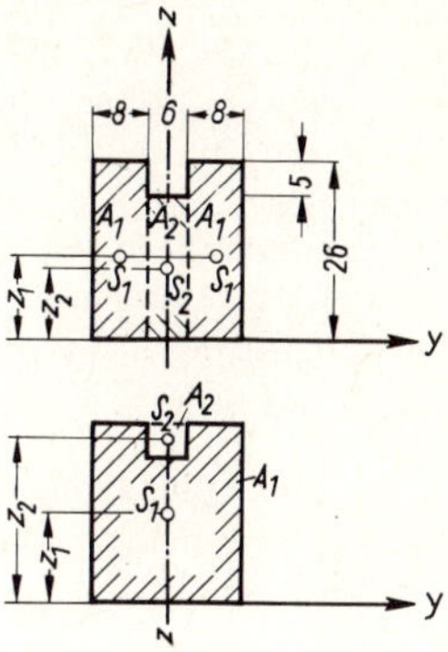

55.1 Schwerpunkt eines Holzbalkens mit Zapfenloch

$$A_1 = 8\,\text{cm} \cdot 26\,\text{cm} = 208\,\text{cm}^2 \qquad z_1 = \frac{26\,\text{cm}}{2} = 13{,}0\,\text{cm}$$

$$A_1 = 6\,\text{cm} \cdot 21\,\text{cm} = 126\,\text{cm}^2 \qquad z_2 = \frac{21\,\text{cm}}{2} = 10{,}5\,\text{cm}$$

$$z_0 = \frac{\sum A_i \cdot z_i}{A} = \frac{2A_1 \cdot z_1 + A_2 \cdot z_2}{A}$$

$$= \frac{2 \cdot 208\,\text{cm}^2 \cdot 13{,}0\,\text{cm} + 126\,\text{cm}^2 \cdot 10{,}5\,\text{cm}}{542\,\text{cm}^2}$$

$$= \frac{5408\,\text{cm}^3 + 1323\,\text{cm}^3}{542\,\text{cm}^2} = \frac{6731\,\text{cm}^3}{542\,\text{cm}^2} = 12{,}4\,\text{cm}$$

2. Möglichkeit (Bild **55**.1 unten): Der Querschnitt wird durch das Zapfenloch geschwächt. Man kann daher auch das Moment der nicht vorhandenen Fläche A_2 von dem Moment der Gesamtfläche a_1 abziehen.

$$A_1 = 22\,\text{cm} \cdot 26\,\text{cm} = 572\,\text{cm}^2 \qquad z_1 = \frac{26\,\text{cm}}{2} = 13{,}0\,\text{cm}$$

$$A_2 = 6\,\text{cm} \cdot 5\,\text{cm} = 30\,\text{cm}^2 \qquad z_2 = 26\,\text{cm} - \frac{5\,\text{cm}}{2} = 23{,}5\,\text{cm}$$

$$z_0 = \frac{\sum A_i \cdot z_i}{A} = \frac{A_1 \cdot z_1 - A_2 \cdot z_2}{A} = \frac{572\,\text{cm}^2 \cdot 13{,}0\,\text{cm} - 30\,\text{cm}^2 \cdot 23{,}5\,\text{cm}}{542\,\text{cm}^2}$$

$$= \frac{7436\,\text{cm}^3 - 705\,\text{cm}^3}{542\,\text{cm}^2} = \frac{6731\,\text{cm}^3}{542\,\text{cm}^2} = 12{,}4\,\text{cm}$$

Die Lösungen beider Rechnungen stimmen überein.

4. Ein Stahlträger erhält zur Verstärkung eine obere Gurtplatte (Bild **55**.2). Dadurch verschiebt sich der Schwerpunkt für den Gesamtquerschnitt nach oben. Wie groß sind die Abstände des Schwerpunktes zum oberen und unteren Rand? Die z-Achse ist Symmetrieachse. Es braucht nicht der Abstand y_0 berechnet werden.

$$A_1 = (\text{aus Profiltafel}) = 78{,}1\,\text{cm}^2 \qquad z_1 = \frac{20{,}0\,\text{cm}}{2} + 1{,}6\,\text{cm} = 11{,}6\,\text{cm}$$

$$A_2 = 22{,}0\,\text{cm} \cdot 1{,}6\,\text{cm} = 35{,}2\,\text{cm}^2 \qquad z_2 = \frac{1{,}6\,\text{cm}}{2} = 0{,}8\,\text{cm}$$

$$A = A_1 + A_2 = 113{,}3\,\text{cm}^2$$

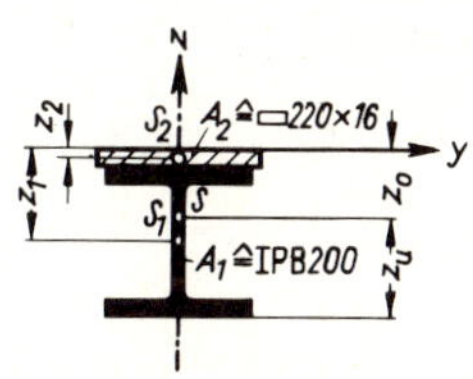

55.1 Stahlträger mit Gurtplatte als Verstärkung

$$z_0 = \frac{\sum A_i \cdot z_i}{A} = \frac{A_1 \cdot z_1 + A_2 \cdot z_2}{A} = \frac{78{,}1\,\text{cm}^2 \cdot 11{,}6\,\text{cm} + 35{,}2\,\text{cm}^2 \cdot 0{,}8\,\text{cm}}{113{,}3\,\text{cm}^2}$$

$$= \frac{906\,\text{cm}^3 + 28\,\text{cm}^3}{113{,}3\,\text{cm}^2} = \frac{934\,\text{cm}^3}{113{,}3\,\text{cm}^2} = 8{,}3\,\text{cm}$$

$$z_u = 20{,}0\,\text{cm} + 1{,}6\,\text{cm} - 8{,}3\,\text{cm} = 13{,}3\,\text{cm}$$

5. Eine Stütze wird aus zwei [-Profilen hergestellt (Bild **56.**1). Die Lage des Schwerpunktes für die Querschnittsfläche ist zu bestimmen. Die Werte für die Flächen A_1 und A_2 sowie die Abstände e sind Profiltafeln zu entnehmen.

1. Möglichkeit: Die y-Achse und die z-Achse werden an die obere und die linke Außenkante gelegt (Bild **56.**1 a).

$A_1 = 42{,}3\,\text{cm}^2$ (aus Profiltafel) $\quad y_1 = h_1 + e_1 = 18{,}0 + 2{,}23 = 20{,}23\,\text{cm} \quad z_1 = \frac{24\,\text{cm}}{2} = 12{,}0\,\text{cm}$

$A_2 = 28{,}0\,\text{cm}^2 \quad y_2 = \frac{h_2}{2} = \frac{18\,\text{cm}}{2} = 9{,}0\,\text{cm} \quad z_2 = e_2 = 1{,}92\,\text{cm}$

$A \;= 70{,}3\,\text{cm}^2$

$$y_0 = \frac{\sum A_i \cdot y_i}{A} = \frac{A_1 \cdot y_1 + A_2 \cdot y_2}{A} = \frac{42{,}3\,\text{cm}^2 \cdot 20{,}23\,\text{cm} + 28{,}0\,\text{cm}^2 \cdot 9{,}0\,\text{cm}}{70{,}3\,\text{cm}^2}$$

$$= \frac{856\,\text{cm}^3 + 252\,\text{cm}^3}{70{,}3\,\text{cm}^2} = \frac{1108\,\text{cm}^3}{70{,}3\,\text{cm}^2} = 15{,}8\,\text{cm}$$

$$z_0 = \frac{\sum A_i \cdot z_i}{A} = \frac{A_1 \cdot z_1 + A_2 \cdot z_2}{A} = \frac{42{,}3\,\text{cm}^2 \cdot 12{,}0\,\text{cm} + 28{,}0\,\text{cm}^2 \cdot 1{,}92\,\text{cm}}{70{,}3\,\text{cm}^2}$$

$$= \frac{508\,\text{cm}^3 + 54\,\text{cm}^3}{70{,}3\,\text{cm}^2} = \frac{562\,\text{cm}^3}{70{,}3\,\text{cm}^2} = 8{,}0\,\text{cm}$$

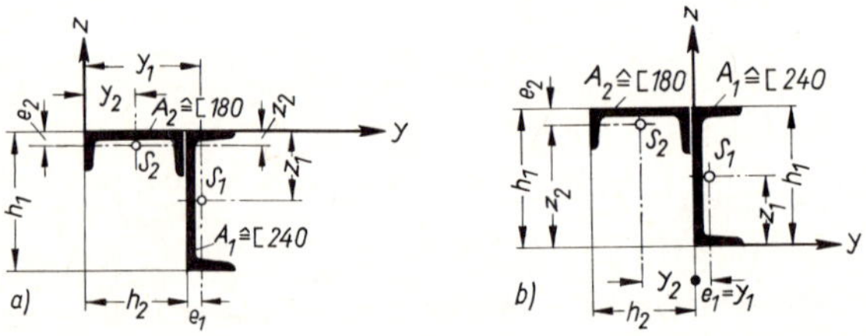

56.1 Schwerpunkt von 2 zusammengesetzten ⌶-Profilen

2. Möglichkeit: Die y-Achse wird an die untere Kante und die z-Achse zwischen die beiden Profile gelegt (Bild **56.**1 b). Es werden damit zwar andere Maße berechnet, aber die Lage des Schwerpunktes ist die gleiche. Bei der Berechnung des Abstandes y_0 ist zu beachten, daß die Teilflächen A_1 und A_2 auf verschiedenen Seiten der z-Achse liegen. Ihre Abstände von der Achse sind mit verschiedenen Vorzeichen (+ oder −) in die Rechnung einzusetzen.

$A_1 = 42{,}3\,\text{cm}^2 \quad y_1 = +\,e_1 = +\,2{,}23\,\text{cm} \quad z_1 = \frac{h_1}{2} = \frac{24\,\text{cm}}{2} = 12{,}0\,\text{cm}$

$A_2 = 28{,}0\,\text{cm}^2 \quad y_2 = -\frac{h_2}{2} = -\,9{,}00\,\text{cm} \quad z_2 = h_1 - e_2 = 24\,\text{cm} - 1{,}92\,\text{cm} = 22{,}08\,\text{cm}$

$A \;= 70{,}3\,\text{cm}^2$

$$y_0 = \frac{\sum A_i \cdot y_i}{A} = \frac{A_1 \cdot y_1 + A_2 \cdot y_2}{A} = \frac{42{,}3\,\text{cm}^2 \cdot 2{,}23\,\text{cm} + 28{,}0\,\text{cm}^2 \cdot (-9{,}0\,\text{cm})}{70{,}3\,\text{cm}^2}$$

$$= \frac{94\,\text{cm}^3 - 252\,\text{cm}^3}{70{,}3\,\text{cm}^2} = -\frac{158\,\text{cm}^3}{70{,}3\,\text{cm}^2} = -2{,}2\,\text{cm}$$

$$z_0 = \frac{\sum A_i \cdot z_i}{A} = \frac{A_1 \cdot z_2 + A_2 \cdot z_2}{A} = \frac{42{,}3\,\text{cm}^2 \cdot 12{,}0\,\text{cm} + 28{,}0\,\text{cm}^2 \cdot 22{,}08\,\text{cm}}{70{,}3\,\text{cm}^2}$$

$$= \frac{508\,\text{cm}^3 + 618\,\text{cm}^3}{70{,}3\,\text{cm}^2} = \frac{1126\,\text{cm}^3}{70{,}3\,\text{cm}^2} = 16{,}0\,\text{cm}$$

6. Ein Stahlbetonbalken erhält eine Bewehrung aus Rundstählen in 2 Lagen (Bild **57.**1). Der Abstand des Schwerpunktes der Bewehrung von dem oberen Balkenrand ist zu berechnen.

$$A_1 = 4 \cdot 2{,}01\,\text{cm}^2 = 8{,}04\,\text{cm}^2 \qquad z_1 = d - a_1 = 40\,\text{cm} - 3{,}0\,\text{cm} = 37{,}0\,\text{cm}$$

$$A_2 = 2 \cdot 1{,}13\,\text{cm}^2 = 2{,}26\,\text{cm}^2 \qquad z_2 = d - a_2 = 40\,\text{cm} - 6{,}5\,\text{cm} = 33{,}5\,\text{cm}$$

$$A = A_1 + A_2 = 10{,}30\,\text{cm}^2$$

$$z_0 = \frac{\sum A_i \cdot z_i}{A} = \frac{A_1 \cdot z_1 + A_2 \cdot z_2}{A} = \frac{8{,}04\,\text{cm}^2 \cdot 37{,}0\,\text{cm} + 2{,}26\,\text{cm}^2 \cdot 33{,}5\,\text{cm}}{10{,}3\,\text{cm}^2}$$

$$= \frac{297\,\text{cm}^3 + 76\,\text{cm}^3}{10{,}3\,\text{cm}^2} = \frac{373\,\text{cm}^3}{10{,}3\,\text{cm}^2} = 36{,}2\,\text{cm}$$

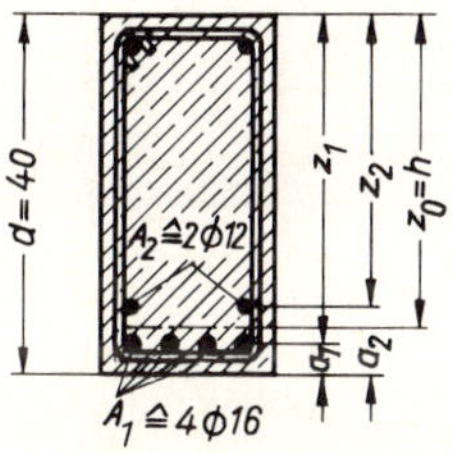

57.1 Schwerpunkt der Bewehrung in einem Stahlbetonbalken

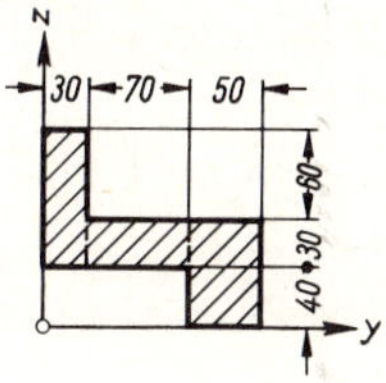

57.2 Schwerpunkt einer 3teiligen Fläche

Beispiele zur Übung

1. Für eine zusammengesetzte Fläche ist die Lage des Schwerpunktes zu berechnen (Bild **57.**2).

a) Wie groß ist der Abstand y_0? b) Wie groß ist der Abstand z_0?

2. Die Schwerpunktslage in einer T-förmigen Fläche ist zu bestimmen (Bild **58.**1).

a) Wie groß ist der Abstand z_0 von der oberen Kante?

b) Wie groß ist der Abstand z_u von der unteren Kante?

3. Für einen Holzbalken mit Zapfenloch (Bild **58.**2) ist die Lage des Schwerpunktes gesucht.

a) Wie groß ist der Abstand z_0 vom oberen Rand?

b) Wie groß ist der Abstand z_u vom unteren Rand?

4. Eine Stützmauer aus Beton soll statisch untersucht werden. Dazu ist die Lage des Schwerpunktes zu ermitteln (Bild **58.**3).

a) Wie weit ist der Schwerpunkt von der linken Kante entfernt? $y_0 = ?$

b) Wie weit ist der Schwerpunkt von der Bodenfuge entfernt? $z_0 = ?$

5. Auf einem Stahlträger I280 liegt ein Profil [160 (Bild **58.**4). Der gemeinsame Schwerpunkt ist zu bestimmen.

a) Wie groß ist z_u? b) Wie groß ist z_0?

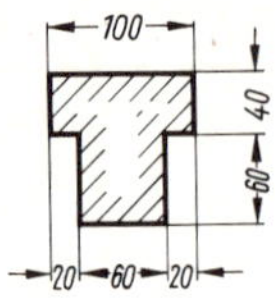

58.1 Schwerpunkt einer T-förmigen Fläche

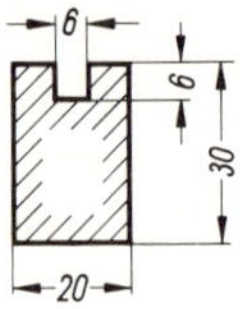

58.2 Schwerpunkt eines geschwächten Holzbalkens

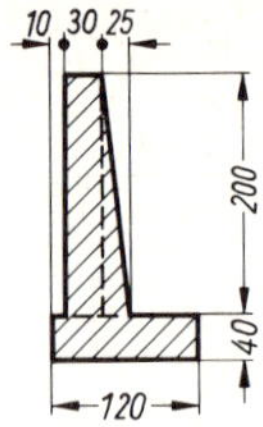

58.3 Schwerpunkt einer Stützmauer

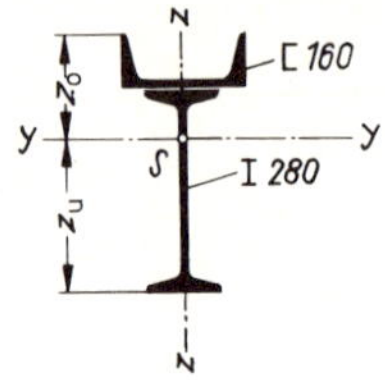

58.4 Schwerpunkt eines zusammengesetzten Stahlträgers

6. Die Randpfette einer Lagerhalle wird aus einem [-Profil und einem L-Profil gebildet (Bild **58.**5).

a) Wie groß ist y_0? b) Wie groß ist z_0?

7. Ein Fachwerkstab wird aus 2 L-Stählen mit Gurtplatte hergestellt (Bild **58.**6).

a) Das Maß z_u ist zu berechnen. b) Wie groß ist z_0?

8. Von einem Stahlprofil IPB280 wird der untere Flansch abgetrennt (Bild **58.**7). Dadurch verschiebt sich der Schwerpunkt.

Wie groß ist der Abstand von der oberen Flanschaußenkante? z_0?

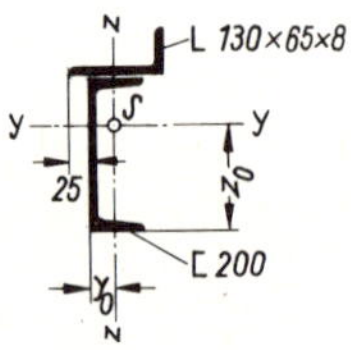

58.5 Schwerpunkt einer Randpfette aus Stahlprofilen

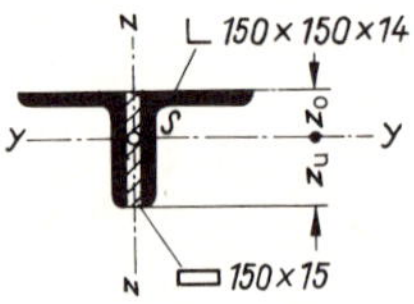

58.6 Schwerpunkt eines Fachwerkstabes aus L-Profilen

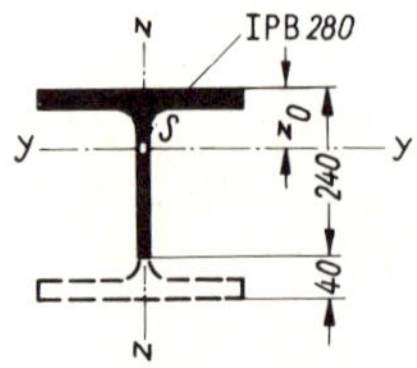

58.7 Schwerpunkt eines Stahlträgers ohne unteren Flansch

3.3 Schwerpunkte von Linien

Zur Bestimmung der Schwerpunkte von Linien denkt man sich diese Linien als sehr dünne stabförmige Körper.

3.3.1 Einfache Linien

Gerade Linien (Bild **58.**8). Der Schwerpunkt einer geraden Linie ist ihr Mittelpunkt.

Kreislinien (Bild **58.**9). Der Abstand z_0 des Schwerpunktes S vom Kreismittelpunkt M beträgt

$$z_0 = \frac{r \cdot s}{b} \qquad (58.1)$$

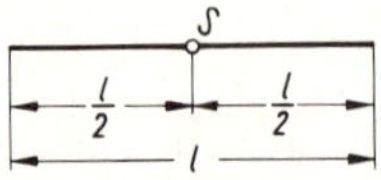

58.8 Schwerpunkt einer geraden Linie

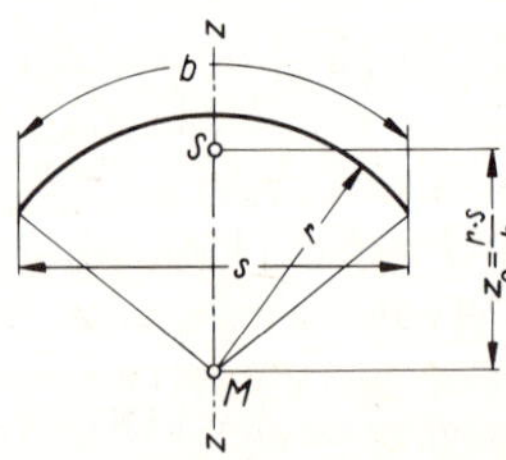

58.9 Schwerpunkt einer Kreislinie

Durch den Kreismittelpunkt und den Schwerpunkt der Kreislinie geht die Symmetrieachse, die gleichzeitig z-Achse ist. Daher wird $y_0 = 0$.

Für flache Kreislinien (Bild **59.1**) mit unbekanntem Radius r kann näherungsweise der Schwerpunktabstand z_0 von der Sehne berechnet werden mit

$$z_0 \approx \frac{2}{3} h \qquad (59.1)$$

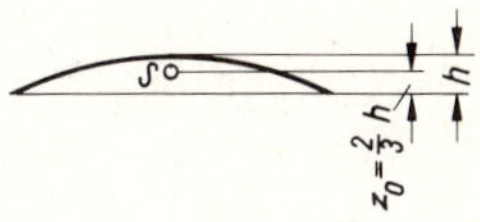

59.1
Schwerpunkt einer flachen Kreislinie

3.3.2 Zusammengesetzte Linien

Für zusammengesetzte Linien, also gebrochene Linienzüge (Bild **59.2**), gilt sinngemäß das gleiche wie für zusammengesetzte Flächen. Der Momentensatz dient zur Berechnung der Abstände des Schwerpunktes von einem Achsenkreuz. Es werden hier die Einzelstrecken l_n des Linienzuges statt der Kräfte in die allgemeine Gleichung eingesetzt.

Aus der Gleichung (44.1)

$$F_1 \cdot a_1 + F_2 \cdot a_2 + \cdots = R \cdot a_0$$

wird hier

$$l_1 \cdot y_1 + l_2 \cdot y_2 + \cdots \quad = l \cdot y_0 \qquad (59.2)$$

Damit kann allgemein geschrieben werden

$$\sum l_i \cdot y_i = l \cdot y_0 \qquad \sum l_i \cdot z_i = l \cdot z_0 \qquad i = 1, 2, 3, \ldots \qquad (59.3)$$

Hiermit sind die Abstände des Schwerpunktes von beiden Achsen zu berechnen

$$y_0 = \frac{\sum l_i \cdot y_i}{l} \qquad z_0 = \frac{\sum l_i \cdot z_i}{l} \qquad (59.4)$$

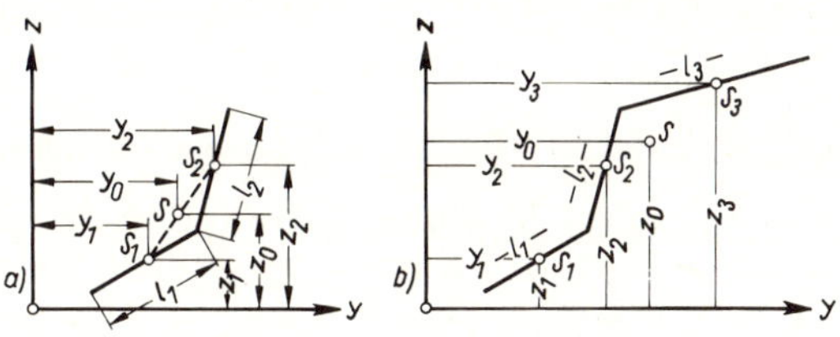

59.2 Schwerpunkte von Linienzügen

Die Bestimmung des Schwerpunkts kann zeichnerisch oder rechnerisch erfolgen. Entsprechend dem Anwendungszweck wird das einfachere oder das genauere Verfahren gewählt. Meistens wird das rechnerische Verfahren eingesetzt. Bei zusammengesetzten Flächen kann der Gesamtschwerpunkt aus den Einzelschwerpunkten mit dem Seileckverfahren bestimmt werden. Da das rechnerische Verfahren meistens einfacher ist und stets genauere Werte liefert, soll das Seileckverfahren nicht erläutert werden.

4 Belastung der Bauwerke

Alle Kräfte, die von außen auf die Teile eines Bauwerks einwirken, werden Lasten genannt, sofern sie keine Reaktionskräfte sind. Wenn für ein Bauwerk in der statischen Berechnung die Lasten zusammengestellt werden, müssen die einzelnen Konstruktionsteile und der Nutzungszweck des Gebäudes bekannt sein. Da sich bei der Berechnung unterschiedliche Lasten ergeben, sei zunächst deren Bezeichnung und die Art der Darstellung erläutert.

Die Belastungen eines Bauwerkes entstehen aus den Eigenlasten der verschiedenen Bauteile, aus dem Nutzungszweck des Bauwerkes und aus den von außen auf das Bauwerk wirkenden Kräften.

Bei der Zusammenstellung der Lasten wird eine Einteilung entsprechend Tafel **60.**1 verwendet.

Tafel **60.**1 **Einteilung der Lasten**

Eigenlasten der Tragwerke, z. B. Wände, Decken	ständig wirkende Lasten
Eigenlasten feststehender Ausbauteile, z. B. Putz, Estrich, Belag	
Eigenlasten unbestimmter Ausbauteile, z. B. leichte Trennwände	nicht ständig wirkende Lasten
Lasten aus Umwelteinwirkungen, z. B. Schnee, Wind, Erddruck, Wasserdruck	
Nutzlasten und Betriebslasten	

Die ständig wirkenden Lasten werden in ihrer jeweiligen Größe berechnet und direkt angesetzt.

Die nicht ständig wirkenden Lasten werden meistens in Form von Ersatzlasten angesetzt.

4.1 Bezeichnung und Darstellung der Lasten

Die Eigenlast eines Bauteils errechnet sich aus dem Rauminhalt V (Volumen) des Bauteils und der Wichte γ des verwendeten Baustoffes. Die Wichte bzw. die Körperlast γ (griechischer Buchstabe Gamma) ist den Tafeln der entsprechenden DIN-Vorschriften zu entnehmen (z. B. DIN 1055). Damit sind die ständigen Lasten für die Lastermittlung in der statischen Berechnung bekannt.

Ein Kubikmeter Beton mit Stahleinlagen hat z. B. eine Eigenlast von 25 Kilonewton (Bild **61.**1). Seine Wichte beträgt 25 Kilonewton je Kubikmeter, also 25 kN/m³. Die Wichte ist die volumenbezogene Gewichtskraft, also die Kraft je Volumen.

Wichte = Körperlast in kN/m^3

Die Eigenlast einer Stahlbetondecke wird aus dieser Wichte berechnet. Wenn z.B. eine Stahlbetondecke 16 cm dick ist (Bild **61.**2), so errechnet sich die Last der Decke zu

$$g = d \cdot \gamma = 0{,}16\,\text{m} \cdot 25\,\text{kN/m}^3 = 4\,\text{kN/m}^2$$

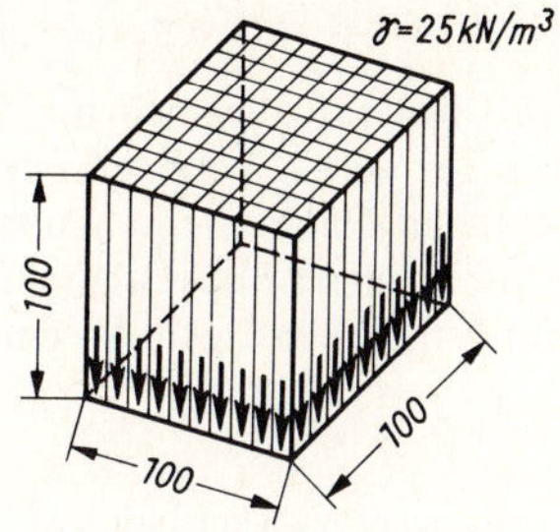

61.1
Die Wichte entspricht der Eigenlast eines Körpers von 1 m³ Volumen

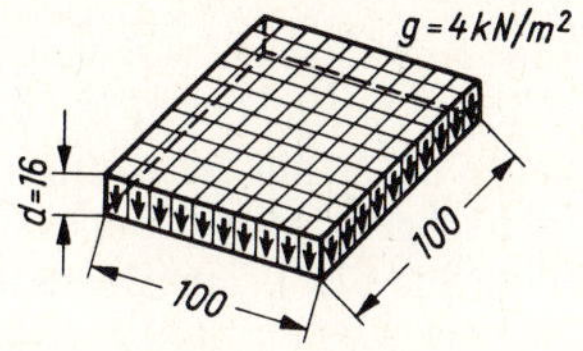

61.2 Die Eigenlast einer Decke wirkt als Flächenlast

Damit wurde eine Flächenlast g berechnet, angegeben in Kilonewton je Quadratmeter. Ein Quadratmeter hat eine Eigenlast von 4 Kilonewton.

Eigenlast je Flächeneinheit = Flächenlast in kN/m²

Wenn die Eigenlast einer Stahlbetonwand von z. B. 20 cm Dicke und 3,00 m Höhe berechnet wird (Bild **61.**3), ergibt sich die Last mit

$$g = d \cdot h \cdot \gamma = 0{,}20\,\text{m} \cdot 3{,}00\,\text{m} \cdot 25\,\text{kN/m}^3 = 15\,\text{kN/m}$$

Dieses ist die Eigenlast für 1 m Wandlänge, also eine Streckenlast. Die Wand von 1 m Länge belastet die Unterstützung mit 15 Kilonewton.

Eigenlast je Längeneinheit = Streckenlast in kN/m

Die Eigenlast einer Stahlbetonstütze z.B. von 20 cm Dicke, 30 cm Breite und 3,00 m Höhe (Bild **61.**4) wird berechnet mit

$$G = d \cdot b \cdot h \cdot \gamma = 0{,}20\,\text{m} \cdot 0{,}30\,\text{m} \cdot 3{,}00\,\text{m} \cdot 25\,\text{kN/m}^3 = 4{,}5\,\text{kN}$$

Die Stütze hat eine Eigenlast von insgesamt 4,5 kN.

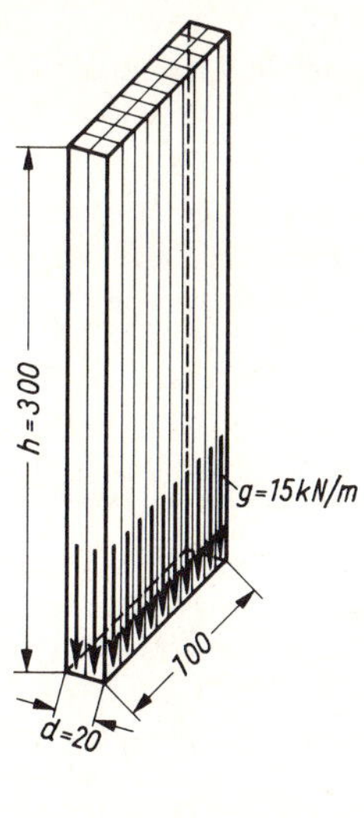

61.3
Die Eigenlast einer Wand ergibt eine Streckenlast

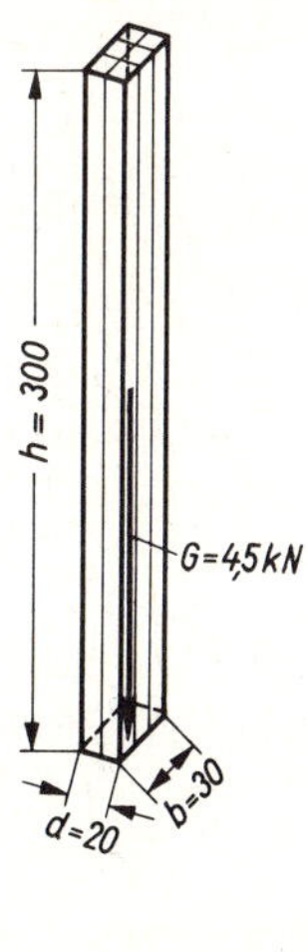

61.4
Die Eigenlast einer Stütze wirkt als Einzellast (Punktlast)

Es ist vorstellbar, daß die Eigenlast der Stütze entlang der Schwerachse punktförmig auf die Lagerfläche wirkt. Das entspricht einer Einzellast.

punktförmig wirkende Eigenlast = Einzellast in kN

Einzellasten

Eine punktförmige wirkende Last wird als Kraft allgemein mit F bezeichnet, Eigenlasten mit G und Verkehrslasten mit P. Es werden stets Großbuchstaben gewählt. Eine Einzellast entsteht z. B. aus Belastungen von Stützen, Pfeilern und Säulen oder aus Auflagerdrücken von Trägern. Man denkt sich die Kraft in einem Punkt angreifend; ihre Lage muß bekannt sein (Bild **62.**1). Zur Darstellung der Kraft siehe auch Abschn. 1.4.

Streckenlasten

Bei Lasten, die auf eine bestimmte Strecke verteilt wirken, spricht man von Streckenlasten, wie z. B. bei dem Gewicht einer Wand. Die Darstellung kann durch viele dicht nebeneinanderstehende Pfeile geschehen oder sinnbildlich durch eine in Kraftrichtung verlaufende Schraffur (Bild **62.**2). Für die Bezeichnung von Streckenlasten werden stets Kleinbuchstaben verwendet.

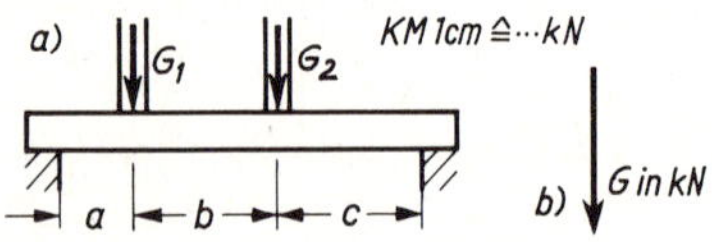

62.1 Einzellasten auf einem Träger

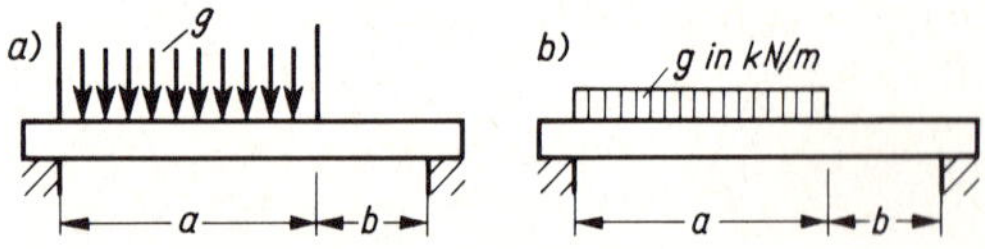

62.2 Streckenlast auf einem Träger
a) Belastung durch eine Wand
b) sinnbildliche Darstellung der Streckenlast

Gleichmäßig verteilte Lasten

Eine Belastung, die über die ganze Länge eines Trägers in gleicher Größe hinwegreicht, ist eine gleichmäßig verteilte Last. Sie kann durch die Eigenlasten der Bauteile entstehen und wird dann mit g bezeichnet. Stammt sie aus Verkehrslasten, so nennt man sie p. Die gesamte Belastung aus Eigenlast g und Verkehrslast p ist die Gesamtlast q.

$$g + p = q \tag{62.1}$$

Verteilen sich diese Lasten auf eine Länge, wie z. B. bei Trägern, so werden sie in kN/m gemessen. Sind die Lasten auf einer Fläche verteilt, wie z. B. bei Decken, gibt man sie in kN/m^2 an. Die Darstellung erfolgt wie bei Streckenlasten (Bild **62.**3).

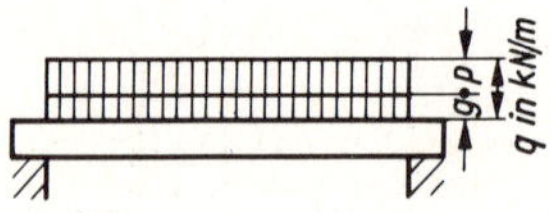

62.3 Gleichmäßig verteilte Last auf einem Träger

Dreiecks- und Trapezlasten

Die Randträger und Wände unter allseitig aufliegenden Deckenplatten (z. B. zweiachsig gespannte Stahlbetonplatten) erhalten entsprechend der Lastverteilung Dreieckslasten oder Trapezlasten (Bild **63.**1). Durch die Eigenlast der Giebelwand eines Satteldaches entsteht ebenfalls eine Dreieckslast. Bei der Erläuterung des Wasser- und Erddruckes (Abschn. 4.4) ist zu erkennen, daß es sich dabei auch um Dreieckslasten handelt.

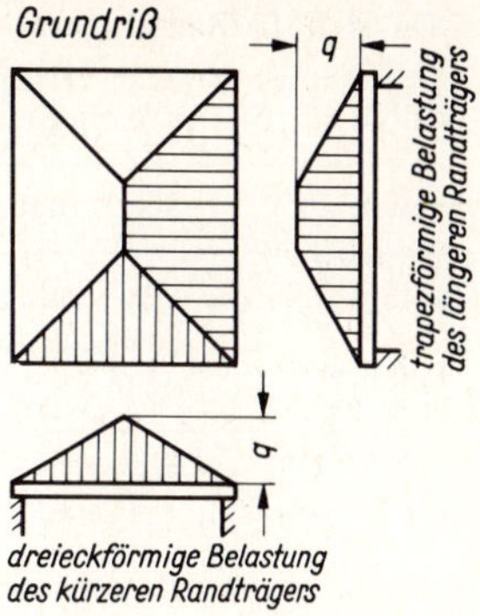

63.1 Dreiecks- und Trapezlasten auf Randträgern unter allseitig aufliegenden Deckenplatten

4.2 Lastarten und Lastfälle

Die auf ein Tragwerk nicht ständig einwirkenden Lasten haben in der Häufigkeit ihres Auftretens und in ihrem zeitlichen Zusammentreffen in ungünstigster Kombination (auch mit den ständig wirkenden Lasten) eine Bedeutung für die Belastung des Tragwerks. Bei der Berechnung werden Hauptlasten H, Zusatzlasten Z und Sonderlasten S unterschieden.

Zu den Sonderlasten gehören beispielsweise Lasten durch Anprall A, Bauzustand B, Unglück bzw. Katastrophen C, Erdbeben E.

4.2.1 Lastarten

Hauptlasten H sind die ständig wirkenden Lasten (Eigenlasten), die über lange Zeit wirkenden Lasten sowie die wesentlichen und vergleichsweise regelmäßig auftretenden Nutzlasten und Betriebslasten (Verkehrslasten einschl. Schnee).

Zusatzlasten Z sind alle übrigen Lasten, wie die nicht ständig wirkenden Lasten und Einwirkungen, die verhältnismäßig selten auftreten. Dieses sind. z. B. Windlasten, Bremskräfte, Kräfte aus Seitenstoß (Kranbetrieb), kurzfristig auftretende Massenkräfte (Maschinen), Wärmewirkungen.

Sonderlasten S sind nicht planmäßige, mögliche Lasten und Einwirkungen, z. B. Anprall, mögliche Baugrundbewegungen (Erdbeben), Lasten im Bauzustand.

4.2.2 Lastfälle

Bei der Berechnung der Tragwerke, insbesondere bei Holzbauwerken nach DIN 1052 und Stahlbauten nach DIN 18 800, sind für den Standsicherheitsnachweis die Lasten in ungünstigster Kombination anzusetzen. Für die Berechnung sind daher verschiedene Lastkombinationen zu untersuchen. Diese Lastkombinationen werden als „Lastfälle" bezeichnet (Tafel **64.1**).

Tafel **64.1** **Lastfälle**

Lastfall *H*	alle Hauptlasten	jeweils in der Kombination, welche die ungünstigste Beanspruchung ergibt
Lastfall *HZ*	alle Haupt- und Zusatzlasten	
Lastfall *HS*	alle Hauptlasten mit einer Sonderlast (und ggf. weiteren Zusatz- oder Sonderlasten)	

Mit den Sonderlasten Anprall *A*, Bauzustand *B*, Unglück bzw. Katastrophen *C* oder Erdbeben *E* können z. B. Lastfälle *HA*, *HB*, *HZB*, *HC* oder *HE* gebildet werden.

Die Begriffe Lastfälle und Lastarten (Hauptlasten, Zusatzlasten, Sonderlasten) werden in den unterschiedlichen Normen teilweise anders gebraucht.

Bei der Untersuchung des Baugrundes nach DIN 1054 werden die Lastfälle 1, 2 und 3 unterschieden:

Im *Lastfall 1* wirken die ständigen Lasten und die regelmäßig auftretenden Verkehrslasten (auch Wind). Dieser Lastfall 1 ist mit Lastfall *H* vergleichbar.

Im *Lastfall 2* wirken außer den Lasten des Lastfalles 1 auch die übrigen gleichzeitig, aber nicht regelmäßig auftretenden großen Verkehrslasten, sowie Belastungen, die nur während der Bauzeit auftreten. Dieser Lastfall 2 ist mit Lastfall *HZB* vergleichbar.

Im *Lastfall 3* wirken außer Lasten des Lastfalles 2 alle gleichzeitig möglichen außerplanmäßigen Lasten, wie z. B. Lasten infolge von Unglücks- und Katastrophenfällen oder Lasten, die bei Ausfall von Betriebs- und Sicherheitsvorrichtungen auftreten. Dieser Lastfall 3 ist vergleichbar mit den Lastfällen *HZA*, *HZC* oder *HZE*.

Im Zuge der Angleichung der technischen Normen in den Mitgliedsländern der EU wird seit einiger Zeit an einem europäischen Regelwerk gearbeitet. Das europäische Sicherheitskonzept weicht von den bisherigen Regelungen in den deutschen Normen ab. Hierdurch werden sich wesentliche Änderungen ergeben.

Die folgenden Darstellungen beziehen sich auf die deutschen Normen.

4.2.3 Lastannahmen für Bauten

Zur Ermittlung der verschiedenartigen Belastungen unserer Bauwerke und zur einheitlichen Gestaltung der Berechnungsannahmen wird die DIN 1055, Lastannahmen für Bauten, benutzt. Diese enthält Werte für die Eigenlasten von Baustoffen, Bauteilen und Lagerstoffen, Werte für die Bodenarten, Verkehrslasten für Decken und Dächer sowie Angaben für Wind- und Schneelasten. Die in umfangreichen Tafeln angegebenen Lasten sind als Rechenwerte aufzufassen und stellen Regelwerte dar. Wenn im Einzelfall das Bauwerk ungünstiger belastet wird, dann ist mit den tatsächlichen Werten zu rechnen.

Es ist nachzuweisen, daß alle Bauteile in der Lage sind, die auf sie wirkenden Lasten aufzunehmen und nach unten bis in den Baugrund zu übertragen. Wenn nicht zweifelsfrei feststeht, daß ein Bauwerk ausreichend kipp- und gleitsicher ist, so muß die Sicherheit gegen Kippen und Gleiten nachgewiesen werden.

4.3 Ständige Lasten (Eigenlasten)

Die ständige Last ist die Summe aller unveränderlichen Lasten. Dieses sind die Eigenlasten der tragenden Bauteile (z. B. Stahlbetondecke) und die von ihnen dauernd aufzunehmenden Lasten (z. B. Estrich, Fußbodenbelag, Deckenputz). Die ständige Last ist in ihrer Größe abhängig von den verwendeten Baustoffen und ihrer Wichte γ in kN/m^3. Beispiele für die Rechenwerte der Eigenlasten enthält Tafel **66.**1.

4.4 Verkehrslasten

Die Verkehrslast ist die veränderliche oder bewegliche Belastung des Bauteils. Sie ersetzt die Lasten von Personen, Einrichtungsgegenständen, Lagerstoffen, Fahrzeugen, Schnee und die Wirkung des Windes. Die Verkehrslast ist in ihrer Größe abhängig vom Nutzungszweck des Gebäudes und als Wind- und Schneelast abhängig von der Form des Bauwerkes.

4.4.1 Lotrechte Verkehrslasten

Es werden „vorwiegend ruhende" Verkehrslasten und „nicht vorwiegend ruhende" Verkehrslasten unterschieden.

1. Vorwiegend ruhende Verkehrslasten

Als „vorwiegend ruhende" sind alle Verkehrslasten zu verstehen für Decken unter Wohnräumen, Büro-, Dienst-, Verkaufs- und Versammlungsräumen. Mit Einschränkungen zählen hierzu Verkehrslasten in Werkstätten und Fabriken. Als vorwiegend ruhende Verkehrslasten gelten auch die Belastungen für Treppen und Dächer.

Die Beispiele der Tafel **67.**1 sollen die Größenordnung verschiedener Verkehrslasten angeben. In jedem Fall sind die Erklärungen und Einschränkungen der DIN 1055 zu beachten.

2. Nicht vorwiegend ruhende Verkehrslasten

Als „nicht ruhende" gelten folgende Lasten:
- Verkehrslasten auf Kranbahnen,
- Verkehrslasten auf Hofkellerdecken,
- Verkehrslasten auf Decken, die von Gabelstaplern befahren werden,
- Verkehrslasten auf Dachdecken, die als Hubschrauberlandeplätze dienen;

außerdem:
- Massenkräfte nicht ausgewuchteter Maschinen,
- stoßende und sich häufig wiederholende Lasten.

DIN 1055 T3 sowie DIN 1072 enthalten nähere Angaben, in welcher Größe und in welcher Weise diese Verkehrslasten für die Bemessung der Bauteile anzusetzen sind.

Verkehrslasten, die Schwingungen oder Stöße verursachen, sind entsprechend dem Einzelfall mit einem Schwingbeiwert φ bzw. einer Stoßzahl zu vervielfältigen.

Der Schwingbeiwert beträgt im Regelfall:

$$\text{Schwingbeiwert } \varphi = 1{,}4 \qquad (65.1)$$

Tafel **66.1** **Beispiele für Eigenlasten** in kN/m³ von Lagerstoffen, Baustoffen und Bauteilen in einer Auswahl nach DIN 1055 Teil 1

Gegenstand	Rechenwert kN/m³
Flüssigkeiten	
Benzin	8
Erdöl, Dieselöl, Heizöl	10
Teer, flüssig	12
Wasser	10
Lagerstoffe	
Bentonit, lose (gerüttelt)	8 (11)
Blähton, Blähschiefer	15
Gips, gemahlen	15
Glas in Tafeln	25
Hochofenstückschlacke	18
Hochofenschlacke granuliert, Kesselschlacke	11
Hüttenbims erdfeucht, Naturbims	9
Kalk gebrannt, gemahlen	13
(Trockenhydrat)	(6)
Kies und Sand trocken oder erdfeucht (naß)	18 (20)
Zement, gemahlen	16
Metalle	
Aluminium	27
Blei	114
Gußeisen	72,5
Stahl, Schweißeisen	78,5
Zink, gewalzt	72
Holz und Holzwerkstoffe	
Nadelholz, allgemein	4 bis 6
Laubholz	6 bis 8
Spanplatten nach DIN 68 761 und 68 763	5 bis 7,5
Tischlerplatten nach DIN 68 705, Teil 4	4,5 bis 6,5
Hartfaserplatten nach DIN 68 754, Teil 1	9 bis 11
Beton	
Für Frischbeton sind die Werte um 1 kN/m³ zu erhöhen	
Porenbeton, bewehrt nach DIN 4223 Rohdichte: 0,5 bis 0,8 kg/dm³	6,2 bis 9,5
Leichtbeton mit geschlossenem Gefüge Rohdichte: 1,0 bis 2,0 kg/dm³	10,5 bis 20,5
Stahlleichtbeton mit geschlossenem Gefüge Rohdichte: 1,0 bis 2,0 kg/dm³	11,5 bis 21,5
Normalbeton nach DIN 1045,	
B 5 und B 10	23
B 15 bis B 55	24
Stahlbeton nach DIN 1045, B 15 bis B 55	25
Mauer- und Putzmörtel aus	
Gips ohne Sand	12
Kalk oder Kalkgips	18
Kalkzement oder Kalktraß	20
Zement oder Zementtraß oder PM-Binder	21
Mauerwerk aus natürlichen Steinen einschließlich Fugenmörtel, ohne Putz	
Basalt, Melaphyr, Diorit, Gabbro	30
Basaltlava	24
Gneis, Granulit	30
Granit, Syenit, Porphyr	28
Grauwacke, Sandstein	27
dichter Kalkstein, Dolomit, Marmor	28
Kalkkonglomerat, Travertin	26
Schiefer	28
Vulkanischer Tuffstein	20
Mauerwerk aus künstlichen Steinen	
Rohdichte der Steine:	
0,5 bis 1,0 kg/dm³	7 bis 12
1,2 kg/dm³	14
1,4 kg/dm³	15
1,6 kg/dm³	17
1,8 bis 2,5 kg/dm³	18 bis 25
Platten und Plattenwände, unverputzt	**Rechenwert je cm Dicke kN/m²**
Hohlwandplatten aus Leichtbeton nach DIN 18 148	
Plattenrohdichte: 0,6 bis 1,2 kg/dm³	0,08 bis 0,14
Plattenrohdichte: 1,4 kg/dm³	0,15
Wandbauplatten aus Leichtbeton nach DIN 18 162 Plattenrohdichte: 0,8 bis 1,4 kg/dm³	0,09 bis 0,15
Porenbeton-Bauplatten unbewehrt nach DIN 4166 Rohdichte: 0,5 bis 0,8 kg/dm³	0,06 bis 0,09
Gips-Wandbauplatten nach DIN 18 163 Plattenrohdichte 0,7 (0,9) kg/dm³	0,07 (0,09)
Gipskartonplatten nach DIN 18 180	0,11
Fußboden- und Wandbeläge	
Zementestrich	0,22
Betonwerksteinplatten, Terrazzo	0,24
Gummi	0,15
Gußasphalt	0,23
Keramische Wandfliesen (Bodenfliesen) einschließlich Verlegemörtel	0,19 (0,22)
Kunststoff-Fußböden	0,15
Linoleum	0,13
Sperr-, Dämm- und Füllstoffe	
Bimskies, geschüttet	0,07
Blähperlit, geschüttet	0,01
Blähschiefer u. Blähton, geschüttet	0,15
Faserdämmstoffe nach DIN 18 165	0,01
Holzwolleleichtbauplatten nach DIN 1101 bei 15 mm (100 mm) Plattendicke	0,06 (0,04)
Schaumkunststoffplatten nach DIN 18 164	0,004
Sperren gegen Feuchtigkeit (ohne Bindemittel)	**Rechenwert je Lage kN/m²**
Bituminöse Schweißbahnen	0,07
Dichtungsbahnen für Bauwerksabdichtungen nach DIN 18 190, Teil 1–5	0,04
Glasvlies-Bitumen-Dachbahnen nach DIN 52 143 besandet (bekiest)	0,02 (0,05)
Kunststoffbahnen	0,02
Nackte Bitumen- und Teerpappen	0,02

Bei erdüberschütteten Bauwerken beträgt der Schwingbeiwert:

$$\text{Schwingbeiwert } \varphi = 1{,}4 - 0{,}1\, h_{\ddot{u}} \tag{67.1}$$

Hierbei ist $H_{\ddot{u}}$ die Überschüttungshöhe in m.

Bei Maschinen mit Schwungmassekräften sind die dynamischen Einflüsse rechnerisch zu untersuchen. DIN 4024 und DIN 4025 sind hierfür zu beachten.

Für Bauteile, die unmittelbar von herabfallenden Gegenständen getroffen werden können, muß eine Stoßzahl in Rechnung gestellt werden (z. B. bei Schutzdächern oder Schutzbrücken unter Materialseilbahnen). Die Stoßzahl ist in erster Linie nach der Fallhöhe abzustufen. Es kann eine Stoßzahl von 10 bis 20 erforderlich sein; eine Entscheidung sollte die Bauaufsichtsbehörde treffen.

Tafel **67.1** Beispiele für **lotrechte Verkehrslasten** in kN/m², in einer Auswahl nach DIN 1055 Teil 3

Bauteile	lotrechte Verkehrslast kN/m²
Decken unter folgenden Räumen	
Spitzböden (bedingt begehbar)	1,0
Wohnräume (bei Decken mit ausreichender Querverteilung)	1,5
Wohnräume (bei Decken ohne ausreichende Querverteilung)	2,0
Büroräume, Krankenzimmer, Flure in Wohn- u. Bürogebäuden	2,0
Balkone >10 m² Grundfläche, Hörsäle, Klassenzimmer	3,5
Garagen und Parkhäuser für Pkw	3,5
Balkone >10 m² Grundfläche, Versammlungsräume, Verkaufsräume	5,0
Werkstätten, Fabriken, Lagerräume ohne Gabelstaplerverkehr	7,5
wie vor, jedoch mit schwerem Betrieb bis zu 2,5 t Fahrzeuggewicht	10,0
Zuschlag zur lotrechten Verkehrslast für unbelastete leichte Trennwände bei Decken mit Verkehrslast bis 5,0 kN/m²	
Eigengewicht ≦ 100 kg/m² Wandfläche einschl. Putz	0,75
Eigengewicht ≦ 150 kg/m² Wandfläche einschl. Putz	1,25
Zuschlag zur lotrechten Verkehrslast bei Decken für	
besondere Belastung durch Akten, Bücher, Warenvorräte, leichte Maschinen, Panzerschränke, Tresore usw.	3,0
Treppen und Zugänge:	
in Wohngebäuden	3,5
in öffentlichen Gebäuden	5,0
Dächer:	Einzellast kN
in der Mitte einzelner Sprossen, Sparren oder Pfetten unter Außerachtlassung von Schnee und Wind für Personen bei Reinigungs- und Wiederherstellungsarbeiten, wenn Schnee- und Windlast <2,0 kN ist	1,0
in der Mitte leichter Sprossen bei Benutzung von Leitern und Bohlen	0,5
in der Mitte einer begehbaren Dachhaut bei Verteilungsbreite auf 2 Platten, jedoch ≦ 1 m	1,0
in den beiden äußeren Viertelpunkten bei Dachlatten je eine Einzellast	0,5

4.4.2 Waagerechte Verkehrslasten

Nach DIN 1053 sind für Bauteile, auf die waagerechte Verkehrslasten wirken können, entsprechende Lasten anzusetzen.

Horizontallasten in Holmhöhe an Brüstungen und Geländern:

0,5 kN/m bei Treppen in Wohngebäuden
bei Balkonen und offenen Loggien (Bild **68.**1 a);

1,0 kN/m bei Treppen in allen anderen Gebäuden,
insbesondere öffentlichen Gebäuden,
und in Versammlungsräumen, Kirchen, Schulen,
Theater- und Lichtspielsälen,
Vergnügungsstätten, Sportbauten und Tribünen.

Horizontallasten zur Aussteifung in Längs- und Querrichtung sind neben der vorgeschriebenen Windlast und etwaigen anderen waagerecht wirkenden Kräften folgende beliebig gerichtete Horizontallasten zu berücksichtigen:

1/20 der lotrechten Verkehrslast
als Horizontallast, die in Fußbodcnhöhe angreift,
bei Tribünen
und ähnlichen Sitz- und Steheinrichtungen;

1/100 aller lotrechten Lasten
als Horizontallast bei Gerüsten,
die in Schalungshöhe angreift (Bild **68.**1 b);

1/100 der Gesamtlast als Horizontallast,
die in Höhe des Schwerpunktes angreift,
bei kippgefährdeten Einbauten,
die innerhalb von geschlossenen Bauwerken stehen
und keiner Windbeanspruchung unterliegen
(z. B. eingebaute freistehende Silos).

Bremskräfte und Horizontallasten von Kranen und Kranbahnen (Bild **68.**2) sind nach entsprechenden Normen in Rechnung zu stellen (z. B. DIN 4132 oder DIN 15018).

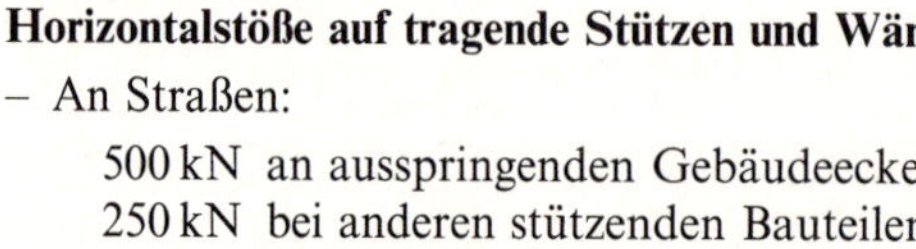

68.1 Waagerechte Verkehrslasten bei
a) Brüstungen und Geländern
b) Schalungen und Gerüsten

68.2 Waagerechte Verkehrlasten bei Kranen und Kranbahnen

Horizontalstöße auf tragende Stützen und Wände

– An Straßen:

500 kN an ausspringenden Gebäudeecken bzw.

250 kN bei anderen stützenden Bauteilen als Horizontallast 1,2 m
über Geländehöhe für stützende Bauteile von Bauwerken,
die innerhalb von geschlossenen Ortschaften im Abstand von weniger
als 1 m von der Bordschwelle stehen.

- Bei Tankstellen:

  100 kN als Horizontallast 1,2 m über Geländehöhe für stützende Bauteile von Tankstellenüberdachungen, die nicht am fließenden Verkehr liegen, auch wenn sie durch Bordschwellen geschützt sind, zur Berücksichtigung eines möglichen Anpralls von Kraftfahrzeugen.

- In Garagen, Werkstätten, Lagerräumen und dgl.:

  100 kN als Horizontallast in 1,2 m Höhe bei stützenden Bauteilen in Räumen von ein- und mehrgeschossigen Gebäuden, in denen Lastkraftwagen verkehren;
  5faches zulässiges Gesamtgewicht bei Gabelstaplern als Horizontallast in 0,75 m Höhe bei stützenden Bauteilen in Räumen von ein- und mehrgeschossigen Gebäuden.

Horizontalstöße auf nichttragende umschließende Bauteile

2 kN/m als horizontale Streckenlast in 0,5 m Höhe über dem Fußboden bei Geschoßgaragen und anderen mehrgeschossigen Gebäuden, in denen mit Pkw-Verkehr gerechnet werden muß zur Berücksichtigung eines möglichen Anpralls gegen Außenwände, Lichtschachtwände, Brüstungen von Rampen, Parkpaletten und dergleichen;

5 kN/m als horizontale Streckenlast in 1,2 m Höhe über dem Fußboden bei Lkw-Verkehr, sonst wie vor.

Waagerechte Pendelkräfte

0,9 kN als horizontale Kraft ohne Schwingbeiwert bei Sportgeräten in Turnhallen in jedem Anschlußpunkt eines Taues (z. B. bei Schaukeleinrichtungen, Klettertauen usw.).

4.5 Schnee- und Eislasten

Schnee- und Eislasten gelten als Verkehrslasten. Sie sind abhängig von den geographischen und meteorologischen Verhältnissen des jeweiligen Ortes.

4.5.1 Schneelasten

Für die Ermittlung sind 4 Schneelastzonen in der Bundesrepublik vorgesehen. Außerdem spielt die Geländehöhe des Bauwerkstandortes eine Rolle. Danach wird in DIN 1055 Teil 5 die Regelschneelast s_0 in kN/m² angegeben.

Bei Dachflächen mit einer Neigung α gegen die Horizontale kann der Schnee teilweise abgleiten. Daher darf bei einer Neigung über 30° der abgeminderte Rechenwert s der Schneelast angesetzt werden; und zwar gleichmäßig verteilt auf die Grundrißprojektion der Dachfläche. Die Schneelast s errechnet sich aus

$$\boldsymbol{s = k_s \cdot s_0} \quad \text{in kN/m}^2 \qquad \text{mit } k_s = 1 - \frac{\alpha - 30°}{40°} \quad \begin{matrix} \geqq 0 \\ \leqq 1 \end{matrix} \tag{69.1}$$

k_s ist ein Abminderungswert für geneigte Dachflächen mit $\alpha = 30°$ bis 70° entsprechend Tafel **70**.2.

Mögliche Schneeanhäufungen sind zusätzlich zu berücksichtigen.

Der gleichzeitige Ansatz von Schneelast und Windlast ist dann zu berücksichtigen, wenn sich hierdurch ungünstigere Beanspruchungen ergeben (s. Abschn. 4.2.5).

Tafel **70.1** **Regelschneelast** s_0 in kN/m² nach DIN 1055 Teil 5

Schneelastzone 1) nach Tafel **71.1**	Geländehöhe 2) des Bauwerkstandortes über NN in m ≦200	300	400	500	600	700	800	900	1000	>1000
I	0,75	0,75	0,75	0,75	0,85	1,05	1,25			3)
II	0,75	0,75	0,75	0,90	1,15	1,50	1,85	2,30		
III	0,75	0,75	1,00	1,25	1,60	2,00	2,55	3,10	3,80	
IV	1,00	1,15	1,55	2,10	2,60	3,25	3,90	4,65	5,50	

1) Für Bauwerkstandorte auf der Grenzlinie zweier Schneelastzonen darf als s_0 das arithmetische Mittel aus den beiden Schneelastzonen angenommen werden.

2) Für Geländehöhen, die zwischen den angegebenen Geländehöhen liegen, darf der s_0-Wert geradlinig interpoliert werden. Wird nicht interpoliert, so ist der s_0-Wert der nächsthöheren Geländehöhe anzusetzen.

3) Wird im Einzelfall festgelegt durch die zuständige Baubehörde im Einvernehmen mit dem Zentralamt des Deutschen Wetterdienstes in Offenbach

Tafel **70.2** **Abminderungswerte** k_s für Schneelasten in Abhängigkeit von der Dachneigung α nach DIN 1055 Teil 5

α	0°	1°	2°	3°	4°	5°	6°	7°	8°	9°
0° bis 30°	1,00									
30°	1,00	0,97	0,95	0,92	0,90	0,87	0,85	0,82	0,80	0,77
40°	0,75	0,72	0,70	0,67	0,65	0,62	0,60	0,57	0,55	0,52
50°	0,50	0,47	0,45	0,42	0,40	0,37	0,35	0,32	0,30	0,27
60°	0,25	0,22	0,20	0,17	0,15	0,12	0,10	0,07	0,05	0,02
70° bis 90°	0									

4.5.2 Eislasten

Eislasten durch Eisregen oder Rauheis hängen von den meteorologischen Verhältnissen ab, beeinflußt durch Geländeform und Geländehöhe. In welchem Maße Eisansatz zu berücksichtigen ist, soll bereits bei der Planung mit der Bauaufsichtsbehörde festgelegt werden. Wenn Eisansatz zu berücksichtigen ist und keine genaueren Werte vorliegen, darf in nicht besonders gefährdeten Lagen bis 400 m über NN vereinfachend ein allseitiger Eisansatz von 3 cm Dicke für alle der Witterung ausgestzten Konstruktionsteile angenommen werden. Die Windlast auf die durch den Eisansatz vergrößerte Fläche ist mit 75% des Staudrucks anzusetzen. Die Eisrohwichte ist mit $\gamma = 7\,\text{kN/m}^3$ anzunehmen.

Tafel **71.1** **Karte der Schneelastzonen** nach DIN 1055 Teil 5

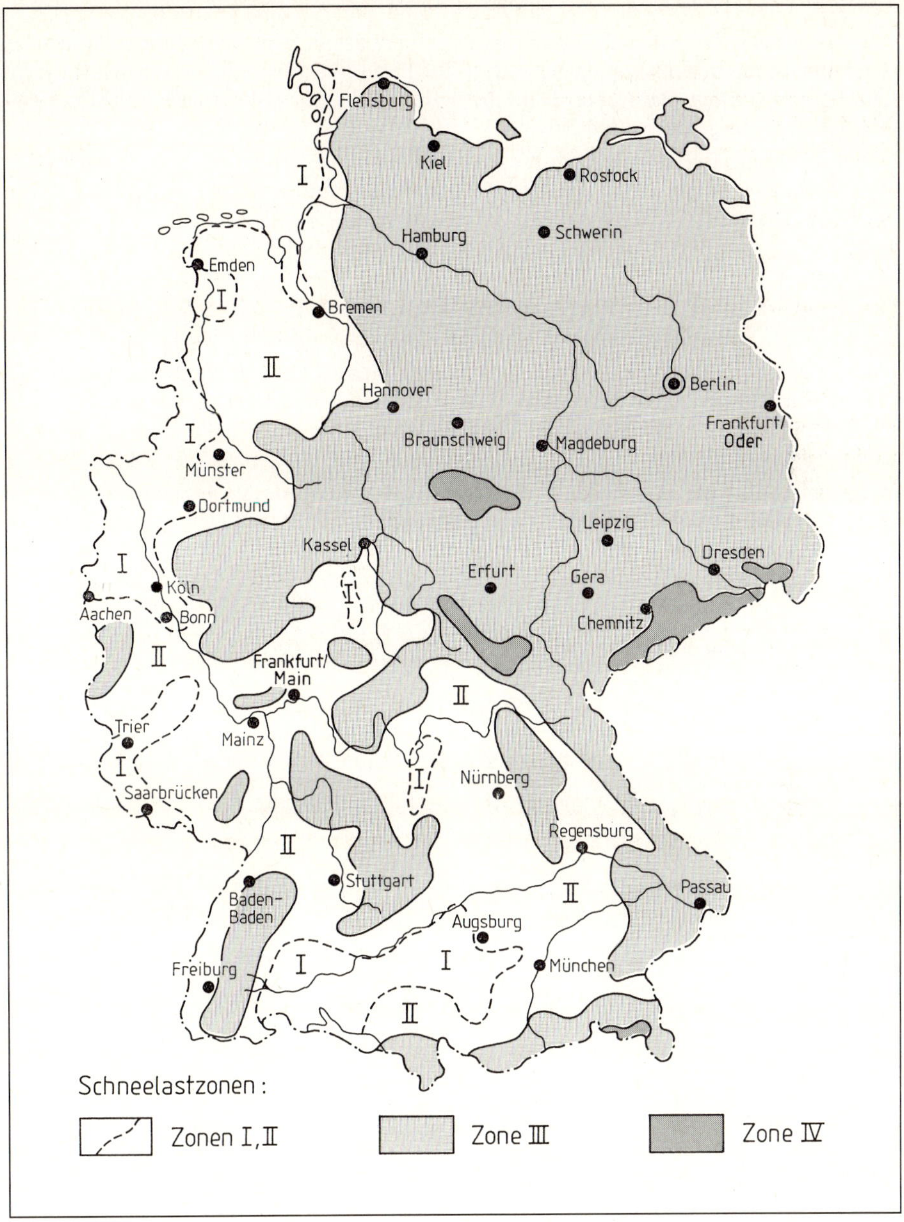

4.6 Windlasten

Windlasten gehören zu den nicht ständig wirkenden Lasten. Manche Bauwerke können bei Windeinwirkung in Schwingungen geraten. Die hier gemachten Angaben gelten für nicht schwingungsanfällige Bauwerke. Ohne besonderen Nachweis dürfen als „nicht schwingungsanfällig" angesehen werden:

Übliche Wohn-, Büro- und Industriegebäude und ihnen in Form oder Konstruktion ähnliche Bauwerke mit einem Verhältnis der größten Höhe h zur kleinsten Breite b von höchstens 5, also:

$$\text{übliche Bauwerke:} \quad h/b \leqq 5 \tag{72.1}$$

Die Windlast ist in jeder Richtung mit ihrem Größtwert wirkend anzusetzen. Die Windrichtung kann im allgemeinen waagerecht wirkend angenommen werden.

Die Bauwerke sind auf Windlast im allgemeinen in Richtung ihrer Hauptachsen zu überprüfen. Für Bauwerke, die durch genügend steife Wände und Decken hinreichend ausgesteift sind, braucht in der Regel die Windbeanspruchung der *Gesamtkonstruktion* nicht nachgewiesen zu werden.

Wenn bei baulichen Anlagen und Bauteilen die ausreichende Sicherheit gegen Kippen und/oder Gleiten infolge Wind und anderer waagerechter Lasten nicht feststeht, so ist sie nachzuweisen. Günstig wirkende Verkehrs- und Windlasten sind dabei nicht zu berücksichtigen.

4.6.1 Windlast für Bauwerk

Die Windlast für ein Bauwerk ist von seiner Form abhängig. Die Windlast setzt sich aus Druck-, Sog- und Reibungskräften zusammen. Die Größe der resultierenden Windlast am Gesamtbauwerk ist wie folgt zu berechnen (Bild **72.1**):

$$W = c_f \cdot q \cdot A \quad \text{in kN} \tag{72.2}$$

Hierbei sind:

c_f Kraftbeiwert für die Form des Baukörpers (ohne Einheit)
q Staudruck des Windes in kN/m² (s. Tafel **73.1**)
A Bezugsfläche (Fläche des Baukörpers, auf die die Windlast wirkt) in m²

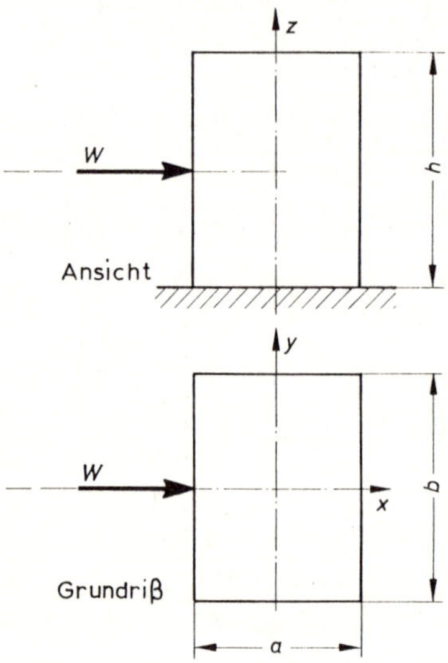

72.1 Windlast $W = c_f \cdot q \cdot A = 1{,}3 \cdot q \cdot b \cdot h$ für Baukörper h/a bzw. $h/b \leqq 5$, dargestellt für Ansicht und Grundriß

Mit der Windlast W wird die Sicherheit des gesamten Baukörpers gegen Kippen und Gleiten nachgewiesen (siehe Abschnitt 5).

Der Kraftbeiwert ist bei einem allseitig geschlossenen Baukörper mit Rechteckgrundriß:

$$c_f = 1{,}3 \qquad (73.1)$$

Der Staudruck q des Windes ist abhängig von der Windgeschwindigkeit. Die Geschwindigkeit ist um so größer, je größer die Höhe über Gelände ist. Für Bauwerke üblicher Standorte kann der Staudruck Tafel **73.**1 entnommen werden.

Tafel **73.**1 **Windstaudruck** q in kN/m², abhängig von der Höhe über Gelände nach DIN 1055 Teil 4

Höhe h über Gelände in m	0 bis 8	über 8 bis 20	über 20 bis 100	über 100
Staudruck q in kN/m²	0,50	0,80	1,10	1,30

Für ein Bauwerk, das dem Windangriff besonders stark ausgesetzt ist (auf Erhebung über Gelände), ist mindestens mit $q = 1{,}10\,\text{kN/m}^2$ zu rechnen.

4.6.2 Wind auf Flächeneinheit

Der Winddruck und der Windsog auf die Flächeneinheit der Bauwerksoberfläche werden folgendermaßen berechnet (Bild **73.2**):

$$w = c_p \cdot q \qquad \text{in kN/m}^2 \qquad (73.2)$$

Hierbei sind:

c_p Beiwert für verschiedene Bauwerksformen und Anströmrichtungen (ohne Einheit) (positiv für Winddruck, negativ für Windsog)

q Staudruck des Windes in kN/m² (Tafel **73.**1)

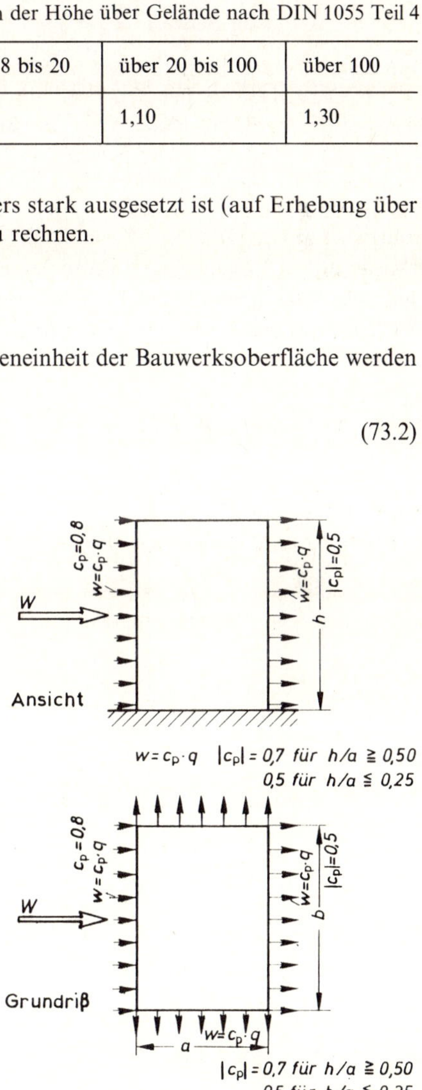

73.2 Winddruck bzw. Windsog $w = c_p \cdot q$ für Wandflächen, dargestellt in Ansicht und Grundriß in der anzusetzenden Richtung. $|c_p|$ ist ein absoluter Beiwert ohne Vorzeichen, wenn der Windsog in der wirkenden Richtung dargestellt ist.

Mit dem Winddruck bzw. Windsog w werden die Baukörperflächen oder einzelne Tragglieder berechnet. Winddruck und Windsog wirken rechtwinklig zur Begrenzungsfläche des Baukörpers.

Die Beiwerte c_p sind für allseitig geschlossene Baukörper mit lotrechten Wandflächen Bild **73**.2 zu entnehmen. Auf Flächen, die dem Wind zugewendet sind (Luv), wirkt die Windlast als Winddruck:

$$\text{Winddruck-Beiwert} \quad c_p = 0{,}8 \tag{74.1}$$

Auf Flächen, die dem Wind abgekehrt sind (Lee), wirkt die Wandlast als Windsog:

$$\text{Windsog-Beiwert} \quad c_p = -0{,}5 \tag{74.2}$$

Für Seitenflächen, die zur angenommenen Windrichtung parallel stehen, ist Windsog anzusetzen. Die Größe des Beiwerts c_p ist abhängig von den Bauwerksabmessungen. Entscheidend ist das Verhältnis der Höhe h zur Breite a der windparallelen Seite:

$$\text{Beiwert} \quad c_p = -0{,}7 \quad \text{für } h/a \geqq 0{,}50 \tag{74.3}$$

$$c_p = -0{,}5 \quad \text{für } h/a \geqq 0{,}25 \tag{74.4}$$

Zwischenwerte dürfen geradlinig zwischengeschaltet werden.

Die negativen Vorzeichen entfallen, wenn der Windsog in der anzusetzenden Richtung zeichnerisch dargestellt wird.

Für Dächer, (Sattel-, Pult- oder Flachdächer) sind die Beiwerte c_p dem Bild **74**.1 und der Tafel **75**.1 zu entnehmen. Weitere Beiwerte sind in DIN 1055 Teil 4 angegeben.

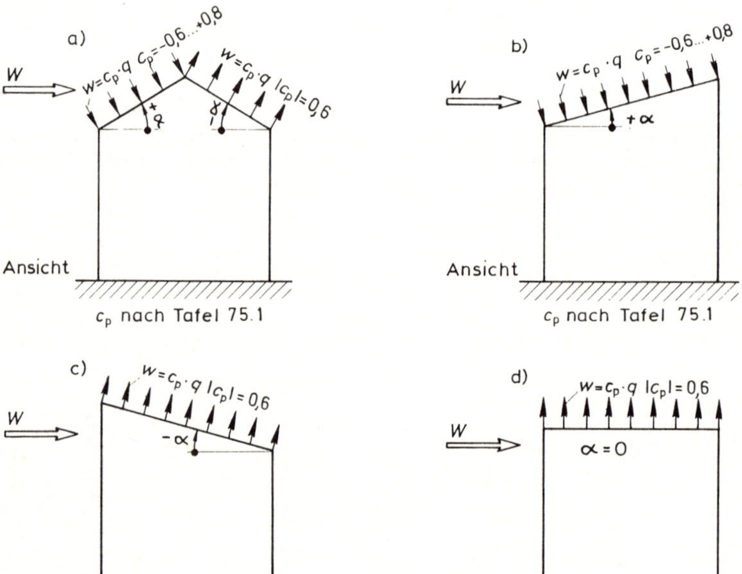

74.1 Winddruck bzw. Windsog $w = c_p \cdot q$ für Dachflächen a) Satteldach b) und c) Pultdach d) Flachdach $|c_p|$ ist ein absoluter Beiwert ohne Vorzeichen, da der Wind in der wirkenden Richtung dargestellt ist.

Für einzelne Tragglieder (z. B. Sparren, Pfetten, Wandstiele, Fassadenelemente) sind die Werte für den Winddruck um ¼ zu erhöhen. Zweckmäßigerweise werden die Winddrucklasten hierfür mit 1,25 multipliziert.

Tafel **75.1** **Beiwerte c_p für Sattel-, Pult- und Flachdächer** nach DIN 1055 Teil 45

Windrichtung →	+α (Luv)							−α (Lee)	
Dachneigung α	≧ +50°	+45°	+40°	+35°	+30°	+25°	< +25° bis 0°	0° bis −80°	> −80°
Beiwerte c_p	+0,8	+0,7	+0,6	+0,5	+0,4	+0,3	−0,6	−0,6	−0,5
			−0,6						

Positive Vorzeichen der Beiwerte bedeuten Wind**druck**, negative Vorzeichen bedeuten Wind**sog**.
Für Dachneigungen α = +25° bis +40° ist der ungünstigere Beiwert +0,3 bis +0,6 oder −0,6 zu untersuchen.

Tafel **75.2** **Beiwerte c_p für Eck- und Randbereiche** bei flachen Dächern nach DIN 1055 Teil 45

Dachneigungswinkel α	Beiwerte c_p im Eckbereich	Beiwerte c_p im Randbereich
0° bis 25°	−3,2	−1,8
26° bis 35°	−1,8	−1,1

Negative Vorzeichen bedeuten Windsog.

In Randbereichen und Eckbereichen von flachen Dächern bis 35° treten größere Windlasten auf. Die Beiwerte c_p entsprechend Bild **75.3** sind Tafel **75.2** zu entnehmen.

Negative Beiwerte geben an, daß es sich nicht um Wind**druck**, sondern um Wind**sog** handelt. Die Windrichtung kann in der tatsächlich wirkenden Richtung eingezeichnet werden; in diesem Fall entfällt das Vorzeichen.

Der Windsog wirkt entlastend für die darunter liegenden Bauteile. Es kann ein Nachweis gegen Abheben erforderlich sein (s. Abschn. 5.4).

Die Ermittlung der Lasten für Dächer wird in Abschn. 4.5.5 gezeigt.

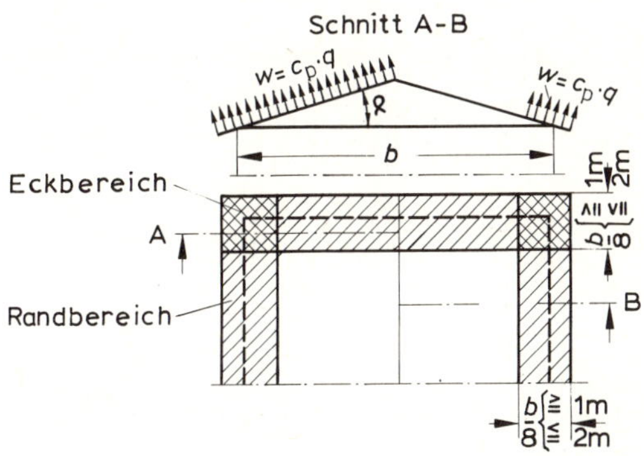

75.3
In Eckbereichen und Randbereichen von flachen Dächern treten größere Windsogkräfte auf.
Beiwerte c_p nach Tafel **75.2**

Wind bei offenen Baukörpern

In DIN 1055 sind für seitlich offene Baukörper die zugehörigen Beiwerte c_p angegeben (Bild **76.**1).

Die Beiwerte gelten für

- einseitig offene Baukörper (Bild **76.**1 a und b),
- zweiseitig offene Baukörper (Bild **76.**1 c und f) und
- dreiseitig offene Baukörper (Bild **76.**1 d und e).

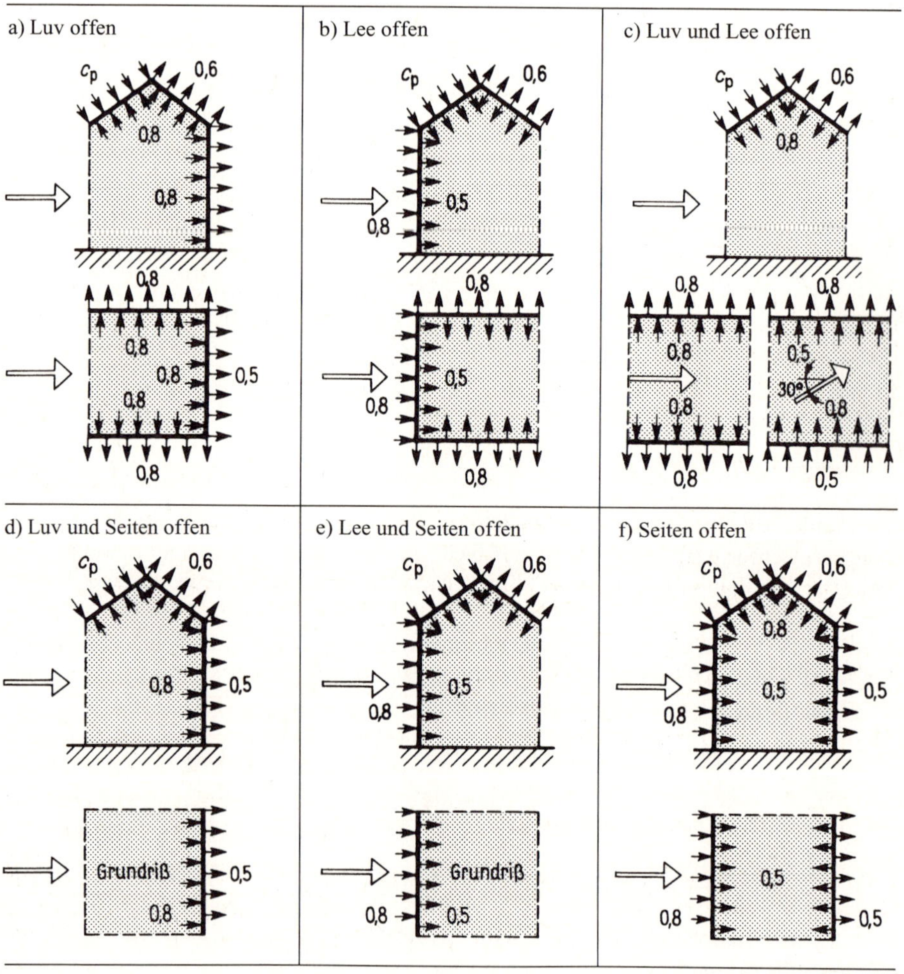

76.1 Beiwerte c_p für die Berechnung des Winddruckes bzw. Windsoges bei seitlich offenen Baukörpern

4.6.3 Gleichzeitige Schnee- und Windlast

Bei Dachneigungen über 45° braucht mit gleichzeitiger Belastung durch Schnee **und** Wind im allgemeinen nicht gerechnet zu werden. Der gleichzeitige Ansatz von Schnee und Wind ist nur in Gebieten mit besonders ungünstigen Schneeverhältnissen erforderlich oder wenn Schneeansammlungen möglich sind, z. B. bei einem Aneinanderstoßen mehrerer Dachflächen.

Bei Dachneigungen bis 45° ist die Auswirkung einer gleichzeitigen Belastung durch Schnee und Wind stets zu untersuchen. Dabei sind folgende Lastkombinationen zu berücksichtigen:

$$s + \frac{w}{2} \quad \text{bzw.} \quad \frac{s}{2} + w \tag{77.1}$$

In Abschnitt 4.5.5 wird bei Belastungen für Dächer die Anwendung dieser Forderung gezeigt.

4.7 Wasserdruck

Bauwerke, die im Wasser stehen, werden durch Wasserdruck beansprucht (Bild **77.1** a). Das gleiche gilt für Behälter und Becken, die mit einer Flüssigkeit gefüllt sind (Bild **77.1** b). Die einzelnen Bauteile müssen dem wirkenden Wasserdruck bzw. Flüssigkeitsdruck standhalten.

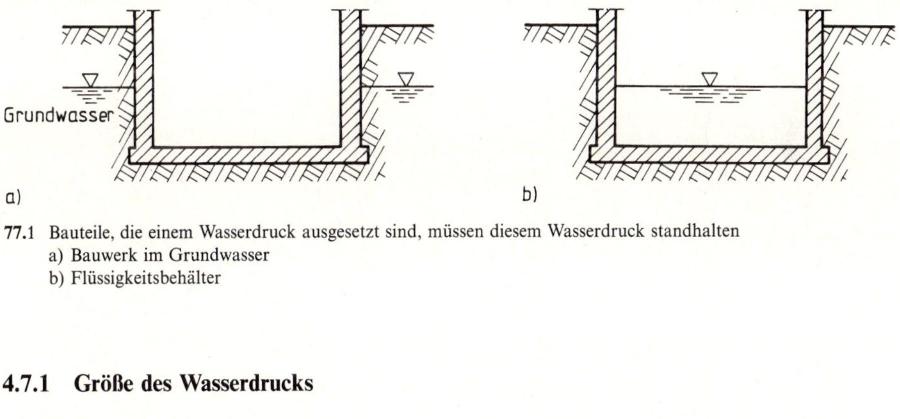

77.1 Bauteile, die einem Wasserdruck ausgesetzt sind, müssen diesem Wasserdruck standhalten
a) Bauwerk im Grundwasser
b) Flüssigkeitsbehälter

4.7.1 Größe des Wasserdrucks

Der Druck des ruhenden Wassers ist nach den physikalischen Gesetzen als hydrostatischer Druck zu berechnen. Im Wasser nimmt der Druck mit der Tiefe h_w nach unten zu. Außerdem ist der Druck proportional zur Dichte des Wassers γ_w. Das gleiche gilt für den Druck auf angrenzende Bauteile.

$$\text{Wasserdruck } p_w = h_w \cdot \gamma_w \quad \text{in kN/m}^2 \tag{77.2}$$

mit Wasserhöhe h_w in m
und Wichte des Wassers γ_w in kN/m³

Für andere Flüssigkeiten gilt sinngemäß das gleiche wie für Wasser:

$$\text{Flüssigkeitsdruck } p_f = h_f \cdot \gamma_f \quad \text{in kN/m}^2 \tag{78.1}$$

mit Flüssigkeitshöhe h_f in m
und Wichte der Flüssigkeit γ_f in kN/m²

Beispiel zur Erläuterung

1. Der Wasserdruck wird durch die Wasserhöhe h_w bestimmt, nicht durch die Wassermenge, die auf die angrenzende Fläche drückt.

2. Eine Wassersäule von 10 m verursacht einen Wasserdruck von 1 bar.

$$\begin{aligned}\text{Wasserdruck } p_w &= h_w \cdot \gamma_w \\ &= 10\,\text{m} \cdot 10\,\text{kN/m}^3 \\ &= 100\,\text{kN/m}^2 \\ &= 100\,000\,\text{N/m}^2 = 0{,}1\,\text{N/mm}^2 \\ &= 1\,\text{bar}\end{aligned}$$

Bar ist eine besondere Einheit für den Druck.

3. Wenn sich in einer Abflußleitung wegen Verstopfung das Wasser staut, entsteht auf die Rohrwandung ein hoher Wasserdruck. Er ist genau so groß wie der Wasserdruck in einer Talsperre auf die Staumauer in derselben Tiefe.

4.7.2 Wirkung des Wasserdrucks

Der Wasserdruck p_w wirkt immer rechtwinklig auf die getroffene Fläche.

Da der Wasserdruck mit zunehmender Tiefe größer wird, entstehen dreieckförmige Belastungen (Bild **78.1** a und b).

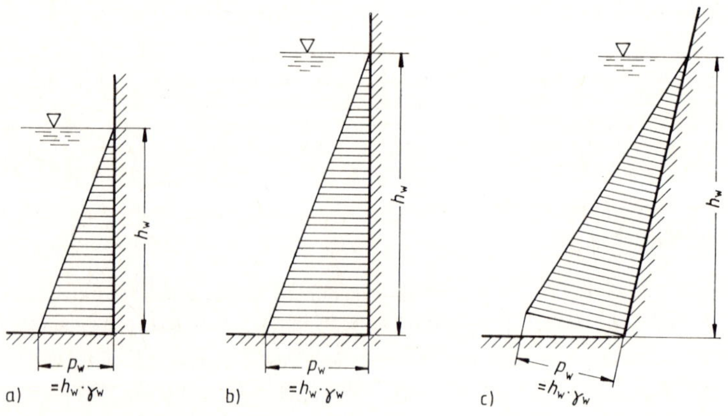

78.1 Wasserdruck auf Bauteilflächen
a) lotrechte Fläche
b) lotrechte Fläche mit größerer Wassertiefe
c) geneigte Fläche

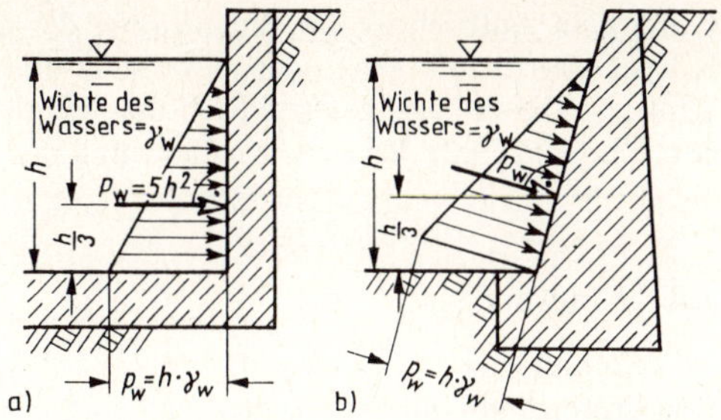

79.1
Belastungen durch Wasserdruck
a) bei einer lotrechten Wand eines Behälters
b) bei einer geneigten Wand einer Uferbefestigung

Die resultierende Wasserdrucklast kann aus dem Flächeninhalt des Dreiecks berechnet werden (Bild **79.1**):

$$\text{Wasserdrucklast } p_w = \frac{p_w \cdot h_w \cdot l}{2} \quad \text{in kN} \tag{79.1}$$

mit Wasserdruck p_w in kN,
Wasserhöhe h_w in m
und Bauteillänge l in m

Für eine Wandlänge von $l = 1$ m und Wasser mit $\gamma_w = 10\,\text{kN/m}^3$ erhält man die Wasserdruckkraft mit

$$\boldsymbol{P_w = 5\,h^2} \quad \text{in kN} \qquad \text{mit } h \text{ in m} \tag{79.2}$$

Die Angriffshöhe der resultierenden Wasserdruckkraft liegt im Schwerpunkt des Dreiecks bei $h/3$.

Die Anwendung wird in Abschnitt 4.5.3 durch Beispiel 4 erläutert.

Da der Wasserdruck immer rechtwinklig auf die getroffene Fläche wirkt, ändert sich die Richtung des Wasserdrucks bei geneigten Bauteilen (Bild **78.**1 c).

Baukörper, die ins Wasser eintauchen, sind einem nach oben gerichteten Wasserdruck auf die Bauwerksunterseite ausgesetzt. Dadurch erfährt das Bauwerk einen Auftrieb. Dieses gilt z. B. für Keller im Grundwasser.

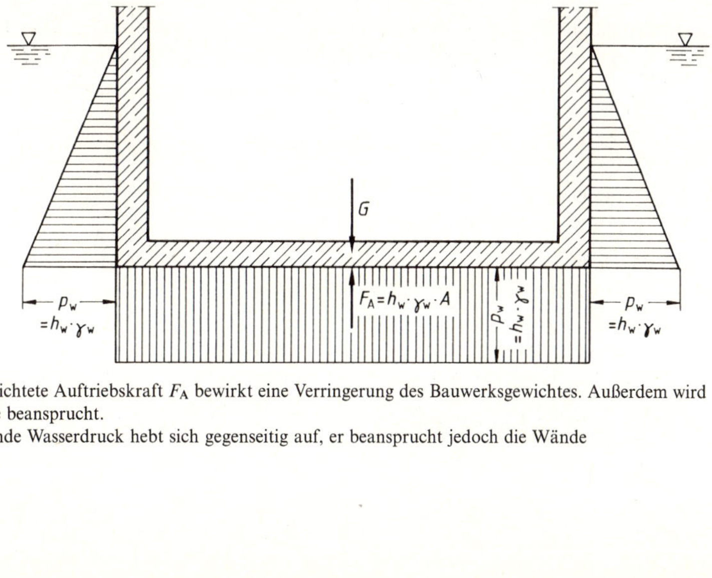

79.2 Die nach oben gerichtete Auftriebskraft F_A bewirkt eine Verringerung des Bauwerksgewichtes. Außerdem wird die Bauwerkssohle beansprucht.
Der seitlich wirkende Wasserdruck hebt sich gegenseitig auf, er beansprucht jedoch die Wände

Unter dem Auftrieb ist die Verringerung der Gewichtskraft zu verstehen, die bei jedem Körper eintritt, der ganz oder teilweise in eine Flüssigkeit taucht. Der Auftrieb ist eine Kraft, die die entgegengesetzte Richtung wie die Gewichtskraft G des eintauchenden Körpers hat (Bild **79.**2). Beispiele zur Berechnung der Auftriebskraft F_A enthält Abschnitt 5.3.

4.8 Erddruck

Das Erdreich übt einen lotrechten und einen seitlichen Druck aus. Das ist auch bei jedem Boden bzw. jeder Verfüllung hinter einem Bauwerk der Fall.

Der lotrechte Druck entsteht aus der Eigenlast des Bodens. Er ist das Produkt aus der Wichte des Bodens mal der Höhe zwischen Bodenteilchen und Geländeoberfläche.

Der seitliche Druck wirkt in der Berührungsfläche zwischen Bauwerk und angrenzendem Boden. Er wird Erddruck genannt.

Für die Berechnung der Bauwerke und für den Nachweis ihrer Standsicherheit müssen bekannt sein:

Größe, Verteilung und Richtung der Erddrucklast

Für die Bestimmung der Erddrucklast ist DIN 4085 „Baugrund, Berechnung des Erddrucks" maßgebend.

Im Erdreich wirken Reibungskräfte und Kohäsionskräfte; ganz im Gegensatz zum Wasser. Diese Reibungs- und Kohäsionskräfte sind je nach Bodenart unterschiedlich. Dadurch wird die Berechnung der Erddrucklast komplizierter als die Berechnung der Wasserdrucklast.

4.8.1 Größe der Erddrucklast

Die Größe der Erddrucklast E ist von mehreren Einflüssen abhängig, die durch verschiedene Rechenwerte erfaßt werden. Die Rechenwerte werden mit „cal" gekennzeichnet (cal: calculate = kalkulieren, berechnen):

- Neigungswinkel der Wand α in °
- Neigungswinkel der Geländeoberfläche β in °
- Wichte des Bodens cal γ in kN/m³
  (abhängig von der Bodenart, z. B. cal $\gamma = 18\,\text{kN/m}^3$)
- Wandreibungswinkel δ in °
  (abhängig von Rauhigkeit der Wandfläche, z. B. $\delta = 0°$)
- Winkel der inneren Reibung des Bodens cal φ' in °
  (abhängig von Bodenart und Feuchtegehalt, z. B. cal $\varphi' = 30°$)

Die Größe des Erddrucklast ist außerdem vom Verhalten des Bauwerks abhängig, und zwar von der Bewegung der belasteten Fläche:

- Die belastete Wand bewegt sich vom Erdreich weg, es entsteht der „aktive Erddruck" (Bild **81.**1 a). Der Drehsinn wird als positiv bezeichnet. Der aktive Erddruck ist der kleinste Erddruck, der sich infolge Eigengewicht des Bodens hinter einer Wand einstellt.
- Die belastete Wand bewegt sich nur geringfügig vom Erdreich weg, es entsteht ein „erhöhter aktiver Erddruck".

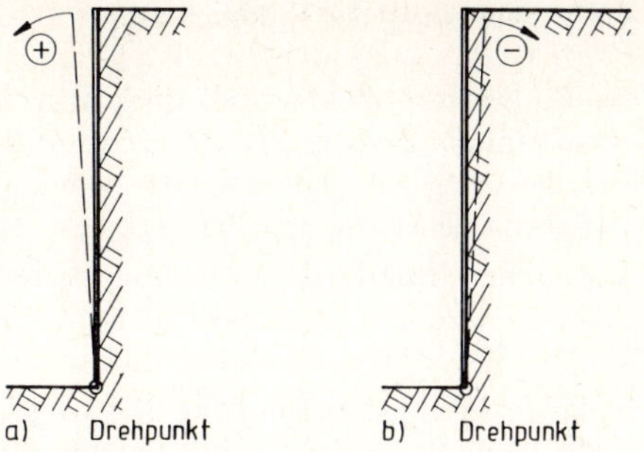

81.1 Bewegungen einer Wand bei Erddruck durch das Eigengewicht des Bodens hinter der Wand
a) Bewegung vom Erdreich weg: positiver Drehsinn
b) Bewegung gegen das Erdreich: negativer Drehsinn

- Das belastete Bauwerk bewegt sich nicht, es entsteht „Erdruhedruck". Der Erdruhedruck ist größer als der erhöhte aktive Erddruck.
- Die belastete Wand bewegt sich gegen das Erdreich, es entsteht ein Erdwiderstand, der sogenannte „passive Erddruck" (Bild **81.**1 b). Der Drehsinn wird als negativ bezeichnet. Der passive Erddruck ist der größte Erddruck, der sich infolge Eigengewicht des Bodens hinter einer Wand einstellt.

Beispiele für die verschiedenen Erddruckarten zeigen die Bilder **81.**2 bis **81.**4.

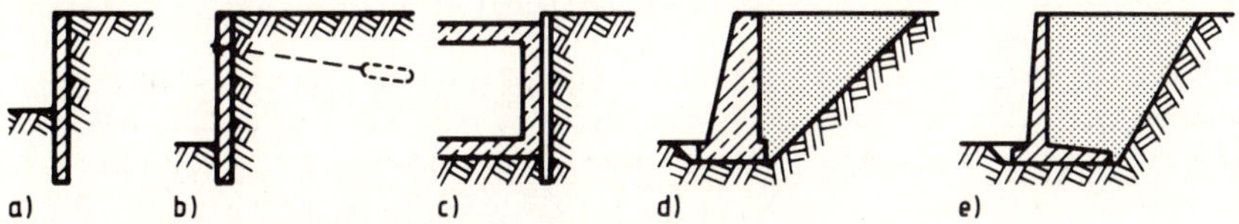

81.2 Beispiele für Bauwerke, auf die ein aktiver Erddruck wirkt (nach DIN 4085, Bbl. 1)
a) Ortbetonwand oder Spundwand mit Einspannung im Boden
b) Ortbetonwand oder Spundwand mit Rückverankerung
c) Bauwerk, das gegen eine Baugrubenwand betoniert wurde
d) Schwergewichtswand in geböschter Baugrube
e) Winkelstützwand in geböschter Baugrube

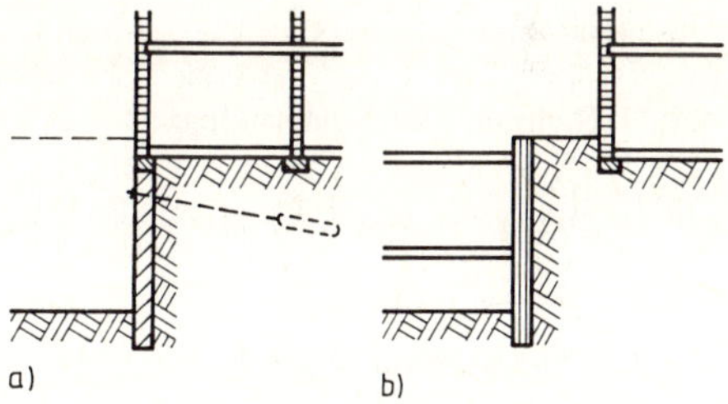

81.3 Beispiele für Bauwerke, auf die ein erhöhter Erddruck wirkt (nach DIN 4085, Bbl. 1)
a) Unterfangungswand mit Rückverankerung und Auflast
b) Ortbetonwand mit Aussteifung

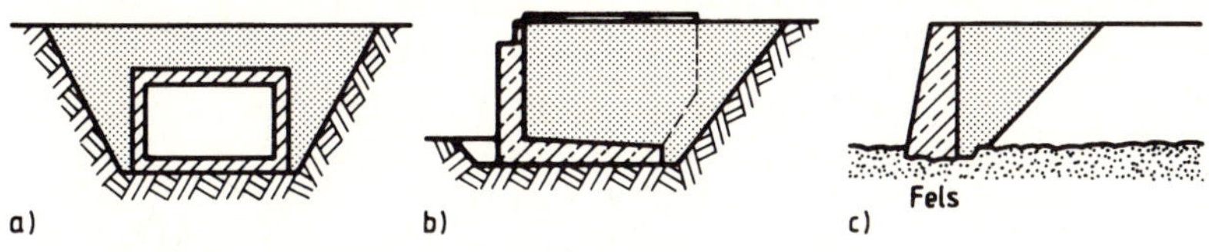

81.4 Beispiele für „unbewegliche" Bauwerke, auf die Erdruhedruck wirkt
a) Tunnelbauwerk in geböschter Baugrube
b) Widerlager einer Brücke
c) Stützwand auf Fels

4.8.2 Verteilung der Erddrucklast

Bei Bauwerken, die dem Erddruck ausgesetzt sind, wird sich im Boden eine Gleitfläche einstellen, auf der das Erdreich gegen das Bauwerk gleiten will. Diese Gleitfläche reicht von der Oberfläche des Geländes zum Fußpunkt des Bauwerks. Der Keil des Erdreichs zwischen Gleitfläche und Bauwerk bewirkt den Erddruck (Bild **82.**1).

Es ist sehr schwierig, diesen Vorgang rechnerisch zu erfassen. Daher ist es sinnvoll, Vereinfachungen zu treffen. Eine klassische Erddrucktheorie ist die Theorie von Coulomb (1736–1806). Dabei wird unter anderem vereinfachend angenommen:

- das Erdreich ist gleichmäßig und kohäsionslos,
- die Wand dreht sich um den unteren Fußpunkt vom Erdreich weg,
- die entstehende Gleitfläche ist eine Ebene,
- der Wandreibungswinkel ist bekannt, ungünstigenfalls $\delta = 0°$,
- der Erddruck wirkt dreieckförmig verteilt (Bild **82.**2).

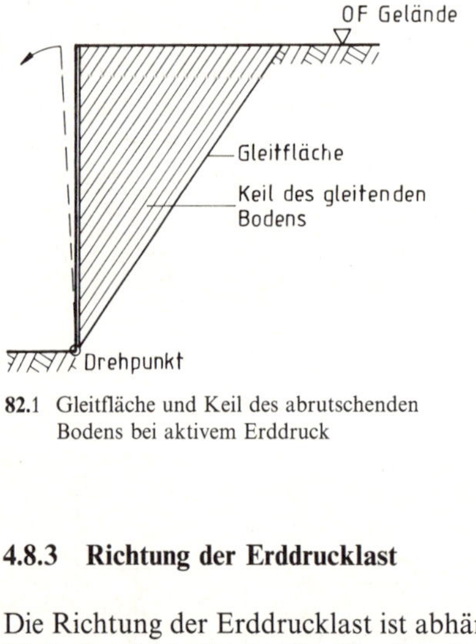

82.1 Gleitfläche und Keil des abrutschenden Bodens bei aktivem Erddruck

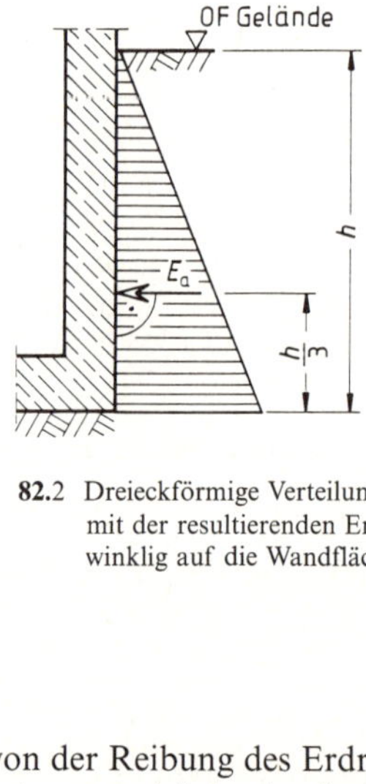

82.2 Dreieckförmige Verteilung des aktiven Erddrucks mit der resultierenden Erddrucklast E_a, die rechtwinklig auf die Wandfläche wirkt

4.8.3 Richtung der Erddrucklast

Die Richtung der Erddrucklast ist abhängig von der Reibung des Erdreichs am Bauwerk. Maßgebend hierfür ist die Wandbeschaffenheit, ausgedrückt durch den Wandreibungswinkel. Der Wandreibungswinkel darf bei rauhen Flächen höchstens mit 2/3 des Winkels der inneren Reibung des Bodens angesetzt werden. Bei glatter Wandbeschaffenheit ist der Wandreibungswinkel $\delta = 0°$.

Daraus folgert:
Die Erddrucklast wirkt rechtwinklig auf die Wandfläche (Bild **82.**2).

4.8.4 Berechnung der Erddrucklast

Für einfache Fälle und für Überschlagsrechnungen kann der aktive Erddruck ähnlich wie der Wasserdruck berechnet werden. Erforderlich ist ein Beiwert, der die Eigenschaften des Bodens erfaßt. Es ist der Beiwert K_a für den aktiven Erddruck. Er ist abhängig vom Winkel der inneren Reibung des Bodens.

Aktiver Erddruck $e_a = h \cdot \gamma \cdot K_a$ in kN/m² (83.1)

mit Erddruckhöhe h in m
Wichte des feuchten Bodens γ in kN/m³
und Beiwert K_a

Bild **83.1** stellt die Situation an einer Stützwand dar.

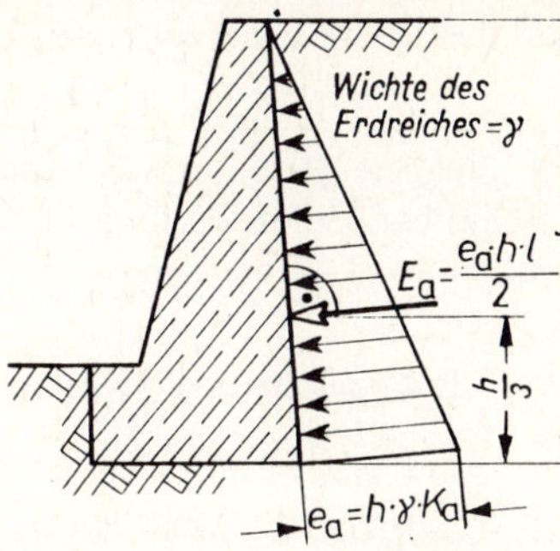

83.1 Die Berechnung des Erddruckes bei Stützwänden

Der Erddruck nimmt ähnlich wie der Wasserdruck ebenfalls mit größer werdender Tiefe zu. Aus dem Inhalt der dabei entstehenden Dreieckslast wird die resultierende Erddruckkraft E_a berechnet.

Aktive Erddruckkraft $E_a = \dfrac{e_a \cdot h}{2}$ in kN/m mit h in m e_a in kN/m² (83.2)

Die Erddruckkraft E_a kann in einem Drittel der Wandhöhe und rechtwinklig auf die Wandfläche wirkend angenommen werden. Für häufige Fälle bei lotrechter und glatter Wandrückseite mit Hinterfüllung aus nichtbindigem Boden (Sand, Kies) und waagerechtem Gelände hinter der Wand (Bild **83.2**) entsteht eine Formel für die Überschlagsrechnung. Hierbei ist der Erddruckbeiwert $K_a = 0{,}33 = {}^1/_3$, die Wichte des Erdreiches $\gamma = 18\,\text{kN/m}^3$ und die Wandlänge $l = 1\,\text{m}$

$$E_a = \frac{e_a \cdot h}{2} = \frac{h \cdot \gamma \cdot K_a \cdot h}{2} = \frac{18 \cdot {}^1/_3 \cdot h^2}{2} = 3\,h^2$$

Zusammengefaßt ergibt sich damit die resultierende Kraft des aktiven Erddrucks E_a unter vereinfachenden Annahmen:

$\boldsymbol{E_a = 3\,h^2}$ in kN/m mit h in m (83.3)

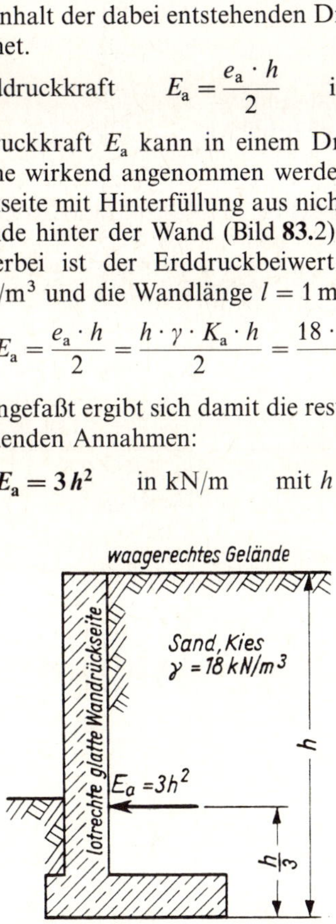

83.2 Erddruck bei Sand- und Kiesboden und waagerechtem Gelände auf eine lotrechte glatte Wand

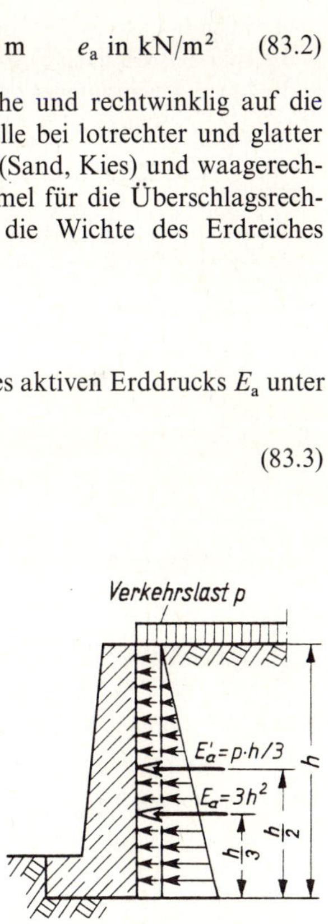

83.3 Erddruck bei einer zusätzlichen Verkehrslast auf dem Gelände

Bei einer Verkehrslast p auf dem Gelände (Bild **83.**3) erhält man eine Zusatz-Erddruckkraft $E'_a = l \cdot h \cdot p \cdot K_a$. Mit einer Lage von $l = 1$ m und dem Erddruckbeiwert $K_a = 0{,}33 = {}^1/_3$ wird die Zusatz-Erddruckkraft E'_a in vereinfachter Form:

$$E'_a = p \cdot h/3 \quad \text{in kN/m} \qquad \text{mit } h \text{ in m} \qquad p \text{ in kN/m}^2 \tag{84.1}$$

Für genauere Berechnungen und für andere Fälle als den hier angenommenen sind verschiedene Erddruck-Theorien und Ermittlungsverfahren aufgestellt worden, die hier nicht erläutert werden sollen. Beispiele zur Erläuterung s. Abschn. 4.5.3, Beispiele 5 und 6.

4.8.5 Erddruck bei Kellerwänden

Ein Nachweis des Erddruckes auf Kellerwände ist nach DIN 1053 nicht erforderlich, wenn folgende Angaben eingehalten sind:

- die lichte Höhe des Kellergeschosses beträgt höchstens 2,60 m (Bild **84.**1),
- die Kellerdecke wirkt als Scheibe und kann die aus dem Erddruck anfallenden Kräfte aufnehmen,
- die Verkehrslasten im Einflußbereich des auf die Kellerwände wirkenden Erddrucks betragen höchstens 5 kN/m²,
- die Wände sind nach DIN 1053 T1 Tabelle 3 ausgesteift,
- die Mindestwanddicken nach Tafel **84.**2 sind eingehalten.

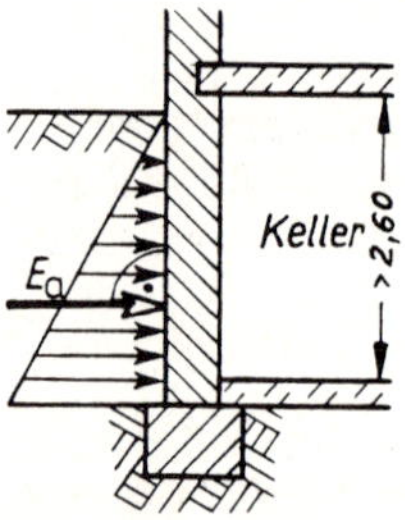

84.1 Erddruck bei Kellerwänden

Tafel **84.**2 **Mindestwanddicken** von Kellerwänden nach DIN 1053 T1

Kellerwanddicke in mm	lotrechte Wandbelastung (ständige Lasten) ≥ 50 kN/m	< 50 kN/m
365	$h \leq 2{,}50$ m	$h \leq 2{,}00$ m
300	$h \leq 1{,}75$ m	$h \leq 1{,}40$ m
200	$h \leq 1{,}35$ m	$h \leq 1{,}00$ m

h = Höhe des Geländes über dem Kellerfußboden

4.9 Lastenermittlungen

Bei der Ermittlung der Lasten werden alle Lasten zusammengestellt, die auf das zu berechnende Bauwerk oder Bauteil einwirken. Es müssen daher diese Lasten entsprechend DIN 1055 (Tafel **60.**1) bekannt sein.

Auf die einzelnen Bauteile wirken diese Lasten als Flächenlasten, Streckenlasten oder Einzellasten.

Beispiel zur Erläuterung

Belastung	**Flächenlasten**	**Streckenlasten**	**Einzellasten**
Bauteile	Decken, Treppen, Dächer	Wände, Träger	Stützen, Pfeiler
Eigenlasten	g in kN/m²	g in kN/m	G in kN
Verkehrslasten	p in kN/m²	p in kN/m	P in kN
Gesamtlasten	q in kN/m²	q in kN/m	Q in kN

Eigenlasten

Die Eigenlasten wirken stets vertikal nach unten. Bauteile ohne Eigenlasten gibt es nicht. Bei der Lastenermittlung sind also stets auch die Eigenlasten zu berücksichtigen. Sie dürfen nicht vergessen werden.

Die Eigenlasten bzw. Wichten γ der Lagerstoffe, Baustoffe und Bauteile sind als Rechenwerte in DIN 1055 „Lastannahmen für Bauten" angegeben (siehe Tafel **66.**1). Mit diesen Rechenwerten ist bei der Lastenermittlung zu rechnen.

Bei dem Gebrauch der Tafeln von DIN 1055 ist zu beachten, daß die Eigenlasten teilweise in kN/m^3 und zum Teil in kN/m^2 angegeben sind. Es sind jeweils die Dicken der verwendeten Baustoffe oder Bauteile zu berücksichtigen.

Beispiele zur Erläuterung

1. Für eine Stahlbetondecke von $d = 14$ cm Dicke ist als Wichte in DIN 1055 (Tafel **66.**1) angegeben: Stahlbeton nach DIN 1045 ab B15: $\gamma = 25\,kN/m^3$. Die Eigenlast für die Decke ist

$$g = d \cdot \gamma = 0{,}14\,m \cdot 25\,kN/m^3 = 3{,}5\,kN/m^2.$$

2. Für einen Zementestrich von 4 cm Dicke findet man in DIN 1055 unter „Fußboden- und Wandbeläge" (Tafel **66.**1):
Zementestrich je cm Dicke $0{,}22\,kN/m^2$. Die Eigenlast für den Zementestrich ist

$$g = 4 \cdot 0{,}22\,kN/m^2 = 0{,}88\,kN/m^2.$$

Verkehrslasten

Die Verkehrslasten ergeben sich aus dem Nutzungszweck der Gebäude und aus den auf die Gebäude und Bauteile von außen einwirkenden Kräfte. Sie sind in DIN 1055 Teil 3 festgelegt und wurden in den vorstehenden Abschnitten erläutert. In Tafel **67.**1 sind einige Nutzlasten als Verkehrslasten genannt.

Die Bauteile sind mit den für sie entsprechenden Verkehrslasten einschließlich der Eigenlasten zu berechnen.

Bei unterstützenden Bauteilen, die die Lasten von mehr als drei Vollgeschossen aufzunehmen haben, kann eine Verminderung der Verkehrslasten vorgenommen werden. Es darf also die Gesamtverkehrslast ermäßigt werden, die sich durch Zusammenzählen der Verkehrslasten der einzelnen Geschosse ergibt. Diese Verminderung trifft z. B. zu für Stützen, Unterzüge, Wandpfeiler, Grundmauern und ähnliche Bauteile. Ebenso darf bei der Ermittlung der entsprechenden Bodenpressung eine Verminderung der Verkehrslasten vorgenommen werden (siehe DIN 1055 Teil 3).

Hinweis:

Die zu den Zahlenwerten gehörenden Einheiten werden in der Praxis aus Gründen der Vereinfachung innerhalb einer Berechnung nicht mitgeschrieben. Lediglich am Ende eines Rechenvorganges werden mit den Zahlenergebnissen auch die Einheiten angegeben; dies allerdings muß geschehen. In dieser Weise wird ab Abschnitt 4.5.2 verfahren.

4.9.1 Belastungen für Decken

Zusätzlich zu den Eigenlasten der Decken sind die Verkehrslasten zu erfassen.

Die Angaben in DIN 1055 für die lotrechten Verkehrslasten gelten für die Belastung durch Menschen, Möbel, Geräte, unbeträchtliche Warenmengen u. dgl. Bei besonderen Belastungen in einzelnen Räumen durch Akten, Bücher, Warenvorräte, leichte Maschinen usw. kann ohne genaueren Nachweis mit einem Zuschlag zur Verkehrslast von $3\,kN/m^2$ gerechnet werden (s. Tafel **67**.1).

Bei Decken mit Fertigteilen ist für den Zustand beim Einbau nach DIN 1055 Teil 3 eine Einzellast von $G = 1\,kN$ in ungünstigster Laststellung zu berücksichtigen.

Unbelastete leichte Trennwände auf Decken bis zu 1,5 kN je m^2 Wandfläche können ebenfalls durch einen gleichmäßig verteilten Zuschlag zur Verkehrslast berücksichtigt werden. Ausgenommen sind Wände mit einer Eigenlast von mehr als $1\,kN/m^2$, wenn sie parallel zur Spannrichtung von Decken ohne ausreichende Querverteilung stehen.

Der Zuschlag zur Verkehrslast muß betragen (siehe Tafel **67**.1):

$p' = 0{,}75\,kN/m^2$ für Wände mit einem Eigengewicht von $\leqq 1{,}00\,kN/m^2$ Wandfläche;
$p' = 1{,}25\,kN/m^2$ für Wände mit einem Eigengewicht von $\leqq 1{,}50\,kN/m^2$ Wandfläche.

Bei Verkehrslasten $p \geqq 5{,}00\,kN/m^2$ ist kein Zuschlag erforderlich.

Beispiele zur Erläuterung

1. Die Decke in einem Wohngebäude ist entsprechend Bild **86**.1 aufgebaut. Die Größe der Belastung wird berechnet.

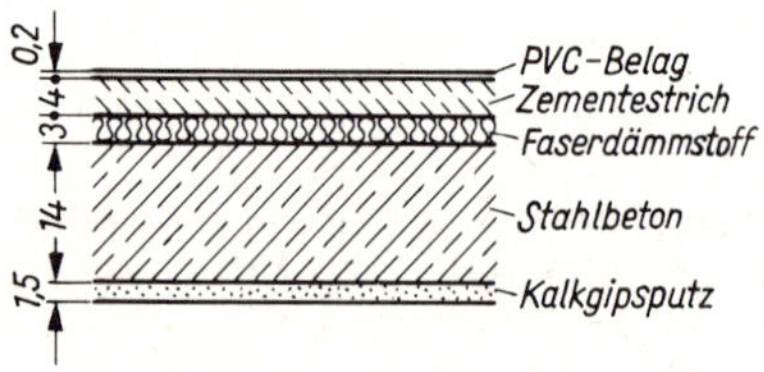

86.1
Stahlbetondecke in einem Wohngebäude

Belastung

Eigenlast	Stahlbetondecke 14 cm	$0{,}14\,m \cdot 25\,kN/m^3$	$= 3{,}50\,kN/m^2$
	Faserdämmstoff 3 cm	$3 \cdot 0{,}01\,kN/m^2$	$= 0{,}03\,kN/m^2$
	Zementestrich 4 cm	$4 \cdot 0{,}22\,kN/m^2$	$= 0{,}88\,kN/m^2$
	Kunststoff-Fußboden 2 mm	$0{,}2 \cdot 0{,}15\,kN/m^2$	$= 0{,}03\,kN/m^2$
	Deckenputz Kalkgipsmörtel 1,5 cm	$0{,}015\,m \cdot 18\,kN/m^3$	$= 0{,}27\,kN/m^2$
ständige Last			$g = 4{,}71\,kN/m^2$
Verkehrslast	(lotrechte Verkehrslast für Wohnräume)		$p = 1{,}50\,kN/m^2$
Gesamtlast			$q = 6{,}21\,kN/m^2$

2. Die Decke in einem Bürogebäude (Bild **86**.2) soll in der Lage sein, unbelastete Trennwände aus Schaumbetonsteinen 10 cm dick (Steinrohdichte $\varrho = 0{,}6\,kg/dm^3$) mit beiderseitigem Kalkgipsputz aufzunehmen bei evtl. Umbauarbeiten. Die Gesamtlast wird berechnet.

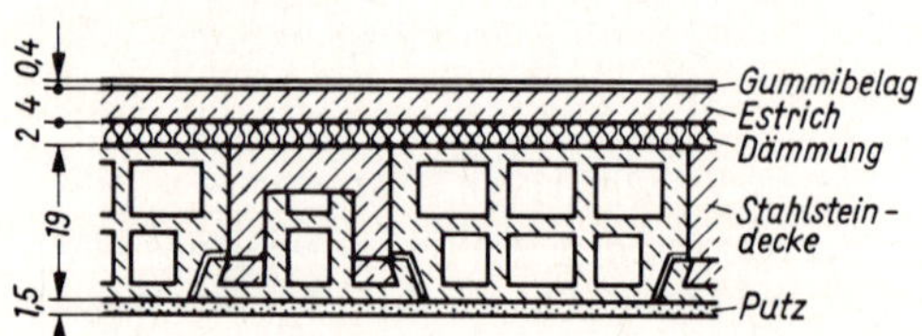

86.2
Stahlsteindecke in einem Bürogebäude

Belastung

Eigenlasten	Stahlsteindecke nach DIN 1045, $d = 19\,\text{cm}$ Ziegelrohdichte $1{,}0\,\text{kg/dm}^3$		$= 3{,}05\,\text{kN/m}^2$
	Dämmung 2 cm	$2 \cdot 0{,}01\,\text{kN/m}^2$	$= 0{,}02\,\text{kN/m}^2$
	Zementestrich 4 cm	$4 \cdot 0{,}22\,\text{kN/m}^2$	$= 0{,}88\,\text{kN/m}^2$
	Gummibelag 4 mm	$0{,}4 \cdot 0{,}15\,\text{kN/m}^2$	$= 0{,}06\,\text{kN/m}^2$
	Kalkgipsputz 1,5 cm	$0{,}015\,\text{m} \cdot 18{,}00\,\text{kN/m}^3$	$= 0{,}27\,\text{kN/m}^2$
ständige Last			$g = 4{,}28\,\text{kN/m}^2$
Verkehrslast	(lotrechte Verkehrslast für Büroräume)		$p = 2{,}00\,\text{kN/m}^2$
	Eigenlast der geputzten Leichtwände:		
	Wand $0{,}10\,\text{m} \cdot 8\,\text{kN/m}^3$	$= 0{,}80\,\text{kN/m}^2$	
	Putz $2 \cdot 0{,}01\,\text{m} \cdot 18\,\text{kN/m}^3$	$= 0{,}36\,\text{kN/m}^2$	
		$= 1{,}16\,\text{kN/m}^2$	
		$< 1{,}5\ \text{kN/m}^2$	
Zuschlag zur Verkehrslast			$p' = 1{,}25\,\text{kN/m}^2$
Gesamtlast			$q = 7{,}53\,\text{kN/m}^2$

4.9.2 Belastungen für Treppen

Treppen sind als schrägliegende Platten aufzufassen. Die Eigenlasten sind aber auf $1\,\text{m}^2$ horizontalliegende Grundfläche zu beziehen. Man kann sie mit der schrägen Länge l_s berechnen, die sich auf 1 m Grundrißlänge projizieren läßt (Bild **87.1**). Man kann auch mit der lotrechten Höhe d' der Plattendicke d rechnen.

$$l_s = \frac{l}{\cos\alpha} \qquad d' = \frac{d}{\cos\alpha} \tag{87.1}$$

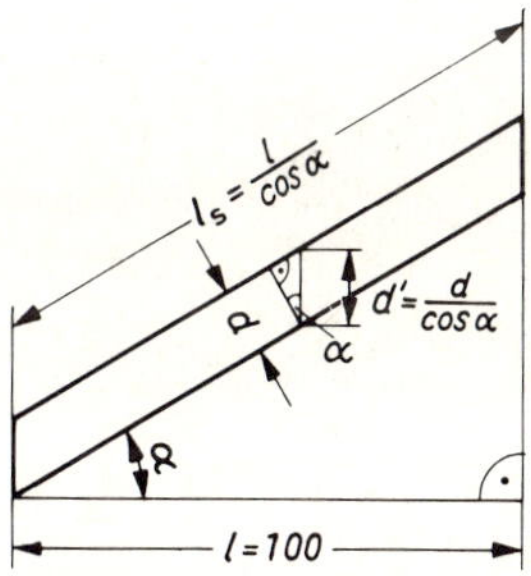

87.1
Umrechnung der Belastung auf die projizierte Grundfläche

Die Kräfte aus den Eigenlasten sind für die Umrechnung auf $1\,\text{m}^2$ Grundfläche also immer durch den Kosinus des Winkels α zu teilen. Der Winkel α gibt die Neigung der Treppe zur Waagerechten an. Er kann aus dem Steigungsverhältnis der Stufen berechnet werden. Steigung s zu Auftritt a ergibt den Tangens des Winkels α.

$$\tan\alpha = \frac{s}{a} \tag{87.2}$$

Die Eigenlasten von Dreiecksstufen werden mit der halben Steigungshöhe ermittelt. Dadurch ersetzt man die Dreiecksflächen durch ein flächengleiches Rechteck mit halber

Höhe. Die Last der lotrechten Verkleidung an den Steigungsflächen wird im Verhältnis von Steigung s zu Auftritt a, also mit s/a umgerechnet (s. Beispiel 1).

Zusätzlich zu den Eigenlasten der Treppen sind die Verkehrslasten zu erfassen (s. Tafel **67**.1).

Anmerkung

In Zwischenrechnungen können bei der praktischen Handhabung die Einheiten weggelassen werden. Dieses ist dann sinnvoll, wenn die Rechnungen sonst unnötig umfangreich würden. Wie schon in Abschnitt 1.5.1 angekündigt, wird im folgenden in dieser Weise verfahren.

Beispiele zur Erläuterung

1. Für eine Stahlbetontreppe in einem Gewerbebetrieb (Bild **88**.1) mit einer Steigung $s = 18{,}3$ cm und einem Auftritt $a = 27$ cm ist die Belastung je m² Grundfläche zu ermitteln.

$$\tan\alpha = s/a = 18{,}3/27 = 0{,}677 \qquad \alpha = 34{,}1^\circ \qquad \cos\alpha = 0{,}8281$$

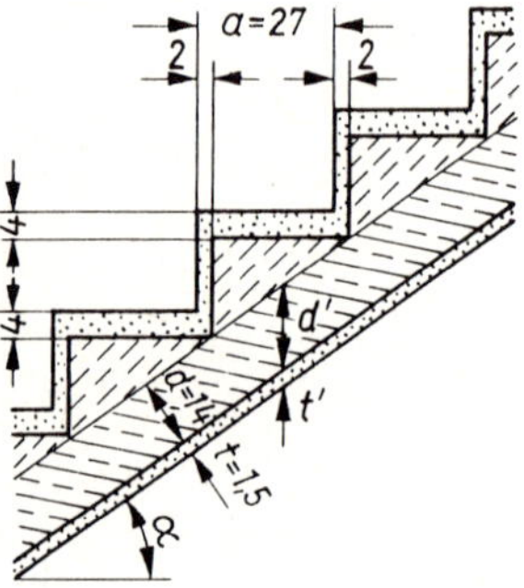

88.1
Stahlbetontreppenlauf mit Dreieckstufen aus Beton und Zementestrich

Belastung

Eigenlasten	Stahlbetonplatte 14 cm	$\dfrac{d \cdot \gamma}{\cos a} = \dfrac{0{,}14 \cdot 25}{0{,}8281}$	$= 4{,}23\,\text{kN/m}^2$ Grdfl.
	Putz 1,5 cm	$\dfrac{t \cdot \gamma}{\cos\alpha} = \dfrac{0{,}015 \cdot 18}{0{,}8281}$	$= 0{,}33\,\text{kN/m}^2$ Grdfl.
	Betonstufen	$\dfrac{s}{2} \cdot \gamma = \dfrac{0{,}183}{2} \cdot 24$	$= 2{,}20\,\text{kN/m}^2$ Grdfl.
	Estrich Auftritt	$d_a \cdot \gamma = 0{,}04 \cdot 22$	$= 0{,}88\,\text{kN/m}^2$ Grdfl.
	Estrich Steigung	$d_s \cdot \dfrac{s}{a} \cdot \gamma = 0{,}02 \cdot \dfrac{0{,}183}{0{,}27} \cdot 22$	$= 0{,}30\,\text{kN/m}^2$ Grdfl.
ständige Last			$g = 7{,}94\,\text{kN/m}^2$ Grdfl.
Verkehrslast	(lotrechte Verkehrslast für Treppen)		$p = 5{,}00\,\text{kN/m}^2$ Grdfl.
Gesamtlast			$q = 12{,}94\,\text{kN/m}^2$ Grdfl.

2. Eine Stahlbetontreppe in einem Wohngebäude wird mit Natursteinplatten belegt (Bild **89**.1). Die Belastung für 1 m² Grundfläche wird ermittelt. Steigung $s = 17$ cm Auftritt $a = 29$ cm.

$$\tan\alpha = s/a = 17/29 = 0{,}586 \qquad \alpha = 30{,}4^\circ \qquad \cos\alpha = 0{,}8625$$

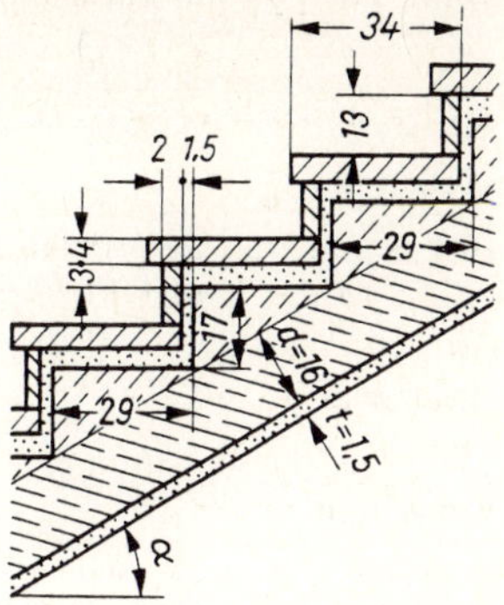

89.1
Stahlbetontreppe in einem Wohngebäude mit Natursteinplatten

Belastung

Eigenlasten	Stahlbetonplatte 16 cm	$\frac{d \cdot \gamma}{\cos\alpha} = \frac{0{,}16 \cdot 25}{0{,}8625}$	$= 4{,}64\,\mathrm{kN/m^2}$ Grdfl.
	Putz 1,5 cm	$\frac{t \cdot \gamma}{\cos\alpha} = \frac{0{,}015 \cdot 18}{0{,}8625}$	$= 0{,}32\,\mathrm{kN/m^2}$ Grdfl.
	Betonstufen	$\frac{s}{2} \cdot \gamma = \frac{0{,}17}{2} \cdot 24$	$= 2{,}04\,\mathrm{kN/m^2}$ Grdfl.
	Mörtel Steigung	$d \cdot \frac{s}{a} \cdot \gamma = 0{,}015 \cdot \frac{0{,}17}{0{,}29} \cdot 21$	$= 0{,}19\,\mathrm{kN/m^2}$ Grdfl.
	Mörtel Auftritt	$d \cdot \gamma = 0{,}03 \cdot 21$	$= 0{,}63\,\mathrm{kN/m^2}$ Grdfl.
	Naturstein Steigung	$0{,}02 \cdot \frac{0{,}13}{0{,}29} \cdot 30$	$= 0{,}27\,\mathrm{kN/m^2}$ Grdfl.
	Naturstein Auftritt	$0{,}04 \cdot \frac{0{,}34}{0{,}29} \cdot 30$	$= 1{,}41\,\mathrm{kN/m^2}$ Grdfl.
ständige Last			$g = 9{,}50\,\mathrm{kN/m^2}$ Grdfl.
Verkehrslast	(lotrechte Verkehrslast für Treppen)		$p = 3{,}50\,\mathrm{kN/m^2}$ Grdfl.
Gesamtlast			$q = 13{,}00\,\mathrm{kN/m^2}$ Grdfl.

4.9.3 Belastungen für Wände

Wände haben als lotrechte Verkehrslasten außer den Eigenlasten auch die Lasten aus den darüberliegenden Bauteilen (z.B. Decken, Treppen, Träger usw.) aufzunehmen. Bei mehrgeschossigen Bauten kommen die Lasten darüberstehender Geschosse hinzu. Lasten aus der Kellersohle belasten das Mauerwerk nicht. Bei Fenster- und Türöffnungen im Mauerwerk verringern sich die Belastungen entsprechend. Meist werden kleinere Öffnungen nicht abgezogen.

Wände werden auch durch waagerechte Kräfte belastet. Außer Seitenstößen und Seitenkräften von Fahrzeugen und Kranen kommen vor allem Windlasten, Wasserdrucklasten und Erddrucklasten in Frage.

Beispiele zur Erläuterung

1. Eine Garagenwand erhält aus der Dachdecke eine Last von $p = 4{,}50\,\mathrm{kN/m}$ (Bild **91.**1). Wie groß ist die Belastung in der untersten Mauerwerksschicht der Garagenwand?

Belastung

Eigenlast	Mauerwerk 24,0 cm	$d \cdot h \cdot \gamma = 0{,}24 \cdot 2{,}25 \cdot 17$	$= 9{,}18\,\mathrm{kN/m}$
	Außenputz 2,0 cm	$d \cdot h \cdot \gamma = 0{,}02 \cdot 2{,}25 \cdot 21$	$= 0{,}95\,\mathrm{kN/m}$
	Innenputz 1,5 cm	$d \cdot h \cdot \gamma = 0{,}015 \cdot 2{,}25 \cdot 20$	$= 0{,}68\,\mathrm{kN/m}$
ständige Last			$g = 10{,}81\,\mathrm{kN/m}$
Auflast			$p = 4{,}50\,\mathrm{kN/m}$
Gesamtlast			$q = 15{,}31\,\mathrm{kN/m}$

2. Die Außenwand eines Wohngebäudes erhält aus dem Dach eine Belastung von 4,40 kN/m (Bild **91.**2). Wie groß ist die Gesamtbelastung, die die Wand in das Fundament abgibt?

Belastung

Dach		$= 4{,}40\,\mathrm{kN/m}$
Decke unter Dachgeschoß:		
Stahlbetondecke 16 cm	$0{,}16 \cdot 25 = 4{,}00\,\mathrm{kN/m^2}$	
Dämmung 3 cm	$3 \cdot 0{,}01 = 0{,}03\,\mathrm{kN/m^2}$	
Estrich 3,5 cm	$3{,}5 \cdot 0{,}22 = 0{,}77\,\mathrm{kN/m^2}$	
Putz 1,5 cm	$0{,}015 \cdot 18 = 0{,}27\,\mathrm{kN/m^2}$	
	$g = 5{,}07\,\mathrm{kN/m^2}$	
	$g \approx 5{,}10\,\mathrm{kN/m^2}$	
	$p = 1{,}50\,\mathrm{kN/m^2}$	
	$q_D = 6{,}60\,\dfrac{\mathrm{kN}}{\mathrm{m^2}} \cdot \dfrac{4{,}76\,\mathrm{m}}{2}$	$= 15{,}70\,\mathrm{kN/m}$
Mauerwerk Obergeschoß:		
Mauerwerk 36,5 cm	$0{,}365 \cdot 2{,}75 \cdot 18 = 18{,}07$	
Putz innen 1,5 cm	$0{,}015 \cdot 2{,}55 \cdot 18 = 0{,}69$	
Putz außen 2,5 cm	$0{,}025 \cdot 2{,}75 \cdot 21 = 1{,}44$	$= 20{,}20\,\mathrm{kN/m}$
Decke unter Obergeschoß:	wie Decke unter Dachgeschoß	$= 15{,}70\,\mathrm{kN/m}$
Mauerwerk Erdgeschoß:	wie Mauerwerk Obergeschoß	$= 20{,}20\,\mathrm{kN/m}$
Decke unter Erdgeschoß:	wie Decke unter Dachgeschoß	$= 15{,}70\,\mathrm{kN/m}$
Mauerwerk Kellergeschoß:		
Mauerwerk 36,5 cm	$0{,}365 \cdot 2{,}50 \cdot 18 = 16{,}43$	
Außenputz 2,0 cm	$0{,}02 \cdot 2{,}50 \cdot 21 = 1{,}05$	$= 17{,}48\,\mathrm{kN/m}$
Gesamtlast aus Wand		$q = 109{,}38\,\mathrm{kN/m}$

3. Eine Einfriedungsmauer steht im Freien und ist für eine Windbelastung zu berechnen.

a) Wie groß ist die Windbelastung auf $1\,\mathrm{m^2}$ Wandfläche?

b) Wie groß ist die von der 1,80 m hohen Wand aufzunehmende Windbelastung auf 1 m Wandlänge?

zu a) $w = c_f \cdot q = 1{,}3 \cdot 0{,}50 = 0{,}65\,\mathrm{kN/m^2}$

zu b) $W = c_f \cdot q \cdot h = 1{,}3 \cdot 0{,}50 \cdot 1{,}80 = 1{,}17\,\mathrm{kN/m}$

4. Ein Behälter ist 2,5 m hoch mit Wasser gefüllt (s. Bild **79.**1 a).

a) Wie groß ist der hydrostatische Druck am Fuß der Wand?

b) Wie groß ist die Wasserdrucklast auf 1 m Wandlänge?

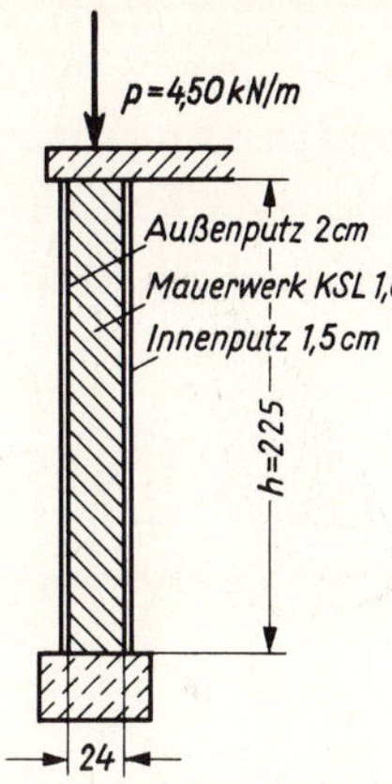

91.1 Belastung für ein Fundament unter einer Garagenwand

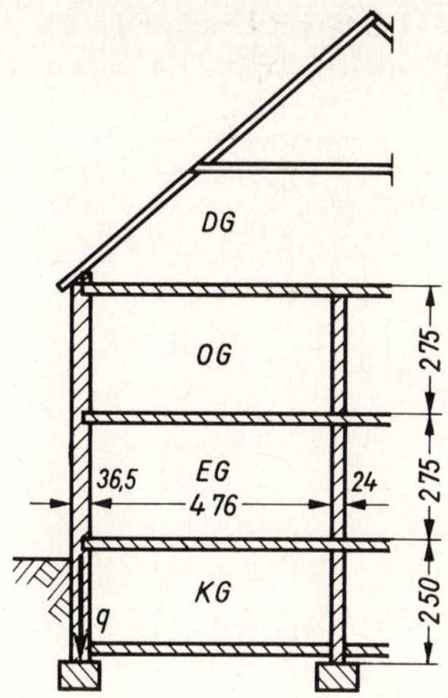

91.2 Belastung für ein Fundament unter der Außenwand eines Wohngebäudes

zu a) $p_w = h \cdot \gamma_w = 2{,}5 \cdot 10 = 2{,}5\,\text{kN/m}^2$

zu b) $P_w = \dfrac{p_w \cdot h \cdot l}{2} = \dfrac{25 \cdot 2{,}5 \cdot 1{,}0}{2} = 31{,}25\,\text{kN}$

oder $W = 5\,h^2 = 5 \cdot 2{,}5^2 = 31{,}25\,\text{kN}$ je m Wand

5. Eine Stützwand aus Beton (Bild **91.3**) hat waagerecht wirkenden Erddruck aufzunehmen. Höhe des Erdreiches $h = 2{,}0\,\text{m}$, Wandrückseite lotrecht und glatt, Hinterfüllung nichtbindiger Boden $\gamma = 18\,\text{kN/m}^3$, waagerechtes Gelände hinter der Wand.

a) Wie groß ist der Erddruck am Fuß der Wand?

b) Wie groß ist die Erddrucklast für 1 m Wandlänge?

zu a) $e_a = h \cdot \gamma \cdot K_a = 2{,}0 \cdot 18 \cdot 0{,}333 = 12\,\text{kN/m}^2$

zu b) $E_a = \dfrac{e_a \cdot h \cdot l}{2} = \dfrac{12 \cdot 2{,}0 \cdot 1{,}0}{2} = 12\,\text{kN/m}$

oder $E_a = 3\,h^2 = 3 \cdot 2{,}0^2 = 12\,\text{kN}$ je m Wand

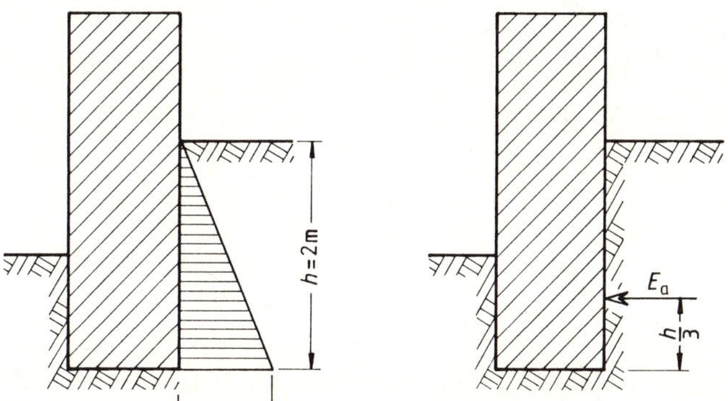

91.3 Stützwand aus Beton
a) aktiver Erddruck e_a
b) Erdrucklast E_a

6. Eine Winkelstützwand aus Stahlbeton wird zur Aufnahme eines 1,5 m hohen Geländeunterschiedes gebaut (Bild **92.**1). Die Höhe von Oberfläche Gelände bis Unterkante Sohle beträgt 2,3 m.

a) Wie groß ist der Erddruck am Fuß der Wand,

b) Wie groß ist die Erddruckkraft für 1 m Wandlänge?

zu a) $e_a = h \cdot \gamma \cdot K_a = 2{,}3 \cdot 18 \cdot 0{,}333 = 13{,}8\,\text{kN/m}^2$

zu b) $E_a = 3\,h^2 = 3 \cdot 2{,}3^2 = 15{,}9\,\text{kN}$ je m Wandlänge

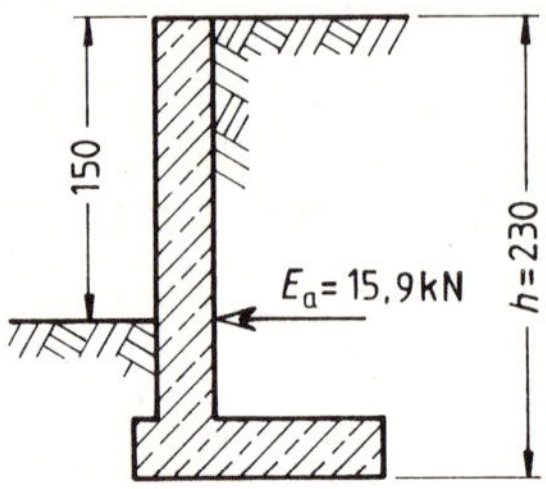

92.1 Winkelstützwand aus Stahlbeton mit Erddrucklast E_a

4.9.4 Belastungen für Träger

Träger erhalten zusätzlich zu den Eigenlasten meist größere Lasten aus den darüberliegenden Bauteilen. Diese Lasten sind meistens Streckenlasten.

Beispiele zur Erläuterung

1. Die Stahlträger IPB 120 in Bild **92.**2 sollen Stahlbeton-Hohldielen aus Leichtbeton mit $d = 12\,\text{cm}$ aufnehmen. Wie groß ist die Belastung der Träger?

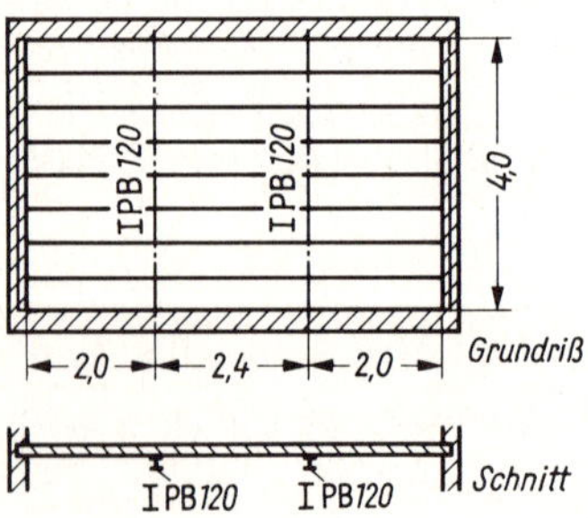

92.2
Belastung der Stahlträger durch eine Decke

Belastung			
Eigenlasten	Stahlträger IPB 120 0,27 kN/m		$\approx 0{,}30\,\text{kN/m}$
	Stahlbeton-Hohldielen aus		
	Leichtbeton	1,00	
	Belag	0,25	
		$1{,}25 \cdot \dfrac{2{,}0 + 2{,}4}{2}$	$= 2{,}75\,\text{kN/m}$
			$g = 3{,}05\,\text{kN/m}$
Verkehrslast		$p = 2{,}00 \cdot \dfrac{2{,}0 + 2{,}4}{2}$	$= 4{,}40\,\text{kN/m}$
Gesamtlast			$q = 7{,}45\,\text{kN/m}$

2. Ein Stahlbetonbalken hat eine Wandöffnung zu überbrücken (Bild **93.**1). Die Belastung ist zu ermitteln.

Nach DIN 1053, Abschn. 8.5.3 braucht bei Sturz- und Abfangträgern nur der Teil als belastendes Mauerwerk eingesetzt zu werden, der über dem Träger von einem gleichseitigen Dreieck umschlossen wird, wenn sich eine Gewölbewirkung über der Wandöffnung ausbilden kann.

Belastung

a) gleichmäßig verteilte Last

Eigenlast Stahlbetonbalken	$0{,}24 \cdot 0{,}30 \cdot 25$	$= 1{,}80\,\text{kN/m}$
Putz 1,5 cm	$0{,}015 \cdot (0{,}24 + 0{,}30 \cdot 2) \cdot 18$	$= 0{,}25\,\text{kN/m}$
		$g_1 = 2{,}05\,\text{kN/m}$

b) Dreieckslast

Mauerwerk 24 cm	$b \cdot h \cdot \gamma = b \cdot l \cdot \sin 60° \cdot \gamma = 0{,}24 \cdot 2{,}10 \cdot 0{,}866 \cdot 18$	$= 7{,}85\,\text{kN/m}$
Putz 1,5 cm	$0{,}015 \cdot 2 \cdot 2{,}10 \cdot 0{,}866 \cdot 21$	$= 1{,}15\,\text{kN/m}$
		$g_2 = 9{,}00\,\text{kN/m}$

Die errechnete Dreieckslast gibt die Last g_2 in der Mitte der Stützlänge, also den höchsten Wert, an (Bild **93**.3).

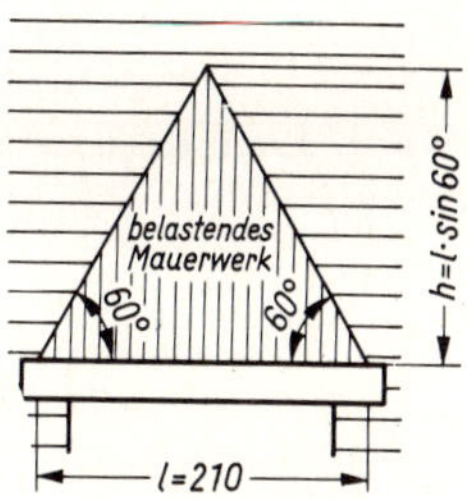

93.1 Belastung eines Stahlbetonbalkens durch Mauerwerk

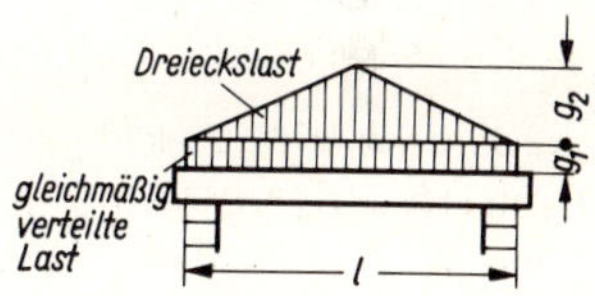

93.2 Darstellung der Belastung aus Eigenlast (gleichmäßig verteilte Last) und Mauerwerk (Dreieckslast)

4.9.5 Belastungen für Dächer

Dächer haben außer den Eigenlasten der Dachkonstruktion im wesentlichen noch Schneelasten, Windlasten oder Reparaturlasten aufzunehmen (s. Abschn. 4.2.3 bis 4.2.5).

Gleichzeitige Schnee- und Windlast

Bei Dächern mit einer **Neigung** $\alpha > 45°$ braucht mit gleichzeitiger Belastung durch Schnee und Wind nur dann gerechnet zu werden, wenn Schneeansammlungen möglich sind. Meistens wird hierbei der Lastfall Wind der ungünstigere sein, so daß die Schneelast entfällt.

Bei Dächern mit einer **Neigung** $\alpha \leqq 45°$ genügt es, die gleichzeitige Einwirkung von Schneelast s und Windlast w durch folgende Ansätze zu berücksichtigen:

$$s + \frac{w}{2} \quad \text{oder} \quad \frac{s}{2} + w \qquad (93.1)$$

Der ungünstigere Lastfall ist maßgebend.

Beispiel zur Erläuterung

Für den Standsicherheitsnachweis eines Pultdaches ergeben sich zwei Möglichkeiten der Lastkombinationen:

Lastkombination a)	$g + s$	(Lastfall *H*)
	$g + s + w$	(Lastfall *HZ*)
Lastkombination b)	$g + s + \frac{w}{2}$	(Lastfall *H*)
	$g + \frac{s}{2} + w$	(Lastfall *H*)

Bei beiden Lastkombinationen muß zusätzlich die Sicherheit gegen Abheben nachgewiesen werden (siehe Abschnitt 5.4).

Bild **94.**1 zeigt die Wirkung der Lasten am Beispiel eines Pultdaches.

Der Lastfall HZ für Haupt- und Zusatzlasten darf bei Dächern angenommen werden, wenn bei der Lastkombination zusätzlich zu den ständigen Lasten *g* mit der vollen Schneelast *s* und der vollen Windlast *w* gerechnet wurde.

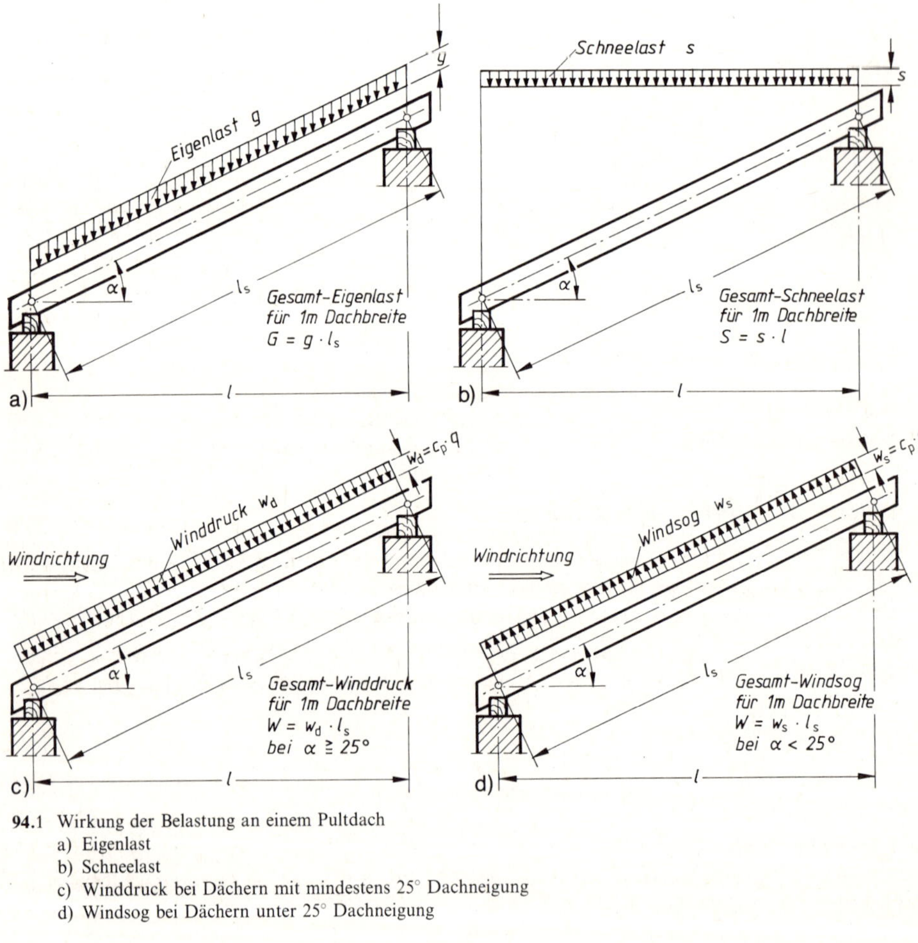

94.1 Wirkung der Belastung an einem Pultdach
a) Eigenlast
b) Schneelast
c) Winddruck bei Dächern mit mindestens 25° Dachneigung
d) Windsog bei Dächern unter 25° Dachneigung

Einseitige Schneelast

Die Möglichkeit einer einseitigen Schneebelastung ist zu untersuchen, da sie sich eventuell ungünstiger als eine Vollbelastung auswirken kann. Es ist hierbei die eine Dachseite mit der halben Schneelast $s/2$ anzusetzen, die andere Dachseite bleibt durch Schnee unbelastet, z. B.:

linke Dachhälfte $\frac{s}{2}$ rechte Dachhälfte $s = 0$

Bei Sparrendächern mit einer Neigung $\alpha \leqq 45°$ kann der Lastfall „einseitig halbe Schneelast" unberücksichtigt bleiben, da der Lastfall „beidseitig volle Schneelast" stets ungünstigere Werte liefert (Bild **95.**1).

Bei Kehlbalkendächern mit einer Neigung $\alpha \leqq 45°$ erzeugt der Lastfalll „einseitig halbe Schneelast" größere Beanspruchungen der Sparren als der Lastfall „beidseitig volle Schneelast". Daher muß dieser Lastfall bei diesen Dächern untersucht werden (Bild **95.**2).

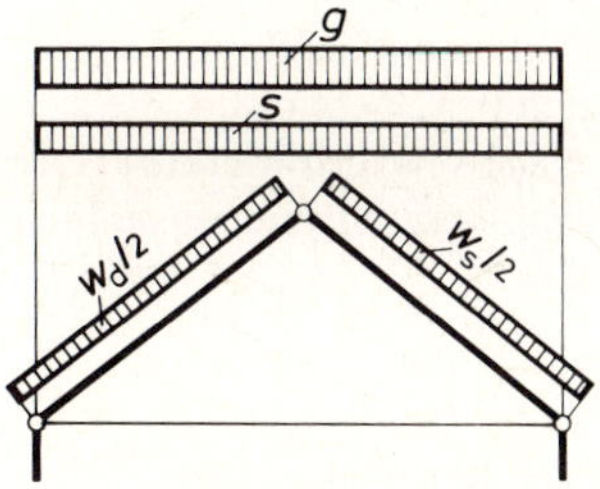

95.1 Sparrendächer mit beidseitig voller Schneelast und halber Windlast für die ungünstigste Beanspruchung: Lastkombination $g + s + \frac{w}{2}$

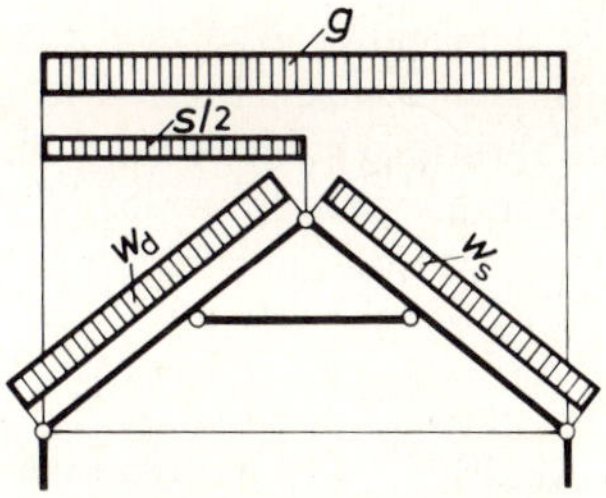

95.2 Kehlbalkendächer mit einseitig halber Schneelast und voller Windlast für die ungünstigste Beanspruchung: Lastkombination $g + \frac{s}{2} + w$

Windlast für einzelne Tragglieder

Die Beiwerte für Winddruck und Windsog sind Mittelwerte für die Berechnung flächiger Bauteile oder ganzer Bauwerke (siehe Tafel **75.**1). Daher sind die Beiwerte für einzelne Tragglieder zu erhöhen. Als einzelne Tragglieder werden solche Bauteile bezeichnet, deren Einzugsfläche weniger als 15% der Fläche beträgt, für die der Beiwert ermittelt wurde. Dieses sind z. B. Sparren, Pfetten, Wandstiele, Fassadenelemente usw.

Hierfür gilt: Erhöhung der Beiwerte c_p für Winddruck um 25%

$$\text{Winddruck} \quad w_d = 1{,}25 \cdot c_p \cdot q \tag{95.1}$$

Reparaturlast für einzelne Tragglieder

In der Mitte einzelner Sprossen, Sparren oder Pfetten und in der Mitte von Fachwerkstäben, die unmittelbar die Dachhaut tragen, ist eine Reparaturlast F_R für Personen anzusetzen, die das Dach bei Reinigungs- und Wiederherstellungsarbeiten betreten. Das ist jedoch nur dann erforderlich, wenn die auf diese Tragteile entfallende Schnee- und Windlast kleiner als 2 kN ist.

$$\text{Reparaturlast} \quad F_R = 1{,}0\,\text{kN} \tag{96.1}$$

Bei Ansatz der Reparaturlast werden Schnee- und Windlast außer acht gelassen.

Einzelverkehrslast für begehbare Dachhaut

Für eine begehbare Dachhaut gilt das Gleiche wie für einzelne Tragglieder, wenn sie aus einzelnen Elementen besteht. Hierbei ist die Lastverteilungsbreite zu zwei Plattenbreiten anzunehmen, jedoch nicht größer als 1 m. (Stahlbeton-Fertigteilplatten siehe DIN 1045, Stahlbeton-Hohldielen siehe DIN 4028). Beim Verlegen dürfen diese Bauteile nur auf Laufbohlen betreten werden.

Einzelverkehrslast für Dachlatten

Bei Dachlatten sind zwei Einzellasten von je 0,5 kN in den äußeren Viertelpunkten der Stützweite anzunehmen. Für hölzerne Dachlatten mit Querschnittsabmessungen, die sich erfahrungsgemäß bewährt haben, ist kein rechnerischer Nachweis erforderlich. Der Nachweis kann z. B. bei üblichen Querschnitten mit zugehörigen Sparrenabständen entsprechend Tafel **96**.1 entfallen (laut IfBt 3/75).

Tafel **96**.1 **Dachlatten-Querschnitte** und zugehörige Sparrenabstände

Dachlatten-Querschnitt	Sparrenabstand
40/60 mm	$a \leqq 1{,}0$ m
30/50 mm	$a \leqq 0{,}8$ m
24/48 mm	$a \leqq 0{,}7$ m

Einzelverkehrslast für leichte Sprossen

Für die Berechnung leichter Sprossen ist der Ansatz einer Einzellast von 0,5 kN in ungünstigster Stellung ausreichend, wenn das Dach nur mit Hilfe von Bohlen und Leitern begehbar ist.

Beispiele zur Erläuterung

1. Die Eigenlast für ein Sparrendach wird ermittelt (Bild **94**.1).

Dachneigung α $= 38°$, $\cos\alpha = 0{,}788$

Sparrenabstand a $= 0{,}80$ m

Sparrenquerschnitt b/d $= 8/16$ cm aus Nadelholz mit $\gamma = 6\,\text{kN/m}^3 = 6000\,\text{N/m}^3$

Sparren-Eigenlast g_{Sp} $= b \cdot d \cdot \gamma = 0{,}08 \cdot 0{,}16 \cdot 6000 = 77\,\text{N/m}$

Dachdeckung aus Betondachsteinen mit hochliegendem Längsfalz einschl. Latten $g_B = 0{,}55\,\text{kN/m}^2$

Verkleidung für den Dachausbau mit 10 cm Mineralwolle und Holzverkleidung 16 mm

Eigenlast der Dachkonstruktion

Sparren 8/16 $\frac{g_{Sp}}{a \cdot \cos\alpha} = \frac{77}{0{,}80 \cdot 0{,}788}$ $= 122\,N/m^2$ Grundfläche

Dachdeckung $\frac{g_B}{\cos\alpha} = \frac{550}{0{,}788}$ $= 698\,N/m^2$ Grundfläche

Unterspannbahn

Dämmung 10 cm $g_D = 0{,}01\,kN/m^2$ je 1 cm Dicke

$= 0{,}100\,kN/m^2 = 100\,N/m^2$

$\frac{g_D}{\cos\alpha} = \frac{100}{0{,}788}$ $= 127\,N/m^2$ Grundfläche

Holzverkleidung $\frac{g_H}{\cos\alpha} = \frac{0{,}016 \cdot 6000}{0{,}788}$ $= 122\,N/m^2$ Grundfläche

Eigenlast der Dachkonstruktion $g = 1069\,N/m^2$ Grundfläche

Ständige Last für einen Sparren

$g' = g \cdot a = 1069 \cdot 0{,}80$ $g' = 855\,N/m$ Grundlänge

2. Die Regelschneelast für ein Gebäude in Hannover beträgt $0{,}75\,kN/m^2$, denn Hannover liegt in der Schneelastzone III (s. Tafel **71.**1) und 54 m über NN (s. Tafel **70.**1).

3. Die Regelschneelast ist für ein Gebäude in der Stuttgarter Umgebung zu berechnen, welches auf einer Geländehöhe von 420 m liegt.

Nach Tafel **71.**1 gilt Schneelastzone II. Nach Tafel **70.**1 ist bei 400 m Geländehöhe mit $0{,}75\,kN/m^2$ und bei 500 m mit $0{,}90\,kN/m^2$ zu rechnen.

Für 420 m erhält man durch Einschalten eines Zwischenwertes (Interpolieren):

$$s_0 = 0{,}75\,kN/m^2 + \frac{20\,m}{100\,m} \cdot (0{,}90\,kN/m^2 - 0{,}75\,kN/m^2)$$
$$= 0{,}75\,kN/m^2 + 0{,}03\,kN/m^2 = 0{,}78\,kN/m^2 \text{ Grundfläche}$$

4. Die Schneelast bei einem Gebäude in Clausthal-Zellerfeld im Harz (Schneelastzone IV, 592 m über NN) mit einer Dachneigung $\alpha = 38°$ wird berechnet.

Regelschneelast nach Tafel **70.**1:

$$s_0 = 2{,}10 + \frac{92}{100} \cdot (2{,}60 - 2{,}10)$$
$$= 2{,}10 + 0{,}46 = 2{,}56\,kN/m^2$$

Abminderungswert nach Tafel **70.**2 $k_s = 0{,}80$

Schneelast gleichmäßig verteilt auf die Grundrißprojektion der Dachfläche:

Abminderungswert nach Tafel **70.**2: $k_s = 0{,}80$

$$s = k_s \cdot s_0 = 0{,}80 \cdot 2{,}56 = 2{,}05\,kN/m^2 \text{ Grundfläche}$$

5. Der Winddruck wird für das vorgenannte Dach mit $\alpha = 38°$ mit einer Firsthöhe < 8 m über Gelände berechnet.

Staudruck nach Tafel **73.**1: $q = 0{,}50\,\text{kN/m}^2$

Beiwert nach Tafel **75.**1:

der ungünstigste Wert für 25° ist $c_p = +\,0{,}3$; für 40° ist $c_p = +\,0{,}6$.

Für 38° erhält man durch interpolieren:

$$c_p = +\,0{,}3 + (0{,}6 - 0{,}3) \cdot \frac{13°}{15°} = +\,0{,}3 + 0{,}26 = +\,0{,}56$$

Winddruck $w_d = c_p \cdot q = +0{,}56 \cdot 0{,}50 = +0{,}28\,\text{kN/m}^2$ Dachfläche

6. Der Winddruck auf der anderen Seite des Daches beträgt für $\alpha = -\,38°$:

$$w_s = c_p \cdot q = -0{,}6 \cdot 0{,}50 = -0{,}30\,\text{kN/m}^2 \text{ Dachfläche}$$

Der Wind wirkt hier als Sog, da er sich mit einem negativen Vorzeichen errechnet.

7. Bei gleichzeitiger Einwirkung von Schneelast und Wind ist für diese Dachkonstruktion außer der Eigenlast mit folgenden Lasten zu rechnen:

$$s + \frac{w}{2} \quad \text{oder} \quad \frac{s}{2} + w \tag{98.1}$$

Der ungünstigere Lastfall ist maßgebend.

Lastfall 1: Schnee und halber Wind (Bild **95.**1)

Schnee $s = 2{,}05\,\text{kN/m}^2$ Grundfläche (s. Beispiel 4)

Winddruck $= \dfrac{w_d}{2} = \dfrac{0{,}28}{2} = 0{,}14\,\text{kN/m}^2$ Dachfläche

Windsog $= \dfrac{w_s}{2} = \dfrac{-0{,}30}{2} = -0{,}15\,\text{kN/m}^2$ Dachfläche

Lastfall 2: halber Schnee und Wind (Bild **95.**2)

Schnee $\dfrac{s}{2} = \dfrac{2{,}05}{2} = 1{,}03\,\text{kN/m}^2$ Grundfläche

Winddruck $w_d = 0{,}28\,\text{kN/m}^2$ Dachfläche

Windsog $w_s = \dfrac{-0{,}30}{2} = -0{,}15\,\text{kN/m}^2$ Dachfläche

Für Sparrendächer ist Lastfall 1 ungünstiger mit der Gesamtlast $\boldsymbol{g + s + \frac{w}{2}}$.

Für Kehlbalkendächer ist Lastfall 2 ungünstiger mit der Gesamtlast $\boldsymbol{g + \frac{s}{2} + w}$.

8. Bei einseitiger Schneelast und Wind erhält man für die beiden Dachhälften folgende Lastansätze:

linke Dachhälfte: rechte Dachhälfte:

$\frac{s}{2} = \frac{2{,}05}{2} = 1{,}03\,\text{kN/m}^2$ Grundfläche $\qquad s = 0$

$w_d = 0{,}28\,\text{kN/m}^2$ Dachfläche $\qquad w_s = -0{,}6 \cdot 0{,}50 = -0{,}30\,\text{kN/m}^2$ Dachfl.

Für einzelne Tragglieder (Sprossen, Sparren, Pfetten usw.) ist der Winddruck um $^1/_4$ zu erhöhen. Es gilt dafür also:

linke Dachhälfte: rechte Dachhälfte:

$\frac{s}{2} = \frac{2{,}05}{2} = 1{,}03\,\text{kN/m}^2$ Grundfläche $\qquad s = 0$

$w_d = 1{,}25 \cdot 0{,}28\,\text{kN/m}^2 = 0{,}35\,\text{kN/m}^2$ Dachfläche $\qquad w_s = -0{,}6 \cdot 0{,}50 = -0{,}30\,\text{kN/m}^2$ Dachfl.

9. Reparaturlasten sind für einzelne Tragglieder (Sprossen, Sparren, Pfetten usw.) nur dann anzusetzen, wenn die Schneelast und der Winddruck kleiner als 2 kN für diese Tragteile ist.

Belastungsfläche als waagerechte Projektionsfläche für einen Sparren des vorgenannten Daches:

$$A = a \cdot l = 0{,}75 \cdot 5{,}60 = 4{,}20\,\text{m}^2$$

Lastanteil aus Schnee

$$S = \frac{s}{2} \cdot A = \frac{2{,}05}{2} \cdot 4{,}20 = 4{,}31\,\text{kN}$$

Lotrechter Lastanteil aus Wind

$$W = w_d \cdot A = 0{,}28 \cdot 4{,}20 = 1{,}18\,\text{kN}$$

Vergleichslast

$$S + W = 4{,}31 + 1{,}18 = 5{,}49\,\text{kN} > 2{,}0\,\text{kN}$$

Mit Reparaturlast muß nicht gerechnet werden, da $S + W > 2{,}0$ kN ist.

10. Die Vergleichslast aus der Schneelast S und der Windlast W je Sparrenfeld wurde in Beispiel 9 für die waagerechte Projektionsfläche angesetzt. Rechtwinklig auf diese Fläche wirkt die Schneelast S, jedoch nicht die Windlast W. Der Winddruck wird allgemein als rechtwinklig auf die Dachfläche wirkend angenommen. Er ist stets auf die schräge Länge l_s zu beziehen (Bild **100.**1).

Die schräge Länge l_s errechnet sich aus der waagerechten Länge l, geteilt durch $\cos\alpha$

$$l_s = \frac{l}{\cos\alpha} = \frac{5{,}60}{0{,}788} = 7{,}11\,\text{m}$$

Der Gesamt-Winddruck je Sparrenfeld beträgt

$$W = w_d \cdot a \cdot l_s = 0{,}28 \cdot 0{,}75 \cdot 7{,}11 = 1{,}49\,\text{kN}$$

Die vertikale Komponente (Bild **100.**2) dieses Gesamt-Winddrucks ist zu berechnen aus:

$$W_v = W \cdot \cos\alpha = 1{,}49 \cdot 0{,}788 = 1{,}18\,\text{kN}$$

Dieser Wert stimmt mit dem in Beispiel 9 ermittelten Wert überein.

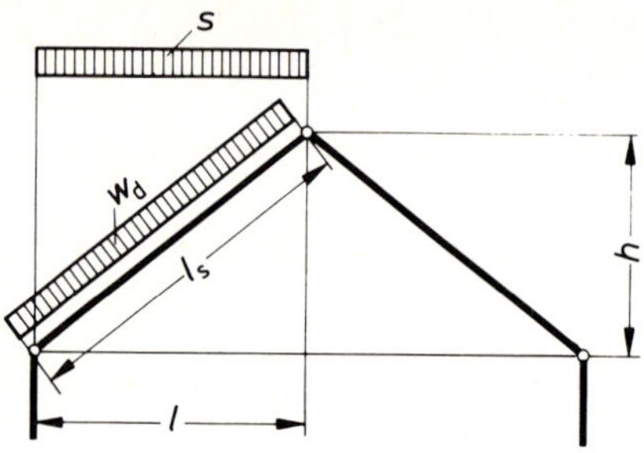

100.1 Bestimmung der Vergleichslast $S + W$ je Sparrenfeld

mit $S = s \cdot a \cdot l$ bzw. $\frac{s}{2} \cdot a \cdot l$

und $W = w_d \cdot a \cdot l$ bzw. $\frac{w_d}{2} \cdot a \cdot l$

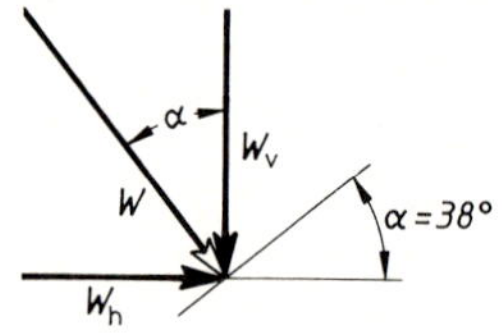

100.2 Zerlegen des Winddrucks in eine vertikale Komponente W_v und eine horizontale Komponente W_h

Da bei der Berechnung der schrägen Länge l_s durch $\cos\alpha$ dividiert wurde und bei der Berechnung der vertikalen Windkomponente mit $\cos\alpha$ multipliziert wurde, kann der Rechengang vereinfacht werden, denn:

$$W_v = w_d \cdot a \cdot l \cdot \frac{\cos\alpha}{\cos\alpha}$$

$$W_v = w_d \cdot a \cdot l \qquad (100.1)$$

11. Die Belastung für eine Garagendecke mit geringem Gefälle ist zu ermitteln (Tafel **71.**1). Schneelastzone II, Geländehöhe über NN $\leqq$ 200 m.

Belastung

Eigenlast Gasbeton 15 cm	$0{,}15 \cdot 9{,}5 = 1{,}42\,kN/m^2$
Zementmörtel 2 cm	$0{,}02 \cdot 21 = 0{,}42\,kN/m^2$
doppelte Bitumenschweißbahn	$2 \cdot 0{,}07 = 0{,}14\,kN/m^2$
ständige Last	$g = 1{,}98\,kN/m^2$
Verkehrslast Schnee $s = k_s \cdot s_0 = 1{,}0 \cdot 0{,}75$	$s = 0{,}75\,kN/m^2$
Gesamtlast	$g + s = 2{,}73\,kN/m^2$
Winddruck $w = c_p \cdot q = -0{,}6 \cdot 0{,}50$	$w = -0{,}30\,kN/m^2$

Vergleichslast je Gasbetonplatte:

$$S + W = (s + w) \cdot l \cdot b = (0{,}75 - 0) \cdot 3{,}0 \cdot 0{,}625 = 1{,}41\,kN < 2{,}0\,kN$$

Reparaturlast in Plattenmitte $\qquad F = 1{,}00\,kN$

5 Standsicherheit der Bauwerke

Bauwerke müssen standsicher sein, sie dürfen sich bei Einwirkung von Kräften nicht bewegen.

Für die Standsicherheit des ganzen Bauwerks oder einzelner Bauteile ist die Sicherheit gegen Kippen und Gleiten nachzuweisen. Hierfür ist die Wirkung horizontaler Kräfte maßgebend (z.B. Erddruck, Wasserdruck, Wind).

Die Sicherheit gegen Abheben ist dann nachzuweisen, wenn Sogkräfte durch Wind entstehen. Das ist z.B. bei flachen Dächern der Fall.

Die Sicherheit gegen Abheben von einzelnen Lagern muß untersucht werden, wenn ungünstig wirkende Lasten zu einem Abheben führen können, z.B. bei Bauzuständen oder bei möglichen Anprallasten.

Die Sicherheit gegen Auftrieb muß bei allen Bauwerken vorhanden sein, die im Grundwasser stehen.

Für die verschiedenen Arten der Standsicherheit und für die Sicherheiten im Grundbau wird mit dem Wert η (Eta) gearbeitet.

5.1 Sicherheit gegen Kippen

Die Sicherheit gegen Kippen ist bestimmt durch die Wirkung der Kräfte, bezogen auf die Lagerung des Körpers. Zu den wirkenden Kräften gehören außer den Eigenlasten des Körpers alle anderen ständigen Lasten und die zeitweilig wirkenden Verkehrslasten. Es werden drei Arten des Gleichgewichtes unterschieden.

5.1.1 Gleichgewichtsarten

1. Das stabile Gleichgewicht ist das sichere Gleichgewicht. Es ist immer dann vorhanden, wenn der Schwerpunkt des Körpers bei einer Bewegung angehoben werden muß (Bild **101.**1). Die Eigenlast G eines Körpers wirkt nach unten und bringt den Körper wieder in seine Ausgangsstellung zurück.

Das stabile Gleichgewicht wird für alle Bauwerke und Bauteile gefordert.

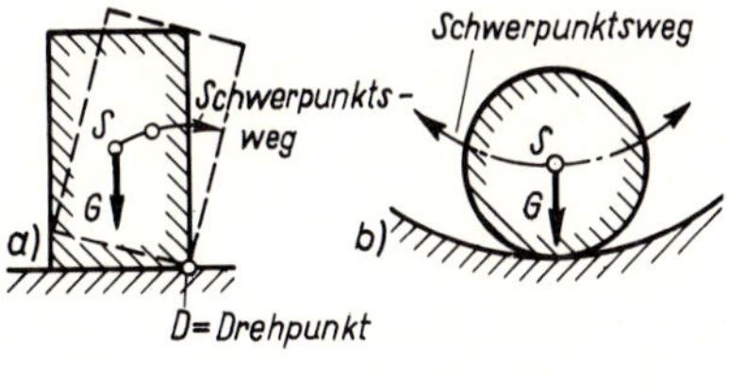

101.1
Stabiles Gleichgewicht

2. Das indifferente Gleichgewicht ist das unbestimmte, unentschiedene Gleichgewicht.

Bei einer Bewegung des Körpers bleibt der Schwerpunkt in gleicher Höhe (Bild **102.**1). Der Körper verharrt in jeder Stellung, solange keine Kräfte auf ihn einwirken.

3. Das labile Gleichgewicht ist das unsichere Gleichgewicht. Der Schwerpunkt des Körpers bewegt sich hierbei nach unten (Bild **102.**2). Der Körper kommt hierbei immer weiter aus seiner Ausgangsstellung heraus.

Das labile Gleichgewicht ist für alle technischen Zwecke unbrauchbar.

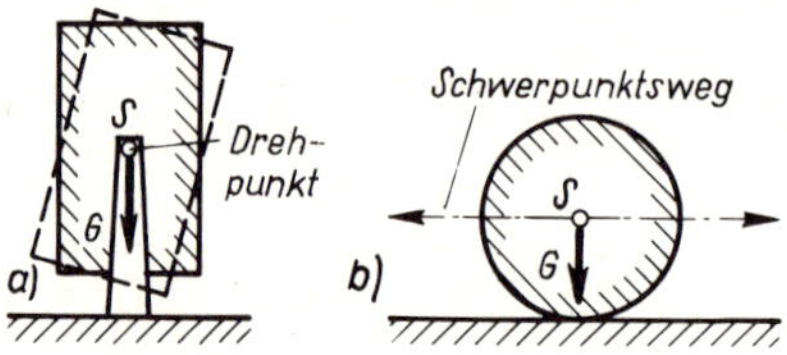

102.1 Indifferentes Gleichgewicht

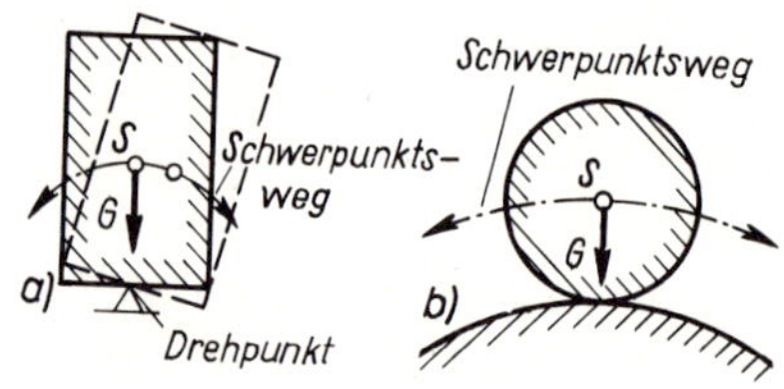

102.2 Labiles Gleichgewicht

5.1.2 Nachweis der Sicherheit gegen Kippen

Da alle Bauwerke und Bauteile standsicher gelagert sein müssen, kommt hierfür nur das stabile Gleichgewicht infrage. Das Kippen der Körper ist einesteils abhängig von der Lage des Schwerpunktes zur Unterstützung, anderenteils bedingt durch die wirkenden Kräfte. Die Unterstützung eines Körpers muß flächig oder mindestens durch drei Auflagerpunkte erfolgen, die nicht auf einer geraden Linie liegen (Dreibock). Die Kräfte sind zu unterscheiden nach ständigen Lasten und nach der Gesamtlast als resultierende Kraft aller wirkenden Kräfte.

Zum Nachweis der Standsicherheit gegen Kippen gibt es zwei Verfahren, das zeichnerische und das rechnerische.

Zeichnerisches Verfahren

Bei der zeichnerischen Lösung werden die auf den Körper einwirkenden Kräfte zu einer Resultierenden zusammengefaßt. Die Resultierende muß bei der Darstellung im Lageplan (Bild **102.**3) innerhalb der Stützfläche bleiben. Damit genügende Sicherheit vorhanden ist, muß in der Stützfläche der Abstand c der Resultierenden R von der Kippkante K mindestens 1/6 der Stützflächenbreite b betragen.

$$c \geqq b/6 \qquad (102.1)$$

Von dieser Forderung darf nur abgewichen werden, wenn der Körper verankert wird.

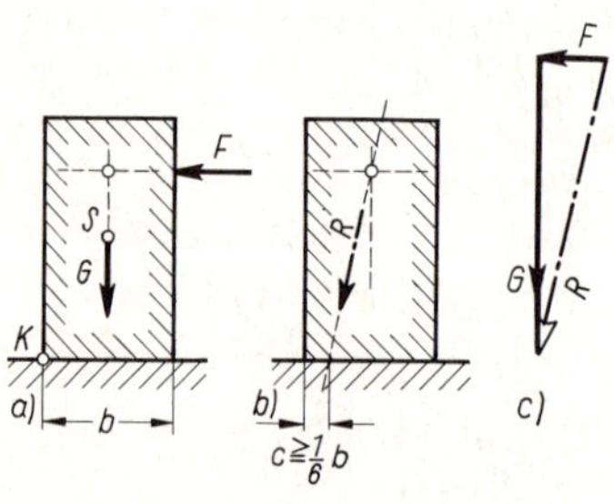

102.3 Ausreichende Standsicherheit: der Körper bleibt stehen

Wenn der Abstand c der Resultierenden in der Stützfläche von der Kippkante kleiner als $b/6$ wird, ist die Sicherheit gegen Kippen nicht mehr ausreichend (Bild **103.**1). Liegt die Resultierende außerhalb der Stützfläche, dann kippt der Körper um (Bild **103.**2).

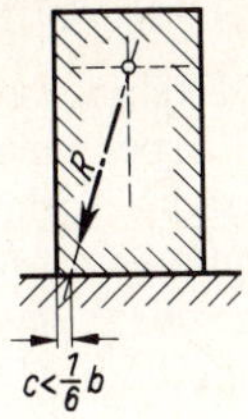

103.1 Nicht ausreichende Standsicherheit

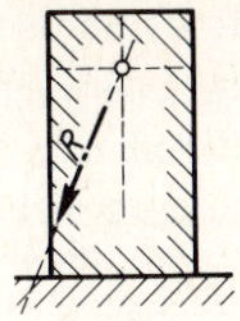

103.2 Keine Standsicherheit, der Körper kippt um

Für die Resultierende aus den ständigen Lasten gilt für den Randabstand c in der Bodenfuge unter Fundamenten die Forderung:

$$c \geqq b/3 \tag{103.1}$$

Für die Resultierende aus den Gesamtlasten gilt für den Randabstand c in der Bodenfuge unter Fundamenten die Forderung:

$$c \geqq b/6 \tag{103.2}$$

Belastungen können Fundamente auch zweiachsig verkanten. Das ist bei Lasten der Fall, die zweiachsig ausmittig wirken. Hierbei sind zwei Bedingungen einzuhalten:

1. Bedingung: Die resultierende Kraft aus den ständigen Lasten muß die Sohlfläche im Kern schneiden. Dabei entsteht keine klaffende Fuge. Die ganze Sohlfläche wird auf Druck beansprucht. Der Kern einer rechteckigen Sohlfläche wird rautenförmig begrenzt durch die Abmessungen $b_y/3$ und $b_z/3$. Der Kern ist die in Bild **103.**3a schraffierte Fläche.

2. Bedingung: Die resultierende Kraft aus den gesamten Lasten darf in begrenztem Umfang ein Klaffen der Sohlfuge verursachen, jedoch höchstens bis zum Schwerpunkt der Sohlfläche. Bei Fundamenten mit rechteckiger Sohlfläche muß der Angriffspunkt R der resultierenden Gesamtkraft innerhalb der elliptischen Fläche liegen (Bild **103.**3b).

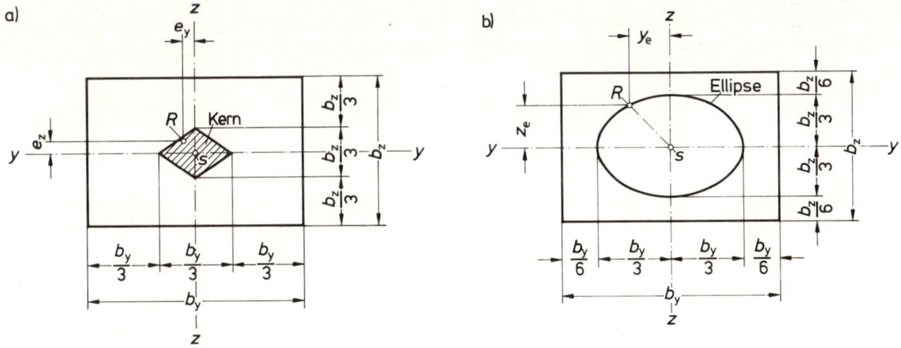

103.3 Grundriß eines rechteckigen Fundaments mit Bezeichnungen bei zweiachsiger Verkantung nach DIN 1054
a) zulässige Ausmitte der resultierenden Kraft aus den ständigen Lasten
b) zulässige Ausmitte der resultierenden Kraft aus der Gesamtlast

Bezeichnungen:

R Angriffspunkt der resultierenden Kraft
y, z Fundamentachsen
b_y, b_z Fundamentbreiten
e_y, e_z Ausmittigkeiten der Kraft
y_e, z_e zulässige Höchstwerte der Ausmitte

Rechnerisches Verfahren

Bei der rechnerischen Lösung werden die Drehmomente aller Kräfte bezogen auf die Kippkante gebildet. Alle Kräfte, die den Körper umzukippen verursachen, bilden das Kippmoment M_K. Die Kräfte aus den ständig vorhandenen Eigenlasten wirken dem Kippmoment entgegen und bilden das Standmoment M_S (Bild **104.1**). Die Sicherheit gegen Kippen η_k (griechischer Buchstabe eta) wird durch das Verhältnis von Standmoment zu Kippmoment ausgedrückt. DIN 1055 verlangt im Hochbau eine mindestens 1,5fache Sicherheit gegen Kippen.

$$\text{Kippsicherheit } \eta_k = \frac{\text{Standmoment } M_S}{\text{Kippmoment } M_K} \qquad \boldsymbol{\eta_k = \frac{M_S}{M_K} \geqq 1{,}5} \tag{104.1}$$

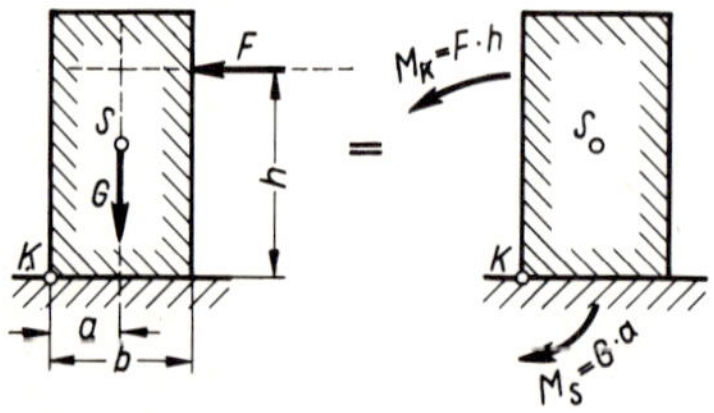

104.1 Das Standmoment M_S muß größer als das Kippmoment M_K sein

Für die Bodenfuge unter Fundamenten muß die Kippsicherheit aus den Gesamtlasten ebenfalls 1,5fach sein. Das entspricht der Forderung bei der zeichnerischen Lösung nach einem Randabstand c der Resultierenden von der Kippkante

$$c \geqq b/6 \tag{103.2}$$

Die Kippsicherheit aus den ständigen Lasten muß 3fach sein.

Das entspricht der Forderung bei der zeichnerischen Lösung nach einem Randabstand c der Resultierenden von der Kippkante

$$c \geqq b/3 \tag{103.1}$$

Bei einer Belastung, die ein Fundament zweiachsig verkanten will, muß die resultierende Kraft aus der Gesamtlast innerhalb eines begrenzten Bereiches liegen. Bei Fundamenten, die einen Grundriß mit rechteckigen Vollquerschnitt haben, ist der zulässige Bereich begrenzt durch:

$$\left(\frac{e_y}{b_y}\right)^2 + \left(\frac{e_z}{b_z}\right)^2 \leqq \frac{1}{9} \tag{104.2}$$

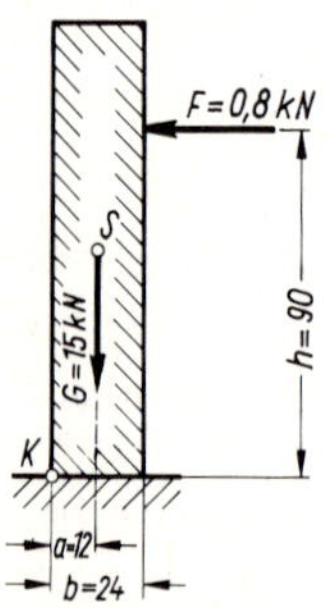

104.2 Standsicherheit eines Pfeilers

Damit wird eine 1,5-fache Sicherheit eingehalten. Die resultierende Kraft bewirkt hierbei ein Klaffen der Sohlfuge bis höchstens zum Schwerpunkt der Sohlfläche.

Zusammenfassung:

Gesamtlasten	**Kippsicherheit $\eta_k \geqq 1{,}5$**	**Abstand $c \geqq b/6$**
ständige Lasten	**Kippsicherheit $\eta_k \geqq 3{,}0$**	**Abstand $c \geqq b/3$**

Beispiele zur Erläuterung

1. An einem Pfeiler mit einer Eigenlast von $G = 15$ kN greift in 0,90 m Höhe eine waagerechte Kraft von $F = 0{,}8$ kN an (Bild **104.2**). Die Kippsicherheit ist zu berechnen.

Standmoment $M_S = G \cdot a = 15\,\text{kN} \cdot 0{,}12\,\text{m} = 1{,}80\,\text{kNm}$

Kippmoment $M_K = F \cdot h = 0{,}8\,\text{kN} \cdot 0{,}90\,\text{m} = 0{,}72\,\text{kNm}$

Kippsicherheit $\eta_k = \frac{M_S}{M_K} = \frac{1{,}80\,\text{kNm}}{0{,}72\,\text{kNm}} = 2{,}5 > 1{,}5$; also ausreichend

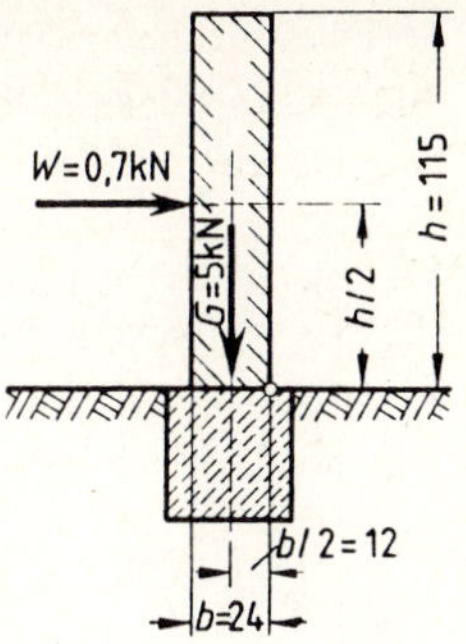

105.1 Gartenmauer mit Windbelastung

2. Eine Gartenmauer (1,15 m hoch, 24 cm dick) wird voll dem Wind ausgesetzt (Bild **105.**1).

Die Sicherheit gegen Kippen wird nachgewiesen.

Standmoment $M_S = G \cdot b/2 = 5 \cdot 0{,}24/2 \quad = 0{,}60\,\text{kNm}$

Kippmoment $M_K = W \cdot h/2 = 0{,}7 \cdot 1{,}05/2 = 0{,}39\,\text{kNm}$

Sicherheit gegen Kippen $\eta_k = \frac{M_S}{M_K} = \frac{0{,}60}{0{,}39} = 1{,}54 > 1{,}5$; also ausreichend

Die Sicherheit ist gerade ausreichend; die Wand dürfte nicht höher oder dünner gebaut werden.

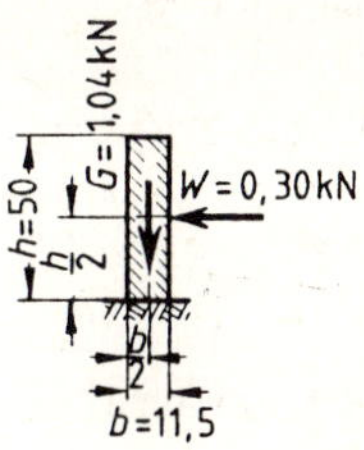

105.2 Halbsteinige Wand ohne Aussteifung

3. Beim Mauern einer halbsteinigen Wand ist für eine Absteifung zu sorgen, wenn Sturmwarnung gegeben wird.

Selbst bei einer 50 cm hohen Wand reicht die Standsicherheit nicht aus (Bild **105.**2)

Standmoment $M_S = G \cdot b/2 = 1{,}04 \cdot 11{,}5/2 = 6{,}0\,\text{kNcm}$

Kippmoment $M_K = W \cdot h/2 = 0{,}30 \cdot 50/2 \quad = 7{,}5\,\text{kNcm}$

Sicherheit gegen Kippen $\eta_k = \frac{M_S}{M_K} = \frac{6{,}0}{7{,}5} = 0{,}8$; also zu klein.

Weitere Einzelheiten und Beispiele enthält Teil 2 „Festigkeitslehre" Abschnitt 8.4.

5.2 Sicherheit gegen Gleiten

Durch waagerecht oder schräg auf einen Körper einwirkende Kräfte besteht die Gefahr des Verschiebens eines Körpers. Dieses Verschieben nennt man Gleiten. Die Sicherheit gegen Gleiten ist bestimmt durch die Art und Größe der an einem Körper angreifenden Kräfte und durch die Beschaffenheit der aufeinanderliegenden Flächen.

5.2.1 Reibung

Zur Verschiebung eines Körpers ist eine Kraft erforderlich, da in der Lagerfläche eine hemmende Kraft der Verschiebung entgegenwirkt. Diese hemmende Kraft ist die Reibungskraft, der Reibungswiderstand F_R (Bild **106.**1). Dieser ist um so größer, je größer der Normaldruck F_n durch die Eigenlast G auf die Lagerfläche ist. Er wächst außerdem mit der Rauhigkeit in der Gleitfuge. Diese Oberflächenrauhigkeit wird durch den Reibungsbeiwert μ (griechischer Buchstabe my) ausgedrückt. In DIN 4141 „Lager im Bauwesen" sind einige Reibungsbeiwerte genannt, die zur Berechnung der Gleitsicherheit angesetzt werden können (Tafel **106.**2).

Damit ist:

Reibungskraft F_R = Reibungsbeiwert μ · Normalkraft F_N

$$F_R = \mu \cdot F_N \tag{106.1}$$

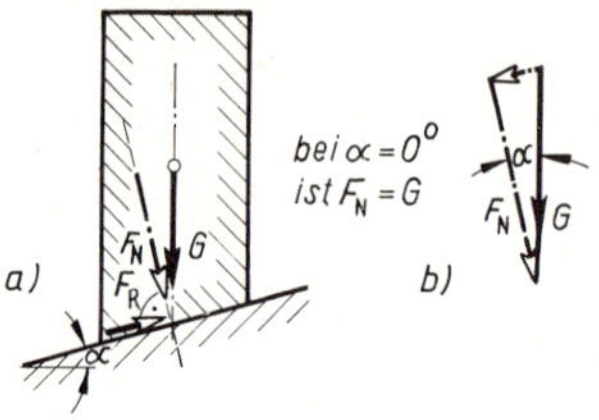

106.1 Die Reibungskraft F_R in der Gleitfläche
a) Lageplan
b) Kräfteplan

Tafel **106.2** **Reibungsbeiwerte μ** in der Fuge als Bemessungswerte

Aufeinanderliegende Baustoffe	Reibungsbeiwert μ
Stahl auf Stahl	0,2
Stahl auf Beton	0,5
Beton auf Beton	0,5
bei dynamischen Einwirkungen	0

Fundamente

Die Gleitsicherheit eines Fundaments ist das Verhältnis der Summe aller horizontalen Reaktionskräfte H_s in der Fundamentsohle zur Resultierenden R_h der horizontalen Aktionskräfte:

$$\eta_g = \frac{H_s}{R_h} \tag{106.2}$$

H_s = Sohlwiderstandskraft ($\hat{=}$ Reibungskraft F_R)

Die Sohlwiderstandskraft ist abhängig von der Beschaffenheit des Bodens und der Art des Fundaments, außerdem von der Sohlbelastung durch die Resultierende R_v der Vertikalkräfte

$$H_s = R_v \cdot \tan \delta_{sf} \tag{106.3}$$

δ_{sf} = Sohlreibungswinkel (delta)

Bei festgelagerten Böden ohne Sohlwasserdruck (Grundwasser) kann der Sohlreibungswinkel angenommen werden mit

$\delta_{sf} = \varphi'$ bei Ortbetonfundamenten

$\delta_{sf} = \frac{2}{3}\varphi'$ bei Fertigteilfundamenten

φ' = Reibungswinkel (phi Strich)

φ' ist der Neigungswinkel der inneren Reibung des Bodens gegenüber der Waagerechten.

Für Ortbetonfundamente ergibt sich damit für den Nachweis der Gleitsicherheit

$$\eta_g = \frac{R_v}{R_h} \cdot \tan \varphi' \tag{106.4}$$

In Tafel **107.1** sind rechnerische Reibungswinkel φ' für verschiedene Bodenarten nach DIN 1055 Teil 2 angegeben.

Tafel **107.1** **Reibungswinkel** φ' für verschiedene Böden (nach DIN 1055 T 2)

Bodenart			Reibungswinkel φ' in Grad
nichtbindige Böden	Sand Kies-Sand Kies	locker	30
		mitteldicht	32,5
		dicht	35
	Geröll Steine	mitteldicht	35
		dicht	37,5
bindige Böden	Ton, Lehm	ausgeprägt plastisch	17,5
	Ton, Lehm Schluff	mittelplastisch	22,5
		leichtplastisch	27,5

Außer der Reibung für den Ruhezustand (Haftreibung) gibt es noch die Reibung der gleitenden Bewegung (Gleitreibung) und die Reibung der rollenden Bewegung. Für Bauwerke ist nur die Reibung für den Ruhezustand von Bedeutung.

5.2.2 Nachweis der Sicherheit gegen Gleiten

Die Reibungskraft F_R muß größer sein als die Resultierende R_h aller horizontalen Kräfte, bzw. die Kraft H, die den Körper zu verschieben versucht (Bild **107**.2).

Die Gleitsicherheit η_g wird bei horizontalen Gleitfugen durch das Verhältnis von Reibungskraft F_R zu Verschiebekraft H ausgedrückt. Die Norm DIN 1054 fordert eine mindestens 1,5fache Gleitsicherheit.

$$\text{Gleitsicherheit} \quad \eta_g = \frac{\text{Reibungskraft } F_R}{\text{Verschiebekraft } H} \qquad \boldsymbol{\eta_g = \frac{F_R}{H} \geqq 1{,}5} \qquad (107.1)$$

Diese Form der Berechnung gilt für horizontale Gleitfugen. Durch Neigung der Fuge nach hinten kann die Gleitsicherheit wesentlich erhöht werden (Bild **107**.3). Die Berechnung der Gleitsicherheit wird dadurch umfangreicher, soll hier jedoch nicht behandelt werden.

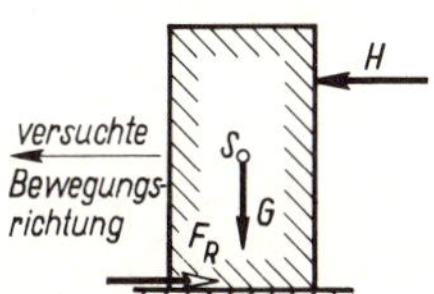

107.2 Die Reibungskraft wirkt einer Bewegung stets entgegen

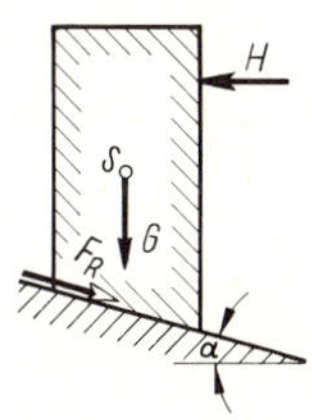

107.3 Bei geneigter Fuge entgegen der Bewegungsrichtung wird die Gleitsicherheit erhöht

Die erforderliche Gleitsicherheit η_g ist abhängig vom Lastfall. Folgende Lastfälle werden unterschieden. Hierbei sind die Wahrscheinlichkeit ihres Auftretens in voller rechnerischer Größe und die Dauer und Häufigkeit ihrer Ursache maßgebend.

Lastfall 1

Ständige Lasten und regelmäßig auftretende Verkehrslasten (auch Wind).

Lastfall 2

Außer den Lasten des Lastfalls 1 gleichzeitig, aber nicht regelmäßig auftretende große Verkehrslasten; Belastungen, die nur während der Bauzeit auftreten.

Lastfall 3

In Sonderfällen; außer den Lasten des Lastfalls 2 gleichzeitig mögliche außerplanmäßige Lasten (z.B. durch Ausfall von Betriebs- und Sicherheitsvorrichtungen oder bei Belastung infolge von Unfällen).

Die Gleitsicherheit η_g muß mindestens Tafel **108.**1 entsprechen.

Tafel **108.**1 **Gleitsicherheit** η_g von Fundamenten nach DIN 1054

	Lastfall 1	Lastfall 2	Lastfall 3
Gleitsicherheit η_g	1,5	1,35	1,2

Beispiele zur Erläuterung

1. Für eine Mauer ist die Standsicherheit gegen Kippen und gegen Gleiten auf dem Betonfundament zu untersuchen (Bild **108.**2).

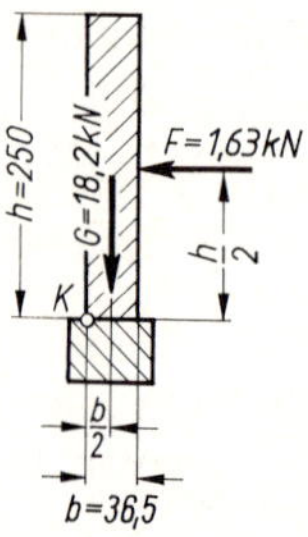

108.2 Die Standsicherheit einer Mauer gegen Kippen und Gleiten

Kippsicherheit

Standmoment $M_S = G \cdot \frac{b}{2} = 18{,}2 \cdot \frac{0{,}365}{2} = 3{,}33\,\text{kNm}$

Kippmoment $M_K = H \cdot \frac{h}{2} = 1{,}63 \cdot \frac{2{,}50}{2} = 2{,}04\,\text{kNm}$

Kippsicherheit $\eta_k = \frac{M_S}{M_K} = \frac{3{,}33}{2{,}04} = 1{,}63 > 1{,}5$; also ausreichend

Gleitsicherheit

Reibungszahl $\mu = 0{,}75$

Normaldruck $F_N = G = R_v = 18{,}2\,\text{kN}$

Verschiebekraft $H = R_h = 1{,}63\,\text{kN}$

Reibungskraft $F_R = \mu \cdot F_N = 0{,}75 \cdot 18{,}2 = 13{,}65\,\text{kN}$

Gleitsicherheit $\eta_g = \frac{F_R}{H} = \frac{13{,}65}{1{,}63} = 8{,}37 > 1{,}5$

Gleitsicherheit vorhanden

2. Eine Stützwand aus Beton (Bild **109.**1) hat waagerecht wirkenden Erddruck aufzunehmen (vergl. Bild **91.**3). Die Sicherheit gegen Kippen und Gleiten ist nachzuweisen. Der Baugrund besteht aus mitteldichtem Sand.

Kippsicherheit

Standmoment $M_S = G \cdot \frac{b}{2} = 62{,}0 \cdot \frac{0{,}80}{2} = 24{,}8\,\text{kNm}$

Kippmoment $M_K = E \cdot \frac{h}{3} = 12{,}0 \cdot \frac{2{,}00}{3} = 8{,}0\,\text{kNm}$

Kippsicherheit $\eta_k = \frac{M_S}{M_K} = \frac{24{,}8}{8{,}0} = 3{,}1 > 3{,}0$; also ausreichend

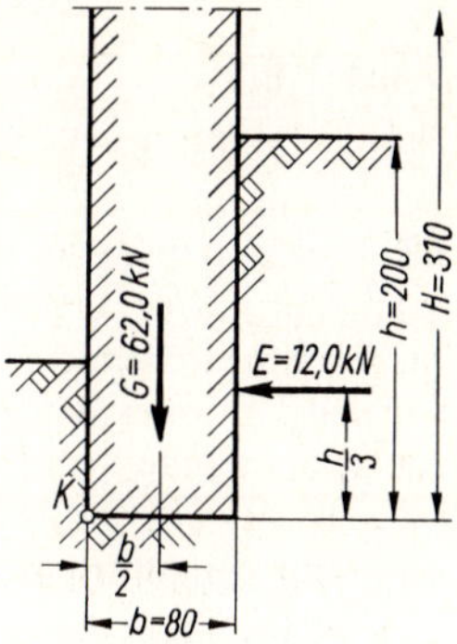

109.1 Standsicherheit einer Stützwand bei Erddruck

Gleitsicherheit

Reibungswinkel $\varphi' = 32{,}5°$

Sohlreibungswinkel $\delta_{sf} = \varphi' = 32{,}5°$

horizontale Aktionskraft $R_h = E = 12{,}0\,\text{kN}$

Vertikalkraft $R_v = G = 62{,}0\,\text{kN}$

Sohlwiderstandskraft $H_s = R_v \cdot \tan\delta_{sf} = 62{,}0 \cdot \tan 32{,}5° = 62{,}0 \cdot 0{,}6371 = 39{,}5\,\text{kN}$.

Gleitsicherheit $\eta_g = \frac{H_s}{R_h} = \frac{39{,}5}{12{,}0} = 3{,}3 > 1{,}5$; Gleitsicherheit ist ausreichend

3. Eine Winkelstützwand aus Stahlbeton wird zur Aufnahme eines 1,5 m hohen Geländeunterschiedes gebaut (Bild **109.**2). Der Baugrund ist leichtplastischer Ton. Wie groß sind Kippsicherheit und Gleitsicherheit?

Kippsicherheit

Standmoment

$$M_{S_1} = G_1 \cdot \frac{b_1}{2} = 9{,}0 \cdot \frac{1{,}30}{2} = 5{,}85\,\text{kNm}$$

$$M_{S_2} = G_2 \cdot \left(\frac{b_2}{2} + a\right) = 15{,}0 \cdot 0{,}25 = 3{,}75\,\text{kNm}$$

$$M_{S_3} = G_3 \cdot \left(b_1 - \frac{b_3}{2}\right) = 32{,}4 \cdot 0{,}85 = 27{,}54\,\text{kNm}$$

$$G = 56{,}4\,\text{kN} \qquad M_S = 37{,}14\,\text{kNm}$$

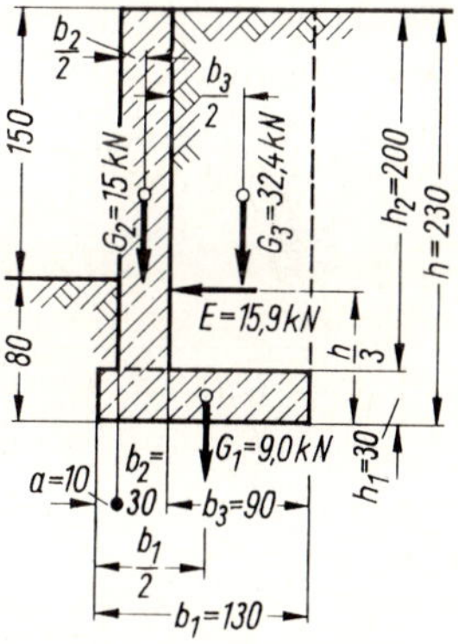

109.2 Standsicherheit einer Winkelstützwand bei Erddruck

Kippmoment $E = 3\,h^2 = 3 \cdot 2{,}3^2 = 15{,}9\,\text{kN}$

$$M_K = E \cdot \frac{1}{3} h = 15{,}9 \cdot \frac{2{,}3}{3} = 12{,}2\,\text{kNm}$$

Kippsicherheit $\eta_k = \frac{M_S}{M_K} = \frac{37{,}14}{12{,}2} = 3{,}04 > 3{,}0$; Kippsicherheit ausreichend

Gleitsicherheit

Sohlreibungswinkel $\delta_{sf} = \varphi' = 27{,}5°$

horizontale Aktionskraft $R_h = E = 15{,}9\,\text{kN}$

Vertikalkraft $R_v = G = 56{,}4\,\text{kN}$

Sohlwiderstandskraft $F_R = R_v \cdot \tan \delta_{sf}$
$= 56{,}4 \cdot \tan 27{,}5°$
$= 56{,}4 \cdot 0{,}5206 = 29{,}4\,\text{kN}$

Gleitsicherheit $\eta_g = \dfrac{F_R}{R_h} = \dfrac{29{,}4}{15{,}9} = 1{,}85 > 1{,}5;$ Gleitsicherheit ausreichend

5.3 Sicherheit gegen Auftrieb im Wasser

Im Wasser stehende Baukörper oder Bauwerke können aufschwimmen, wenn die Auftriebskräfte des Wassers größer als die Eigenlasten sind. Auch gegen diesen Auftrieb muß eine ausreichende Sicherheit vorhanden sein.

Die Größe der Auftriebskraft ist gleich dem Gewicht der verdrängten Flüssigkeit.

Diesen Satz prägte schon Archimedes 220 v. Chr. Daraus ergibt sich für den Sicherheitsnachweis nach DIN 1054:

$$\text{Auftriebsicherheit } \eta_a = \frac{\text{Eigenlast } G}{\text{Auftriebskraft } F_A} \qquad \boldsymbol{\eta_a = \frac{G}{F_A} \geqq 1{,}1} \tag{110.1}$$

Wichtig ist der Nachweis bei Bauwerken, die ins Grundwasser gestellt werden (z. B. Keller, Schwimmbecken). Der Zeitpunkt für das Abstellen der Grundwassersenkung während des Bauzustandes kann davon abhängig sein.

Beispiel zur Erläuterung

1. **Das Kellergeschoß** eines Wohngebäudes hat eine Stahlbetonsohle und steht nach dem Abschalten der Grundwasserabsenkung 1,1 m im Grundwasser. Außenabmessungen des Gebäudes: Länge $l = 15$ m, Breite $b = 11$ m (Bild **110**.1).

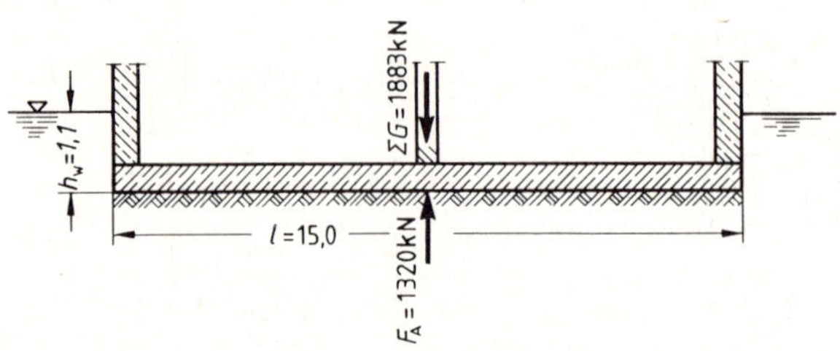

110.1
Ein Bauwerk im Wasser erfährt einen Auftrieb, gegen den genügende Sicherheit vorhanden sein muß.

Die Eigenlasten aus Bauwerkssohle und Wänden betragen

33,0 m³	Stahlbeton der Sohlplatte	· 25 kN/m³ =	825 kN
34,3 m³	Stahlbeton der Außenwände	· 25 kN/m³ =	857 kN
8,4 m³	Mauerwerk der Innenwände	· 18 kN/m³ =	151 kN
			$G = 1833$ kN

Die Auftriebskraft beträgt

$$F_A = h_w \cdot \gamma_w \cdot l \cdot b = 1{,}1 \cdot 10 \cdot 15 \cdot 11 = 1815\,\text{kN}$$

Auftriebssicherheit $\eta_a = \dfrac{G}{F_A} = \dfrac{1833}{1815} = 1{,}01 < 1{,}1;$ Auftriebssicherheit nicht ausreichend

Daraus folgert, daß weitere Eigenlasten vorhanden sein müssen. Es muß also vor dem Abschalten der Grundwasserabsenkung erst noch die Kellerdecke betoniert werden.

2. Beim vorgenannten Kellergeschoß bringt die 16 cm dicke Kellerdecke folgende zusätzliche Eigenlast:

$149\,m^2$ Stahlbetondecke $\cdot\,0{,}16\,m \cdot 25\,kN/m^3$ =	596 kN
aus Sohlplatte und Wänden	= 1833 kN
	$G = 2429\,kN$

Auftriebssicherheit $\eta_a = \frac{G}{F_A} = \frac{2429}{1815} = 1{,}34 > 1{,}1$; Auftriebssicherheit ausreichend, also zulässig.

5.4 Sicherheit gegen Abheben durch Wind

Bei flachen Dächern mit Dachneigungen von 0 bis 35° entstehen durch die Wirkung des Windes nach oben gerichtete Kräfte. Es sind Windsogkräfte. Sie versuchen das Dach abzuheben. Diese Dächer müssen ausreichend verankert sein, wenn die Eigenlast nicht groß genug ist (DIN 1055, Teil 4).

Die Verankerung gegen Abheben des Daches wird in der Praxis mit Nägeln, Bolzen, Klammern oder Laschen gewährleistet.

Die Tragkraft der Verankerungsmittel F_{Anker} muß mindestens so groß sein wie die Differenz aus der 1,43fachen Windsogkraft W_{Sog} und der 1,18fachen Eigenlast des Daches G_{Dach}:

$$\boldsymbol{F_{Anker} \geqq 1{,}43\,W_{Sog} - 1{,}18\,G_{Dach}} \tag{111.1}$$

Die Dachkonstruktionen sind besonders im Rand- und Eckbereich durch Stahlanker (Bolzen) mit der Unterkonstruktion (Ringanker) zu verankern.

Bei hölzernen Dachkonstruktionen sind Sparren, Pfetten, Pfosten, Kopfbänder, Schwellen usw. untereinander ausreichend zugfest zu verbinden. Das gilt besonders für Dachränder, -ecken und -überstände.

Die Dachhaut ist auf der Dachschalung zu befestigen, Dachsteine sind mit den Dachlatten zu verklammern.

5.4.1 Verankerungskräfte für Nägel

Die zulässigen Verankerungskräfte für Nägel können je nach Durchmesser für 1 mm Haftlänge der Tafel **111.1** entnommen werden (Bild **112.1**). In Hirnholz eingeschlagene Nägel dürfen nicht auf Zug belastet werden.

Tafel **111.1** **Zulässige Verankerungskräfte von Nägeln** zul $F_{Nägel}$ gegen Herausziehen (DIN 1052,2)

Nagelgröße $d_n \times d_l$ in mm (Nageldurchmesser d_n in 1/10 mm)	46 × 130	55 × 140/160	60 × 180	70 × 210	76 × 230/260	88 × 260
Verankerungskraft $F_{Nägel}$ in N für 1 mm wirksame Einschlagtiefe (Haftlänge)	6,0	7,2	7,8	9,1	9,9	11,4

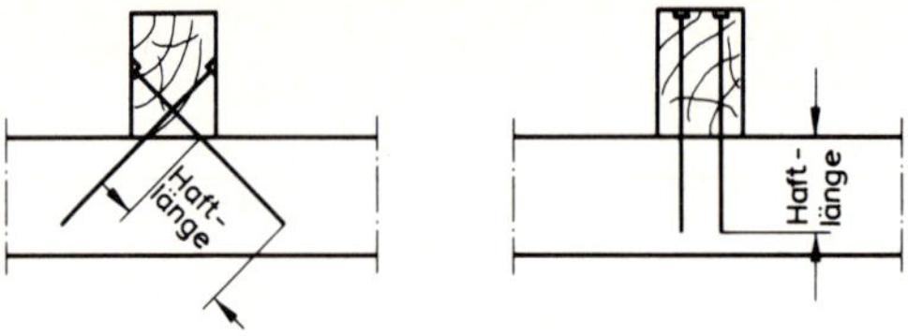

112.1
Verankerung durch Nägel mit genügend langer Haftlänge

5.4.2 Verankerungskräfte für Bolzen

Für Bolzen, die z.B. in Stahlbetonrähme einbetoniert sind und Holzbauteile befestigen sollen, ist die zulässige Verankerungskraft abhängig von der Größe der Unterlegscheibe. Je größer die Unterlegscheibe ist, um so größer ist die zulässige Verankerungskraft. Voraussetzung ist allerdings ein sorgfältiges Einsetzen der Bolzen mit genügender Spreizung gegen Herausziehen (Bild **112.**2). Die in Tafel **112.**3 angegebenen zulässigen Verankerungskräfte gelten für Unterlegscheiben auf Nadelholz.

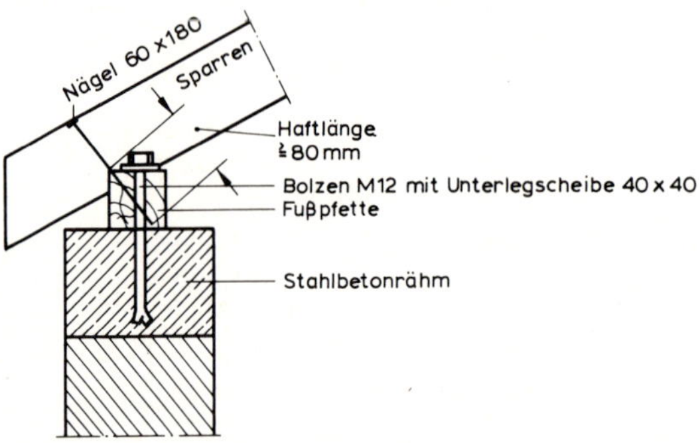

112.2
Verankerung von Fußpfette und Sparren bei einem Dach

Tafel **112.**3 **Zulässige Verankerungskräfte von Bolzen** zul F_{Bolzen} mit Unterlegscheiben bei Nadelholz

Bolzendurchmesser		M 12	M 16	M 20	M 22	M 24
Lochdurchmesser im Holz	in mm	13	17	21	23	25
Scheibendicke	in mm	6		8		
Scheiben-Außendurchmesser	in mm	58	68	80	92	105
Seitenlänge quadratischer Scheiben	in mm	50	60	70	80	95
Zulässige Kraft für Druck in Holz senkrecht zur Faser F_{Bolzen}	in N	4730	6740	9100	11 970	16 320

Die Berechnung der entstehenden Windsogkräfte und der vorhandenen Eigenlasten des Daches wurde in Abschn. 4 gezeigt.

Beispiel zur Erläuterung

Ein Flachdach erhält eine Windsogkraft von $W_{Sog} = 98\,\text{kN}$. Die Eigenlast beträgt $G_{Dach} = 109\,\text{kN}$. Die erforderliche Verankerungskraft F_{Anker} errechnet sich wie folgt:

$$\begin{aligned}\text{erf}\,F_{Anker} &= 1{,}43\,W_{Sog} - 1{,}18\,G_{Dach} = 1{,}43 \cdot 98\,\text{kN} - 1{,}18 \cdot 109\,\text{kN}\\ &= 140{,}1\,\text{kN} - 128{,}6\,\text{kN} = 11{,}5\,\text{kN} = 11\,500\,\text{N}\end{aligned}$$

Die Fußpfetten des Daches werden mit 6 Bolzen M 12 im Stahlbetonrähm befestigt, während die Sparren mit den Fußpfetten durch 20 Nägel 60 · 180 verbunden sind (Bild **112**.2).

$$\text{zul}\,F_{Bolzen} = 6 \cdot 4730\,\text{N} = 28\,380\,\text{N} > \text{erf}\,F_{Anker}$$

$$\text{zul}\,F_{Nägel} = 20 \cdot 80 \cdot 7{,}8\,\text{N} = 12\,480\,\text{N} > \text{erf}\,F_{Anker}$$

Sicherheit gegen Abheben durch Wind vorhanden.

6 Berechnung statisch bestimmter Träger

Die Bauwerke werden aus einzelnen Bauteilen und Tragwerken gebildet. Diese haben alle Kräfte aus den Eigenlasten und den Verkehrslasten aufzunehmen und sicher in den Baugrund zu übertragen. Bewegungen dürfen dabei nicht stattfinden. Die Tragwerke müssen festgelegt sein. Das geschieht durch die Auflager der Tragwerke. In den Auflagern müssen also Kräfte entstehen, die den angreifenden Lasten das Gleichgewicht zu halten haben.

Ganz allgemein betrachtet haben nicht festgelegte Tragwerke drei Bewegungsmöglichkeiten:

- Verschiebungen in der horizontalen Richtung
- Verschiebungen in der vertikalen Richtung
- Verdrehungen um einen Punkt

Alle drei Bewegungsmöglichkeiten müssen durch die Auflager gebunden werden, damit die Tragwerke im Ruhezustand verbleiben.

6.1 Auflagerarten der Tragwerke

Die Auflager der Tragwerke dienen dazu, die Tragwerke in ihrer Lage zu halten und die durch die Belastung des Tragwerks entstehenden Kräfte auf die darunter liegenden Bauteile zu übertragen. Hierfür stehen drei verschiedene Auflagerarten zur Verfügung:

- bewegliche Auflager
- feste Auflager
- eingespannte Auflager

6.1.1 Bewegliche Auflager

Bewegliche Auflager können mit Rollen, Gleitplatten oder Pendelstützen mit Gelenken hergestellt werden (Bild **114**.1). Bei großen Tragwerken werden Rollen verwendet. Bei den Tragwerken üblicher Hochbauten werden die Auflager aber kaum derart exakt als bewegliches Auflager ausgebildet. Bei Verwendung von Gleitfolien zwischen Träger und Lagerfläche entstehen teilbewegliche Auflager. Durch diese teilbewegliche Auflagerung entstehen je nach Größe der verbleibenden Reibung horizontale Kräfte, die sich als Zug- oder Schubkräfte auf die darunter liegenden Bauteile auswirken. In diesen Bauteilen können Risse entstehen.

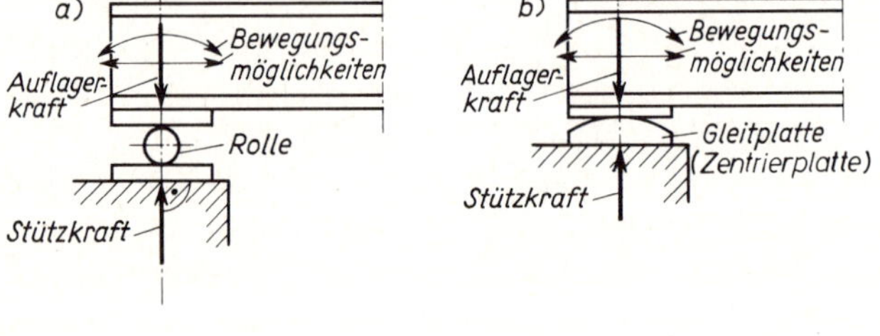

114.1
Bewegliches Auflager
a) Rollenlager
b) Gleitplattenlager

Die Darstellung der beweglichen Auflager erfolgt in den statischen Skizzen durch Sinnbilder (**115.**1). Dabei wird statt des Trägers nur die Trägerachse als dicker Strich gezeichnet.

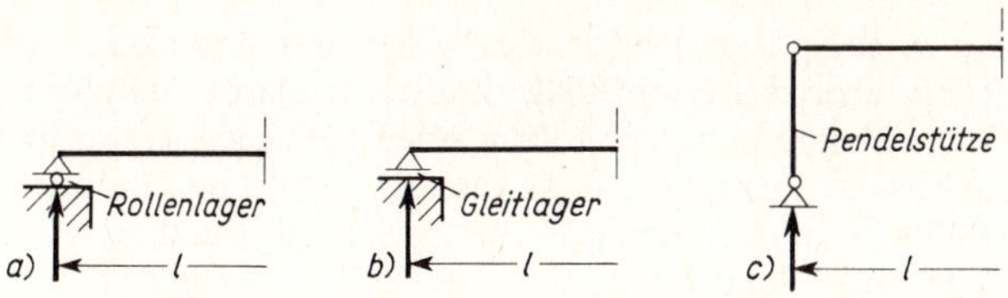

115.1 Sinnbildliche Darstellung für bewegliche Auflager
a) Das Rollenlager kann nur Kräfte rechtwinklig zur Lagerfläche aufnehmen. Es ist nur die Größe der Stützkraft unbekannt
b) Das Gleitlager nimmt ebenfalls nur Stützkräfte rechtwinklig zur Lagerfläche auf
c) Die Pendelstütze ist gelenkig gelagert und kann nur Stützkräfte in Richtung der Stützenachse aufnehmen

Das bewegliche Auflager verhindert nur die Verschiebung des Tragwerkes senkrecht zur Lagerfläche. Andere Bewegungen sind möglich. Bewegliche Auflager gestatten Bewegungen in Längsrichtung des Tragwerks: Somit sind z.B. Längenänderungen des Tragwerks infolge Temperaturschwankungen möglich. Bewegliche Auflager gestatten aber auch Drehungen um den Lagerpunkt: Somit können z.B. Durchbiegungen des Tragwerks unbehindert stattfinden.

Ein bewegliches Auflager bindet lediglich **eine** Bewegungsmöglichkeit. Es ist daher statisch **ein**wertig. Bewegliche Auflager können nur Kräfte rechtwinklig zur Lagerfläche übertragen. Von den drei Bestimmungsgrößen einer Kraft (Größe, Richtung, Angriffspunkt) ist bei beweglichen Auflagern die Größe der Kraft unbekannt: Richtung und Lage (Angriffspunkt) der Kraft sind bekannt. Der verbleibende unbekannte Wert der Kraft ist zu ermitteln: es ist die Größe der Kraft.

Der Auflagerkraft muß aus Gründen des Gleichgewichts eine gleichgroße Kraft entgegenwirken: es ist die Stützkraft in entgegengesetzter Richtung.

Auflagerkraft = − Stützkraft

6.1.2 Feste Auflager

Feste Auflager können recht verschiedenartig konstruiert sein (Bild **115.**2). Die Darstellung geschieht durch vereinfachte Sinnbilder (Bild **116.**1).

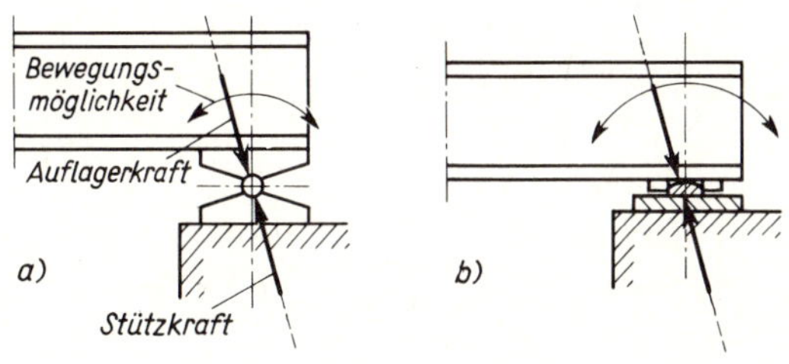

115.2 Feste Auflager
a) Auflager mit Zentrierwalze
b) Auflager mit Zentrierleiste

Das feste Auflager verhindert Verschiebungen rechtwinklig zur Lagerfläche und in Längsrichtung des Tragwerkes. Es gestattet nur noch die Drehung um den Lagerpunkt. Das trifft auch für ein Gelenk zu.

Ein festes Auflager bindet zwei Bewegungsmöglichkeiten und ist daher statisch zweiwertig. Es überträgt eine Auflagerkraft, deren Größe und Richtung unbekannt ist. Allein der Angriffspunkt ist bekannt. Beim festen Auflager sind zwei unbekannte Größen zu ermitteln. Dabei kann man wählen, ob man die Größe und die Richtung der Stützkraft bestimmt (Bild **116.**1a) oder die Größe der horizontalen und der vertikalen Komponente der Kraft (Bild **116.**1b und c).

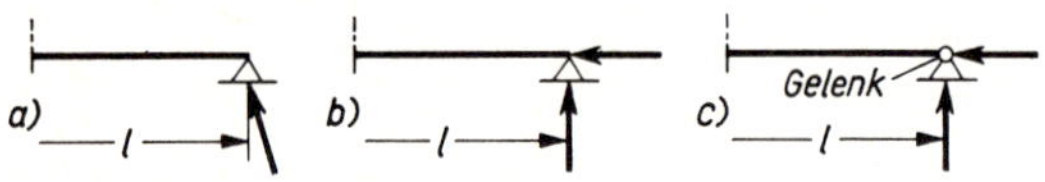

116.1 Sinnbildliche Darstellung für feste Auflager
a) Bei einer schrägen Stützkraft sind Größe und Richtung unbekannt
b) Bei zwei rechtwinklig zueinander stehenden Stützkräften sind die Größe der horizontalen und der vertikalen Komponente unbekannt
c) Die gelenkigen Lagerungen gestatten ebenfalls die Ausbildung von horizontalen und vertikalen Stützkräften

6.1.3 Eingespannte Auflager

Eingespannte Auflager erfordern eine voll wirksame Einspannung des Tragwerkes in dem Bauteil, das die Lagerkräfte aufzunehmen hat. Dazu gehört eine genügend lange Auflagerfläche mit einer entsprechend großen Auflast oder eine feste Verankerung am Ende des Tragwerkes.

Das eingespannte Auflager verhindert jede Bewegungsmöglichkeit des Tragwerkes (Bild **116.**2). Verschiebungen in beiden Richtungen und Drehungen sind unmöglich. Die Darstellung erfolgt sinnbildlich (Bild **116.**3).

Ein eingespanntes Lager bindet alle drei Bewegungsmöglichkeiten und ist daher statisch dreiwertig.

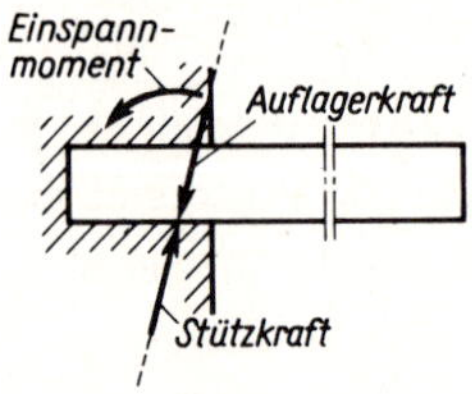

116.2 Eingespanntes Auflager

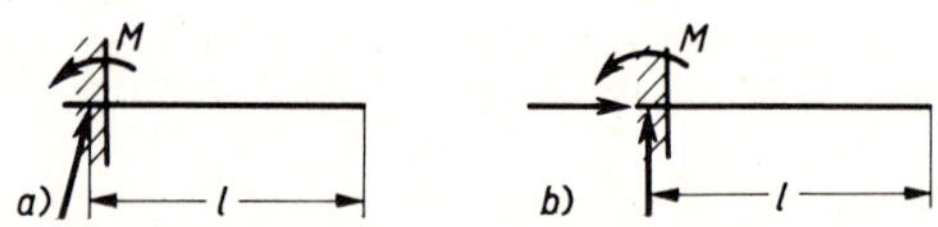

116.3 Sinnbildliche Darstellung für eingespannte Auflager
a) Einspannmoment und Stützkraft sind in Größe und Richtung unbekannt
b) Einspannmoment, horizontale und vertikale Komponente der Stützkraft sind unbekannt

Die Stützkraft ist unbekannt in ihrer Größe, in ihrer Richtung und in ihrer Lage. Das sind alle drei Bestimmungsstücke einer Kraft. Es müssen daher drei Unbekannte ermittelt werden. Dazu sind die beiden Komponenten der Stützkraft in vertikaler und horizontaler Richtung zu bestimmen und außerdem das Stützmoment als Einspannmoment M.

Zusammenfassung

bewegliches Auflager	→	**1wertiges Lager**	→	**statisch einfach unbestimmt**
festes Auflager	→	**2wertiges Lager**	→	**statisch zweifach unbestimmt**
eingespanntes Auflager	→	**3wertiges Lager**	→	**statisch dreifach unbestimmt**

6.2 Ermittlung der Stützkräfte (Auflagerkräfte)

Die drei verschiedenen Bewegungsmöglichkeiten eines Tragwerkes müssen durch die Auflager gebunden werden, wenn das Tragwerk stabil gelagert sein soll. Dieses kann durch ein eingespanntes Lager (dreiwertig) geschehen oder durch ein bewegliches Lager (einwertig) und ein festes Lager (zweiwertig) (Bild **117.1**).

117.1
Dreiwertige Lagerungen von Trägern
a) eingespannter Träger
b) Träger auf zwei Stützen

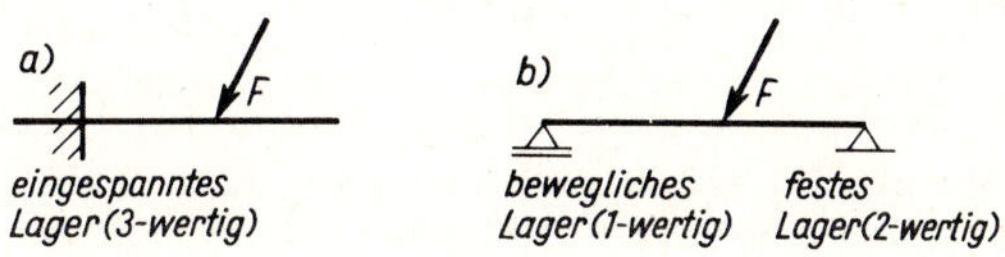

Eine weniger als insgesamt dreiwertige Lagerung ist unbrauchbar, da hierbei nicht alle Bewegungsmöglichkeiten gebunden werden. Eine mehr als dreiwertige Lagerung ist möglich, die Stützkräfte können aber hierbei nicht einfach bestimmt werden.

Die Stützkraft ist eine Reaktionskraft gegen das Tragwerk, sie wirkt der Auflagerkraft des Tragwerks in gleicher Größe entgegen (s. Abschn. 2.3). Zur Berechnung der Bauteile, die der Träger belastet, müssen die Stützkräfte bekannt sein. Man wird daher die Stützkräfte direkt ermitteln. Die Unterscheidung zwischen Auflagerkraft und Stützkraft ist bei der Berechnung ihrer Größe bedeutungslos. Ihre Richtung ist jedoch entgegengesetzt.

Entsprechend den Bezeichnungen der Auflager A, B, C,... werden die Stützkräfte mit A, B, C,... benannt. Die vertikalen Komponenten werden kurz A_v, B_v, C_v,... und die horizontalen Komponenten A_h, B_h, C_h, ... genannt.

Stützkräfte

Die Stützkräfte (Auflagerwiderstände) wirken als äußere Kräfte auf das Tragwerk. Sie sind positiv, wenn sie von unten nach oben wirken. Die Auflagerflächen werden gedrückt. Die Stützkräfte sind negativ, wenn sie von oben nach unten wirken. Der Träger wird vom Auflager abgehoben und muß daher verankert werden.

Ergibt sich bei den späteren Berechnungen für eine Stützkraft ein positives Vorzeichen, so bedeutet es, daß die angenommene Richtung stimmt. Ergibt sich ein negatives Vorzeichen für eine Stützkraft, dann ist ihre Richtung entgegengesetzt der angenommenen Wirkung.

Stützweite

Zur Berechnung von Tragwerken ist deren Stützweite l (oder statische Länge oder Spannweite) erforderlich. Bei der genauen Ausbildung der Auflager als festes und bewegliches Lager ist die Stützweite die Entfernung der Auflagerpunkte.

Im Hochbau ist eine solch genaue Ausbildung der Auflager bei normalen Verhältnissen meist nicht üblich. Die Träger werden dort nur auf die tragende Unterkonstruktion aufgelegt, evtl. auf eine Gleitplatte. Ein Lager wird dann als festes, das andere als bewegliches Auflager angenommen. Die Auflagerkraft verteilt sich dabei auf die ganze Auflagerfläche. Man spricht hier von Flächenlagern (Bild **119.**1).

In der Lagerfläche entsteht eine verteilte Belastung. Man wird aber auch hier, ähnlich wie bei den exakten Auflagern, mit einer einzigen Stützkraft rechnen wollen. Der verteilten Belastung der Lagerfläche wirkt zusammengefaßt eine resultierende Stützkraft entgegen. Die Entfernung der resultierenden Stützkräfte beider Auflager ist die Stützweite l.

Bei Annahme gleichmäßiger Verteilung der Stützkraft über die gesamte Lagerfläche berechnet man die Stützweite l aus dem Abstand der Auflagermitten bzw. aus der Lichtweite l_w zuzüglich der Auflagertiefe t (Bild **119.**1). Diese Annahme ist im Holzbau üblich.

$$\text{Stützweite } l = l_w + 2 \cdot \frac{t}{2} \qquad \boldsymbol{l = l_w + t} \tag{118.1}$$

Bei Annahme dreieckförmiger Verteilung der Stützkraft über die gesamte Lagerfläche (Bild **119.**2), berechnet man die Stützweite l ebenfalls aus der Entfernung der resultierenden Stützkräfte beider Auflager, hierbei also mit

$$l = l_w + 2 \cdot \frac{t}{3} \qquad \boldsymbol{l = l_w + \frac{2}{3} t} \tag{118.2}$$

Diese Annahme ist im Stahlbetonbau üblich.

Ganz allgemein kann die Mindeststützweite l aus der um 5% vergrößerten Lichtweite l_w berechnet werden:

$$l = l_w + 5\,\% \qquad \boldsymbol{l = 1{,}05\, l_w} \tag{118.3}$$

Für vollwandige Stahlträger gilt

$$l = 1{,}05\, l_w \geqq l_w + 12\,\text{cm} \tag{118.4}$$

Für Holzbauteile gilt

$$l = l_w + t \leqq 1{,}05\, l_w \tag{118.5}$$

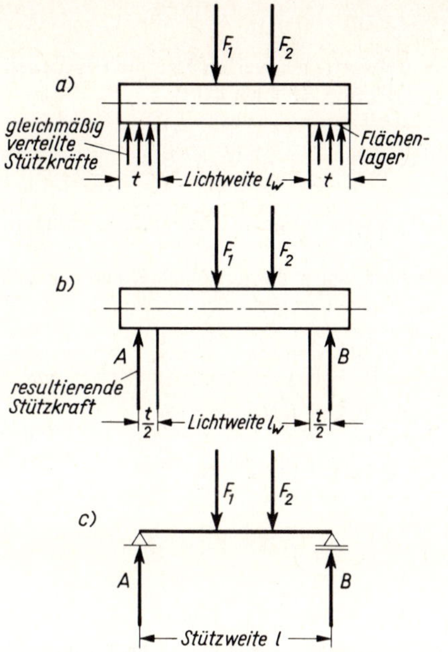

119.1 Lagerung eines einfachen Trägers

a) gleichmäßig verteilte Stützkräfte bei Flächenlagerung
b) resultierende Stützkraft bei Flächenlagerung in Lagermitte
c) sinnbildliche Darstellung mit Stützweite $l = l_w + t$

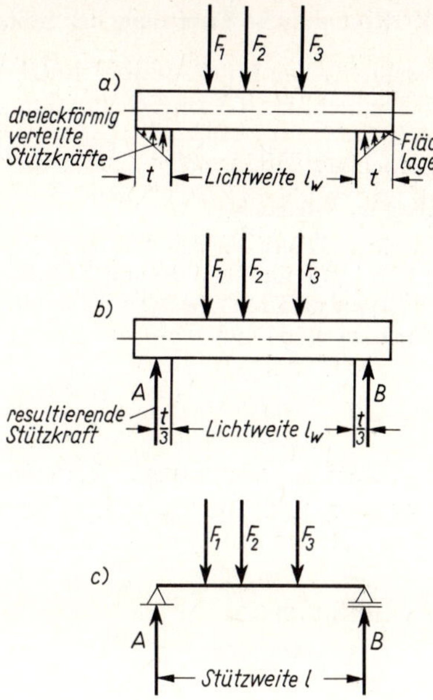

119.2 Lagerung eines Stahlbetonträgers

a) dreieckförmig verteilte Stützkräfte bei Flächenlagerung
b) resultierende Stützkraft im Drittelpunkt der Auflagertiefe
c) sinnbildliche Darstellung mit Stützweite $l = l_w + \frac{2}{3} t$

Auflagertiefe

Bei Stahlbetonplatten muß die Auflagertiefe betragen:

bei Auflagerung auf Mauerwerk und Beton B 5 und B 10 $t \geqq$ **7** cm

bei Auflagerung auf Beton B 15 bis B 55 und auf Stahl $t \geqq$ **5** cm.

Bei Stahlbetonbalken muß die Auflagertiefe sein: $$\boldsymbol{t \geqq 10\,\mathrm{cm}} \qquad (119.1)$$

Bei Stahlträgern soll die Auflagertiefe mindestens 12 cm oder gleich der Trägerhöhe h sein:

$$\boldsymbol{t \geqq 12\,\mathrm{cm}}, \quad \boldsymbol{t \geqq h} \qquad (119.2)$$

Bei hohen Stahlträgern ist die Auflagertiefe zu begrenzen auf: $$\boldsymbol{t \leqq \frac{h}{3} + 10\,\mathrm{cm}} \qquad (119.3)$$

Bei Holzbalken soll die Auflagertiefe betragen: $$\boldsymbol{t \geqq 10\,\mathrm{cm}} \qquad (119.4)$$

6.2.1 Rechnerische Ermittlung der Stützkräfte

Zur rechnerischen Ermittlung der Stützkräfte eines dreiwertig gelagerten Tragwerkes dienen die bekannten drei Gleichgewichtsbedingungen (Gleichung 41.1 bis 41.3):

$$\sum V_i = 0 \qquad \sum H_i = 0 \qquad \sum M_i = 0$$

Beispiele zur Erläuterung

1. Bei einem Träger mit den Auflagern A (fest) und B (beweglich) greift eine Kraft F schräg an (Bild **120.1**). Wie groß sind die Stützkräfte A und B?
Zunächst wird die Kraft F zerlegt in die vertikale Komponente F_v und in die horizontale Komponente F_h (Bild **120.1** a).

$$\sin\alpha = \frac{F_v}{F} \qquad F_v = F \cdot \sin\alpha = 10\,\text{kN} \cdot \sin 60° = 10\,\text{kN} \cdot 0{,}866 = 8{,}7\,\text{kN}$$

$$\cos\alpha = \frac{F_h}{F} \qquad F_h = F \cdot \cos\alpha = 10\,\text{kN} \cdot \cos 60° = 10\,\text{kN} \cdot 0{,}500 = 5{,}0\,\text{kN}$$

Es werden nun drei Gleichgewichtsbedingungen benötigt. Dazu kann man verwenden

$$1.\ \sum M_{(B)} = 0 \qquad 2.\ \sum M_{(A)} = 0 \qquad 3.\ \sum H_i = 0$$

oder auch

$$1.\ \sum M_{(B)} = 0 \qquad 2.\ \sum V_i = 0 \qquad 3.\ \sum H_i = 0$$

Nehmen wir die erste Möglichkeit und benutzen dann die Bedingung $\sum V_i = 0$ zur Überprüfung der Rechnung.

$\sum M_{(B)} = 0$ (Die Summe aller Momente um den Punkt B muß gleich Null sein.)

$$\sum M_{(B)} = A_v \cdot l - F_v \cdot b = 0$$
$$A_v \cdot l = F_v \cdot b \qquad A_v = \frac{F_v \cdot b}{l} = \frac{8{,}7\,\text{kN} \cdot 1{,}5\,\text{m}}{4{,}0\,\text{m}} = 3{,}3\,\text{kN}$$

Damit ist die vertikale Komponente A_v bekannt.

$$\sum M_{(A)} = -B \cdot l + F_v \cdot a = 0$$
$$B \cdot l = F_v \cdot a \qquad B = \frac{F_v \cdot a}{l} = \frac{8{,}7\,\text{kN} \cdot 2{,}50\,\text{m}}{4{,}0\,\text{m}} = 5{,}4\,\text{kN}$$

Hiermit ist die Stützkraft B gefunden.

Da bei A ein festes Auflager angeordnet wird, kann auch nur dort die horizontale Komponente der Kraft F aufgenommen werden (Bild **120.1** b).

$$\sum H_i = A_h - F_h = 0 \qquad A_h = F_h \qquad A_h = 5{,}0\,\text{kN}$$

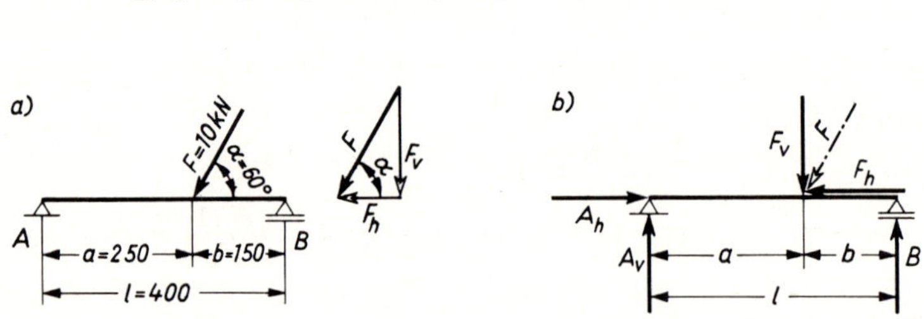

120.1 Träger mit schräg angreifender Einzellast
a) Zerlegen der Einzellast in die vertikale und horizontale Komponente
b) Belastung des Trägers durch die Komponenten der Einzellast und Stützkräfte des Trägers

Zur Kontrolle dient die Gleichung $\sum V_i = 0$.

$$\sum V_i = A_v + B - F_v = 0$$
$$3{,}3\,\text{kN} + 5{,}4\,\text{kN} - 8{,}7\,\text{kN} = 0$$
$$8{,}7\,\text{kN} - 8{,}7\,\text{kN} = 0$$

2. Ein Träger (Bild **121**.1) erhält eine Belastung durch 3 vertikale parallele Kräfte.
Wie groß sind die Stützkräfte A und B?

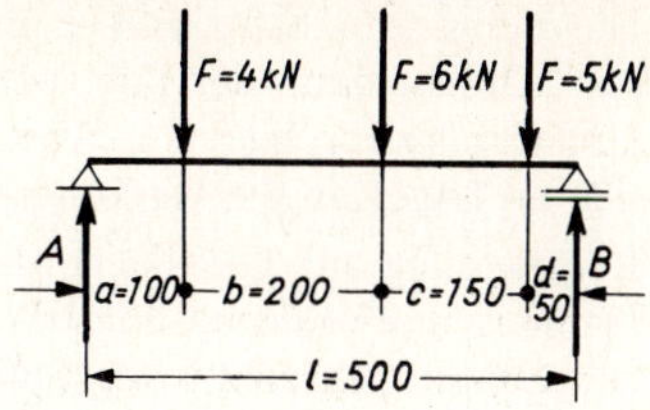

121.1
Träger mit 3 parallel angreifenden Lasten

$$\sum M_{(B)} = 0$$

$$A \cdot l - F_1 \cdot (l-a) - F_2 \cdot (c+d) - F_3 \cdot d = 0$$
$$A \cdot l = F_1 \cdot (l-a) + F_2 \cdot (c+d) + F_3 \cdot d$$
$$A = \frac{F_1 \cdot (l-a) + F_2 \cdot (c+d) + F_3 \cdot d}{l}$$

$$A = \frac{4\,\text{kN} \cdot (5{,}0\,\text{m} - 1{,}0\,\text{m}) + 6\,\text{kN} \cdot (1{,}5\,\text{m} + 0{,}5\,\text{m}) + 5\,\text{kN} \cdot 0{,}5\,\text{m}}{5{,}0\,\text{m}}$$

$$A = \frac{4\,\text{kN} \cdot 4{,}0\,\text{m} + 6\,\text{kN} \cdot 2{,}0\,\text{m} + 5\,\text{kN} \cdot 0{,}5\,\text{m}}{5{,}0\,\text{m}}$$

$$A = \frac{16\,\text{kNm} + 12\,\text{kNm} + 2{,}5\,\text{kNm}}{5{,}0\,\text{m}} = \frac{30{,}5\,\text{kNm}}{5{,}0\,\text{m}}$$

$$A = 6{,}1\,\text{kN}$$

$$\sum M_{(A)} = 0$$

$$F_1 \cdot a + F_2 \cdot (a+b) + F_3 \cdot (l-d) - B \cdot l = 0$$
$$B \cdot l = F_1 \cdot a + F_2 \cdot (a+b) + F_3 \cdot (l-d)$$
$$B = \frac{F_1 \cdot a + F_2 \cdot (a+b) + F_3 \cdot (l-d)}{l}$$

$$B = \frac{4\,\text{kN} \cdot 1{,}0\,\text{m} + 6\,\text{kN} \cdot (1{,}0\,\text{m} + 2{,}0\,\text{m}) + 5\,\text{kN} \cdot (5{,}0\,\text{m} - 0{,}5\,\text{m})}{5{,}0\,\text{m}}$$

$$B = \frac{4\,\text{kNm} + 18\,\text{kNm} + 22{,}5\,\text{kNm}}{5{,}0} = \frac{44{,}5\,\text{kNm}}{5{,}0\,\text{m}}$$

$$B = 8{,}9\,\text{kN}$$

Kontrolle: $\sum V_i = 0 \qquad F_1 + F_2 + F_3 - A - B = 0$

$$4\,\text{kN} + 6\,\text{kN} + 5\,\text{kN} - 6{,}1\,\text{kN} - 8{,}9\,\text{kN} = 0$$
$$15{,}0\,\text{kN} - 15{,}0\,\text{kN} = 0$$

Die Bedingung $\sum H_i = 0$ ist hier ohnehin erfüllt, da ja keine horizontalen Kräfte vorhanden sind.

6.2.2 Zeichnerische Ermittlung der Stützkräfte

Die zeichnerische Lösung ist immer dann einfach, wenn die Resultierende der angreifenden Kräfte mit der Richtung der Stützkraft vom beweglichen Auflager zum Schnitt gebracht werden kann.

Die drei Kräfte (Stützkraft A und B sowie die Resultierende R) müssen im Gleichgewicht sein. Das ist dann der Fall, wenn sie einen geschlossenen Kräfteplan mit fortlaufendem Umfahrungssinn bilden (s. Abschn. 2.4.2 Gleichgewichtsbedingungen). Außerdem müssen sich im Lageplan die Wirkungslinien der drei Kräfte in einem Punkt schneiden.

Rechtwinklig zur Gleitfläche des beweglichen Lagers wirkt die Stützkraft (Bild **122.1** a). Damit ist ihre Wirkungslinie bekannt. Wenn diese mit der Wirkungslinie der Resultierenden zum Schnitt gebracht wird, muß durch diesen Schnittpunkt auch die Stützkraft des festen Lagers gehen. Damit kann der Kräfteplan gezeichnet werden (Bild **122.1** b). Die Größe beider Stützkräfte wird dem Kräfteplan entnommen. Dabei kann man die Kraft A am festen Auflager in die beiden Komponenten A_v und A_h zerlegen (Bild **122.1** c).

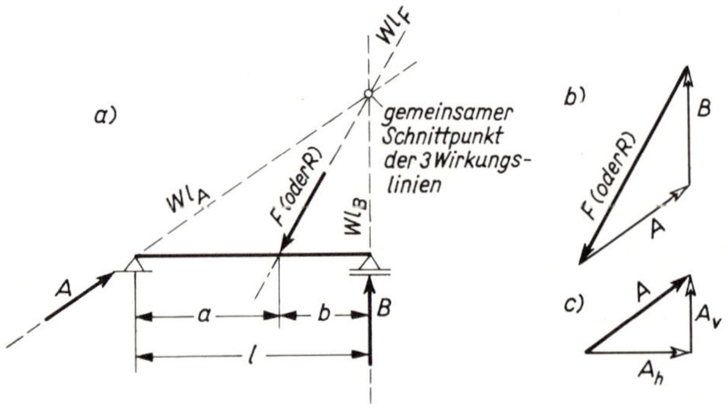

122.1 Zeichnerische Ermittlung der Stützkräfte bei schräg angreifender Last
a) Lageplan
b) Kräfteplan aus der angreifenden Last und den Stützkräften
c) Zerlegen der Stützkraft A in die Komponenten A_v und A_h

6.3 Schnittgrößen der Tragwerke

Mit den Gleichgewichtsbedingungen können bei einer wirkenden Belastung die Stützkräfte für das Tragwerk bestimmt werden. Die Belastung und die Stützkräfte ergeben zusammen die äußeren Kräfte. Die Feststellung des Gleichgewichtes aller äußeren Kräfte genügt aber noch nicht. Damit ist nur sichergestellt, daß das Tragwerk keine Verschiebungen oder Verdrehungen erfährt. Es könnte zu einem Bruch des Tragwerkes kommen, wobei das Gleichgewicht dann gestört wäre.

Infolge der äußeren Kräfte entstehen also innere Kräfte in einem Tragwerk. Die inneren Kräfte im Werkstoffgefüge wirken dem Bruch oder der Verformung des Tragwerkes entgegen. Sie halten das Tragwerk zusammen. Würde man ein Tragwerk an einer beliebigen Stelle zerschneiden, dann fiele es auseinander, weil die inneren Kräfte in dieser Schnittfläche nicht mehr wirken können. Das Gleichgewicht wäre gestört. Die inneren Kräfte haben also den äußeren Kräften das Gleichgewicht gehalten. Damit können die inneren Kräfte berechnet werden, die in einer beliebigen Schnittstelle des Tragwerkes wirken.

Die Tragwerke in der Bautechnik sind meistens Träger oder werden aus Trägern gebildet. Der Träger (oder Balken) hat eine große Bedeutung. Die weiteren Betrachtungen werden daher am Träger angestellt.

Zur Bestimmung der inneren Kräfte an einer beliebigen Stelle in einem Träger wird dieser dort durch einen gedachten Schnitt $s-s$ getrennt (Bild **123.1** a). Beide Trägerteile sind dann nicht mehr im Gleichgewicht (Bild **123.1** b). Wenn man aber im Schnitt die von einem zum anderen Trägerteil übertragenen inneren Kräfte anordnet, dann wird das Gleichgewicht wieder hergestellt. Mit den drei Gleichgewichtsbedingungen für den Schnitt

$s - s$ können die inneren Kräfte berechnet werden, die den äußeren Kräften das Gleichgewicht halten. Diese inneren Kräfte sind die Schnittgrößen. Am linken Trägerteil wirkt im Schwerpunkt S rechtwinklig zur Schnittfläche eine Kraft N längs der Stabachse. Es ist eine Normalkraft oder Längskraft (Bild **123.**1c). Aus der Bedingung $\Sigma H_i = 0$, wonach die Summe aller horizontalen Kräfte gleich Null sein muß, errechnet man die Normalkraft:

$$\sum H_i = 0 \qquad A_h + N = 0 \qquad N = -A_h$$

Außerdem wirkt in der Schnittfläche eine Kraft Q quer zur Stabachse. Es ist eine Querkraft (Bild **123.**1d). Aus der Bedingung $\Sigma V_i = 0$, wonach die Summe aller vertikalen Kräfte gleich Null sein muß, erhält man die Querkraft Q:

$$\sum V_i = 0 \qquad A_v + Q = 0 \qquad Q = -A_v$$

Da die Kraft A_v, bezogen auf die Schnittfläche, den Wirkabstand x besitzt (Bild **123.**1e), bildet sie ein Moment

$$M = A_v \cdot x$$

Gleichgroß ist auch das innere Moment aus der Bedingung $M_{(S)} = 0$, wonach die Summe aller Momente um den Schwerpunkt S der Schnittfläche gleich Null sein muß:

$$\sum M_{(S)} = 0 \; A_v \cdot x + M_i = 0 \; M_i = -A_v \cdot x$$

Für den rechten Trägerteil erhält man an der gleichen Schnittstelle aus der Berechnung gleichgroße, aber entgegengesetzte Schnittgrößen (Bild **123.**1f). Es ist daher gleichgültig, ob man zur Berechnung der Schnittgrößen den linken oder den rechten Trägerteil betrachtet. Man erhält das gleiche Ergebnis.

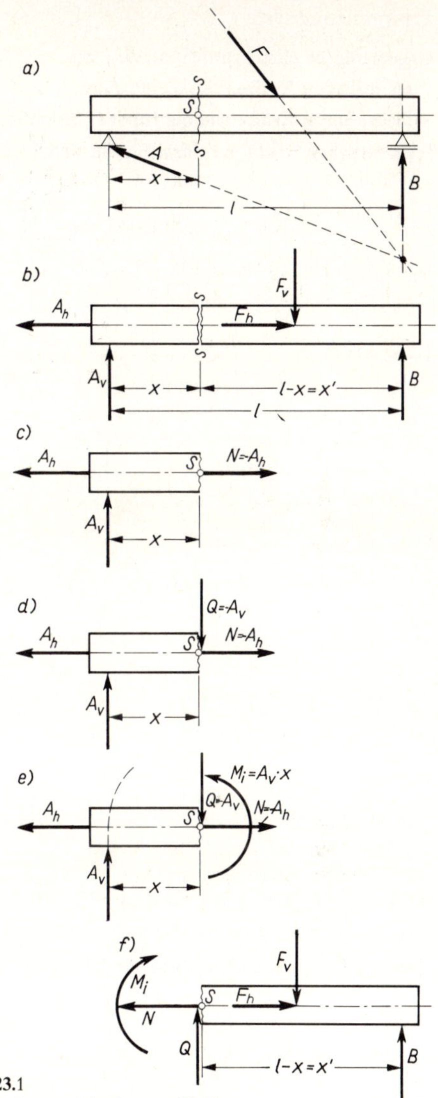

123.1
Bestimmung der inneren Kräfte

a) Anordnen eines Schnittes $s - s$
b) der Schnitt $s - s$ trennt den Träger, das Gleichgewicht ist gestört
c) in der Schnittfläche wurde vor der Trennung eine Normalkraft N übertragen
d) die Querkraft Q wirkt in der Schnittfläche vor der Trennung
e) das innere Moment M_i hat vor der Trennung dem äußeren Moment Widerstand geleistet
f) der rechte Trägerteil wird durch gleichgroße entgegengesetzte Schnittgrößen im Gleichgewicht gehalten

Zusammenfassung

Gegenseitig im Gleichgewicht müssen sein:

- **die äußeren Kräfte, also die an einem Tragwerk angreifenden Lasten**
- **die äußeren Kräfte und die inneren Schnittgrößen an jedem beliebigen Teil des Tragwerks**
- **die inneren Kräfte an einem Schnitt durch das Tragwerk.**

6.4 Vorzeichen der Schnittgrößen

Zur eindeutigen Bestimmung der Schnittgrößen werden Regeln für ihre Vorzeichen festgelegt.

Längskraft *N*

Eine Längskraft N (Normalkraft) ist gleichgroß und entgegengesetzt gerichtet der Summe aller Kräfte parallel zur Stabachse links des Schnittes oder rechts des Schnittes.
Die Längskraft ist positiv, wenn sie an der Querschnittsfläche zieht (Bild **125.**1a). Zugkräfte erhalten positive Vorzeichen (+). Die Längskraft ist negativ, wenn sie auf die Querschnittsfläche drückt (Bild **125.**1b). Druckkräfte erhalten negative Vorzeichen (−).

Querkraft *Q*

Eine Querkraft Q ist gleichgroß und entgegengesetzt gerichtet der Summe aller Kräfte rechtwinklig (quer) zur Stabachse links des Schnittes oder rechts des Schnittes.

Die Querkraft ist positiv (+), wenn durch die äußeren Kräfte der linke Trägerteil nach oben (oder der rechte Trägerteil nach unten) verschoben würde (Bild **125.**1c).

Die Querkraft ist negativ (−), wenn durch die äußeren Kräfte der linke Trägerteil nach unten verschoben würde (Bild **125.**1d) (oder der rechte Trägerteil nach oben).

Biegemoment *M*

Ein Biegemoment M ist gleich der Summe aller Momente der äußeren Kräfte links oder rechts des Schnittes.

Das Biegemoment ist positiv, wenn die äußeren Kräfte links eines Schnittes um den Schwerpunkt der Schnittfläche im Uhrzeigersinn drehen (oder rechts vom Schnitt gegen den Uhrzeigersinn). Dieses Biegemoment erhält ein positives Vorzeichen (+), da es den unteren Rand des Trägers verlängert (**125.**1e). Der untere Rand wird gezogen und der Träger nach unten durchgebogen.

Das Biegemoment ist negativ, wenn die äußeren Kräfte links eines Schnittes um den Schwerpunkt der Schnittfläche entgegen dem Uhrzeigersinn drehen (oder rechts vom Schnitt im Uhrzeigersinn). Dieses Biegemoment erhält ein negatives Vorzeichen (−), da es den unteren Rand des Trägers bei einer Biegung verkürzt (**125.**1f). Der untere Rand wird gedrückt.

Vorzeichenregeln nach DIN 1080

Schnittflächen werden nach den Koordinatenachsen geordnet und bezeichnet. Die Schnittflächen sind positiv, wenn die Koordinatenachse mit der positiven Richtung aus der Schnittfläche herausweist. Bild **125.**2 soll diese Festlegung veranschaulichen (vergleiche auch Abschnitte 2.5 und 2.7.1). Demnach sind Schnittflächen negativ, wenn die negative Koordinatenachse aus der Fläche weist.

Für die Schnittgrößen gilt sinngemäß das gleiche.

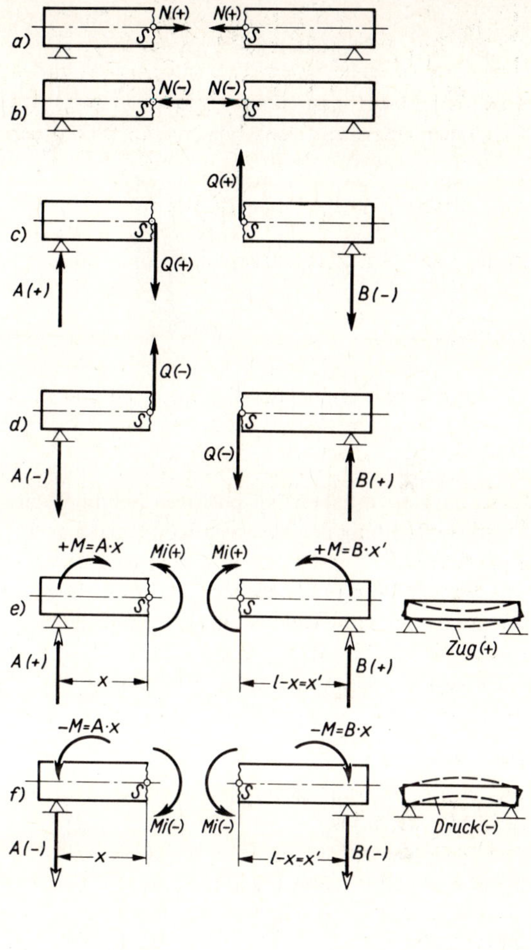

125.1
Vorzeichen der Schnittgrößen

a) die Längskraft N (Normalkraft) zieht an der Querschnittsfläche; sie ist positiv
b) die Längskraft N drückt auf die Querschnittsfläche; sie ist negativ
c) Verschiebung des linken Trägerabschnittes durch die äußeren Kräfte nach oben; die Querkraft ist positiv
d) Verschiebung des linken Trägerabschnittes durch die äußeren Kräfte nach unten; die Querkraft ist negativ
e) das Biegemoment der äußeren Kräfte dreht im Uhrzeigersinn; es ist positiv
f) das Biegemoment der äußeren Kräfte dreht entgegen dem Uhrzeigersinn; es ist negativ

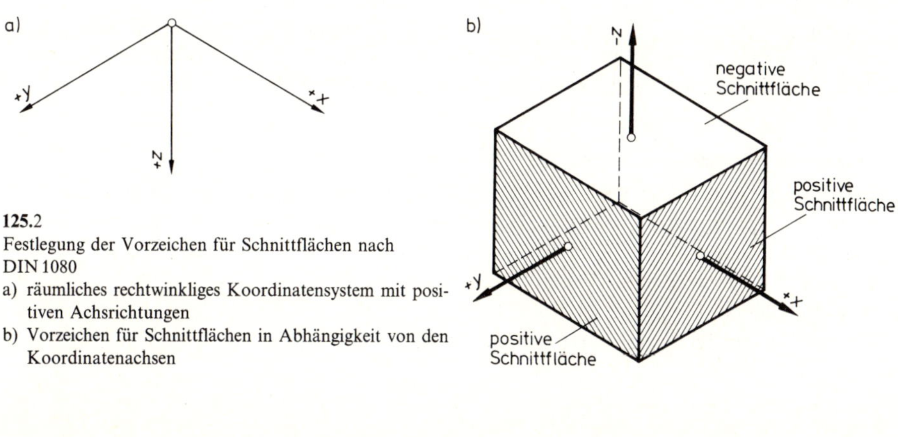

125.2
Festlegung der Vorzeichen für Schnittflächen nach DIN 1080

a) räumliches rechtwinkliges Koordinatensystem mit positiven Achsrichtungen
b) Vorzeichen für Schnittflächen in Abhängigkeit von den Koordinatenachsen

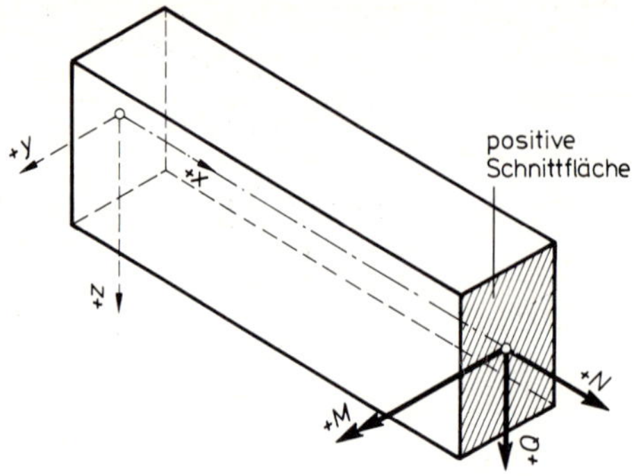

126.1
Positive Schnittgrößen an positiven Querschnittflächen

Normalkräfte und Querkräfte sind bei positiven Schnittflächen ebenfalls positiv, wenn sie in Richtung der positiven Koordinatenachse weisen (Bild **126.**1).

Biegemomente haben bei positiven Schnittflächen ein positives Vorzeichen, wenn ihr Vektor in Richtung der positiven Koordinatenachse zeigt. Momentenvektoren haben zwei Pfeilspitzen.

Den Drehsinn eines Momentenvektor verdeutlicht Bild **126.**2. Der Vektor weist in diejenige Richtung, die beim Drehen einer normalgängigen Schraube entsteht.

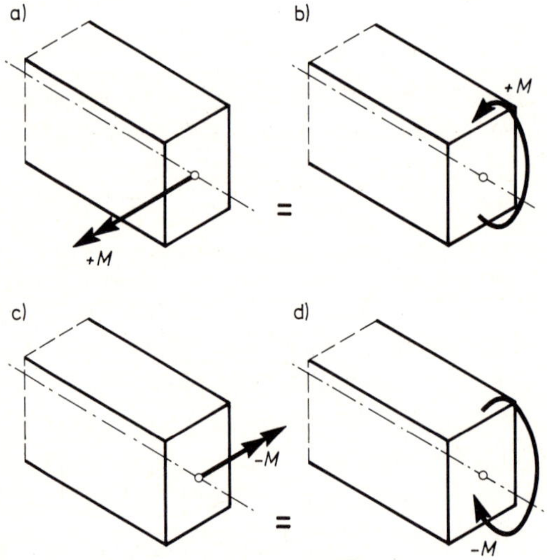

126.2
Darstellung von Biegemomenten
a) und b) mit Momentenvektor oder im Drehsinn.
Linksdrehend (entgegen dem Uhrzeigersinn):
die Schraube wird gelockert, sie wird herausgedreht:
Der Momentenvektor zeigt in Richtung der Schraubenbewegung, das Moment ist positiv.
c) und d)
Rechtsdrehend (im Uhrzeigersinn):
die Schraube wird angezogen, sie wird hereingedreht:
Der Momentenvektor zeigt in Richtung der Schraubenbewegung, das Moment ist negativ.

6.5 Darstellung der Schnittgrößen

Die Schnittgrößen in einem belasteten Träger sind nicht auf der ganzen Trägerlänge gleichbleibend groß. Sie ändern ihre Größe oftmals von einem Querschnitt zum anderen. Da man ihre Größe für jede Querschnittsstelle im Träger leicht erkennen möchte, werden sie nach der Berechnung zeichnerisch dargestellt.

Normalkräfte und Querkräfte sind innere Kräfte, also Reaktionskräfte infolge von äußeren Kräften. Man kann die äußeren Kräfte auftragen, um damit die inneren Kräfte anschaulich zu machen.

Unter dem Träger zeichnet man rechtwinklig zu einer Bezugsachse die Schnittgrößen in einem zu wählenden Maßstab auf. Positive Schnittgrößen werden nach unten, negative nach oben dargestellt. Die Endpunkte verbindet man miteinander. Zwischen diesem Linienzug und der Bezugsachse entsteht eine Fläche (Bild **127.**1). Schräg auf die Stabachse wirkende Kräfte werden in die beiden Komponenten parallel und rechtwinklig zur Stabachse zerlegt. Sie bilden Normalkräfte und Querkräfte.

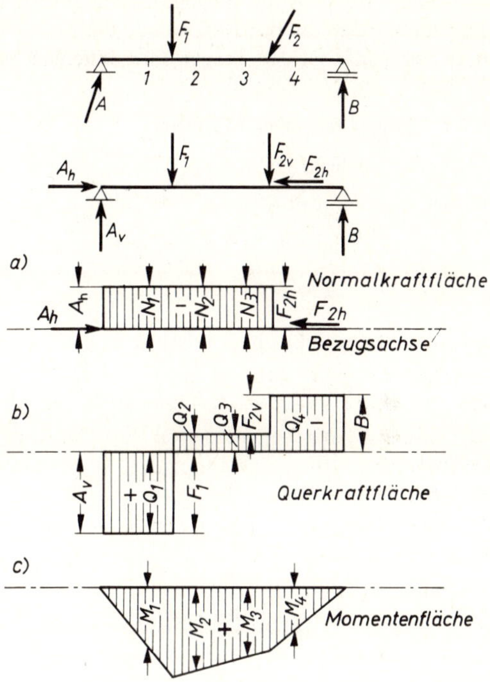

127.1 Zeichnerische Darstellung der Normalkräfte (Längskräfte), Querkräfte und Biegemomente in einem Träger

Für die längs im Träger wirkenden Normalkräfte erhält man damit die Normalkraftfläche (Bild **127.**1a).

Mit allen quer den Träger belastenden Querkräften bekommt man die Querkraftfläche (Bild **127.**1b).

Die durch die Querkräfte im Träger entstehenden Biegemomente ergeben die Momentenfläche (Bild **127.**1c).

6.6 Träger mit Einzellasten

Da die meisten Träger horizontal liegen, die Kräfte aber vertikal wirken, hat man es dabei nur mit Querkräften und Biegemomenten zu tun.

Längskräfte entstehen dabei nicht, sie sind Null. Zur Veranschaulichung des Schnittgrößenverlaufs werden Querkraftfläche und Momentenfläche dargestellt. Die Darstellung der Normalkraftfläche entfällt immer dann, wenn keine Kräfte längs zur Stabachse auftreten.

Für Träger über einem Feld auf zwei Stützen, die sogenannten Einfeldträger, werden im folgenden bei unterschiedlichen Belastungen die Stützkräfte bestimmt. Damit werden dann die Querkräfte und die Biegemomente ermittelt. Anschließend erfolgt die zeichnerische Darstellung der Querkraftfläche und der Momentenfläche. Bei diesen Betrachtungen stellt man sich zunächst den Träger ohne Eigenlast vor.

6.6.1 Träger mit einer Einzellast

Stützkräfte (Bild **129.1**)

Die Summe der Momente aller Kräfte um den Punkt B ergibt die Stützkraft A

$$\sum M_{(B)} = 0 \qquad A \cdot l - F \cdot b = 0$$

$$\boldsymbol{A = \frac{F \cdot b}{l}} \tag{128.1}$$

Mit dem Drehpunkt um A erhält man die Stützkraft B

$$\sum M_{(A)} = 0 \qquad -B \cdot l + F \cdot a = 0$$

$$\boldsymbol{B = \frac{F \cdot a}{l}} \tag{128.2}$$

Zur Kontrolle dient die Bedingung

$$\sum V_i = 0 \qquad A + B - F = 0 \qquad A = F - B \qquad B = F - A$$

Querkräfte (Bild **129.1**)

Am Auflager B wirkt im Träger eine Querkraft von der Größe $-Q_B = B$. Die Querkraft ist negativ, sie wird von der Bezugsachse nach oben eingetragen (Bild **129.1** a). Im Bereich zwischen B und dem Kraftangriffspunkt 1 ändert sich die Größe der Querkraft nicht. Es wirken in diesem Bereich b keine Kräfte quer zur Stabachse.

$$Q_{xb} = -B \qquad \text{für} \quad x' < b \tag{128.3}$$

Am Punkt 1 wirkt die Kraft F nach unten. Sie wird entsprechend eingetragen. Es entsteht im Verlauf der Querkraftlinie ein Sprung in der Größe von F nach unten. An dieser Stelle schneidet die Querkraftlinie die Bezugsachse. Die Querkraft ist dort gleich Null (Bild **129.1** b).

Auch im Bereich zwischen dem Kraftangriffspunkt 1 und dem Auflager A ändert sich die Größe der Querkraft nicht. Die Querkraft ist im Bereich a positiv (Bild **129.1** c).

$$Q_{xa} = +F - Q_B = +Q_A \qquad Q_{xa} = +Q_A \qquad \text{für} \quad x' > b \tag{128.4}$$

Am Auflager A wirkt eine Querkraft von der Größe $+Q_A = A$. Die Querkraft wird, da A nach oben wirkt, auch nach oben angetragen. Sie endet wieder an der Bezugsachse. Damit ist zeichnerisch nachgewiesen, daß $\sum V_i = 0$ ist. $F - A - B = 0$

Biegemomente (Bild **129.2**)

An den Auflagern A und B des Trägers sind die Biegemomente gleich Null. Diese Voraussetzungen dienten ja auch zur Berechnung der Stützkräfte. An den Auflagern entstehen nur dann Biegemomente, wenn die Auflager eingespannt sind (Abschn. 6.1.3)

Für jeden weiteren Schnitt neben dem Auflager bildet aber die Stützkraft A ein Moment $M_{xa} = A \cdot x$ für $x < a$. Mit größer werdendem Abstand x wächst auch das Moment an, bis x den Wert a annimmt. Hier erreicht das Moment einen Größtwert (Bild **129.2** b). Legt man rechts neben der Kraft F einen Schnitt, bildet auch die Kraft F ein Moment um diesen Schnitt, und zwar entgegenwirkend mit dem Wirkabstand $x - a$

$$M_{xb} = A \cdot x - F \cdot (x - a) \qquad \text{für} \quad x > a$$

Für diesen Schnitt ist das Moment leichter vom Auflager B her zu berechnen. Die Stützkraft B bildet mit dem Wirkabstand x' ein Moment um diesen Schnitt.
$M_{xb} = B \cdot x'$ für $x' = (l - x) < b$. Beide Momente müssen aber gleich groß sein.

$$M_{xb} = A \cdot x - F \cdot (x - a) = B \cdot x'$$

Trägt man nun diese Werte rechtwinklig zu einer Bezugsachse an, wird der Momentenverlauf deutlich.

Unter der Last F hat die Momentenfläche einen Größtwert, ein Maximum. Dort wirkt das größte, das maximale Biegemoment. Es ist der gefährdete Querschnitt des Trägers.

$$\left.\begin{aligned} &\max M = A \cdot a = \frac{F \cdot b}{l} \cdot a \\ \text{oder} \quad &\max M = B \cdot b = \frac{F \cdot a}{l} \cdot b \end{aligned}\right\} \quad \boldsymbol{\max M = \frac{F \cdot a \cdot b}{l}} \tag{129.1}$$

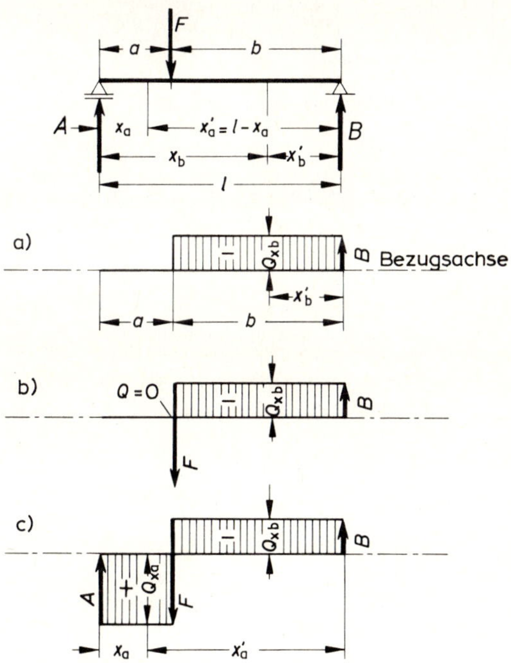

129.1 Träger mit einer Einzellast, Entwicklung der Querkraftfläche

a) von der Bezugsachse wird B nach oben angetragen
b) an der Stelle 1 wirkt die Last F nach unten
c) die Kraft A wird nach oben angetragen, sie endet an der Bezugsachse

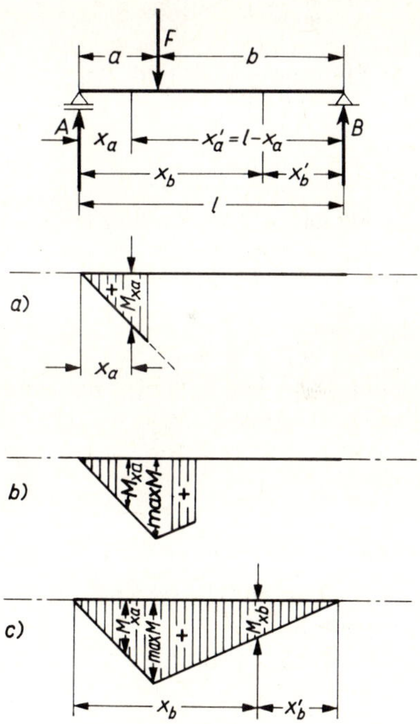

129.2 Träger mit einer Einzellast, Entwicklung der Momentenfläche

a) vom Auflager A wächst das Moment ständig an
b) unter der Einzellast hat die Momentfläche einen Größtwert
c) zum Auflager B hin wird das Moment ständig kleiner

Zwischen einem Auflager und dem Lastangriffspunkt ist der Verlauf der Momentenlinie geradlinig. Unter der Einzellast entsteht ein Knick (Bild **129**.2c).

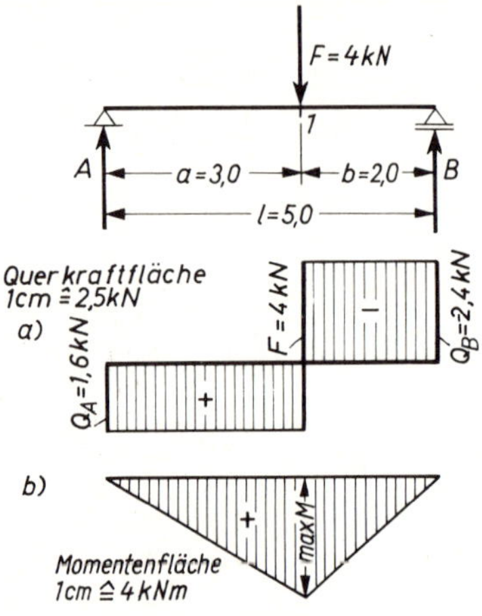

130.1 Träger mit einer Einzellast

Beispiel zur Erläuterung

Die Stützkräfte A und B sowie das maximale Biegemoment werden für einen Träger auf 2 Stützen mit Einzellast (Bild **130**.1) berechnet. Die Querkräfte (Bild **130**.1a) und die Momentenfläche (Bild **130**.1b) werden dargestellt.

Stützkräfte

$$\sum M_{(B)} = 0 \qquad A \cdot l - F \cdot b = 0$$

$$A = \frac{F \cdot b}{l} = \frac{4 \cdot 2}{5}$$

$$A = 1{,}6\,\text{kN}$$

$$\sum M_{(A)} = 0 \qquad B \cdot l - F \cdot a = 0$$

$$B = \frac{F \cdot a}{l} = \frac{4 \cdot 3}{5}$$

$$B = 2{,}4\,\text{kN}$$

Biegemoment

$$\sum M_{(1)} = 0 \qquad A \cdot a - M_i = 0 \qquad M_i = \max M = A \cdot a = 1{,}6 \cdot 3 = 4{,}8\,\text{kNm}$$

oder

$$B \cdot b - M_i = 0 \qquad M_i = \max M = B \cdot b = 2{,}4 \cdot 2 = 4{,}8\,\text{kNm}$$

$$\max M = 4{,}8\,\text{kNm}$$

Träger mit einer Einzellast in Trägermitte

Dieser Sonderfall, eine Einzellast in der Mitte des Trägers, tritt in der Praxis häufiger auf (Bild **130**.2). Es können dafür Formeln zur Berechnung der Schnittgrößen abgeleitet werden.

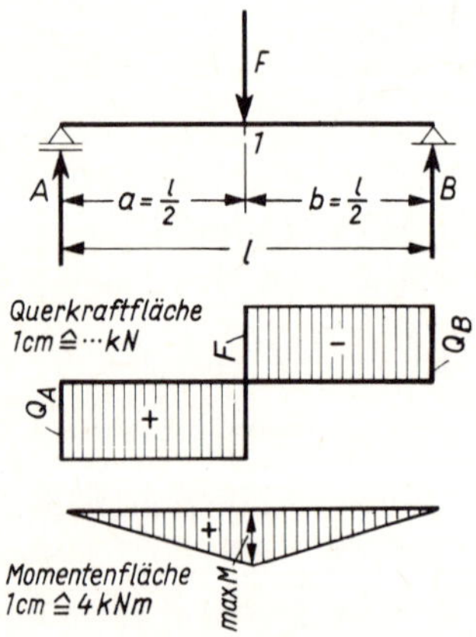

130.2 Träger mit einer Einzellast in der Mitte

Stützkräfte

$$\sum M_{(B)} = 0 \qquad A \cdot l - F \cdot \frac{l}{2} = 0$$

$$A = \frac{F \cdot \frac{l}{2}}{l} = \frac{F}{2} \qquad \boldsymbol{A = \frac{F}{2}} \tag{130.1}$$

$$\sum M_{(A)} = 0 \qquad B \cdot l - F \cdot \frac{l}{2} = 0$$

$$B = \frac{F \cdot \frac{l}{2}}{l} = \frac{F}{2} \qquad \boldsymbol{B = \frac{F}{2}} \tag{130.2}$$

Biegemoment

$$\sum M_{(1)} = 0 \quad A \cdot \frac{l}{2} - M_i = 0 \quad M_i = \max M = A \cdot \frac{l}{2} = \frac{F}{2} \cdot \frac{l}{2} \quad \max M = \frac{F \cdot l}{4}$$

$$\text{oder} \quad B \cdot \frac{l}{2} - M_i = 0 \quad M_i = \max M = B \cdot \frac{l}{2} = \frac{F}{2} \cdot \frac{l}{2} \quad \mathbf{\max M = \frac{F \cdot l}{4}} \tag{131.1}$$

6.6.2 Träger mit zwei Einzellasten

Die Berechnung und Darstellung der Schnittgrößen bei Trägern mit 2 Einzellasten erfolgt sinngemäß Abschn. 6.6.1.

Beispiel zur Erläuterung

Für einen Träger mit 2 Einzellasten werden die Stützkräfte und die Biegemomente berechnet (Bild **131**.1).

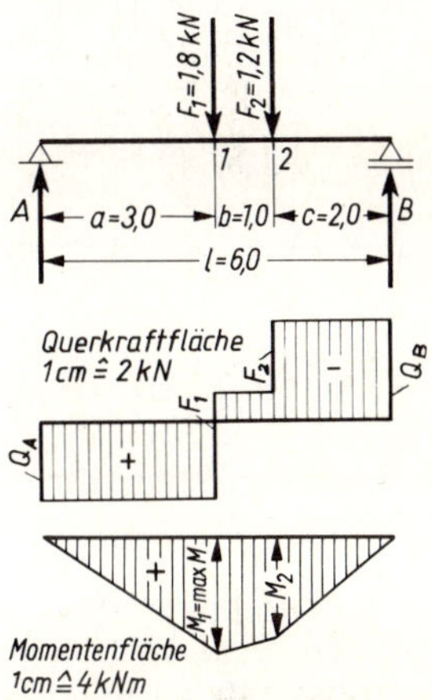

131.1 Träger mit 2 Einzellasten

Stützkraft A

$$\sum M_{(B)} = 0 \quad A \cdot l - F_1 \cdot (b + c) - F_2 \cdot c = 0$$

$$A \cdot l = F_1 \cdot (b + c) + F_2 \cdot c$$

$$A = \frac{F_1 \cdot (b + c) + F_2 \cdot c}{l}$$

$$A = \frac{1{,}8 \cdot (1{,}0 + 2{,}0) + 1{,}2 \cdot 2{,}0}{6{,}0}$$

$$A = \frac{5{,}4 + 2{,}4}{6{,}0} = \frac{7{,}8}{6{,}0}$$

$$A = 1{,}3\,\text{kN}$$

Stützkraft *B*

$$\sum M_{(A)} = 0 \quad B \cdot l - F_1 \cdot a - F_2 \cdot (a + b) = 0 \quad B \cdot l = F_1 \cdot a + F_2 \cdot (a + b)$$

$$B = \frac{F_1 \cdot a + F_2 \cdot (a + b)}{l} = \frac{1{,}8 \cdot 3{,}0 + 1{,}2 \cdot (3{,}0 + 1{,}0)}{6{,}0} = \frac{5{,}4 + 4{,}8}{6{,}0} = \frac{10{,}2}{6{,}0}$$

$$B = 1{,}7\,\text{kN}$$

$$\sum V = 0\,(\text{Probe}) \quad A + B - F_1 - F_2 = 0 \quad 1{,}3 + 1{,}7 - 1{,}8 - 1{,}2 = 0 \quad 3{,}0 - 3{,}0 = 0$$

Momente

$$\sum M_{(1)} = 0 \quad A \cdot a - M_1 = 0 \quad M_1 = A \cdot a = 1{,}3 \cdot 3{,}0 = 3{,}9\,\text{kNm}$$

$$\sum M_{(2)} = 0 \quad B \cdot b - M_2 = 0 \quad M_2 = B \cdot b = 1{,}7 \cdot 2{,}0 = 3{,}4\,\text{kNm}$$

$$\max M = M_1 = 3{,}9\,\text{kNm}$$

Träger mit zwei symmetrischen Einzellasten

Bei gleichgroßen Einzellasten mit gleichweiten Abständen von den Auflagern (Bild **116.**1) kann man folgende Formeln ableiten:

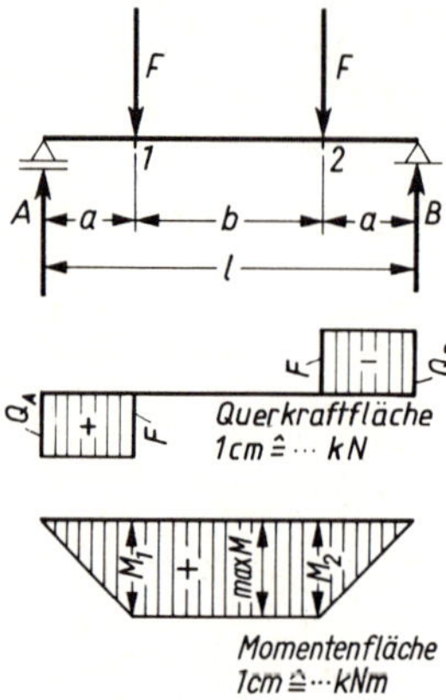

$$\sum M_{(B)} = 0 \qquad A \cdot l - F \cdot (a+b) - F \cdot a = 0$$

$$A \cdot l = F \cdot (a+b) + F \cdot a$$

$$A = \frac{F \cdot (a+b) + F \cdot a}{l}$$

$$A = \frac{F \cdot (a+b+a)}{l} = \frac{F \cdot l}{l} = F$$

$$\boldsymbol{A = B = F} \tag{132.1}$$

132.1
Träger mit 2 symmetrischen Einzellasten

$$\sum M_{(1)} = 0 \qquad A \cdot a - M_1 = 0 \qquad M_1 = A \cdot a = F \cdot a \qquad \mathbf{max}\,\boldsymbol{M = M_1 = F \cdot a} \tag{132.2}$$

6.6.3 Träger mit drei Einzellasten

Für die Berechnung der Stützkräfte und Biegemomente benutzt man auch hierbei wieder die Gleichgewichtsbedingungen.

Beispiel zur Erläuterung

Für einen Träger mit 3 Einzellasten werden die Stützkräfte *A* und *B* sowie die Biegemomente unter den Einzellasten berechnet (Bild **132.**2).

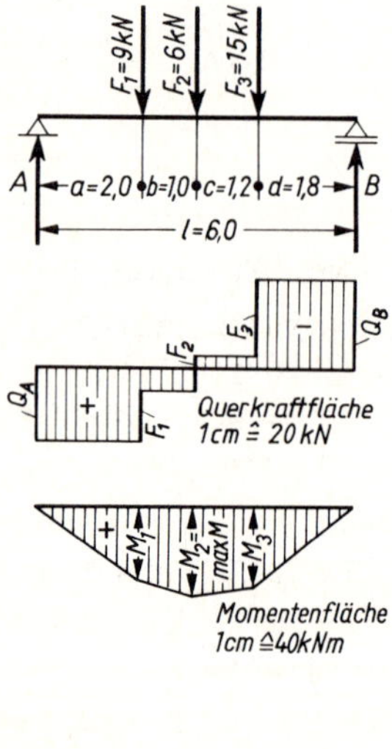

Stützkraft

$$\sum M_{(B)} = 0 \qquad A \cdot l - F_1 \cdot (l-a) - F_2 \cdot (c+d) - F_3 \cdot d = 0$$

$$A = \frac{F_1 \cdot (l-a) + F_2 \cdot (c+d) + F_3 \cdot d}{l}$$

$$A = \frac{9 \cdot (6{,}0 - 2{,}0) + 6 \cdot (1{,}2 + 1{,}8) + 15 \cdot 1{,}8}{6{,}0}$$

$$A = \frac{36{,}0 + 18{,}0 + 27{,}0}{6{,}0} = \frac{81{,}0}{6{,}0}$$

$$A = 13{,}5\,\text{kN}$$

132.2
Träger mit 3 Einzellasten

Stützkraft B

$\sum M_{(A)} = 0$ $\quad B \cdot l - F_1 \cdot a - F_2 \cdot (a+b) - F_3 \cdot (l-d) = 0$

$$B = \frac{F_1 \cdot a + F_2 \cdot (a+b) + F_3 \cdot (l-d)}{l}$$

$$B = \frac{9 \cdot 2{,}0 + 6 \cdot (2{,}0 + 1{,}0) + 15 \cdot (6{,}0 - 1{,}8)}{6{,}0}$$

$$B = \frac{18{,}0 + 18{,}0 + 63{,}0}{6{,}0} = \frac{99{,}0}{6{,}0}$$

$$B = 16{,}5\,\text{kN}$$

Momente

$$M_1 = A \cdot a = 13{,}5 \cdot 2{,}0$$
$$M_1 = 27{,}0\,\text{kNm}$$
$$M_2 = A \cdot (a+b) - F \cdot b$$
$$M_2 = 13{,}5 \cdot (2{,}0 + 1{,}0) - 9 \cdot 1{,}0 = 40{,}5 - 9{,}0$$
$$M_2 = 31{,}5\,\text{kNm}$$
$$M_3 = B \cdot d = 16{,}5 \cdot 1{,}8$$
$$M_3 = 29{,}7\,\text{kNm}$$
$$\max M = M_2 = 31{,}5\,\text{kNm}$$

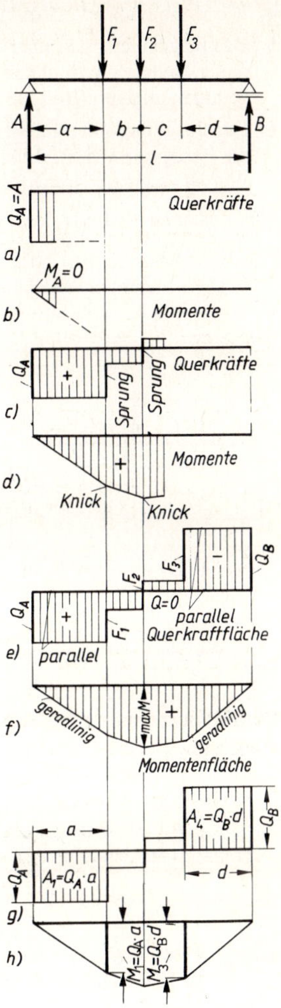

133.1
Zusammenhänge zwischen Belastung, Querkraftfläche und Momentenfläche

6.6.4 Zusammenfassung für Träger mit Einzellasten

Zwischen Belastungen, Querkräften und Biegemomenten bestehen enge Zusammenhänge.

1. Die Querkraft entsteht sprunghaft direkt am Auflager um den Betrag der Stützkraft (Bild **133.**1 a). Das Moment ist am Auflager zunächst Null. Es wächst bis zur nächsten Last stetig an (Bild **133.**1 b).

2. Die Querkraftlinie hat unter einer Einzellast einen Sprung um den Betrag der Einzellast (Bild **133.**1 c). Ein Sprung in der Querkraftlinie ergibt an der gleichen Stelle in der Momentenlinie einen Knick (Bild **133.**1 d).

3. Zwischen den Einzellasten bleibt die Querkraft gleich groß.
Die Querkraft verläuft parallel zur Trägerachse (Bild **133.**1 e). Die Querkraftfläche besteht aus Rechtecken.

Die Momentenlinie hat zwischen den Einzellasten einen geraden Verlauf (Bild **133.**1 f).

4. Die Summe aller Vertikalkräfte ist gleich Null.

5. Das Biegemoment an einer beliebigen Stelle ist gleich dem positiven Inhalt der Querkraftfläche von dieser Stelle bis zum linken Auflager bzw. gleich ihrem negativen Inhalt von dieser Stelle bis zum rechten Auflager (Bild **133.**1 g und h).

6. Den absolut größten Inhalt erreichen beide Querkraftflächenteile dort, wo die Querkraftlinie durch die Bezugsachse geht, d.h.:
Wo die Querkraft gleich Null wird, hat das Biegemoment seinen Größtwert (Bild **133.**1 f).

Eine Zusammenstellung der Schnittgrößen für Träger mit Einzellasten erfolgt in Tafel **134.**1.

Tafel **134.**1 **Zusammenstellung der Schnittgrößen für Träger mit Einzellasten**

Belastung	Auflagerkräfte	Biegemomente
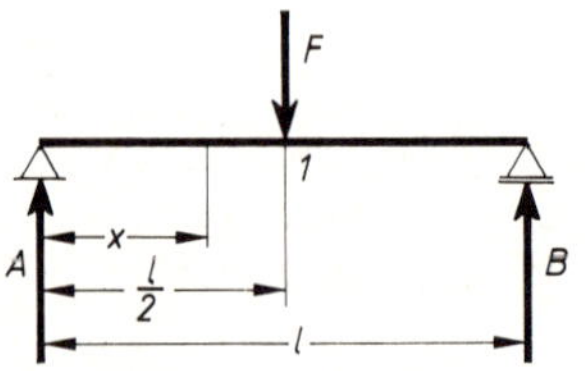	$A = \frac{F}{2}$ $B = \frac{F}{2}$	$M_x = \frac{F \cdot x}{2}$ $\max M = M_1 = \frac{F \cdot l}{4}$
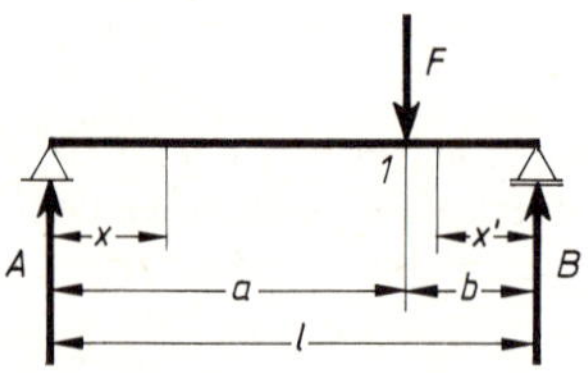	$A = \frac{F \cdot b}{l}$ $B = \frac{F \cdot a}{l}$	$M_x = A \cdot x$ $M'_x = B \cdot x'$ $\max M = M_1 = \frac{F \cdot a \cdot b}{l}$
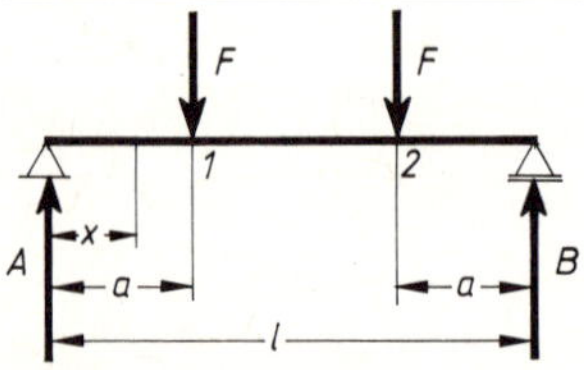	$A = F$ $B = F$	$M_x = F \cdot x$ $M_1 = M_2 = F \cdot a$ $\max M = F \cdot a$

Beispiele zur Übung

1.···**4.** Für die skizzierten Träger auf 2 Stützen mit den dargestellten Belastungen sind die Stützkräfte und das jeweils maximale Biegemoment zu berechnen. Querkraftflächen und Momentflächen sind zu zeichnen (Bilder **134.**2 und **134.**3, **135.**1 und **135.**2).

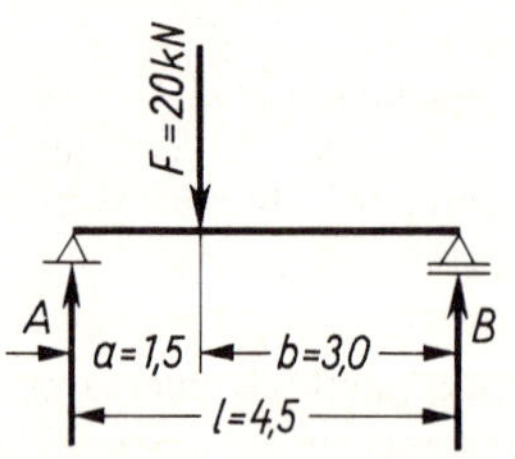

134.2 Träger mit einer Einzellast

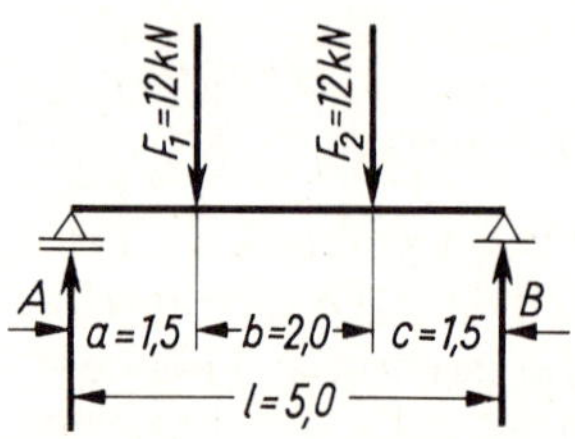

134.3 Träger mit 2 symmetrischen Einzellasten

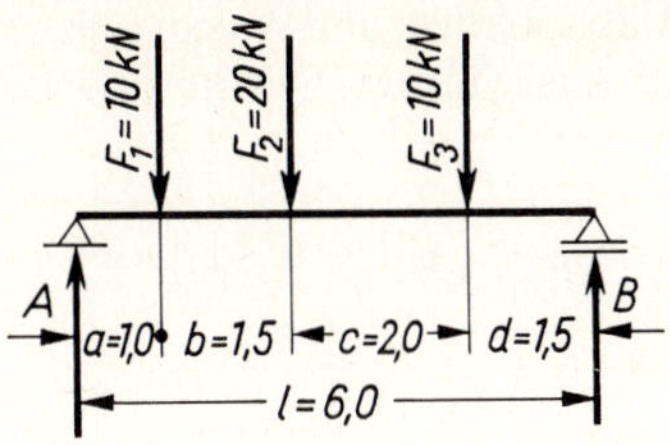

135.1 Träger mit 2 verschiedenen Einzellasten

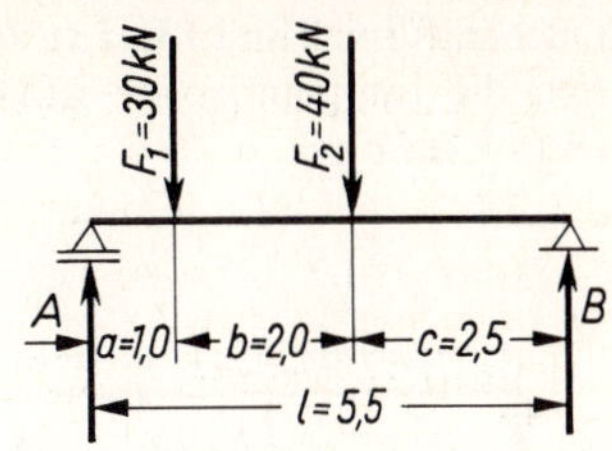

135.2 Träger mit 3 unterschiedlichen Einzellasten

6.7 Träger mit gleichmäßig verteilter Belastung

Die bisherigen Berechnungen an Trägern wurden ohne Berücksichtigung der Eigenlast des Trägers durchgeführt. Diese muß jedoch in der Belastung erfaßt werden. Die Eigenlast g wirkt über die ganze Trägerlänge gleichmäßig verteilt. Andere Belastungen und Verkehrslasten p können ebenfalls gleichmäßig verteilt angreifen. Man bezeichnet ihre Summe mit q:

$$q = g + p \qquad (135.1)$$

Stützkräfte

Für die Berechnung der Stützkräfte kann zunächst die gleichmäßig verteilte Last q auf der ganzen Länge l zu einer resultierenden Kraft $F_q = q \cdot l$ zusammengefaßt gedacht werden (Bild **136.**1). Da sich die gesamte Belastung je zur Hälfte auf die Auflager A und B verteilt, erhält man die Stützkräfte mit

$$A = \frac{F_q}{2} \qquad A = \frac{q \cdot l}{2} \qquad (135.2)$$

$$B = \frac{F_q}{2} \qquad B = \frac{q \cdot l}{2} \qquad (135.3)$$

Querkräfte

Für die Querkraft Q_x an einer beliebigen Stelle x muß man die gleichmäßig verteilte Last bis zu dieser Stelle von der Stützkraft abziehen (Bild **136.**1a). Die Stützkraft wirkt ja der Belastung entgegen.

$$Q_x = A - q \cdot x = \frac{q \cdot l}{2} - q \cdot x \qquad Q_x = q \cdot \left(\frac{l}{2} - x\right) \qquad (135.4)$$

Berechnet man für verschiedene Abstände x die Querkraft und stellt diese Punkte zeichnerisch dar, erhält man durch die Verbindung dieser Punkte eine nach rechts ansteigende, gerade Linie (Bild **136.**1a und b). Diese Linie schließt mit der Bezugsachse die Querkraftfläche ein und schneidet in der Mitte bei $x = l/2$ die Bezugsachse. Dort ist die Querkraft gleich Null; $Q_x = 0$ (Bild **136.**1c).

Das Entstehen der schräg nach rechts ansteigenden Geraden in der Querkraftlinie kann man sich auch anders vorstellen. Durch Zusammenfassen entsprechender Teile der gleichmäßig verteilten Belastung zu kleinen Einzellasten entsteht eine treppenförmige

Querkraftlinie (Bild **136.**2a). Je kleiner die Abschnitte gewählt werden, um so mehr nähert sich die treppenförmige Linie einer schrägen Linie der tatsächlichen Querkraftfläche (Bild **136.**2b).

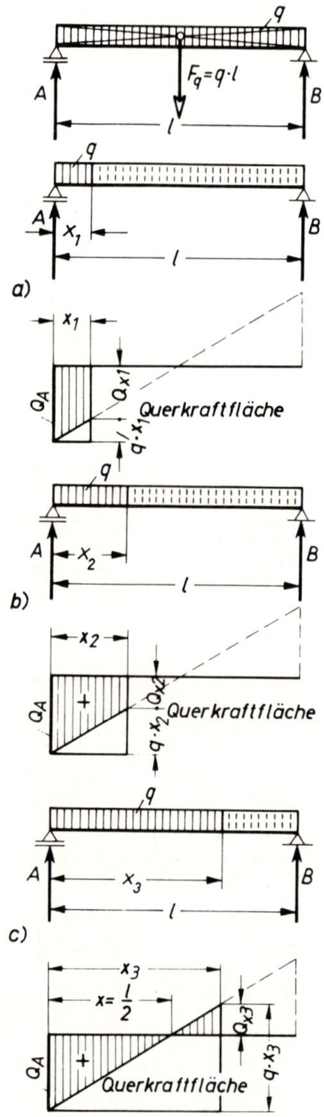

136.1 Träger mit gleichmäßig verteilter Belastung
a) ⋯ c) schrittweise Entwicklung der Querkraftfläche

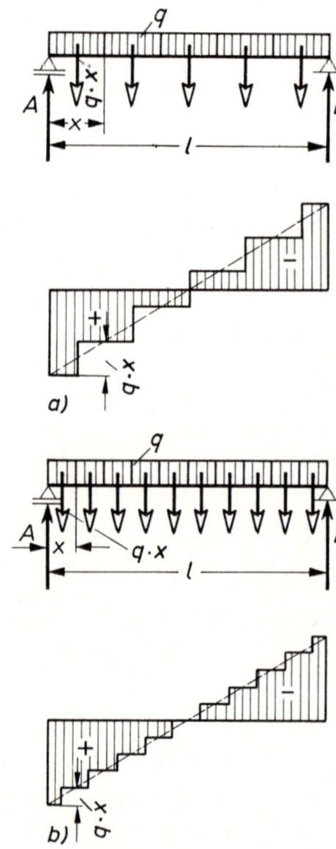

136.2 Querkraftlinie beim Zusammenfassen verschiedener Bereiche der gleichmäßig verteilten Belastung
a) Zusammenfassung in 5 „Einzellasten"
b) Zusammenfassung in 10 „Einzellasten"

Biegemomente

Für die Errechnung des Biegemomentes M_x an einer beliebigen Stelle x läßt man alle äußeren Kräfte um diese Schnittstelle drehen und bildet die Momente.

A wirkt mit dem Abstand x, und die Belastung hat den Wirkabstand $x/2$.

$$M_x = A \cdot x - q \cdot x \cdot \frac{x}{2}$$

Mit $A = \frac{q \cdot l}{2}$ erhält man

$$M_x = \frac{q \cdot l}{2} \cdot x - q \cdot \frac{x^2}{2}$$

Hieraus kann $\frac{q \cdot x}{2}$ ausgeklammert werden. Damit entsteht

$$M_x = \frac{q \cdot x}{2} \cdot (l - x)$$

Der Abstand $l - x$ kann mit x' bezeichnet werden; $x' = l - x$. Damit heißt die Formel dann

$$\boldsymbol{M_x = \frac{q \cdot x \cdot x'}{2}} \qquad (137.1)$$

In Trägermitte ist der gefährdete Querschnitt, da dort auch die Querkraft gleich Null ist. Für diesen Fall wird der Abstand $x = l/2$, und ebenfalls ist $x' = l/2$.

Aus der letzten Formel wird dann durch Einsetzen für x und für x' das größte, also maximale Moment

$$\max M = \frac{q \cdot l/2 \cdot l/2}{2} = \frac{q \cdot l \cdot l}{2 \cdot 2 \cdot 2} \qquad \boldsymbol{\max M = \frac{q \cdot l^2}{8}} \qquad (137.2)$$

Berechnet man für verschiedene Stellen die Biegemomente (M_{x1}, M_{x2}, M_{x3}) und verbindet die dadurch erhaltenen Punkte miteinander, erhält man die Momentenfläche. Es entsteht dadurch eine Kurve, und zwar eine Parabel (Bild **137.1** a ··· c).

Parabelkonstruktion

Um eine Parabel zu konstruieren, benötigt man drei Punkte: die beiden Endpunkte A und B der Parabel (an den Auflagern) und den Scheitelpunkt S. Dieser ist gegeben durch den Größtwert, also durch das maximale Moment. Verdoppelt man diesen Abstand

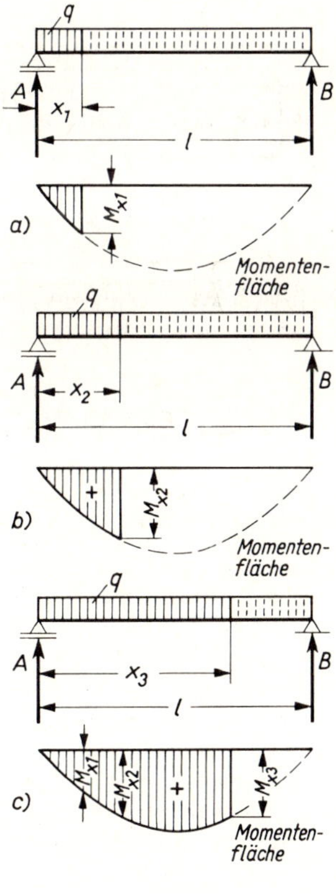

137.1
Träger mit gleichmäßig verteilter Belastung
a) ··· c) schrittweise Entwicklung der Momentenfläche

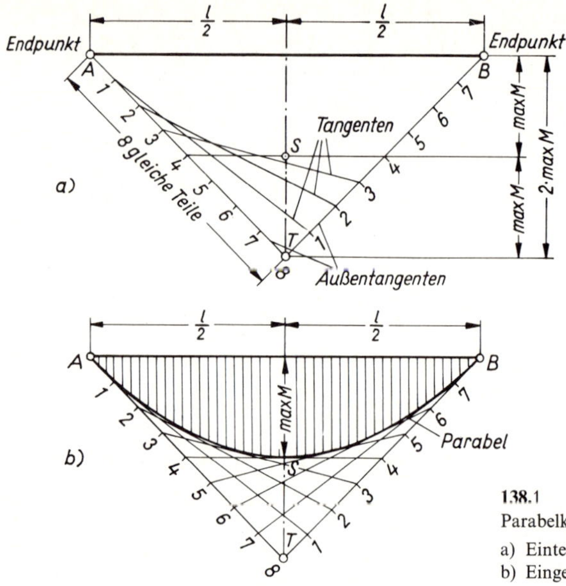

138.1
Parabelkonstruktion mit Hilfe von Tangenten
a) Einteilung und Bezifferung der Außentangenten
b) Eingezeichnete Parabel

und zieht zwei Linien zu den Endpunkten, dann erhält man die Außentangenten für die Parabel (Bild **138.1**). Weitere Tangenten lassen sich konstruieren, indem man die Tangenten in eine beliebige Anzahl gleicher Abschnitte teilt. Beziffert man diese Punkte gegenläufig, z.B. von 1 bis 8 und auf der anderen Seite von 8 bis 1, dann erhält man durch Verbindungslinien gleichbenannter Punkte weitere Tangenten für die Parabel. An diese Tangenten kann mit einem Kurvenlineal die Parabel gezeichnet werden.

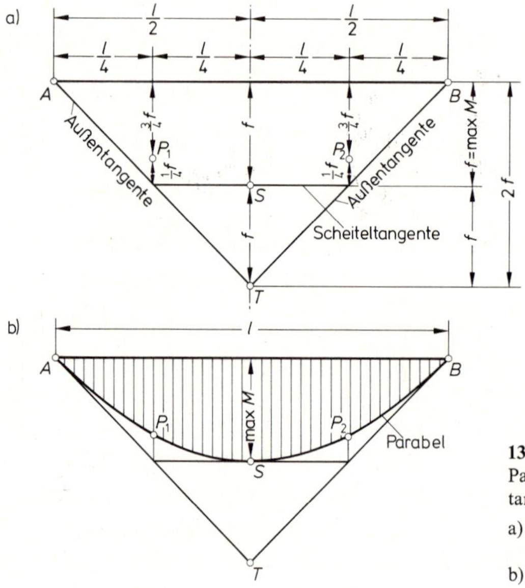

138.2
Parabelkonstruktion mit Außentangenten, Scheiteltangente und zwei zusätzlichen Punkten P_1 und P_2
a) Darstellung der Außentangenten und der Scheiteltangente mit Ermittlung der Punkte P_1 und P_2
b) Eingezeichnete Parabel

Eine andere Parabelkonstruktion zeigt Bild **138.**2. Die Konstruktion erfordert etwas weniger Zeichenaufwand. Zusätzlich zu den Außentangenten *AT* sowie *BT* und zur Scheiteltangente durch *S* erhält man zwei weitere Punkte P_1 und P_2, wenn man bei $l/4$ parallel zur Parabelachse die Strecke $\frac{3}{4}f$ anträgt.

Bei geneigter Parabelsehne *AB* wird im Prinzip auf gleiche Weise verfahren (Bild **139.**1). Zu beachten ist, daß die Scheiteltangente parallel zur Parabelsehne *AB* verläuft. Durch die Punkte P_1 und P_2 erhält man zusätzliche Parabeltangenten parallel zu dem Scheitelsehnen *AS* und *BS*.

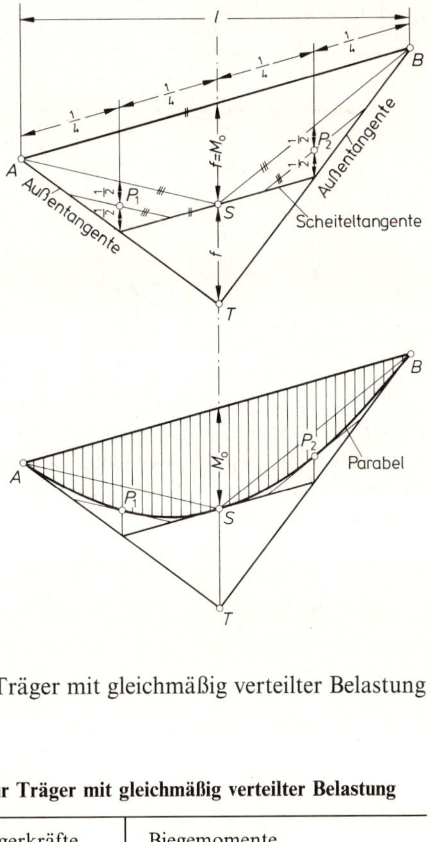

139.1
Parabelkonstruktion mit geneigter Parabelsehne *AB*
a) Darstellung der Außentangenten und der Scheiteltangente mit Ermittlung der Punkte P_1 und P_2
b) Eingezeichnete Parabel

Die Zusammenstellung der Schnittgrößen für Träger mit gleichmäßig verteilter Belastung enthält Tafel **139.**2.

Tafel **139.**2 **Zusammenstellung der Schnittgrößen für Träger mit gleichmäßig verteilter Belastung**

Belastung	Auflagerkräfte	Biegemomente
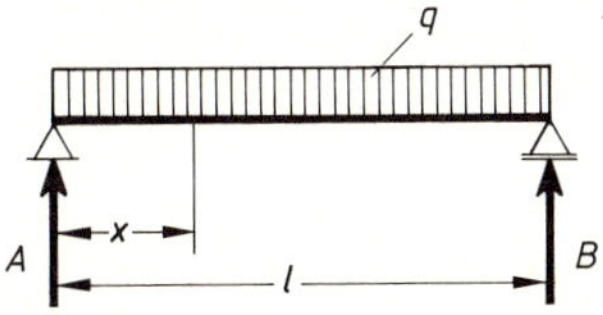	$A = \frac{q \cdot l}{2}$ $B = \frac{q \cdot l}{2}$	$M_x = \frac{q \cdot x}{2} \cdot (l - x)$ $\max M = \frac{q \cdot l^2}{8}$ bei $x = \frac{l}{2}$

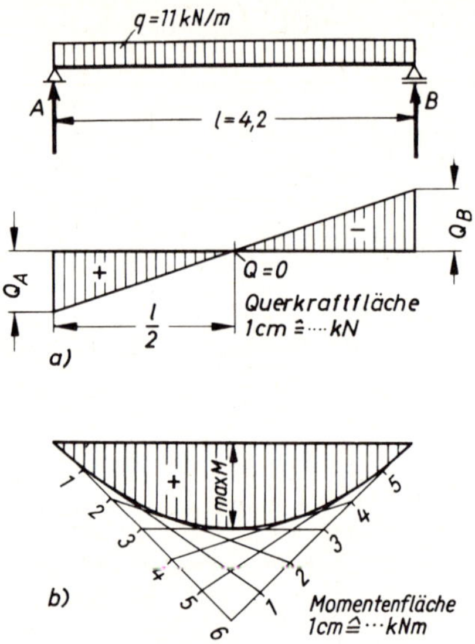

140.1 Träger mit gleichmäßig verteilter Belastung

Beispiel zur Erläuterung

Ein Träger auf 2 Stützen erhält eine Belastung aus Eigenlast von $g = 1{,}5$ kN/m und aus Verkehrslast von $p = 9{,}5$ kN/m. Seine Stützweite beträgt 4,2 m (Bild **140.1**).

a) Wie groß sind die Stützkräfte A und B?

b) Wie groß ist das maximale Biegemoment?

c) Querkraft und Momentenfläche sind darzustellen.

$$q = g + p = 1{,}5 + 9{,}5 = 11{,}0 \text{ kN/m}$$

$$A = \frac{q \cdot l}{2} = \frac{11 \cdot 4{,}20}{2} = 23{,}1 \text{ kN}$$

$$\text{B} = A = 23{,}1 \text{ kN}$$

$$\max M = \frac{q \cdot l^2}{8} = \frac{11 \cdot 4{,}20^2}{8} = 24{,}3 \text{ kNm}$$

$$Q_A = A = 23{,}1 \text{ kN}$$

$$Q_B = -B = -23{,}1 \text{ kN}$$

Beispiele zur Übung

Träger auf 2 Stützen mit gleichmäßig verteilter Belastung sind nach den folgenden Angaben entsprechend dem Erläuterungsbeispiel und Bild **140.1** zu berechnen und zu zeichnen.

1.	$g = 1{,}2$ kN/m	$p = 8{,}3$ kN/m	$l = 5{,}10$ m
2.	$g = 0{,}5$ kN/m	$p = 6{,}2$ kN/m	$l = 3{,}10$ m
3.	$g = 0{,}3$ kN/m	$p = 1{,}7$ kN/m	$l = 2{,}10$ m
4.	$g = 1{,}9$ kN/m	$p = 11{,}1$ kN/m	$l = 5{,}30$ m
5.	$g = 2{,}2$ kN/m	$p = 12{,}8$ kN/m	$l = 6{,}20$ m

6.8 Träger mit Streckenlasten

Lasten, die nicht über die ganze Trägerlänge gleichmäßig verteilt sind sondern nur über eine begrenzte Strecke, werden als Streckenlasten bezeichnet (Bild **140.2**).

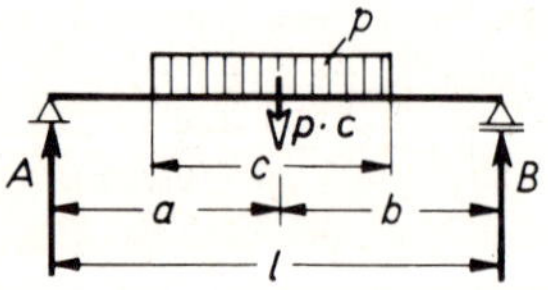

140.2
Träger mit gleichmäßig verteilter Streckenlast

6.8.1 Träger mit Streckenlasten am Auflager

Stützkräfte

Zunächst faßt man die als Streckenlast wirkende Belastung zu einer resultierenden Kraft $F = p \cdot c$ zusammen (Bild **141.1** a ··· e). Mit dieser Kraft und den zugehörigen Wirkabständen kann man nun die Stützkräfte ermitteln wie bei einer Einzellast (Abschn. 6.6.1).

Setzt man in $A = \frac{F \cdot b}{l}$ für F den Wert $p \cdot c$ ein und für die Strecke b das Maß $l - c/2$, erhält man

$$A = \frac{p \cdot c \cdot (l - c/2)}{l} \qquad \boldsymbol{A = \frac{p \cdot c}{2l} \cdot (2l - c)} \qquad (141.1)$$

Für das Auflager B erhält man entsprechend aus

$$B = \frac{F \cdot a}{l} \quad \text{mit } a = c/2$$

$$B = \frac{p \cdot c \cdot c/2}{l} \qquad \boldsymbol{B = \frac{p \cdot c^2}{2}} \qquad (141.2)$$

Querkräfte

Am Auflager A wirkt die positive Querkraft $Q_A = A$. Da die Streckenlast der positiven Querkraft Q_A entgegenwirkt, muß man zur Berechnung der Querkraft Q_x an einer beliebigen Stelle x die Last bis zu dieser Stelle abziehen (Bild **141.1** b).

Für den Bereich $x \leqq c$ ist die Querkraft zu berechnen mit

$$Q_x = Q_A - p \cdot x \qquad (141.3)$$

Wird x größer als c, ist die Gesamtlast $p \cdot c$ abzuziehen.

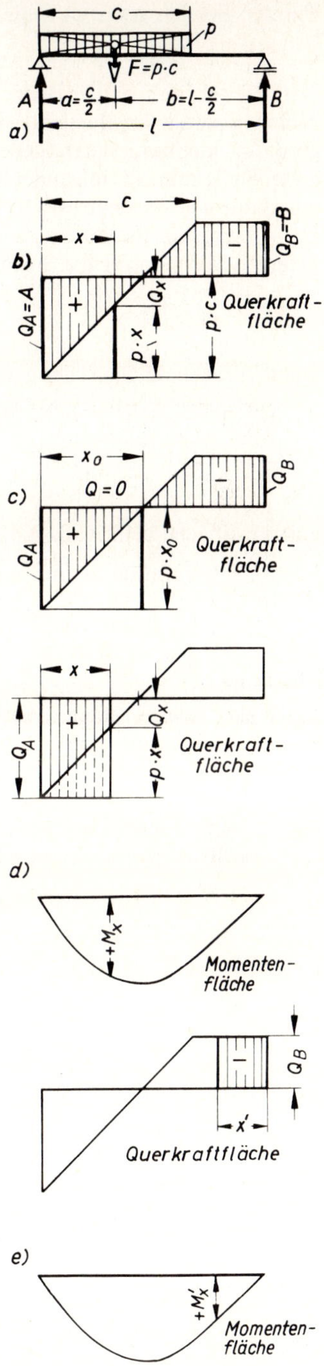

141.1
Träger mit Streckenlast am Auflager
a) Zusammenfassung der Streckenlast zur resultierenden Kraft $F = p \cdot c$
b) Querkraftfläche
c) der Querkraftnullpunkt kennzeichnet den gefährdeten Querschnitt
d) der Inhalt der Querkraftfläche bis zu einer beliebigen Stelle ist gleich dem Biegemoment an dieser Stelle
e) bei der Berechnung des Biegemomentes aus der Querkraftfläche von rechts her ist das Vorzeichen umzukehren

Für den Bereich $x > c$ wird die Querkraft berechnet mit

$$Q_x = Q_A - p \cdot c \tag{142.1}$$

Daraus ergibt sich, daß im Bereich der Streckenlast mit veränderlichem Wert x die Querkraft veränderlich ist. Im Bereich außerhalb der Streckenlast ist die Querkraft gleichbleibend groß. An einer bestimmten Stelle ist die Querkraft $Q_x = 0$. Das Maß vom Auflager A bis zu dieser Stelle kann aus folgender Überlegung berechnet werden: Wenn man von der positiven Querkraft eine gleichgroße Querkraft abzieht, erhält man Null.
$Q_A - p \cdot x_0 = 0$. Es ist also $p \cdot x_0 = Q_A$.
Damit erhält man für die Stelle bei $Q_x = 0$

$$\boldsymbol{x_0 = \frac{Q_A}{p}} \tag{142.2}$$

Damit ist auch die Stelle des gefährdeten Querschnittes gegeben (Bild **141.**1c), denn wo die Querkraft gleich Null ist, hat das Biegemoment einen Größtwert.

Biegemomente

Das Biegemoment an einer beliebigen Stelle ist zu berechnen aus dem Inhalt der Querkraftfläche vom Auflager bis zu dieser Stelle $\max M = \frac{Q_A \cdot x_0}{2}$

Mit $x_0 = Q_A/p$ erhält man auch

$$\max M = \frac{Q_A \cdot Q_A/p}{2} \qquad \boldsymbol{\max M = \frac{Q_A^2}{2p}} \tag{142.3}$$

Das Moment an einer beliebigen Stelle x im Bereich der Streckenlast erhält man aus dem Inhalt der trapezförmigen Querkraftfläche (Bild **141.**1) (Rechteck abzüglich Dreieck).

$$M_x = Q_A \cdot x - p \cdot x \cdot \frac{x}{2} = Q_A \cdot x - \frac{p \cdot x^2}{2} \tag{142.4}$$

Ein Moment außerhalb der Streckenlast errechnet sich aus dem Inhalt der rechteckigen Querkraftfläche vom anderen Auflager her (Bild **141.**1e).

$$M_x = Q_B \cdot (l - x) = Q_B \cdot x'$$

Bei der Momentenberechnung aus der Querkraftfläche vom rechten Auflager her sind sowohl die Querkraft als auch die Abstände x' mit ihrem negativen Vorzeichen einzusetzen.
Das Moment M_1 an der Stelle 1 am Ende der Streckenlast errechnet sich wie folgt

$$M_1 = Q_B \cdot x' \qquad \text{mit} \qquad x' = -(l - c) \tag{142.5}$$

Es kann auch von A aus berechnet werden

$$M_1 = Q_A \cdot c - \frac{p \cdot c^2}{2} \tag{142.6}$$

Parabelkonstruktion

Die Momentenfläche ergibt sich aus der Kombination einer Dreieck- und einer Parabelfläche.

Bild **143.**1 zeigt die Konstruktion.

Hierfür wird außer $\max M$ noch aus Moment M_1 benötigt. Im wesentlichen ähnelt die weitere Konstruktion der Darstellung in Bild **139.**1.

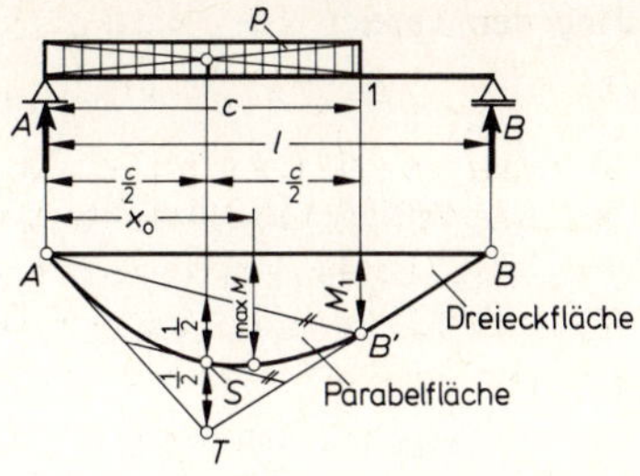

143.1
Parabelkonstruktion mit geneigter Parabelsehne AB' bei Streckenlast

Beispiel zur Erläuterung

Für einen Träger mit Streckenlast am Auflager B werden die Stützkräfte, die Querkräfte, die Nullstelle und die Biegemomente berechnet (Bild **143.2**). Querkraft- und Momentenfläche werden dargestellt.

Stützkräfte

Auflager A

$$\sum M_{(B)} = 0 \qquad A \cdot l - p \cdot c \cdot b = 0$$

$$A = \frac{p \cdot c \cdot b}{l} = \frac{30 \cdot 5{,}4 \cdot 2{,}7}{6{,}5}$$

$$A = 67{,}3\,\text{kN}$$

Auflager B

$$\sum M_{(A)} = 0 \qquad B \cdot l - p \cdot c \cdot a = 0$$

$$B = \frac{p \cdot c \cdot a}{l} = \frac{30 \cdot 5{,}4 \cdot 3{,}8}{6{,}5}$$

$$B = 94{,}7\,\text{kN}$$

$$\sum V_i = 0 \qquad A + B - p \cdot c = 0$$

$$67{,}3 + 94{,}7 - 30 \cdot 5{,}4 = 0$$

$$162 \quad - \quad 162 \quad = 0$$

Querkräfte

$$Q_A = +A = +67{,}3\,\text{kN}$$

$$Q_1 = Q_A = +67{,}3\,\text{kN}$$

$$Q_B = -B = -94{,}7\,\text{kN}$$

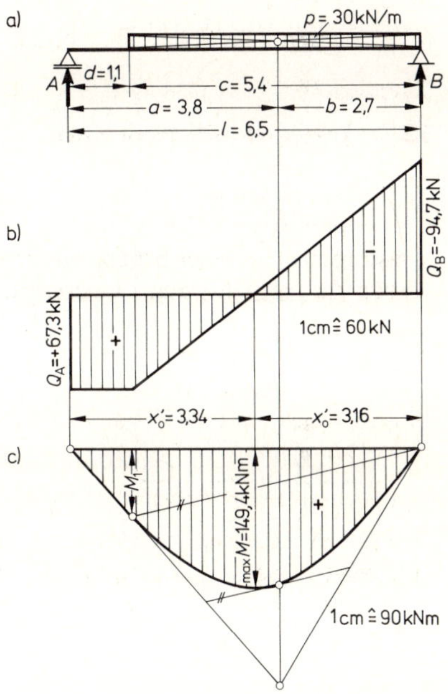

143.2 Träger mit Streckenlast auf Auflager B
a) statisches System
b) Querkraftfläche
c) Momentenfläche

Nullstelle

$$x_0 = \frac{Q_1}{p} + d = \frac{67{,}3}{30} + 1{,}10 = 2{,}24 + 1{,}10 = 3{,}34\,\text{m}$$

$$x_0' = \frac{Q_B}{p} = \frac{-94{,}7}{30} = -3{,}157\,\text{m} = -3{,}16\,\text{m} \text{ (von } B \text{ nach links gemessen)}$$

Biegemomente

$$M_1 = A \cdot d = 67{,}3 \cdot 1{,}10 = 74{,}0\,\text{kNm}$$

$$\max M = Q_A \cdot d + \frac{Q_1 \cdot (x_0 - d)}{2}$$

$$= 67{,}3 \cdot 1{,}10 + \frac{67{,}3 \cdot (3{,}34 - 1{,}10)}{2} = 74{,}0 + 75{,}4$$

$$\max M = 149{,}4\,\text{kNm}$$

oder $$\max M = \frac{Q_B \cdot x'}{2} = \frac{-94{,}7 \cdot (-3{,}157)}{2}$$

$$\max M = 149{,}4\,\text{kNm}$$

oder $$\max M = \frac{B^2}{2p} = \frac{94{,}7^2}{2 \cdot 30}$$

$$\max M = 149{,}4\,\text{kNm}$$

6.8.2 Träger mit beliebigen Streckenlasten

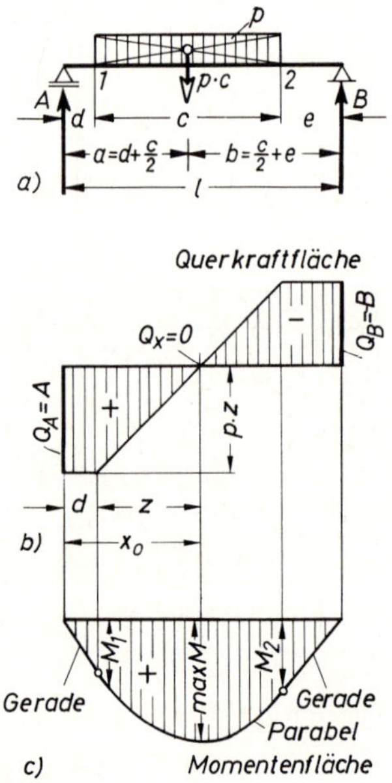

144.1
Träger mit beliebig angeordneter Streckenlast
a) Zusammenfassung der Streckenlast zur resultierenden Kraft
b) Querkraftfläche bei einer Streckenlast
c) Momentenfläche bei einer Streckenlast

Stützkräfte

Sie sind durch Zusammenfassen der Streckenlast zu einer Gesamtlast $F = p \cdot c$ am einfachsten zu berechnen (Bild **144.1** a).

Aus $A = \frac{F \cdot b}{l}$ wird durch Einsetzen für $F = p \cdot c$

$$\boldsymbol{A = \frac{p \cdot b \cdot c}{l}} \tag{144.1}$$

und mit $B = \frac{F \cdot a}{l}$ erhält man

$$\boldsymbol{B = \frac{p \cdot a \cdot c}{l}} \tag{144.2}$$

Querkräfte

Die Querkraft am Auflager A entspricht der Stützkraft; $Q_A = A$. Außerhalb der Streckenlast bleiben die Querkräfte unverändert. Die Querkraftlinie verläuft parallel zur Bezugsachse. Im Bereich der Streckenlast ist die Querkraft veränderlich; die Querkraftlinie ist eine nach rechts steigende Gerade (Bild **144.1** b). Die Stelle mit der Querkraft $Q_x = 0$ ergibt das Maß x_0:

$$Q_A - p \cdot z = 0 \quad p \cdot z = Q_A \quad z = Q_A/p \quad x_0 = z + d \quad \text{oder} \quad x_0 = \frac{Q_A}{p} + d \tag{145.1}$$

Biegemomente

Die Biegemomente an beliebigen Stellen können am einfachsten wiederum aus dem Inhalt der Querkraftflächen bis zu diesen Stellen berechnet werden.

Das maximale Biegemoment an der Stelle $Q_x = 0$ wird hierbei (Rechteckfläche abzüglich Dreieckfläche)

$$\max M = Q_A \cdot x_0 - \frac{p \cdot z \cdot z}{2} = Q_A \cdot x_0 - \frac{p \cdot z^2}{2} \tag{145.2}$$

Außerhalb der Streckenlast ist die Momentenlinie jeweils eine Gerade.

Im Bereich der Streckenlast ist die Momentenlinie eine Parabel (Bild **144.1** c). Die Geraden sind gleichzeitig die Tangenten der Parabel.

Beispiel zur Erläuterung

Auf einem Träger ist eine Verkehrslast $p = 10\,\text{kN/m}$ auf einer Strecke von $c = 2{,}4\,\text{m}$ wirksam. Auflagerkräfte, Querkräfte und Biegemomente werden berechnet (Bild **145.1**).

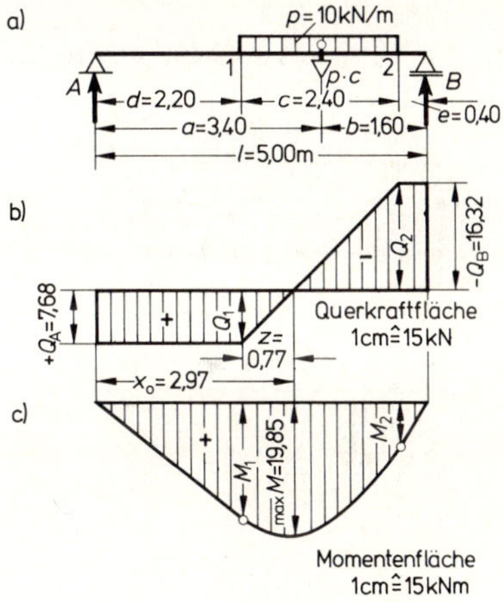

145.1 Träger mit Streckenlast
a) statisches System
b) Querkraftfläche
c) Momentenfläche

Auflagerkräfte

$$A = \frac{p \cdot b \cdot c}{l} = \frac{10 \cdot 1{,}6 \cdot 2{,}4}{5{,}0}$$

$$A = 7{,}68\,\text{kN}$$

$$B = \frac{p \cdot a \cdot c}{l} = \frac{10 \cdot 3{,}4 \cdot 2{,}4}{5{,}0}$$

$$B = 16{,}32\,\text{kN}$$

Querkräfte

$$Q_A = +A = +\ 7{,}68\,\text{kN}$$

$$Q_B = -B = -16{,}32\,\text{kN}$$

Nullstelle

$$x_0 = \frac{Q_A}{p} + d = \frac{7{,}68}{10} + 2{,}20 = 0{,}77 + 2{,}20$$

$$x_0 = 2{,}97\,\text{m}$$

Biegemomente (aus dem Inhalt der Querkraftfläche)

$$M_1 = Q_A \cdot d = +7{,}68 \cdot 2{,}20$$

$$M_1 = +16{,}90\,\text{kNm}$$

$$\max M = M_1 + \frac{Q_A \cdot z}{2} = +16{,}90 + \frac{7{,}68 \cdot 0{,}77}{2}$$

$$\max M = +19{,}85\,\text{kNm}$$

$$M_2 = Q_B \cdot x' \qquad \text{mit} \quad x' = -e = -0{,}40\,\text{m}$$

$$= (-16{,}32) \cdot (-0{,}40)$$

$$M_2 = +6{,}53\,\text{kNm}$$

6.8.3 Zusammenfassung für Träger mit gleichmäßig verteilten Streckenlasten

Da zwischen Belastungen, Querkräften und Biegemomenten enge Beziehungen bestehen und die Kenntnis hiervon die Lösungen erleichtern, sollen die Zusammenhänge hier noch einmal herausgestellt werden.

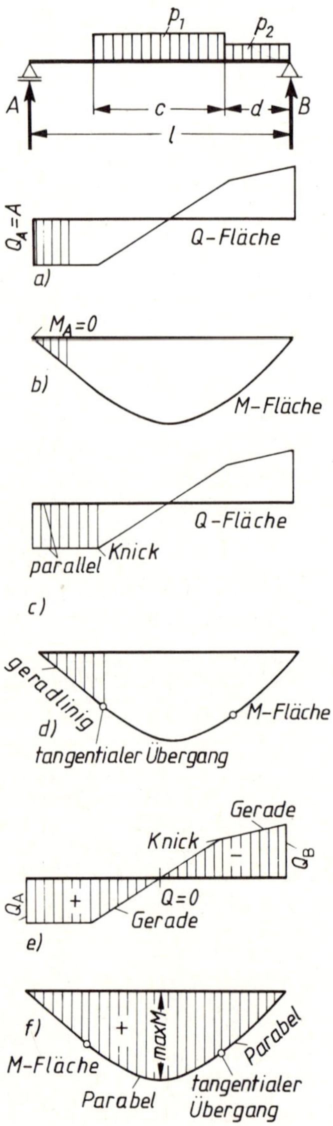

146.1 Beziehungen zwischen Belastung, Querkraftfläche und Momentenfläche bei Streckenlasten

1. Am Auflager ist die Querkraft gleich groß der Stützkraft (Bild **146.1** a). Die Biegemomente sind dort gleich Null (Bild **146.1** b).

2. In unbelasteten Trägerabschnitten bleibt die Querkraft gleich groß. Die Querkraftlinie verläuft parallel zur Trägerachse (Bild **146.1** c). Die Momentenlinie hat einen geradlinigen Verlauf (Bild **146.1** d).

3. Im Bereich einer Streckenlast ist die Querkraft stetig veränderlich. Die Querkraftlinie ist unter einer Streckenlast eine nach rechts steigende Gerade. Sie steigt um so stärker, je größer die Streckenlast ist (Bild **146.1** e). Die Momentenlinie beschreibt eine Parabel (Bild **146.1** f).

4. Bei einer sprungartigen Änderung der Streckenlast ist in der Querkraftlinie ein Knick.
In der Momentenlinie ist an dieser Stelle ein tangentialer Übergang.

5. Die Stelle des maximalen Momentes ist gekennzeichnet durch den Nullpunkt der Querkraftlinie (Bild **146.1** e).

6. Die Summe der positiven und negativen Querkraftflächen ist gleich Null.

Der Inhalt der positiven Querkraftfläche ist gleich dem Inhalt der negativen.

7. Das Biegemoment an einer beliebigen Stelle ist gleich dem Inhalt der Querkraftfläche vom Auflager bis zu dieser Stelle (Bild **146.1** a ··· d).

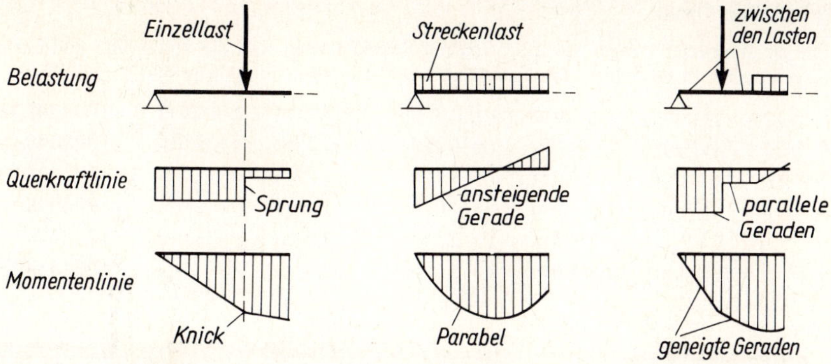

147.1 Beziehung zwischen Belastung, Querkraftfläche und Momentenfläche bei verschiedenen Belastungsarten

Tafel **147.2** enthält eine Zusammenstellung der Schnittgrößen für Träger mit gleichmäßigen Streckenlasten.

Tafel **147.2** **Zusammenstellung der Schnittgrößen für Träger mit gleichmäßigen Streckenlasten**

Belastung	Auflagerkräfte	Biegemomente
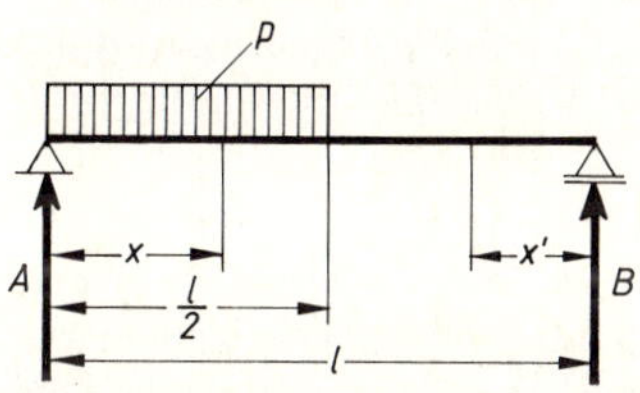	$A = \frac{3}{8} \cdot p \cdot l$ $B = \frac{1}{8} \cdot p \cdot l$	$M_x = A \cdot x - \frac{p \cdot x^2}{2}$ $M'_x = B \cdot x'$ $\max M = \frac{9}{128} \cdot p \cdot l^2$ bei $x = \frac{3}{8}\, l$
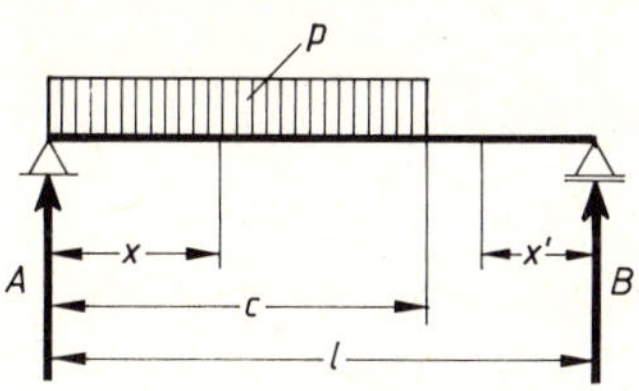	$A = \frac{p \cdot c}{2l} \cdot (2l - c)$ $B = \frac{p \cdot c^2}{2l}$	$M_x = A \cdot x - \frac{p \cdot x^2}{2}$ $M'_x = B \cdot x'$ $\max M = \frac{A^2}{2p}$ bei $x = \frac{A}{p}$
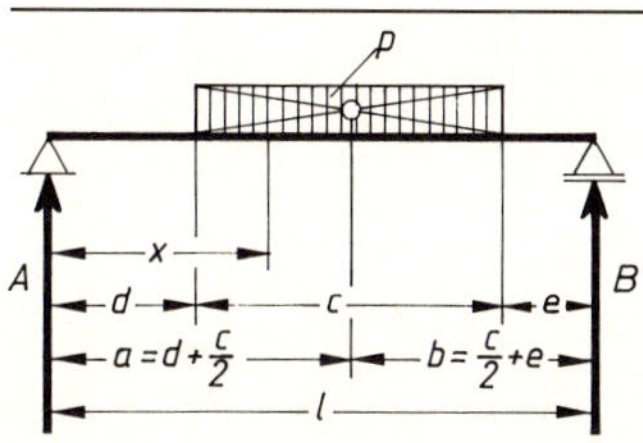	$A = \frac{p \cdot b \cdot c}{l}$ $B = \frac{p \cdot a \cdot c}{l}$	$M_x = A \cdot x - \frac{p \cdot (x - d^2)}{2}$ $\max M = \frac{A^2}{2p} + A \cdot d$ bei $x = \frac{A}{p} + d$

Beispiele zur Übung

Für die skizzierten Träger auf 2 Stützen mit Streckenlasten sind die Stützkräfte und das maximale Biegemoment zu berechnen. Die Querkraftfläche und Momentenfläche sind darzustellen.

1.	$p = 8\,\text{kN/m}$	$l = 5{,}0\,\text{m}$	$a = 2{,}0\ \text{m}$	$b = 3{,}0\ \text{m}$	$c = 4{,}0\,\text{m}$	(Bild **148.**1 a)
2.	$p = 12\,\text{kN/m}$	$l = 4{,}5\,\text{m}$	$a = 1{,}25\,\text{m}$	$b = 3{,}25\,\text{m}$	$c = 2{,}5\,\text{m}$	(Bild **148.**1 a)
3.	$p = 11\,\text{kN/m}$	$l = 6{,}0\,\text{m}$	$a = 3{,}75\,\text{m}$	$b = 2{,}25\,\text{m}$	$c = 4{,}5\,\text{m}$	(Bild **148.**1 b)
4.	$p = 9\,\text{kN/m}$	$l = 5{,}0\,\text{m}$	$a = 4{,}0\ \text{m}$	$b = 1{,}0\ \text{m}$	$c = 2{,}0\,\text{m}$	(Bild **148.**1 b)
5.	$p = 6\,\text{kN/m}$	$l = 6{,}0\,\text{m}$	$a = 2{,}5\ \text{m}$	$b = 3{,}5\ \text{m}$	$c = 3{,}0\,\text{m}$	(Bild **148.**1 c)
6.	$p = 10\,\text{kN/m}$	$l = 6{,}0\,\text{m}$	$a = 3{,}5\ \text{m}$	$b = 2{,}5\ \text{m}$	$c = 4{,}0\,\text{m}$	(Bild **148.**1 c)

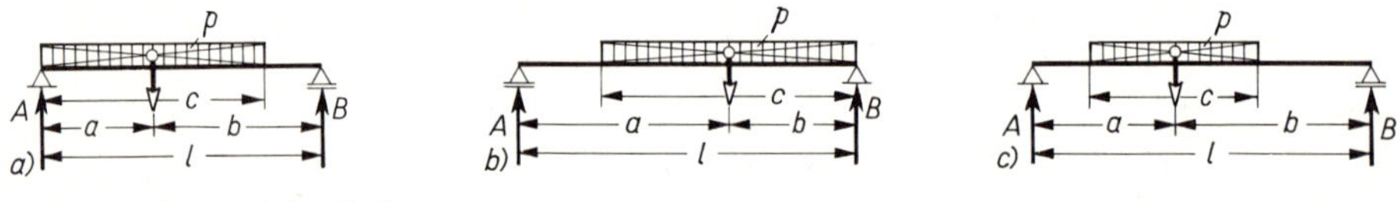

148.1 a⋯c) Träger mit Streckenlasten

6.9 Träger mit gemischter Belastung

In der Praxis sind die Träger oft nicht nur durch Einzellasten oder Streckenlasten belastet. Häufig setzt sich die Gesamtbelastung aus mehreren Lastarten zusammen. Bei der Berechnung der Schnittgrößen verfährt man bei solch gemischten Belastungen genauso wie bisher. Die Gesamtbelastung wird getrennt in einzelne Lastfälle. Die Gesamtschnittgrößen erhält man aus der Addition der entsprechenden Schnittgrößen eines jeden einzelnen Lastfalles.

Die Biegemomente können auch hier wieder aus dem Inhalt der Querkraftfläche bestimmt werden. Dieses Verfahren ist jedoch wegen der oft unregelmäßigen Flächen umständlich. Meist ist es einfacher, auch zur Berechnung der Biegemomente das Schnittverfahren und die Gleichgewichtsbedingung $\sum M_{\text{i}} = 0$ anzuwenden.

Beispiel zur Erläuterung

Für einen Träger mit gemischter Belastun (Bild **149.**1) werden die Stützkräfte *A* und *B* sowie die Querkräfte, die Nullstelle und die Biegemomente berechnet.

Stützkräfte

Auflager *A*

$$\sum M_{(\text{B})} = 0 \qquad A \cdot l - F \cdot b - p \cdot c \cdot c/2 = 0$$

$$A = \frac{F \cdot b + p \cdot c^2/2}{l} = \frac{7 \cdot 3{,}0 + 5 \cdot 4{,}0^2/2}{5{,}0} = \frac{21 + 40}{5{,}0} = \frac{61}{5{,}0}$$

$$A = 12{,}2\,\text{kN}$$

Auflager *B*

$$\sum M_{(\text{A})} = 0 \qquad B \cdot l - F \cdot a - p \cdot c(c/2 + d) = 0$$

$$B = \frac{F \cdot a + p \cdot c(c/2 + d)}{l}$$

oder aus

$$\sum V_i = 0 \qquad A + B - F - p \cdot c = 0$$

$$B = F + p \cdot c - A = 7 + 5 \cdot 4{,}0 - 12{,}2$$

$$= 7 + 20 - 12{,}2 = 14{,}8\,\text{kN}$$

$$B = 14{,}8\,\text{kN}$$

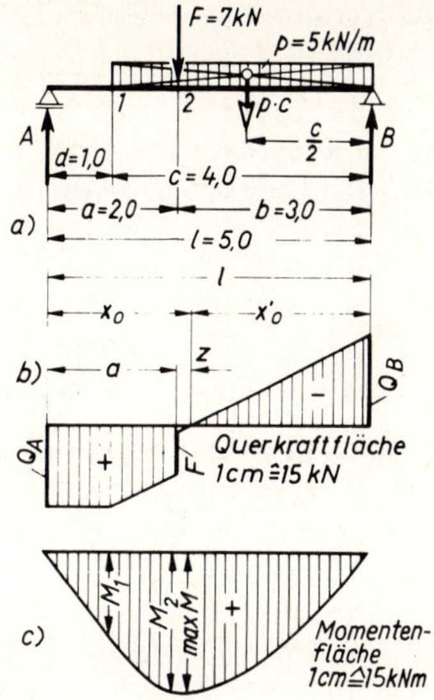

149.1
Träger mit gemischter Belastung
a) Belastung durch Strecken- und Einzellast
b) Querkraftfläche
c) Momentenfläche

Querkräfte

Die Querkraftfläche kann man auch hier wieder zeichnerisch durch Antragen der einzelnen Querkräfte an den Lastpunkten ermitteln. Es ist aber einfacher, die Querkräfte (vom Auflager A beginnend) von Schnitt zu Schnitt durch vorzeichengerechtes Hinzuzählen zu errechnen. Damit die Querkraftfläche dargestellt werden kann, wird man die Querkraft an den Stellen berechnen, wo die Querkraftlinie einen Knick oder einen Sprung bekommt. Das ist bei Begrenzungspunkten von Streckenlasten und bei Angriffspunkten von Einzellasten der Fall. Lastpunkte werden von 1 bis n beziffert. Bei den Lastpunkten der Einzellasten sind jeweils zwei Querkräfte zu berechnen: unmittelbar links und rechts des Lastangriffspunktes. Links wirkt die Einzellast noch nicht, rechts ist ihre Wirkung voll vorhanden (Bild **149.**1).

$$Q_A = +A = +12{,}2\,\text{kN} \qquad Q_1 = Q_A = +12{,}2\,\text{kN}$$

$$Q_{2l} = Q_A - p(a-d) = +12{,}2 - 5(2{,}0 - 1{,}0) = +12{,}2 - 5 = +7{,}2\,\text{kN}$$

$$Q_{2r} = Q_{2l} - F = +7{,}2 - 7 = +0{,}2\,\text{kN}$$

$$Q_B = Q_{2r} - p \cdot b = +0{,}2 - 5 \cdot 3{,}0 = +0{,}2 - 15 = -14{,}8\,\text{kN}$$

$$Q_B = -B = -14{,}8\,\text{kN}$$

Nullstelle

Die Stelle, bei der für die Gesamtbelastung die Querkraft gleich Null wird, ist der gefährdete Querschnitt des Trägers. Dort hat das Biegemoment einen Größtwert, max M. Nicht richtig ist es, die maximalen Biegemomente aus den einzelnen Lastfällen getrennt zu ermitteln und diese Werte dann zusammenzuzählen. Die maximalen Biegemomente aus den einzelnen Lastfällen wirken ja nicht an der gleichen Stelle. Es ist also der Abstand der Nullstelle x_0 für die Gesamtbelastung zu berechnen (Bild **149.**1 b).

Aus der Darstellung der Querkraftfläche ist zu ersehen, daß die Nullstelle zwischen dem Punkt 2 und dem Auflager B liegt. Hierfür wird die Querkraft ermittelt und gleich Null gesetzt

$$Q_{x0} = Q_{2r} - p \cdot (x_0 - a) \qquad Q_{x0} = 0 \quad \text{also ist} \quad Q_{2r} - p \cdot (x_0 - a) = 0 \qquad p \cdot (x_0 - a) = Q_{2r}$$

$$x_0 = \frac{Q_{2r}}{p} + a \quad \text{mit} \quad \frac{Q_{2r}}{p} = z \quad \text{wird dann} \quad x_0 = z + a \tag{149.1}$$

$$z = \frac{Q_{2r}}{p} = \frac{0{,}2}{5} = 0{,}04\,\text{m}$$

$$x_0 = z + a = 0{,}04 + 2{,}00 = 2{,}04\,\text{m}$$

Wirkt in einem Trägerbereich nur eine Streckenlast allein, so kann man die in diesem Bereich liegende Nullstelle angeben durch

$$z = \frac{Q}{p} \tag{150.1}$$

Vom Auflager B ausgehend, erhält man die Nullstelle ebenfalls durch Angabe von x'_0

$$Q_{x0} = Q_B - p \cdot x'_0 \qquad Q_{x0} = 0 \qquad \text{also ist } Q_B - p \cdot x'_0 = 0 \qquad p \cdot x'_0 = Q_B$$

$$x'_0 = \frac{Q_B}{p} = \frac{-14{,}8}{5} = -2{,}96\,\text{m}$$

(Das Minuszeichen bedeutet: das Maß wird vom Auflager B nach links gemessen.)

x'_0 ist auch aus der Trägerlänge l, abzüglich x_0 zu berechnen.

$$x'_0 = -(l - x_0) = -(5{,}00 - 2{,}04) = -2{,}96\,\text{m}$$

Biegemomente

Zur Darstellung der Momentenfläche werden außer dem maximalen Moment auch die Biegemomente an allen Lastpunkten berechnet (Bild **149.**1 c).

Die Summe der Momente aus den äußeren Kräften links oder rechts eines Schnittes ist gleich dem inneren Moment

$$M_1 = A \cdot d = 12{,}2 \cdot 1{,}0 = 12{,}2\,\text{kNm}$$

$$M_2 = A \cdot a - p \cdot (a - d) \cdot \frac{a - d}{2} = 12{,}2 \cdot 2{,}0 - 5 \cdot 1{,}0 \cdot \frac{1{,}0}{2} = 24{,}4 - 2{,}5 = 21{,}9\,\text{kNm}$$

$$\max M = A \cdot x_0 - p \cdot (x_0 - d) \cdot \frac{x_0 - d}{2} - F \cdot (x_0 - a)$$

$$= 12{,}2 \cdot 2{,}04 - 5 \cdot (2{,}04 - 1{,}00) \cdot \frac{2{,}04 - 1{,}00}{2} - 7 \cdot (2{,}04 - 2{,}00)$$

$$= 24{,}9 - 2{,}7 - 0{,}3 = 21{,}9\,\text{kNm}$$

Die Berechnung von max M ist leichter von rechts her aus dem Inhalt der Querkraftfläche. (Querkraft Q_B und Strecke x'_0 negativ einsetzen).

$$\max M = \frac{Q_B \cdot x'_0}{2} = \frac{(-14{,}8) \cdot (-2{,}96)}{2} = +21{,}9\,\text{kNm}$$

Beispiele zur Übung

Für die nachstehend abgebildeten Träger auf 2 Stützen mit gemischter Belastung sind zu berechnen: die Stützkräfte A und B, die Querkräfte Q_A, Q_1, Q_2 und Q_B, die Biegemomente M_1, M_2 und max M. Die Querkraftfläche und Momentfläche sind darzustellen.

1. Träger mit gleichmäßig verteilter Last g und Streckenlast p am Auflager A (Bild **151.**1 a)

2. Träger mit gleichmäßig verteilter Last g und beliebiger Streckenlast p (Bild **151.**1 b)

3. Träger mit gleichmäßig verteilter Last g und Einzellast F (Bild **151.**2)

4. Träger mit gleichmäßig verteilter Last g und zwei symmetrischen Einzellasten F (Bild **151.**3 a)

5. Träger mit gleichmäßig verteilter Last g und Einzellasten F_1 und F_2 (Bild **151.**3 b)

6. Träger mit gleichmäßig verteilter Last g, Streckenlast p und Einzellast (Bild **151.**4)

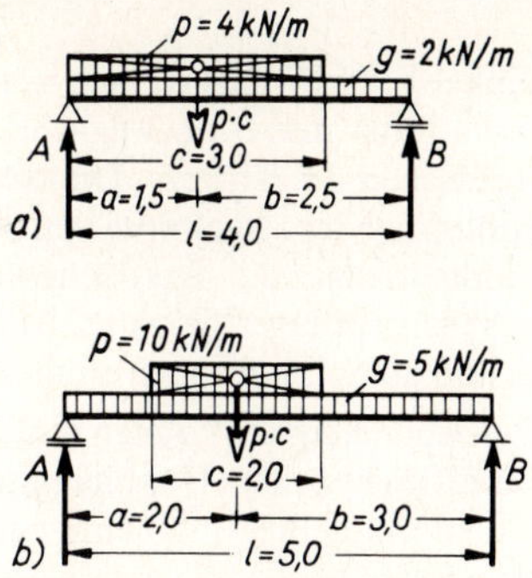

151.1 Träger mit gleichmäßig verteilter Last und Streckenlast

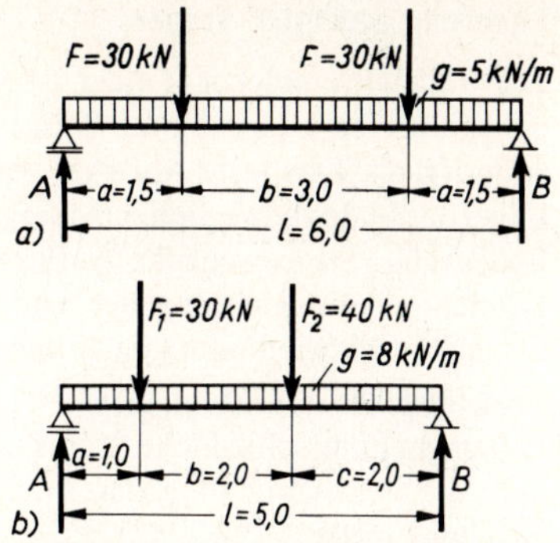

151.3 Träger mit gleichmäßig verteilter Last und 2 Einzellasten

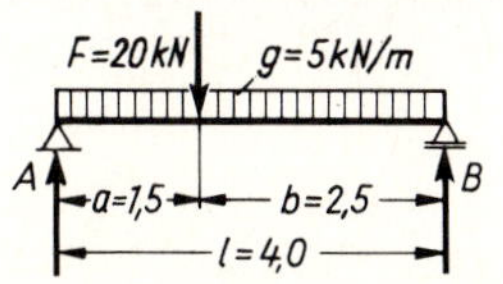

151.2 Träger mit gleichmäßig verteilter Last und Einzellast

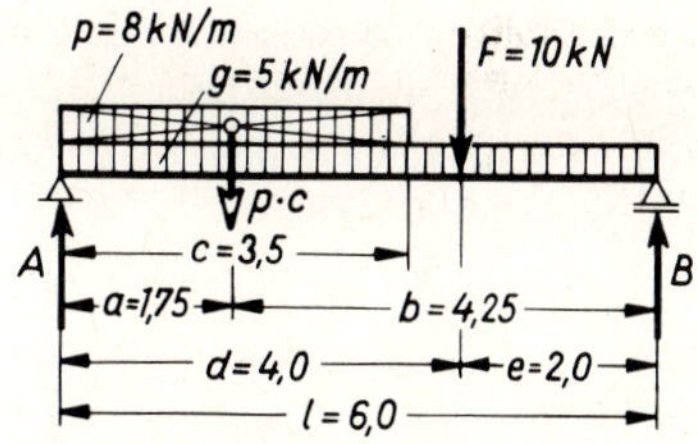

151.4 Träger mit gleichmäßig verteilter Last, Streckenlast und Einzellast

6.10 Geneigte Träger

Bei den bisher untersuchten Trägern lagen die beiden Auflager in gleicher Höhe. Die Stabachse lag waagerecht. Das ist aber nicht immer der Fall. Treppen oder Dächer bestehen aus Trägern, die ihre Auflager in verschiedenen Höhen haben. Es sind schrägliegende Träger bzw. geneigte Träger (Bild **151.5**).

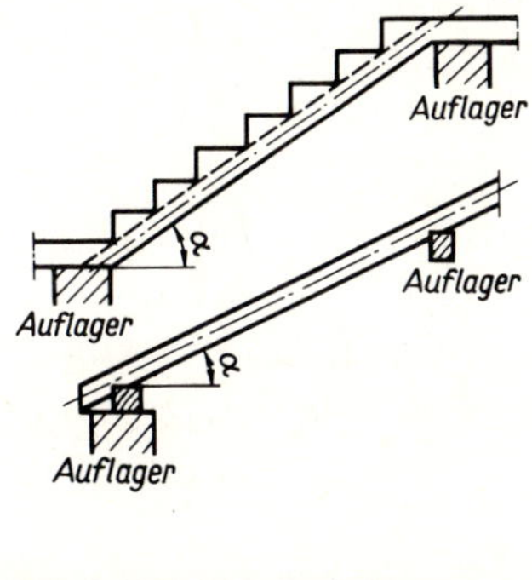

151.5
Treppenlauf oder Sparren als geneigte Träger

Lagerung geneigter Träger

Die Stabachse solcher Träger ist unter einem Winkel α zur Waagerechten geneigt. Zur einwandfreien Lagerung der Träger sind auch hier ein festes und ein bewegliches Auflager erforderlich. Das feste Auflager verhindert das Abrutschen des Trägers. Die Neigung der Lagerfläche des beweglichen Auflagers ist für die Ermittlung der Stützkräfte von besonderer Bedeutung. Da bewegliche Auflager nur Kräfte rechtwinklig zur Lagerfläche aufnehmen können, ist die Richtung der Stützkraft im beweglichen Auflager bekannt. Mit den drei Gleichgewichtsbedingungen können die Stützkräfte und die Schnittgrößen ermittelt werden.

Trotz gleicher Belastung, gleicher Trägerlänge und gleicher Neigung können je nach Art der Lagerung unterschiedliche Stützkräfte und Normalkräfte entstehen. Unabhängig davon ist aber die Beanspruchung der Träger gleich. Querkräfte und Biegemomente entstehen in gleicher Größe.

Beispiel zur Erläuterung

Eine Leiter ist in statischem Sinne ein schräger, geneigter Träger. Die Beispiele sollen zeigen, wie sich bei unterschiedlicher Unterstützung zwar die Stützkräfte in Größe und Richtung ändern, jedoch Querkräfte und Biegemomente gleichgroß bleiben.

Die Stützkraft B, die Querkraft Q_B und das maximale Biegemoment werden im Folgenden für 3 verschiedene Lagerungen einer Leiter berechnet. Es werden dabei nachstehende Werte zugrunde gelegt:

Neigungswinkel $\alpha = 60°$

$$\tan\alpha = 1{,}732$$
$$\sin\alpha = 0{,}866$$
$$\cos\alpha = 0{,}500$$

vertikale Belastung $F_v = 1\,\text{kN} = 1000\,\text{N}$ in Leitermitte

Leiterlänge (schräge Auflagerentfernung)	$l_s = 3{,}00\,\text{m}$
vertikale Auflagerentfernung	$h = 2{,}60\,\text{m}$
horizontale Auflagerentfernung	$l = 1{,}50\,\text{m}$
horizontale Entfernung der Last von den Auflagern	$a = b = 0{,}75\,\text{m}$

Lagerung 1

Die Leiter wird oben eingehängt (Bild **153.**1). Das obere Lager ist ein festes Lager, als Gelenk auffaßbar. Das untere Lager ist ein bewegliches Lager, die Leiter kann dort gleiten. Beide Stützkräfte wirken der Belastung entgegen. Die Berechnung kann für den waagerechten Ersatzträger mit der Länge l durchgeführt werden.

Stützkraft A:

$$\sum M_{(B)} = 0 \qquad A_v \cdot l - F_v \cdot b = 0 \qquad A_v = A = \frac{F_v \cdot b}{l} \qquad A_h = 0$$

$$A = \frac{F_v \cdot b}{l} = \frac{1000 \cdot 0{,}75}{1{,}50} = 500\,\text{N (vertikal wirkend)}$$

Stützkraft B:

$$\sum M_{(A)} = 0 \qquad B_v \cdot l - F_v \cdot a = 0 \qquad B_v = B = \frac{F_v \cdot a}{l} \qquad B_h = 0$$

$$B = \frac{F_v \cdot a}{l} = \frac{1000 \cdot 0{,}75}{1{,}50} = 500\,\text{N (vertikal wirkend)}$$

Querkraft Q_A:

$$Q_A = +A_v \cdot \cos\alpha = +500 \cdot 0{,}500 = +250\,\text{N}$$

Querkraft Q_B:

$$Q_B = -B \cdot \cos\alpha = -500 \cdot 0{,}500 = -250\,\text{N}$$

Normalkraft N_A:

$$N_A = -A_v \cdot \sin\alpha = -500 \cdot 0{,}866 = -433\,\text{N}$$

Normalkraft N_B:

$$N_B = +B_v \cdot \sin\alpha = +500 \cdot 0{,}866 = +433\,\text{N}$$

Biegemoment unter der Last:

$$\max M = Q_B \cdot x_0' = Q_B \cdot (-l_s/2) = (-250) \cdot (-3{,}00/2) = +375\,\text{Nm}$$

Lagerung 2

Die Leiter lehnt oben an einer Wand (Bild **153**.2). Das obere Lager kann keine vertikalen Kräfte aufnehmen. Es ist ein bewegliches Lager. Die Stützkraft kann nur rechtwinklig zur Lagerfläche wirken, hier also horizontal. Das untere Lager muß als festes Auflager ausgeführt werden. Die Leiter rutscht sonst ab.

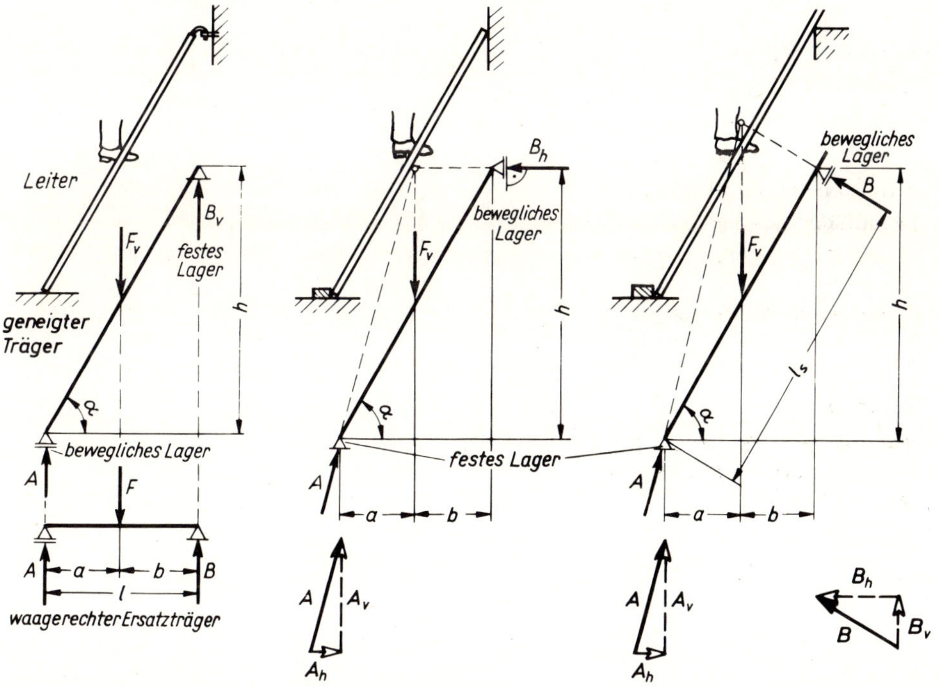

153.1 Oben eingehängte Leiter als geneigter Träger

153.2 Gegen eine Wand gelehnte Leiter als geneigter Träger

153.3 Gegen eine Kante gelehnte Leiter als geneigter Träger

Stützkraft B:

$$\sum M_{(A)} = 0 \quad B_h \cdot h - F_v \cdot a = 0 \quad B_h = B = \frac{F_v \cdot a}{h} \quad B_v = 0$$

$$B = \frac{F_v \cdot a}{h} = \frac{1000 \cdot 0{,}75}{2{,}60} = 288\,\text{N (horizontal wirkend)}$$

Stützkraft A:

$$\sum V = 0 \quad F_v - A_v = 0$$

$$A_v = F_v = 1000\,\text{N}$$

$$\sum H = 0 \quad B_h - A_h = 0$$

$$A_h = B_h = 288\,\text{N}$$

$$A = \sqrt{A_v^2 + A_h^2} = \sqrt{1000^2 + 288^2} = 1041\,\text{N (schräg wirkend)}$$

Querkraft Q_A:

$$Q_A = +A_v \cdot \cos\alpha - A_h \cdot \sin\alpha$$

$$= +1000 \cdot 0{,}500 - 288 \cdot 0{,}866$$

$$Q_A = +500 - 250 = +250\,\text{N}$$

Querkraft Q_B:

$$Q_B = -B \cdot \sin\alpha = -288 \cdot 0{,}866 = -250\,\text{N}$$

Normalkraft N_A:

$$N_A = -A_v \cdot \sin\alpha - A_h \cdot \cos\alpha$$

$$= -1000 \cdot 0{,}866 - 288 \cdot 0{,}500$$

$$N_A = -866 - 144 = -1010\,\text{N}$$

Normalkraft N_B:

$$N_B = -B_h \cdot \cos\alpha = -288 \cdot 0{,}500 = -144\,\text{N}$$

Biegemoment unter der Last:

$$\max M = Q_B \cdot x_0' = Q_B \cdot (-l_s/2) = (-250) \cdot (-3{,}00/2) = +375\,\text{Nm}$$

Lagerung 3

Die Leiter lehnt oben an einer Kante (Bild **153.3**). Das obere Lager kann nur Kräfte rechtwinklig zur Achse der Leiter (Trägerachse) aufnehmen. Das untere Lager muß als festes Auflager das Abrutschen der Leiter verhindern.

Stützkraft B:

$$\sum M_{(A)} = 0 \quad B \cdot l_s - F_v \cdot a = 0 \quad B = \frac{F_v \cdot a}{l_s} \quad B_h = B \cdot \sin\alpha \quad B_v = B \cdot \cos\alpha$$

$$B = \frac{F_v \cdot a}{l_s} = \frac{1000 \cdot 0{,}75}{3{,}00} = 250\,\text{N (schräg wirkend)}$$

$$B_v = B \cdot \cos\alpha = 250 \cdot 0{,}500 = 125\,\text{N}$$

$$B_h = B \cdot \sin\alpha = 250 \cdot 0{,}866 = 217\,\text{N}$$

Stützkraft A:

$$\sum V = 0 \qquad A_v + B_v - F_v = 0$$

$$A_v = F_v - B_v = 1000 - 125 = 875\,\text{N}$$

$$\sum H = 0 \qquad A_h - B_h = 0$$

$$A_h = B_h = 217\,\text{N}$$

$$A = \sqrt{A_v^2 + A_h^2} = \sqrt{875^2 + 217^2} = 902\,\text{N (schräg wirkend)}$$

Querkraft Q_A:

$$Q_A = +A_v \cdot \cos\alpha - A_h \cdot \sin\alpha$$

$$= +875 \cdot 0{,}500 - 217 \cdot 0{,}866$$

$$Q_A = +438 - 188 = +250\,\text{N}$$

Querkraft Q_B:

$$Q_B = -B = -250\,\text{N}$$

Normalkraft N_A:

$$N_A = -A_v \cdot \sin\alpha - A_h \cdot \cos\alpha$$

$$= -875 \cdot 0{,}866 - 217 \cdot 0{,}500$$

$$N_A = -758 - 108 = -866\,\text{N}$$

Normalkraft $N_B = 0$

Biegemoment unter der Last:

$$\max M = Q_B \cdot x_0' = Q_B \cdot (-l_s/2) = (-250) \cdot (-3{,}00/2) = +375\,\text{Nm}$$

Die recht unterschiedlichen Ergebnisse der Stützkräfte und Normalkräfte sind nur durch die geänderten Ausbildungen der Auflager bedingt. Querkräfte und Biegemomente sind trotzdem gleichgroß.

Folgerung:
Vor der Berechnung der Stützkräfte von schrägen Trägern ist Klarheit über die Art und Ausbildung der Auflager zu schaffen. Die einfachste und klarste Lösung zeigt Lagerung 1. Will man diesen Fall in der Berechnung zugrunde legen, müssen die Auflagerflächen rechtwinklig zur Richtung der angreifenden Belastung stehen. Bei vertikaler Belastung entstehen nur vertikale Stützkräfte. Horizontale Komponenten der Stützkräfte entstehen nicht. Träger mit vertikaler Belastung und horizontalen Lagerflächen können nicht abrutschen (z.B. Sparren auf Pfetten entsprechend Bild **151.**5).

Belastungen geneigter Träger

Außer den ständig vorhandenen Eigenlasten greifen bei geneigten Trägern ebenfalls Verkehrslasten an: sie wirken vertikal oder horizontal oder auch rechtwinklig zur Trägerachse. Rechtwinklig zur Trägerachse wirkende Verkehrslasten können in ihre vertikalen und horizontalen Komponenten zerlegt werden. Dieses wird in den folgenden Abschnitten z.B. für die Windlast bei Dächern gezeigt.

Die meisten geneigten Träger sind Treppen oder Dächer. Die Eigenlasten für Treppen werden nach Abschnitt 4.5.2 ermittelt, die Eigenlasten für Dächer sind nach Abschnitt 4.5.5 zu berechnen.

Tafel **156.**1 **Zusammenstellung der Stützkräfte und Schnittgrößen**

Lagerungsart / Statische Größen		Lagerung 1	Lagerung 2	Lagerung 3
		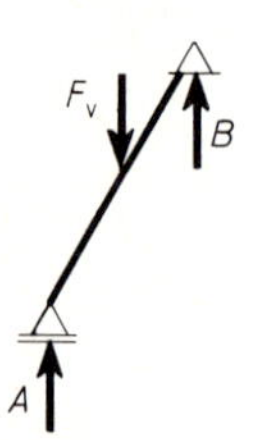	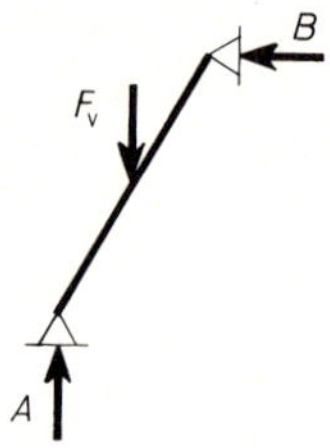	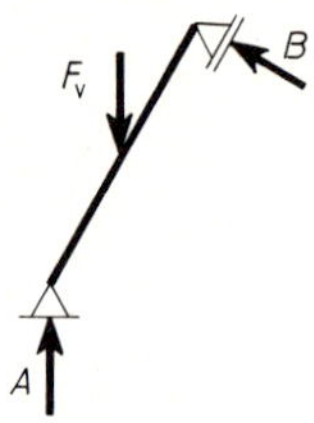
Stützkräfte in N	A_v	500	1000	875
	A_h	0	288	217
	A	500	1041	902
	B_v	500	0	125
	B_h	0	288	217
	B	500	288	250
Normalkräfte in N	N_A	−433	−1010	−866
	N_B	+433	− 144	0
Querkräfte in N	Q_A	+250	+ 250	+250
	Q_B	−250	− 250	−250
Biegemomente in Nm	max M	+375	+ 375	+375

6.10.1 Geneigte Träger mit vertikaler Belastung

Die Berechnung eines schrägliegenden Trägers mit vertikalen Lasten und horizontalen Lagerflächen wird für den waagerechten Ersatzträger durchgeführt. Die Stützweite der Ersatzträger ist gleich der Projektion der Trägerlänge rechtwinklig zur Kraftrichtung (Bild **157.**1 und 2).

Schnittgrößen bei Trägern mit Einzellast (Bild **157.**1)

Stützkräfte

$$A_v = \frac{F_v \cdot b}{l} \qquad A_h = 0 \qquad B_v = \frac{F_v \cdot a}{l} \qquad B_h = 0 \tag{156.1}$$

Biegemomente

$$\max M = A \cdot a = B \cdot b = \frac{F_v \cdot a \cdot b}{l} \tag{156.2}$$

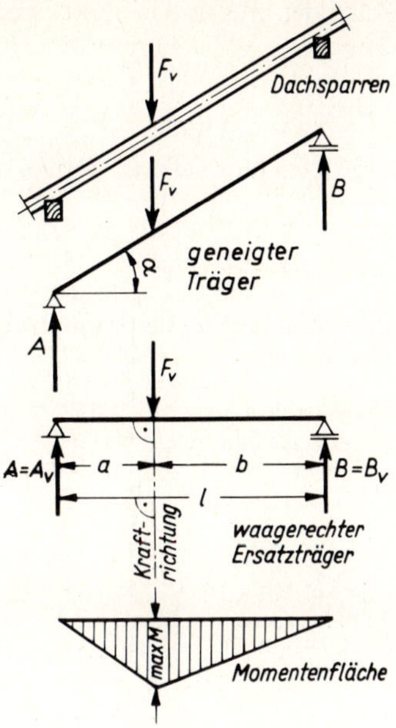

157.1 Geneigter Träger und waagerechter Ersatzträger mit Einzellast

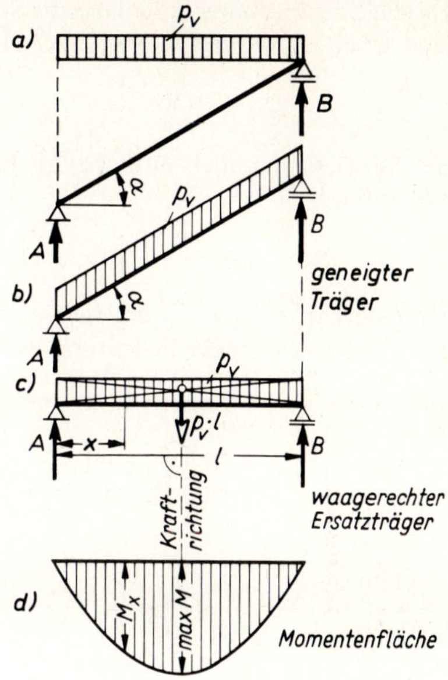

157.2 Geneigter Träger und waagerechter Ersatzträger mit gleichmäßig verteilter Last. Es ist gleichgültig, ob für lotrecht wirkende Belastungen bei schrägliegenden Trägern die Darstellung a) oder b) gewählt wird.

Schnittgrößen bei geneigten Trägern mit gleichmäßig verteilter Last (Bild **157.2**)

Stützkräfte

$$A_v = \frac{p_v \cdot l}{2} \qquad A_h = 0 \qquad B_v = \frac{p_v \cdot l}{2} \qquad B_h = 0 \tag{157.1}$$

Biegemomente

$$\max M = \frac{p_v \cdot l^2}{8} \qquad M_x = \frac{p_v \cdot x \cdot |x'|}{2}$$

Da die Belastung hierbei nicht rechtwinklig zur Stabachse wirkt, entstehen im Träger nicht nur Querkräfte, sondern zusätzlich auch Normalkräfte in Längsrichtung des Trägers. Zur Bestimmung der Querkräfte und Normalkräfte (Längskräfte) werden zunächst die Stützkräfte in die Komponenten rechtwinklig zur Trägerachse und parallel zu ihr zerlegt (Bild **157.3**).

$$\cos\alpha = \frac{A_\perp}{A} \qquad A_\perp = A \cdot \cos\alpha$$

$$\sin\alpha = \frac{A_\parallel}{A} \qquad A_\parallel = A \cdot \sin\alpha$$

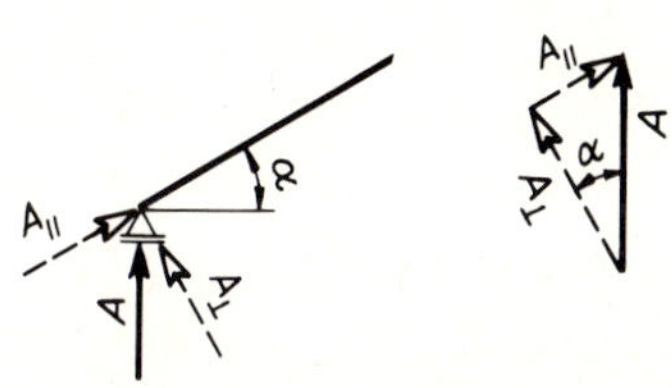

157.3 Auflagerkräfte bei einem geneigten Träger

Da die Stützkräfte rechtwinklig zur Stabachse gleich der größten Querkraft am Auflager sind, erhält man folgende Werte (Bild **158.**1 und 2):

$$\max Q_A = + A \cdot \cos\alpha \qquad \max Q_B = - B \cdot \cos\alpha \tag{158.1}$$

Die Stützkraft parallel zur Stabachse ist gleich der größten Normalkraft (Druck oder Zug) am Auflager

$$\max N_A = - A \cdot \sin\alpha \qquad \max N_B = + B \cdot \sin\alpha \tag{158.2}$$

Die Querkräfte und vor allem die Normalkräfte sind für die weitere Berechnung des Trägers nicht von solch großer Bedeutung wie die Biegemomente.

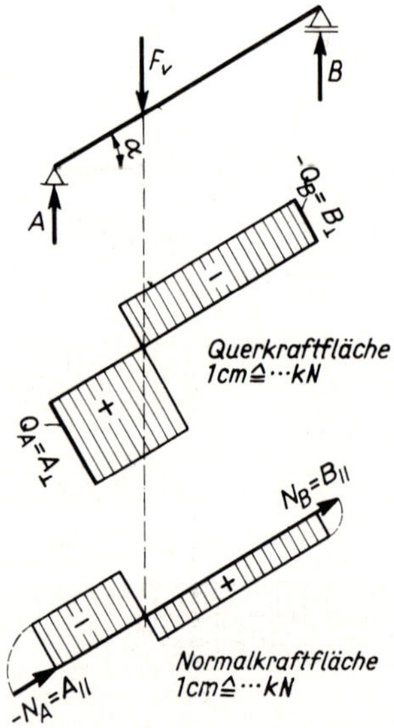

158.1 Querkräfte und Normalkräfte bei einem geneigten Träger mit Einzellast

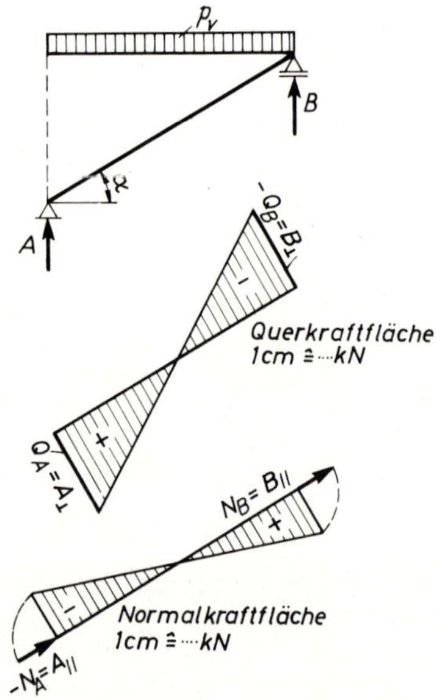

158.2 Querkräfte und Normalkräfte bei einem geneigten Träger mit gleichmäßig verteilter Last

Beispiel zur Erläuterung

Für einen geneigten Träger mit gleichmäßig verteilter und vertikal wirkender Belastung (Bild **159.**1) werden die Schnittgrößen bestimmt.

Neigung $\alpha = 30°$ $\tan\alpha = 0{,}577$ $\cos\alpha = 0{,}866$

schräge Länge $l_s = l/\cos\alpha = 3{,}6/0{,}866 = 4{,}16\,\text{m}$

Trägerabstand $a = 0{,}65\,\text{m}$

Lastermittlung

Vertikale Belastung je m^2 waagerechte Grundfläche:

Eigenlast

Holzbalken 8/16 cm	$g/a \cdot \cos\alpha = 77/(0{,}65 \cdot 0{,}866)$	$=\ 137\ \mathrm{N/m^2}$ Grundfläche
Schalung 24 mm	$g/\cos\alpha = 6000 \cdot 0{,}024/0{,}866$	$=\ 166\ \mathrm{N/m^2}$ Grundfläche
Abdeckung	$g/\cos\alpha = 0{,}20/0{,}866$	
Verkehrslast		$=\ 231\ \mathrm{N/m^2}$ Grundfläche
Gesamtlast		$g'_v = 534\ \mathrm{N/m^2}$ Grundfläche
		$p'_v = 1000\ \mathrm{N/m^2}$ Grundfläche
		$q'_v = 1534\ \mathrm{N/m^2}$ Grundfläche

Vertikale Belastung je m waagerechte Ersatzträgerlänge:

Gesamtlast $\quad q_v = q'_v \cdot a = 1534 \cdot 0{,}65 \quad = 997\ \mathrm{N/m}$ Grundlänge

$q_v \approx 1000\ \mathrm{N/m}$ Grundlänge

$q_v \approx 1{,}0\ \mathrm{kN/m}$ Grundlänge

Stützkräfte

$$A = B = \frac{q_v \cdot l}{2} = \frac{1{,}0 \cdot 3{,}6}{2} = 1{,}8\ \mathrm{kN}$$

Querkräfte

$$+Q_A = -Q_B = A \cdot \cos\alpha = A \cdot \cos 30^\circ = 1{,}8 \cdot 0{,}866$$
$$= 1{,}56\ \mathrm{kN}$$

Normalkräfte

$$+N_A = -N_B = A \cdot \sin\alpha = A \cdot \sin 30^\circ = 1{,}8 \cdot 0{,}500$$
$$= 0{,}90\ \mathrm{kN}$$

Biegemomente

$$\max M = \frac{q_v \cdot l^2}{8} = \frac{1{,}0 \cdot 3{,}6^2}{8} = 1{,}62\ \mathrm{kNm}$$

für $x = 1{,}2\ \mathrm{m}$

$$M_x = \frac{q_v \cdot x \cdot |x'|}{2} = \frac{1{,}0 \cdot 1{,}2 \cdot 2{,}4}{2} = 1{,}44\ \mathrm{kNm}$$

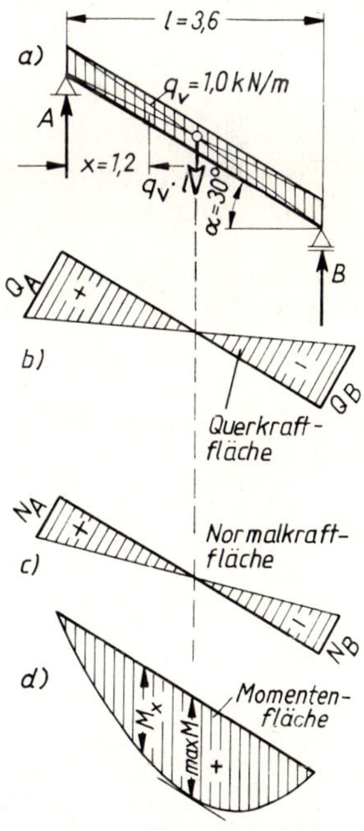

159.1
Querkraftfläche, Normalkraftfläche und Momentenfläche beim geneigten Träger mit vertikal wirkender, gleichmäßig verteilter Last

Beispiele zur Übung

Geneigte Träger sind mit Hilfe eines waagerechten Ersatzträgers zu berechnen. Gesucht sind die Stützkräfte, die maximalen Querkräfte und Normalkräfte sowie das maximale Biegemoment.

1. Einzellast $F_v = 2{,}0\,\text{kN}$ $a = 1{,}5\,\text{m}$ $b = 2{,}3\,\text{m}$ $l = 3{,}8\,\text{m}$ $\alpha = 20°$ (Bild **158.**1)

2. Einzellast $F_v = 5{,}0\,\text{kN}$ $a = 2{,}0\,\text{m}$ $b = 1{,}8\,\text{m}$ $l = 3{,}8\,\text{m}$ $\alpha = 15°$ (Bild **158.**1)

3. gleichmäßig verteilte Last $p_v = 3{,}0\,\text{kN/m}$ $l = 4{,}5\,\text{m}$ $\alpha = 35°$ (Bild **158.**2)

4. Streckenlast $p_v = 5{,}0\,\text{kN/m}$ $a = 3{,}0\,\text{m}$ $b = 2{,}0\,\text{m}$ $c = 2{,}8\,\text{m}$ $l = 5{,}0\,\text{m}$ $\alpha = 36°$ (für waagerechten Ersatzträger vergl. Bild **148.**1 c)

6.10.2 Geneigte Träger mit Belastung rechtwinklig zur Stabachse

Bei rechtwinklig zur Stabachse angreifenden Lasten rechnet man mit der schrägen Trägerlänge l_s. Die schräge Länge l_s wird rechtwinklig zur Kraftrichtung gemessen. Der Träger entspricht einem um den Winkel α geneigten waagerechten Träger (Bild **160.**1). Normalkräfte entstehen hierbei nicht, da die Belastung und die Stützkräfte rechtwinklig zur Stabachse angreifen.

Vereinfachend kann auf ein bewegliches Auflager verzichtet werden.

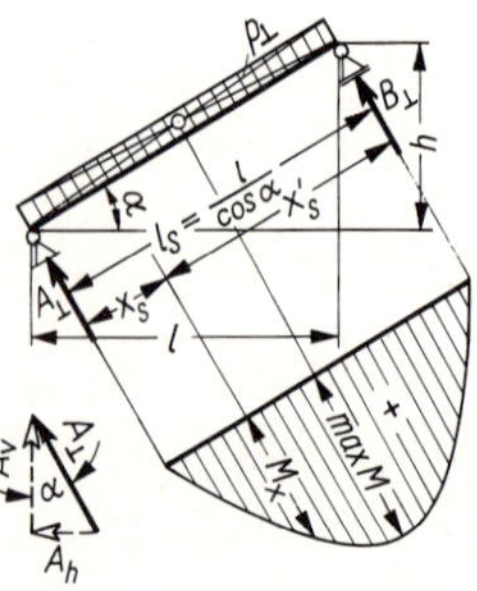

160.1 Geneigter Träger mit Belastung rechtwinklig zur Stabachse

Stützkräfte

$$A_\perp = \frac{p_\perp \cdot l_s}{2} \qquad A_v = A_\perp \cdot \cos\alpha \qquad A_h = A_\perp \cdot \sin\alpha \tag{160.1}$$

$$B_\perp = \frac{p_\perp \cdot l_s}{2} \qquad B_v = B_\perp \cdot \cos\alpha \qquad B_h = B_\perp \cdot \sin\alpha \tag{160.2}$$

Biegemomente

$$\max M = \frac{p_\perp \cdot l_s^2}{8} \qquad M_x = \frac{p_\perp \cdot x_s \cdot |x_s'|}{2} \tag{160.3}$$

Die bei geneigten Trägern rechtwinklig zur Stabachse angreifende Belastung (meistens Winddruck) macht bei der Berechnung der Stützkräfte und Biegemomente oft Schwierigkeiten. Beim Ermitteln der schrägen Länge l_s oder beim Berechnen der vertikalen und horizontalen Stützkraftkomponenten schleichen sich leicht Fehler bei der Anwendung der

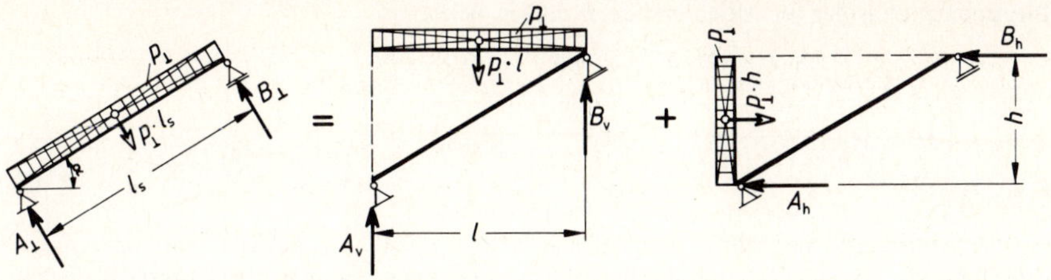

161.1 Geneigter Träger: Die rechtwinklig zur Stabachse wirkende Belastung auf der schrägen Länge ergibt die gleichen Schnittgrößen wie die gleiche Belastung, bezogen auf die horizontale Länge **und** die vertikale Höhe

Winkelfunktionen ein. Es geht einfacher, wenn man zwei getrennte Lastfälle rechnet, statt mit der schrägen Länge l_s, nämlich mit der waagerechten Länge l **und** mit der lotrechten Höhe h bei jeweils gleicher Belastung (Bild **161.1**).

Beispiel zur Erläuterung

Die waagerechte Länge eines geneigten Trägers (Bild **161.2**) beträgt $l = 4{,}0$ m, die lotrechte Höhe $h = 3{,}0$ m, die schräge Länge $l_s = 5{,}0$ m.

$$\tan\alpha = \frac{h}{l} = \frac{3{,}0}{4{,}0} = 0{,}75 \qquad \sin\alpha = 0{,}600 \qquad \cos\alpha = 0{,}800 \qquad \text{Windlast } w = 1{,}0\,\text{kN/m}$$

Stützkräfte ($B = A$)

$$A_\perp = \frac{w \cdot l_s}{2} = \frac{1{,}0 \cdot 5{,}0}{2} = 2{,}5\,\text{kN} \qquad A_v = A_\perp \cdot \cos\alpha = 2{,}5 \cdot 0{,}800 = 2{,}0\,\text{kN}$$

$$A_h = A_\perp \cdot \sin\alpha = 2{,}5 \cdot 0{,}600 = 1{,}5\,\text{kN}$$

Stützkräfte aus der vertikalen und horizontalen Belastung

$$A_v = \frac{w \cdot l}{2} = \frac{1{,}0 \cdot 4{,}0}{2} = 2{,}0\,\text{kN} \qquad A_h = \frac{w \cdot h}{2} = \frac{1{,}0 \cdot 3{,}0}{2} = 1{,}5\,\text{kN}$$

Biegemoment

$$\max M = \frac{w \cdot l_s^2}{8} = \frac{1{,}0 \cdot 5{,}0^2}{8}$$

$$\max M = 3{,}13\,\text{kNm}$$

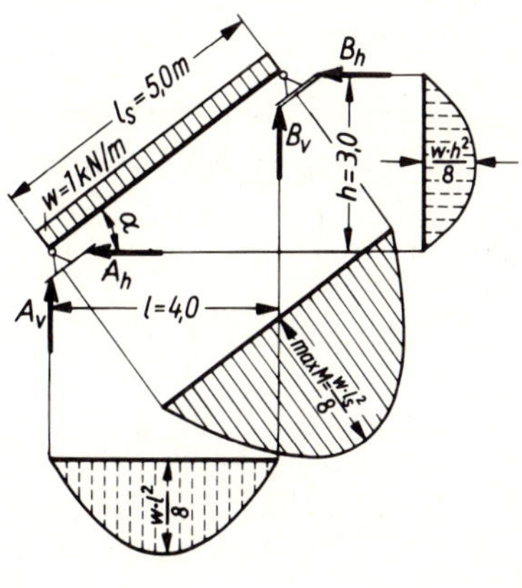

161.2
Wie bei dem Lehrsatz des Pythagoras die Summe der Kathetenquadrate gleich dem Hypotenusenquadrat ist, wird auch hier die Summe der größten horizontalen und vertikalen Momente gleich dem maximalen Moment ($h^2 + l^2 = l_s^2$)

Biegemoment aus der vertikalen und horizontalen Belastung

$$\max M = \frac{w \cdot l^2}{8} + \frac{w \cdot h^2}{8} = \frac{1{,}0 \cdot 4{,}0^2}{8} + \frac{1{,}0 \cdot 3{,}0^2}{8} = 2{,}0 + 1{,}13$$

$$\max M = 3{,}13\,\text{kNm}$$

Hinweis

Bei der Aufteilung einer schräg wirkenden Belastung in eine vertikal **und** eine horizontal wirkende Belastung ist zu bedenken, daß die Gesamtbeanspruchung des geneigten Trägers über die schräge Länge l_s erfolgt. Das ist beispielsweise für die Durchbiegung geneigter Träger von Bedeutung (s. Teil 2 Abschnitt 5.3).

6.10.3 Geneigte Träger mit vertikaler Belastung und Belastung rechtwinklig zur Stabachse

Geneigte Träger haben oft Belastungen aus Eigenlasten und Verkehrslasten aufzunehmen, die vertikal wirken. Außerdem kommen rechtwinklig zur Trägerachse angreifende Lasten hinzu, wie z.B. Winddruck. Die Momente aus beiden Lastrichtungen können addiert werden.

Beispiel zur Erläuterung

Der Sparren eines Pfettendaches erhält aufgrund der Lastenermittlung aus Eigenlasten und Schneelasten eine vertikale, gleichmäßig verteilte Belastung von $q_v = 1{,}2\,\text{kN/m}$. Der auf den Sparren rechtwinklig zur Dachfläche wirkende Winddruck beträgt $w = 0{,}15\,\text{kN/m}$. Dachneigung 25°, $l = 5{,}35\,\text{m}$, $h = 2{,}5\,\text{m}$ (Bild **163.1**).

Die Stützkräfte und das maximale Biegemoment werden berechnet.

Lastenermittlung

Eigenlasten

Sparren	$g_{sp}/(a \cdot \cos\alpha) = 80/(0{,}75 \cdot 0{,}906)$	$= 118\,\text{N/m}^2$ Grundfläche
Dachdeckung	$g_D/\cos\alpha = 500/0{,}906$	$= 552\,\text{N/m}^2$ Grundfläche
		$g' = 670\,\text{N/m}^2$ Grundfläche
Verkehrslast		
Schnee	$s' = k_s \cdot s_0 = 1{,}00 \cdot 750$	$s' = 750\,\text{N/m}^2$ Grundfläche
		$g' + s' = 1420\,\text{N/m}^2$ Grundfläche

Vertikale Belastung der Sparren

$$g + s = (g' + s') \cdot a = 1420 \cdot 0{,}80 = 1136\,\text{N/m Grundlänge}$$

$$q_v = g + s \approx 1200\,\text{N/m Grundlänge}$$

Windlast für Sparren rechtwinklig zur Dachfläche

Winddruck $w_d = +c_p \cdot q \cdot a + 25\%$

$= +0{,}30 \cdot 500 \cdot 0{,}80 \cdot 1{,}25$ $\quad w_d = +150\,\text{N/m}$ Sparrenlänge

Windsog $w_s = -0{,}60 \cdot 500 \cdot 0{,}80$ $\quad w_s = -240\,\text{N/m}$ Sparrenlänge

Schnee- und Windlast

$$S + W = s' \cdot a \cdot l + w_d \cdot l$$
$$= 750 \cdot 0{,}80 \cdot 5{,}35 + 150 \cdot 5{,}35$$
$$= 3210 + 803$$

$= 4013\,\text{N} > 2\,\text{kN}$, Reparaturlast muß nicht angesetzt werden.

Stützkräfte

$$A_v = \frac{q_v \cdot l}{2} + \frac{w \cdot l}{2} - \frac{w \cdot h^2}{2l}$$

$$= \frac{(1{,}2 + 0{,}15) \cdot 5{,}35}{2} - \frac{0{,}15 \cdot 2{,}50^2}{2 \cdot 5{,}35}$$

$$A_v = 3{,}61 - 0{,}09 = 3{,}52\,\text{kN}$$

$$A_h = w \cdot h = 0{,}15 \cdot 2{,}50 = 0{,}38\,\text{kN}$$

$$B_v = \frac{q_v \cdot l}{2} + \frac{w \cdot l}{2} + \frac{w \cdot h^2}{2l}$$

$$B_v = 3{,}61 + 0{,}09 = 3{,}70\,\text{kN}$$

$$B_h = 0$$

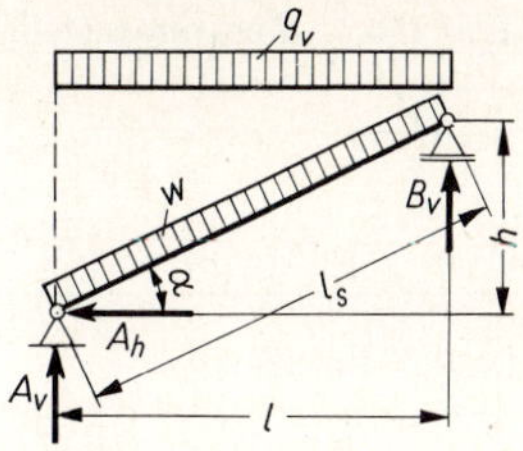

163.1
Geneigter Träger mit vertikaler Belastung und Belastung rechtwinklig zur Stabachse

Biegemoment

$$\max M = \frac{q_v \cdot l^2}{8} + \frac{w \cdot l_s^2}{8} \quad \text{oder} \quad \max M = \frac{q_v \cdot l^2}{8} + \frac{w \cdot l^2}{8} + \frac{w \cdot h^2}{8}$$

$$\max M = \frac{(q_v + w) \cdot l^2}{8} + \frac{w \cdot h^2}{8} = \frac{(1{,}2 + 0{,}15) \cdot 5{,}35^2}{8} + \frac{0{,}15 \cdot 2{,}5^2}{8} = 4{,}83 + 0{,}12$$

$$\max M = 4{,}95\,\text{kNm}$$

6.10.4 Zusammenfassung für geneigte Träger

Bei der Lastenermittlung ist zu beachten, daß die Eigenlasten auf die Grundfläche bezogen werden müssen. Daraus ergibt sich eine Umrechnung:

g ist die Eigenlast bezogen auf die geneigte Länge l_s,
g' ist die Eigenlast bezogen auf die waagerechte Länge l.

Je größer die Neigung des Trägers ist, um so größer wird die auf die Grundlänge umgerechnete Eigenlast (s. Abschn. 4.5.2 und 4.5.5).

$$g' = g/\cos\alpha \qquad (163.1)$$

Tafel **164.**1 enthält eine Zusammenstellung der Schnittgrößen aus gleichmäßig verteilter Belastung.

Beispiele zur Übung

In den folgenden Beispielen haben die geneigten Träger vertikale Belastungen q und rechtwinklig zur Trägerachse wirkende Belastungen w aufzunehmen. Die Stützkräfte A_v, A_h, B_v, B_h und das maximale Biegemoment sind zu bestimmen (Bild **163.**1).

1. $q_v = g' + w = 3{,}0\,\text{kN/m}$ $\quad w = 0{,}3\,\text{kN/m}$ $\quad l = 3{,}0\,\text{m}$ $\quad h = 2{,}4\,\text{m}$
2. $q_v = g' + w = 4{,}0\,\text{kN/m}$ $\quad w = 0{,}5\,\text{kN/m}$ $\quad l = 4{,}0\,\text{m}$ $\quad h = 3{,}1\,\text{m}$
3. $q_v = g' + w = 3{,}0\,\text{kN/m}$ $\quad w = 0{,}5\,\text{kN/m}$ $\quad l = 5{,}0\,\text{m}$ $\quad h = 3{,}6\,\text{m}$
4. $q_v = g' + w = 2{,}0\,\text{kN/m}$ $\quad w = 0{,}15\,\text{kN/m}$ $\quad l = 6{,}0\,\text{m}$ $\quad h = 3{,}5\,\text{m}$

Tafel **164.**1 **Zusammenstellung der Schnittgrößen für geneigte Träger mit gleichmäßig verteilter Last**

Belastung	Auflagerkräfte Normalkräfte Querkräfte	Biegemomente
Lastfall Eigenlast g 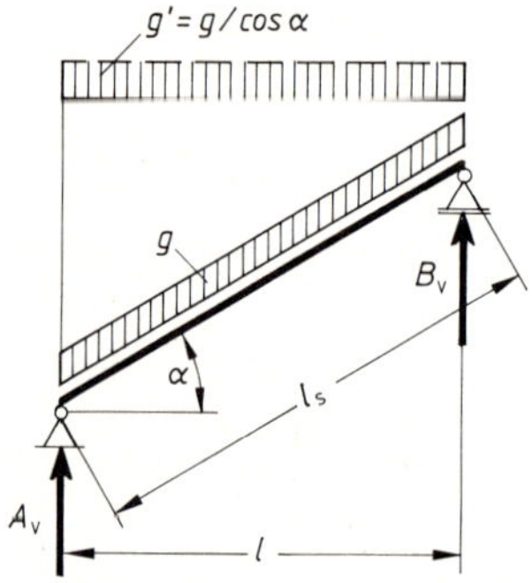	$A_v = B_v = \frac{g \cdot l_s}{2} = \frac{g' \cdot l}{2}$ $A_h = B_h = 0$ $N_A = -A_v \cdot \sin\alpha$ $N_B = +B_v \cdot \sin\alpha$ $Q_A = +A_v \cdot \cos\alpha$ $Q_B = -B_v \cdot \cos\alpha$	$\max M = \frac{g \cdot \cos\alpha \cdot l_s^2}{8}$ $\max M = \frac{g' \cdot l^2}{8}$
Lastfall Schnee s 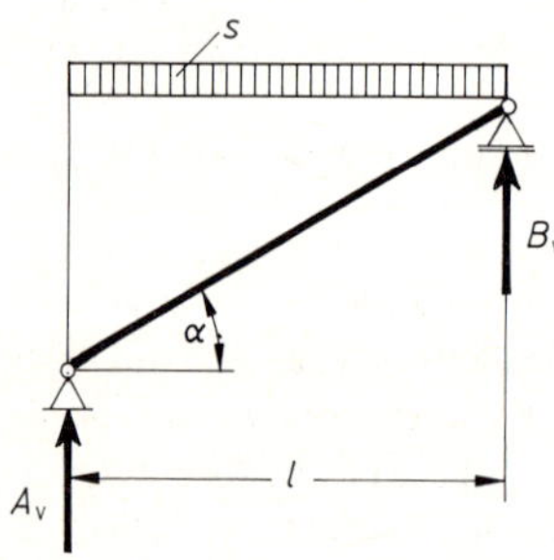	$A_v = B_v = \frac{s \cdot l}{2}$ $A_h = B_h = 0$ $N_A = -A_v \cdot \sin\alpha$ $N_B = +B_v \cdot \sin\alpha$ $Q_A = +A_v \cdot \cos\alpha$ $Q_B = -B_v \cdot \cos\alpha$	$\max M = \frac{s \cdot l^2}{8}$
Lastfall Wind w 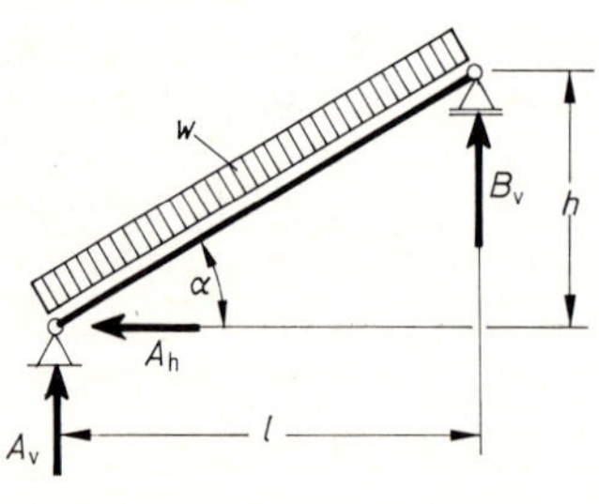	$A_v = \frac{w \cdot l}{2} - \frac{w \cdot h^2}{2l}$ $A_h = w \cdot h$ $B_v = \frac{w \cdot l}{2} + \frac{w \cdot h^2}{2l}$ $B_h = 0$ $N_A = -A_v \cdot \sin\alpha + A_h \cdot \cos\alpha$ $N_B = +B_v \cdot \sin\alpha$ $Q_A = +A_v \cdot \cos\alpha + A_h \cdot \sin\alpha$ $Q_B = -B_v \cdot \cos\alpha$	$\max M = \frac{w \cdot l_s^2}{8}$ $\max M = \frac{w \cdot l^2}{8} + \frac{w \cdot h^2}{8}$

6.11 Geknickte Träger

Geknickte Träger kommen in der Praxis in unterschiedlichen Formen vor. Treppenläufe in Verbindung mit den Podesten ergeben z. B. geknickte Träger. Die Berechnung eines solchen Trägers kann vereinfachend ebenfalls auf einen waagerechten Ersatzträger zurückgeführt werden. Auch hier sind ein bewegliches und ein festes Auflager erforderlich (Bild **165.**1).

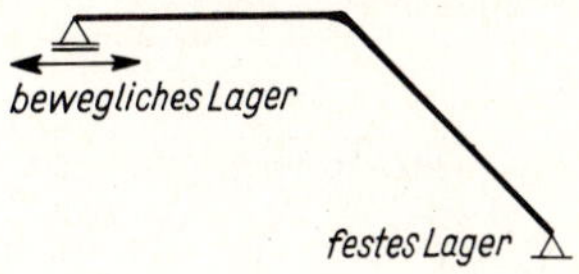

165.1
Auflager bei geknickten Trägern

Bei den geknickten Trägern in Hochbauten (z. B. bei Treppenläufen) werden die Auflager jedoch kaum derart exakt als bewegliches oder festes Auflager ausgebildet. Meistens hat man zwei Auflager, die mehr oder weniger als feste Auflager oder als teilbewegliche Auflager ausgeführt werden. Mit horizontalen oder schrägen Zug- und Druckkräften an den Auflagern ist dann zu rechnen (Bild **165.**2). Wenn diese von dem Werkstoff der Auflagerfläche (Mauerwerk) nicht aufgenommen werden, können Risse entstehen.

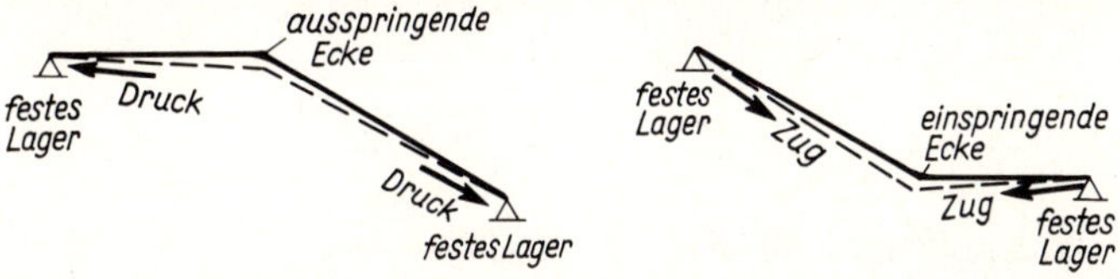

165.2 Zusätzliche Zug- oder Druckkräfte bei zwei festen Auflagern an geknickten Trägern

Häufig genügt für das Berechnen der Schnittgröße die Darstellung von Vertikalkraftfläche und Momentenfläche des waagerechten Ersatzträgers. Für genauere Berechnungen genügt dieses vereinfachte Verfahren nicht. In diesen Fällen kann es erforderlich werden, die Normalkraftfläche und die Querkraftfläche darzustellen. Für die schräg liegenden Trägerteile erhält man die Normalkräfte und Querkräfte, da die Vertikalkräfte in Richtung der Trägerachse und rechtwinklig zur Trägerachse zerlegt werden. Insofern können nicht alle Betrachtungen am waagerechten Ersatzträger angestellt werden, da bei waagerechten Trägern durch vertikale Belastungen keine Normalkräfte entstehen. Außerdem entstehen in den Knickpunkten zusätzliche Schnittkräfte. Diese können jedoch ohne besondere Rechnung durch konstruktive Maßnahmen berücksichtigt werden.

Streng genommen sind geknickte Träger komplizierte Konstruktionen, die als Faltwerk berechnet werden müßten. Dieser Aufwand lohnt sich jedoch nur in ganz besonderen Fällen.

Beispiele zur Erläuterung

1. Eine Stahlbetontreppe mit oberem Podest hat bei einem Steigungsverhältnis von 17,2/29 cm eine Geschoßhöhe von 2,75 m zu überwinden (Bild **166.**1).

Die Lasten und Schnittgrößen werden ermittelt.

Belastung Treppenlauf

$$\tan\alpha = 17{,}2/29 = 0{,}593 \quad \alpha = 30{,}7^\circ \quad \cos\alpha = 0{,}860 \quad \sin\alpha = 0{,}510$$

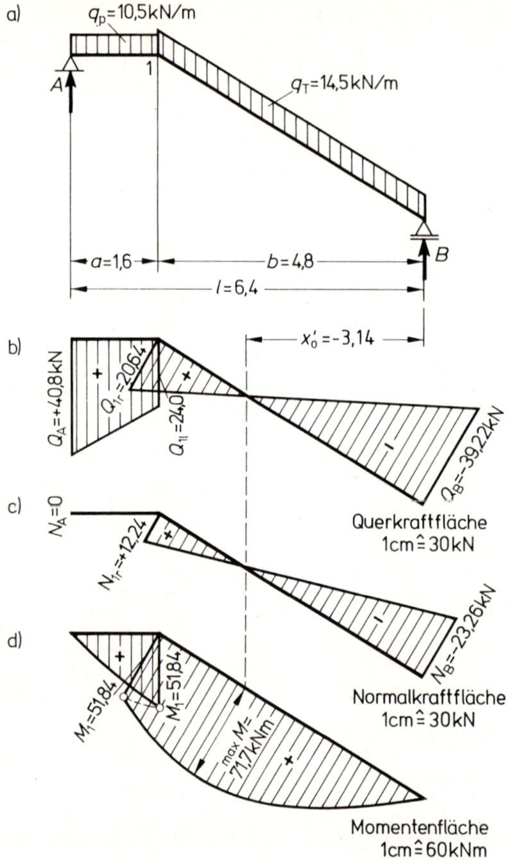

166.1
Treppenlauf mit Podest als geknickter Träger

Eigenlasten

Stahlbetonplatte 20 cm	$\dfrac{d \cdot \gamma}{\cos\alpha} = \dfrac{0{,}20 \cdot 25}{0{,}860} =$	5,81 kN/m² Grundfläche
Putz 1,5 cm	$\dfrac{t \cdot \gamma}{\cos\alpha} = \dfrac{0{,}015 \cdot 18}{0{,}860} =$	0,31 kN/m² Grundfläche
Betonstufen	$\dfrac{s}{2} \cdot \gamma = \dfrac{0{,}172}{2} \cdot 24 =$	2,06 kN/m² Grundfläche
Werksteinstufen + Mörtelbett	$=$	2,50 kN/m² Grundfläche
ständige Last	$g =$	10,68 kN/m² Grundfläche
	$g \approx$	11,0 kN/m² Grundfläche
Verkehrslast	$p =$	3,5 kN/m² Grundfläche
	$q_T =$	14,5 kN/m² Grundfläche

Belastung Podest

Eigenlasten

Stahlbetonplatte 20 cm	$d \cdot \gamma = 0{,}20 \cdot 25 =$	5,00 kN/m² Grundfläche
Putz 1,5 cm	$= 0{,}015 \cdot 18 =$	0,27 kN/m² Grundfläche
Werksteinbelag	$= 0{,}04 \cdot 24 =$	0,96 kN/m² Grundfläche
Mörtelbett	$= 0{,}03 \cdot 21 =$	0,63 kN/m² Grundfläche
ständige Last	$g =$	6,86 kN/m² Grundfläche
	$g \approx$	7,00 kN/m² Grundfläche
Verkehrslast	$p =$	3,50 kN/m² Grundfläche
Gesamtlast	$q_P =$	10,50 kN/m² Grundfläche

Stützkräfte

$$\sum M_{(B)} = 0 \quad A_v \cdot l - q_P \cdot a \cdot \left(\frac{a}{2} + b\right) - q_T \cdot \frac{b^2}{2} = 0$$

$$A_v = \frac{q_P \cdot a \cdot \left(\frac{a}{2} + b\right) + q_T \cdot b^2/2}{l}$$

$$= \frac{10{,}5 \cdot 1{,}6 \cdot (0{,}8 + 4{,}8) + 14{,}5 \cdot 4{,}8^2/2}{6{,}4} = \frac{94{,}08 + 167{,}04}{6{,}4} = 40{,}8\ \text{kN}$$

$$\sum M_{(A)} = 0 \quad B_v \cdot l - q_P \cdot \frac{a^2}{2} - q_T \cdot b \cdot \left(a + \frac{b}{2}\right)$$

$$B_v = \frac{q_P \cdot a^2/2 + q_T \cdot b \cdot (a + b/2)}{l}$$

$$= \frac{10{,}5 \cdot 1{,}6^2/2 + 14{,}5 \cdot 4{,}8 \cdot (1{,}6 + 4{,}8/2)}{6{,}4} = \frac{13{,}44 + 278{,}40}{6{,}4} = 45{,}6\ \text{kN}$$

$$\sum V_i = 0 \qquad A_v + B_v - q_P \cdot a - q_T \cdot b = 0$$

$$40{,}8 + 45{,}6 - 10{,}5 \cdot 1{,}6 - 14{,}5 \cdot 4{,}8 = 0$$

$$86{,}4 - 86{,}4 = 0$$

$$\sum H_i = 0 \quad A_h = 0 \quad B_h = 0$$

Querkräfte (Bild **166.**1b)

$$Q_A = +A_v = +40{,}8\ \text{kN}$$

$$Q_{1l} = +A_v - q_P \cdot a = +40{,}8 - 10{,}5 \cdot 1{,}6 = +24{,}0\ \text{kN}$$

$$Q_{1r} = Q_{1l} \cdot \cos\alpha = +24{,}0 \cdot 0{,}860 = +20{,}64\ \text{kN}$$

$$Q_B = -B_v \cdot \cos\alpha = -45{,}6 \cdot 0{,}860 = -39{,}22\ \text{kN}$$

Nullstelle $x'_0 = Q_{Bv}/q_T = -45{,}6/14{,}5 = -3{,}14$ m horizontal von B (Bild **166.**1b)

Normalkräfte (Bild **166.**1c)

$$N_A = 0$$

$$N_{1l} = 0$$

$$N_{1r} = Q_{1r} \cdot \sin\alpha = +24{,}0 \cdot 0{,}510 = +12{,}24\ \text{kN}$$

$$N_B = B_v \cdot \sin\alpha = -45{,}6 \cdot 0{,}510 = -23{,}26\ \text{kN}$$

Biegemomente (Bild **166.**1 d)

$$M_1 = +A_v \cdot a - q_P \cdot a^2/2 = 40{,}8 \cdot 1{,}6 - 10{,}5 \cdot 1{,}6^2/2 = +65{,}28 - 13{,}44 = +51{,}84\,\text{kNm}$$

$$\max M = B_v^2/2\,q_T = 45{,}6^2/2 \cdot 14{,}5 = +71{,}7\,\text{kNm}$$

Biegemoment aus dem Inhalt der Querkraftfläche

$$\max M = \frac{Q_B \cdot x_0'}{2 \cdot \cos\alpha} = \frac{(-39{,}22) \cdot (-3{,}14)}{2 \cdot 0{,}860} = +71{,}7\,\text{kNm}$$

2. Ein Treppenlauf aus Stahlbeton mit oberem und unterem Podest erhält eine Belastung aus Streckenlasten entsprechend Bild **168.**1. Stützkräfte, Querkräfte und Biegemomente werden berechnet.

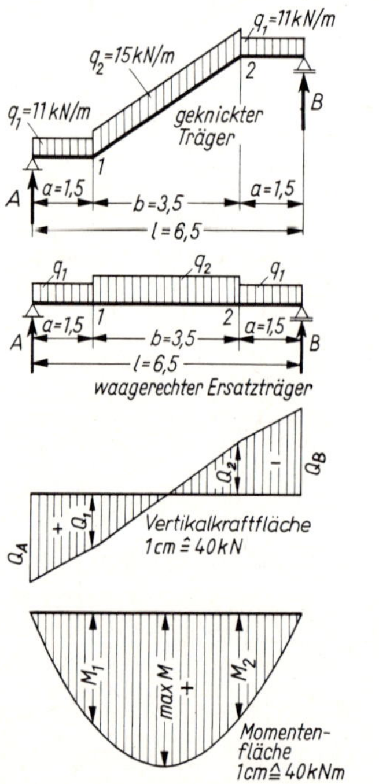

168.1 Treppenlauf als geknickter Träger mit waagerechtem Ersatzträger

Stützkräfte

$$A = B = q_1 \cdot a + \frac{q_2 \cdot b}{2} = 11 \cdot 1{,}50 + \frac{15 \cdot 3{,}50}{2}$$

$$= 16{,}50 + 26{,}25 = 42{,}75\,\text{kN}$$

Querkräfte

$$Q_A = -Q_B = 42{,}75\,\text{kN}$$

$$Q_1 = Q_2 = A - q_1 \cdot a = 42{,}75 - 11 \cdot 1{,}50$$

$$= 42{,}75 - 16{,}50 = 26{,}25\,\text{kN}$$

Biegemomente

$$M_1 = M_2 = A \cdot a - \frac{q_1 \cdot a^2}{2} = 42{,}75 \cdot 1{,}50 - \frac{11 \cdot 1{,}50^2}{2}$$

$$= 64{,}13 - 12{,}38 = 51{,}75\,\text{kNm}$$

$$\max M = A \cdot \frac{l}{2} - q_1 \cdot a \cdot \frac{a+b}{2} - q_2 \cdot \frac{b}{2} \cdot \frac{b}{4}$$

$$= 42{,}75 \cdot \frac{6{,}50}{2} - 11 \cdot 1{,}50 \cdot 2{,}50 - 15\,\frac{3{,}50^2}{8}$$

$$= 138{,}94 - 41{,}25 - 22{,}97 = 74{,}72\,\text{kNm}$$

3. Eine Überdachung wird durch geknickte Träger mit gleichen Schenkeln gebildet. Für die Stahlträger werden die Stützkräfte ermittelt, sowie die Vertikalkraftfläche für den waagerechten Ersatzträger dargestellt.

Normalkraftfläche, Querkraftfläche und Momentenfläche werden für den geknickten Träger dargestellt.

a) Statisches System (Bild **169.**1 a und **169.**2 a).

Trägerabstand $e = 1{,}5\,\text{m}$, Traufhöhe über Gelände $h = 9\,\text{m}$

Dachneigung $\alpha = 30°$ $\cos\alpha = 0{,}866$ $\sin\alpha = 0{,}500$

Schräge Länge $l_s = 0{,}5\,l/\cos\alpha = 0{,}5 \cdot 7{,}0/0{,}866 = 4{,}04\,\text{m}$

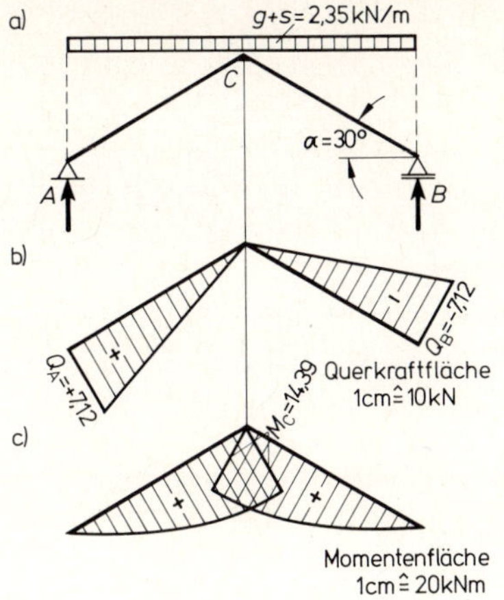

169.1 Gleichschenklig geknickter Träger als Dachträger

a) statisches System mit Lastfall $g + s$
b) Querkraftfläche für Vertikallasten
c) Momentenfläche

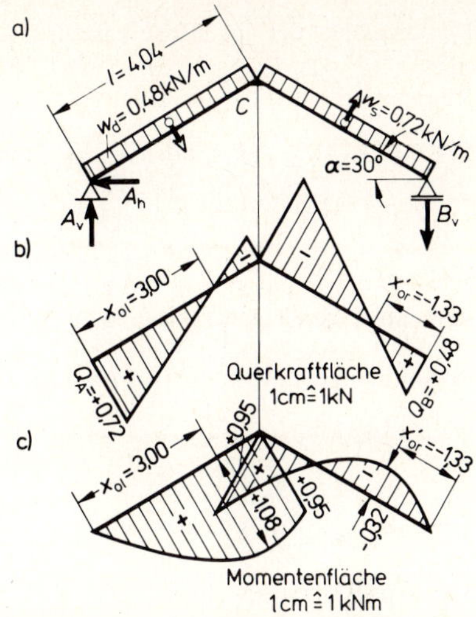

169.2 Gleichschenklig geknickter Träger als Dachträger

a) statisches System mit Lastfall Wind
b) Querkraftfläche für $\dfrac{w_d + w_s}{2}$
c) Momentenfläche

b) Lastenermittlung

Eigenlast

Dachhaut $\quad g_D = \dfrac{g'_D \cdot e}{\cos\alpha} = \dfrac{0{,}50 \cdot 1{,}5}{0{,}866} = 0{,}87\,\text{kN/m Grundlänge}$

Träger $\quad g_T = \dfrac{g'_T}{\cos\alpha} = \dfrac{0{,}30}{0{,}866} = 0{,}35\,\text{kN/m Grundlänge}$

$g = 1{,}22\,\text{kN/m Grundlänge}$

Schnee

$s = k_s \cdot s_0 \cdot e = 1{,}0 \cdot 0{,}75 \cdot 1{,}5 \qquad s = 1{,}13\,\text{kN/m Grundlänge}$

$g + s = 2{,}35\,\text{kN/m Grundlänge}$

Winddruck

$w_d = c_p \cdot q \cdot e = +0{,}4 \cdot 0{,}80 \cdot 1{,}5 \qquad w_d = +0{,}48\,\text{kN/m Dachschräge}$

Windsog links

$w_{sl} = c_p \cdot q \cdot e = -0{,}6 \cdot 0{,}80 \cdot 1{,}5 \qquad w_{sl} = -0{,}72\,\text{kN/m Dachschräge}$

Windsog rechts

$w_{sr} = c_p \cdot q \cdot e = -0{,}6 \cdot 0{,}80 \cdot 1{,}5 \qquad w_{sr} = -0{,}72\,\text{kN/m Dachschräge}$

Schnee + Wind

$s + \dfrac{w_d}{2} = 1{,}13 + \dfrac{0{,}48}{2} = 1{,}37\,\text{kN/m} \qquad \dfrac{s}{2} + w_d = \dfrac{1{,}13}{2} + 0{,}48 = 1{,}05\,\text{kN/m}$

Maßgebend ist der ungünstige Lastfall $g + s + \frac{w_d}{2}$

Reparaturlast

$$S + W = \left(s + \frac{w_d}{2}\right) \cdot \frac{l}{2} \cdot e$$

$$= \left(1{,}13 + \frac{0{,}48}{2}\right) \cdot 3{,}50 \cdot 1{,}50 = 7{,}2\,\text{kN} > 2{,}0\,\text{kN}$$

Reparaturlast von $F = 1{,}0\,\text{kN}$ muß nicht angesetzt werden.

c) Schnittgrößen Lastfall $g + s$ (Bild **169.**1 a)

Stützkräfte

$$A_v = B_v = \frac{(g+s) \cdot l}{2} = \frac{2{,}35 \cdot 7{,}0}{2} = 8{,}225\,\text{kN} \approx 8{,}23\,\text{kN}$$

$$A_h = B_h = 0$$

Querkräfte

$$Q_A = +A_v \cdot \cos\alpha = +8{,}225 \cdot 0{,}866 = +7{,}12\,\text{kN}$$

$$Q_B = -Q_A = -7{,}12\,\text{kN}$$

$$Q_C = Q_A - (g+s) \cdot \frac{l}{2} \cdot \cos\alpha = +7{,}12 - 2{,}35 \cdot \frac{7{,}0}{2} \cdot 0{,}866 = 0$$

Normalkräfte

$$N_A = -A_v \cdot \sin\alpha = -8{,}225 \cdot 0{,}500 = -4{,}11\,\text{kN}$$

$$N_C = N_A + (g+s) \cdot \frac{l}{2} \cdot \sin\alpha = -4{,}11 + 2{,}35 \cdot \frac{7{,}0}{2} \cdot 0{,}500 = 0$$

$$N_B = N_A = -4{,}11\,\text{kN}$$

Biegemoment (Bild **169.**1 c)

$$\max M = M_C = \frac{(g+s) \cdot l^2}{8} = \frac{2{,}35 \cdot 7{,}0^2}{8} = +14{,}39\,\text{kNm}$$

aus der Querkraftfläche

$$\max M = M_C = \frac{Q_A \cdot l_s}{2} = \frac{+7{,}12 \cdot 4{,}04}{2} = +14{,}39\,\text{kNm}$$

d) Schnittgrößen Lastfall $w/2$ (Bild **169.**2 a)

Stützkräfte

$$\sum M_{(A)} = 0 \qquad B_v \cdot l + \frac{w_s}{2} \cdot l_s \cdot \frac{b}{\cos\alpha} - \frac{w_d}{2} \cdot l_s \cdot \frac{a}{\cos\alpha} = 0$$

$$B_v = \frac{-\frac{w_s}{2} \cdot l_s \cdot \frac{b}{\cos\alpha} + \frac{w_d}{2} \cdot l_s \cdot \frac{a}{\cos\alpha}}{l}$$

$$= \frac{-\frac{0{,}72}{2} \cdot 4{,}04 \cdot 4{,}04 + \frac{0{,}48}{2} \cdot 4{,}04 \cdot 2{,}02}{7{,}0} = \frac{-5{,}88 + 1{,}96}{7{,}0} = -0{,}56\,\text{kN}$$

$$\sum M_{(B)} = 0 \quad A_v \cdot l - \frac{w_d}{2} \cdot l_s \cdot \frac{b}{\cos\alpha} + \frac{w_s}{2} \cdot l_s \cdot \frac{a}{\cos\alpha} = 0$$

$$A_v = \frac{+\frac{w_d}{2} \cdot l_s \cdot \frac{b}{\cos\alpha} - \frac{w_s}{2} \cdot l_s \cdot \frac{a}{\cos\alpha}}{l}$$

$$= \frac{+\frac{0{,}48}{2} \cdot 4{,}04 \cdot 4{,}04 - \frac{0{,}72}{2} \cdot 4{,}04 \cdot 2{,}02}{7{,}0} = \frac{+3{,}92 - 2{,}94}{7{,}0} = +0{,}14\,\text{kN}$$

$$\sum V_i = 0$$

$$A_v + B_v - \frac{w_d}{2} \cdot c - \frac{w_s}{2} \cdot c = 0$$

$$+0{,}14 - 0{,}56 - \frac{0{,}48}{2} \cdot 3{,}5 + \frac{0{,}72}{2} \cdot 3{,}5 = 0$$

$$+0{,}14 - 0{,}56 - 0{,}84 + 1{,}26 = 0$$

$$-0{,}42 + 0{,}42 = 0$$

$$\sum H_i = 0 \quad A_h + \frac{w_d}{2} \cdot h + \frac{w_s}{2} \cdot h = 0$$

$$A_h = -\frac{w_d}{2} \cdot h - \frac{w_s}{2} \cdot h = -\frac{0{,}48}{2} \cdot 2{,}0 - \frac{0{,}72}{2} \cdot 2{,}0 = -1{,}20\,\text{kN}$$

Querkräfte (Bild **169.**2b)

$$Q_A = +A_v \cdot \cos\alpha - A_h \cdot \sin\alpha = +0{,}14 \cdot 0{,}866 + 1{,}20 \cdot 0{,}500$$

$$= +0{,}12 + 0{,}60 = +0{,}72\,\text{kN}$$

$$Q_B = -B_v \cdot \cos\alpha = +0{,}56 \cdot 0{,}866 = +0{,}48\,\text{kN}$$

Nullstellen (Bild **169.**2b)

$$x_{01} = \frac{Q_A}{w_d/2} = \frac{0{,}72}{0{,}48/2} = +3{,}00\,\text{m} \quad \text{von } A$$

$$x'_{0r} = -\frac{Q_B}{w_s/2} = -\frac{+0{,}48}{0{,}72/2} = -1{,}33\,\text{m} \quad \text{von } B$$

Biegemomente (Bild **169.**2c)

$$\max M_l = \frac{Q_A^2}{2 \cdot w_d/2} = \frac{+0{,}72^2}{0{,}48} = +1{,}08\,\text{kNm}$$

$$\min M_r = \frac{Q_B^2}{2 \cdot w_s/2} = \frac{0{,}48^2}{-0{,}72} = -0{,}32\,\text{kNm}$$

$$M_{Cl} = M_{Cr} = Q_A \cdot l_s - \frac{w_d}{2} \cdot \frac{l_s^2}{2}$$

$$= +0{,}72 \cdot 4{,}04 - \frac{0{,}48}{2} \cdot \frac{4{,}04^2}{2} = +2{,}91 - 1{,}96 = +0{,}95\,\text{kNm}$$

Beispiele zur Übung

Für Treppenläufe mit oberen und unteren Podesten (Bild **172.**1) mit den angegebenen Maßen und Belastungen sind die Stützkräfte, Querkräfte und Biegemomente max M, M_1 und M_2 zu berechnen.

1. $l = 6{,}0\,\text{m}$	$a = 1{,}2\ \text{m}$	$b = 3{,}6\,\text{m}$	$h = 2{,}6\,\text{m}$	$q_1 = 10{,}0\,\text{kN/m}$	$q_2 = 12{,}0\,\text{kN/m}$
2. $l = 5{,}5\,\text{m}$	$a = 1{,}3\ \text{m}$	$b = 2{,}9\,\text{m}$	$h = 2{,}1\,\text{m}$	$q_1 = 11{,}5\,\text{kN/m}$	$q_2 = 13{,}0\,\text{kN/m}$
3. $l = 4{,}9\,\text{m}$	$a = 1{,}15\,\text{m}$	$b = 2{,}6\,\text{m}$	$h = 1{,}9\,\text{m}$	$q_1 = 9{,}0\,\text{kN/m}$	$q_2 = 12{,}0\,\text{kN/m}$
4. $l = 6{,}2\,\text{m}$	$a = 1{,}3\ \text{m}$	$b = 3{,}6\,\text{m}$	$h = 2{,}5\,\text{m}$	$q_1 = 12{,}0\,\text{kN/m}$	$q_2 = 14{,}0\,\text{kN/m}$

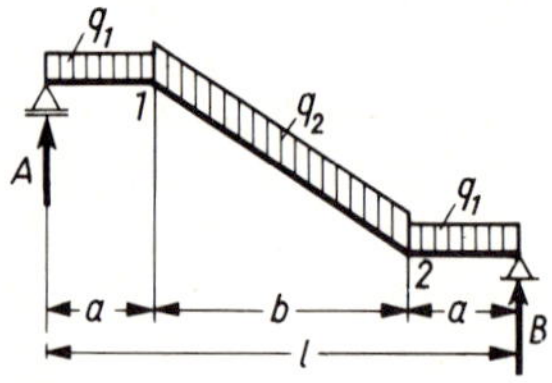

172.1
Treppenlauf mit Podesten als geknickter Träger

6.12 Träger mit Kragarmen

Die Auskragung eines Trägers über das Auflager hinaus nennt man Kragarm. Träger auf 2 Stützen mit Kragarmen werden als Kragträger bezeichnet. Die Belastungen im Feld und auf dem Kragarm wirken recht unterschiedlich. Zunächst sollen diese Lastwirkungen getrennt durchdacht werden.

Die Lasten im Feld zwischen den Stützen haben die gleiche Wirkung wie beim einfachen Träger ohne Kragarm. Die Schnittgrößen aus der Feldbelastung sind daher wie bisher zu ermitteln. Querkraftfläche und Momentenfläche zeigen das bekannte Bild (**172.**2).

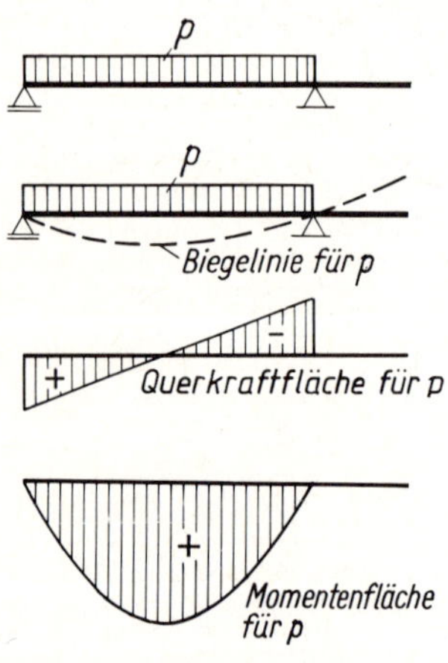

172.2 Träger mit Kragarm. Biegelinie, Querkraftfläche und Momentenfläche für Feldbelastung

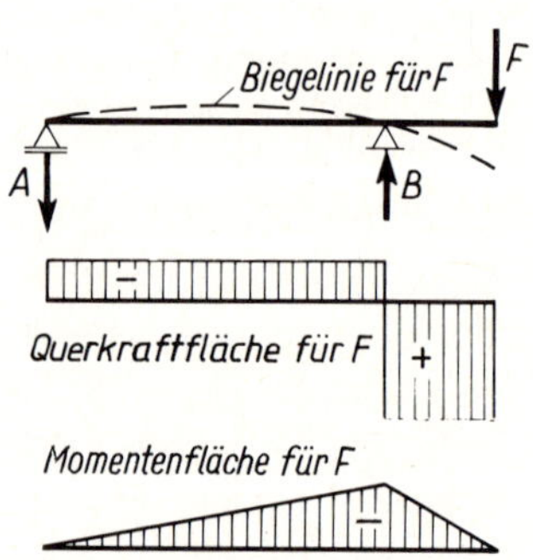

172.3 Träger mit Kragarm. Biegelinie, Querkraftfläche und Momentenfläche für Kragarmbelastung

Die Lasten auf dem Kragarm wirken ähnlich wie bei einem Hebel (Bild **172.2**). Sie üben eine Drehwirkung aus. Durch diese Drehwirkung um das angrenzende Auflager wird das andere, entferntere Auflager entlastet. Das angrenzende Auflager wird um den gleichen Betrag zusätzlich belastet. Außerdem tritt noch eine andere Erscheinung auf. Die Kragarmlasten biegen den Kragarm nach unten durch. Diese nach unten wirkende Belastung verursacht im Feld eine Durchbiegung nach oben. Die obere Zone des Trägers wird gezogen, die untere gedrückt. Die untere gedrückte Zone zeigt, daß die Kragarmbelastung ein negatives Biegemoment erzeugt. Das Kragmoment ist über dem angrenzenden Auflager am größten, es ist an der Kragarmspitze und am anderen Auflager gleich Null (Bild **172.3**).

Die Wirkungen aus Feld- und Kragarmbelastung zusammengenommen ergeben die Gesamtwirkung am Träger. Die getrennt ermittelten Schnittgrößen können zusammengezählt werden, sie werden überlagert. Die 3 Gleichgewichtsbedingungen finden auch hier Anwendung:

$$\sum H = 0, \quad \sum V = 0 \quad \text{und} \quad \sum M = 0$$

6.12.1 Träger mit einseitigem Kragarm

Unter Beachtung der bisherigen Erklärungen am einfachen Träger auf 2 Stützen und am Hebel kann durch Anwendung der Gleichgewichtsbedingungen die Berechnung auch für diese Trägerart durchgeführt werden.

Beispiel zur Erläuterung

Kragträger mit Streckenlast und Einzellast (Bild 173.1)

Kragmoment

Das Biegemoment über dem Auflager B ergibt sich allein aus der Kragarmbelastung ohne Einfluß der Feldbelastung. Da die Kragarmbelastung den Kragarm nach unten durchbiegt und am unteren Trägerrand Druck ($-$) entsteht, ist das Kragmoment ein negatives Moment. Es dreht rechts vom Schnitt im Uhrzeigersinn (s. Abschn. 6.4).

$\min M_B = - F \cdot l_k = - 10 \cdot 1{,}6 = - 16\,\text{kNm}$[1])

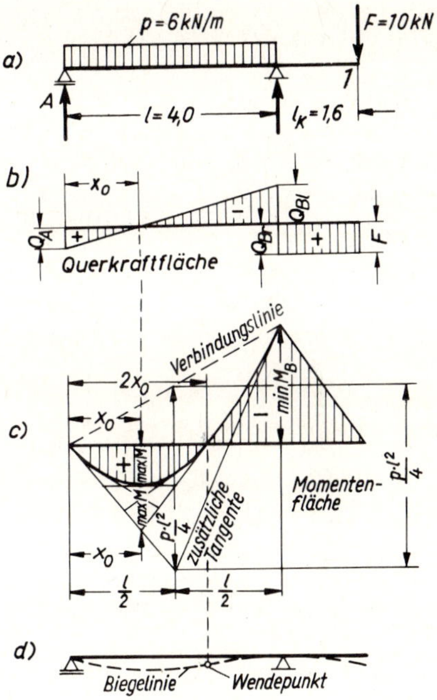

173.1 Träger mit Kragarm

a) Laststellung: gleichmäßig verteilte Last auf dem Feld und Einzellast auf der Kragarmspitze
b) Querkraftfläche mit Nullstelle bei x_0
c) Momentenfläche mit Nullstelle bei $2x_0$ und mit max M bei x_0
d) Biegelinie mit Wendepunkt bei $2x_0$, also bei $M = 0$

1) Mit „max" wird der größte positive Wert bezeichnet, mit „min" der größte negative Wert.

Stützkraft A

$$\sum M_{(B)} = 0 \qquad A \cdot l - p \cdot l \cdot \frac{l}{2} + F \cdot l_k = 0 \qquad A \cdot l = p \cdot l \cdot \frac{l}{2} - F \cdot l_k$$

Der Ausdruck $-F \cdot l_k$ kann auch durch das Kragmoment M_B ersetzt werden. Wenn vorzeichengerecht verfahren wird, erhält man:

$$A \cdot l = p \cdot l \cdot \frac{l}{2} + M_B \qquad A = \frac{p \cdot l \cdot l/2}{l} + \frac{M_B}{l} \qquad \boldsymbol{A = \frac{p \cdot l}{2} + \frac{M_B}{l}} \tag{174.1}$$

Zur gleichen Formel kommt man, wenn man die Belastung von Feld und Kragarm getrennt betrachtet. Der Träger ist belastet durch die äußeren Lasten auf dem Feld und durch das Kragmoment. Aus der Feldbelastung allein ergibt sich die Stützkraft A_0 (ohne Einfluß des Kragmomentes) wie beim Träger auf 2 Stützen ohne Kragarm mit $A_0 = \frac{p \cdot l}{2}$. Durch die Kragarmbelastung erhält man $A' = M_B/l$. Die gesamte Stützkraft errechnet man sich aus der Summe beider Teilstützkräfte

$$A = A_0 + A'$$

$$A - \frac{p \cdot l}{2} + \frac{M_B}{l} = \frac{6 \cdot 4{,}0}{2} + \frac{-16}{4{,}0} = 12 - 4 = 8\,\text{kN}$$

Stützkraft B

$$\sum M_{(A)} = 0 \qquad B \cdot l - p \cdot l \cdot \frac{l}{2} - F \cdot (l + l_k) = 0 \qquad B \cdot l = p \cdot l \cdot \frac{l}{2} + F \cdot (l + l_k)$$

$$B = \frac{p \cdot l \cdot l/2}{l} + \frac{F \cdot l}{l} + \frac{F \cdot l_k}{l} = \frac{p \cdot l}{2} + F - \frac{M_B}{l} = \frac{6 \cdot 4{,}0}{2} + 10 - \frac{-16}{4{,}0}$$
$$= 12 + 10 + 4 = 26\,\text{kN}$$

Die Stützkraft B errechnet sich also aus der Feldbelastung $\frac{p \cdot l}{2}$ und der Kragarmbelastung F zuzüglich der belastenden Wirkung des Kragmomentes.

Querkräfte

$$Q_A = A = 8\,\text{kN} \qquad Q_{Bl} = Q_A - p \cdot l = 8 - 6 \cdot 4{,}0 = 8 - 24 = -16\,\text{kN}$$
$$Q_{Br} = Q_{Bl} - B = -16 + 26 = +10\,\text{kN} \qquad Q_1 = Q_{Br} = F = 10\,\text{kN}$$

Nullstellen

Beim Betrachten der Querkraftfläche fällt auf, daß die Querkraftlinie an 2 Stellen die Bezugslinie durchläuft. Es gibt hier 2 Nullstellen, also 2 gefährdete Querschnitte und damit auch 2 Extremwerte bei den Biegemomenten (Bild **173.**1 b).

Die eine Nullstelle liegt bei der Stütze B, die andere im Feld. Sie kann wie bisher berechnet werden.

$$x_0 = \frac{Q_A}{p} = \frac{8\,\text{kN}}{6\,\text{kN/m}} = 1{,}33\,\text{m} \quad \text{oder} \quad x_0 = \frac{l}{2} + \frac{M_B}{p \cdot l} = \frac{4{,}00}{2} + \frac{-16}{6 \cdot 4{,}00} = 1{,}33\,\text{m} \quad \text{von } A$$

Feldmoment

Das Biegemoment am Auflager A ist gleich Null. Mit dem Maß x_0 kann das maximale Feldmoment berechnet werden.

$$\max M = A \cdot x_0 - p \cdot x_0 \cdot \frac{x_0}{2} = 8 \cdot 1{,}33 - 6 \cdot 1{,}33 \cdot \frac{1{,}33}{2} = 10{,}66 - 5{,}33 = 5{,}33\,\text{kNm}$$

Aus der Querkraftfläche wird berechnet

$$\max M = \frac{Q_A \cdot x_0}{2} = \frac{8 \cdot 1{,}33}{2} = 5{,}33\,\text{kNm}$$

Mit $x_0 = Q_A/p$ erhält man $\max M = \frac{Q_A \cdot x_0}{2} = \frac{Q_A \cdot Q_A/p}{2} = \frac{Q_A^2}{2p}$ oder $\max M = \frac{p \cdot x_0^2}{2}$

Im Bereich der Streckenlast ist die Momentenlinie eine Parabel, im Kragarmbereich eine Gerade (Bild **173.**1 c). Das absolut größte Moment ist das negative Moment über der Stütze. Die Stelle für das maximale Moment im Feld ist durch x_0 gegeben. Der Momenten-Nullpunkt ist an der Stelle $2 \cdot x_0$. Die Parabel ist zwischen dem Auflager A und dieser Stelle symmetrisch. Sie kann in diesem Bereich mit der Tangentenkonstruktion dargestellt werden (s. Bild **139.**1).

Für den Bereich zwischen dem Momenten-Nullpunkt und dem Auflager B ist die Darstellung wegen der geringen Krümmung der Parabel nicht besonders schwierig. Eine zusätzliche Tangente bekommt man durch folgende Überlegungen:

Faßt man die Streckenlast zu einer Einzellast $F = p \cdot l$ zusammen und berechnet damit das Moment M', dann erhält man bei $l/2$

$$M' = \frac{F \cdot l}{4} = \frac{p \cdot l \cdot l}{4} = \frac{p \cdot l^2}{4}$$

Trägt man dieses Moment von der Verbindungslinie der Parabel-Endpunkte in der Mitte der Streckenlast an, hat man eine weitere Tangente an die Parabel (Bild **173.**1 c).

Der Momenten-Nullpunkt hat eine wichtige Bedeutung. Er ist der Übergangspunkt vom positiven zum negativen Momentenbereich. Im Bereich der positiven Momente wird die untere Trägerzone gezogen, im Bereich der negativen Momente wird die untere Trägerzone gedrückt. Beim Momenten-Nullpunkt ist der Übergang von der Zug- zur Druckbeanspruchung im Trägerrand. Dadurch erfolgt eine Biegung der Trägerachse in anderer Richtung. Beim Momenten-Nullpunkt liegt also der Wendepunkt der Biegelinie (Bild **173.**1 d).

Beispiel zur Erläuterung

Kragträger mit gleichmäßig verteilter Belastung (Bild **175.**1)

Kragmoment $\min M_B = -\frac{q \cdot l_k^2}{2} = -\frac{10 \cdot 1{,}2^2}{2} = -7{,}2\,\text{kNm}$

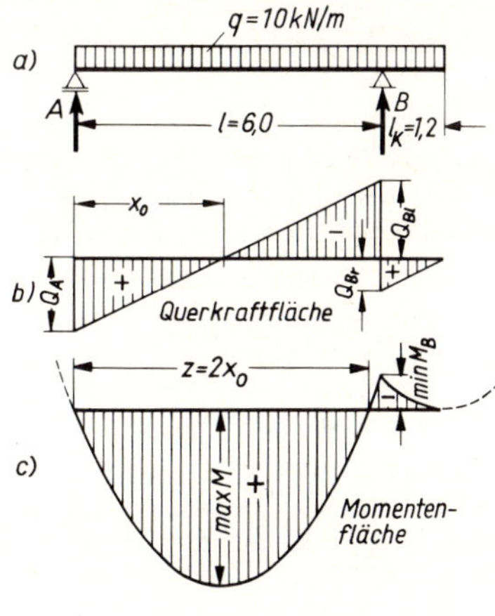

175.1 Kragträger mit gleichmäßig verteilter Belastung

Stützkräfte

Auflager A

$$A = A_0 + \frac{M_B}{l} = \frac{q \cdot l}{2} + \frac{M_B}{l} = \frac{10 \cdot 6{,}0}{2} + \frac{-7{,}2}{6{,}0} = 30{,}0 - 1{,}2 = 28{,}8\,\text{kN}$$

Auflager B

$$B = B_0 + q \cdot l_k - \frac{M_B}{l} = \frac{q \cdot l}{2} + q \cdot l_k - \frac{M_B}{l}$$

$$= \frac{10 \cdot 6{,}0}{2} + 10 \cdot 1{,}2 - \frac{-7{,}2}{6{,}0} = 30{,}0 + 12{,}0 + 1{,}2 = 43{,}2\,\text{kN}$$

Querkräfte

$$Q_A = A = 28{,}8\,\text{kN}$$

$$Q_{Bl} = Q_A - q \cdot l = 28{,}8 - 10 \cdot 6{,}0 = 28{,}8 - 60{,}0 = -31{,}2\,\text{kN}$$

$$Q_{Br} = Q_{Bl} + B = -31{,}2 + 43{,}2 = +12{,}0\,\text{kN}$$

Nullstellen der Querkräfte

$$x_0 = \frac{Q_A}{q} = \frac{28{,}8}{10{,}0} = 2{,}88\,\text{m} \quad \text{von } A$$

Nullstellen der Momente

$$z = 2 \cdot x_0 = 2 \cdot 2{,}88 = 5{,}76\,\text{m} \quad \text{von } A$$

Feldmoment

$$\max M = \frac{Q_A \cdot x_0}{2} = \frac{28{,}8 \cdot 2{,}88}{2} = 41{,}5\,\text{kNm}$$

Im Kragarmbereich ist die Momentenlinie ebenfalls eine Parabel. Sie kann auf ähnliche Weise durch Tangenten konstruiert werden. Die Momentenlinie läuft an der Kragarmspitze tangential zur Trägerachse aus (Bild **175.1** c).

Beispiel zur Übung

1. Träger mit einseitigem Kragarm, belastet durch eine Einzellast auf dem Feld und eine Einzellast auf dem Kragarm.

   Zu berechnen sind A, B, M_F, M_B (Bild **176.1** a).
2. Wie Beispiel 1, jedoch mit 2 Einzellasten auf dem Feld (Bild **176.1** b).
3. Wie Beispiel 1, jedoch mit 3 Einzellasten auf dem Feld (Bild **176.1** c).
4. Träger mit einseitigem Kragarm, belastet durch gleichmäßig verteilte Last q. Zu berechnen sind A, B, M_F, M_B (Bild **177.1** a).
5. Wie Beispiel 4, jedoch belastet durch Last q auf dem Feld und Last g auf dem Kragarm (Bild **177.1** b).
6. Wie Beispiel 4, jedoch belastet durch Last g auf dem Feld und Last q auf dem Kragarm (Bild **177.1** c).

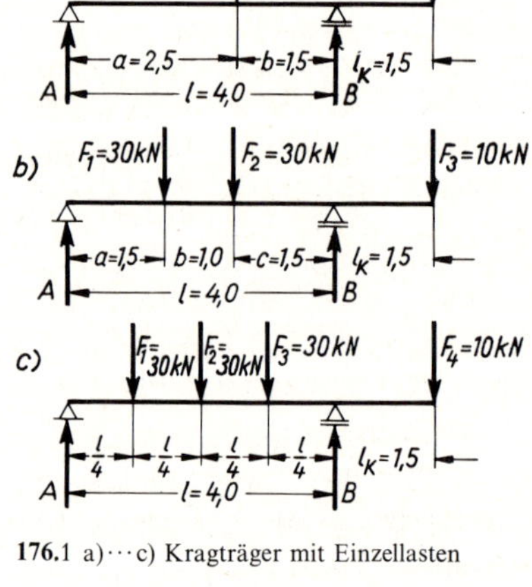

176.1 a)···c) Kragträger mit Einzellasten

6.12.2 Ungünstige Laststellungen

Die Belastungen im Feld und auf dem Kragarm haben unterschiedliche Wirkungen. Die Kragarmbelastung wirkt entlastend auf das gegenüberliegende Auflager, belastend auf das angrenzende Auflager und verringernd auf das Biegemoment im Feld. Es ist außerdem bekannt, daß die Gesamtbelastung q aus Eigenlast g und Verkehrslast p entsteht. Die Verkehrslast p kann zeitweise nur Teile des Trägers belasten, währenddessen andere Teile nur durch die ständig vorhandene Eigenlast g belastet sind. Die größten Stützkräfte und Schnittgrößen entstehen aber nicht durch die Gesamtlast q. Daher sind auch solche Teilbelastungen zu überprüfen, bei denen sich größere Stützkräfte, Querkräfte und Biegemomente ergeben als bei Vollbelastung.

Bei einem Träger auf zwei Stützen mit einem Kragarm sind demnach folgende Laststellungen zu berücksichtigen:

Laststellung 1 (Bild **177.**1a)

- ständige Last g auf ganzer Trägerlänge
- Verkehrslast p auf ganzer Trägerlänge

Damit erhält man max B und min M_B (Größtwert des negativen Kragmoments).

Laststellung 2 (Bild **177.**1b)

- ständige Last g auf ganzer Trägerlänge
- Verkehrslast p auf Feldlänge

Hiermit errechnet man max A und max M_F.

Laststellung 3 (Bild **177.**1c)

- ständige Last g auf ganzer Trägerlänge
- Verkehrslast p auf Kragarmlänge

Die Berechnung liefert min A (kleinste Stützkraft) und min M_F (kleinstes Feldmoment).

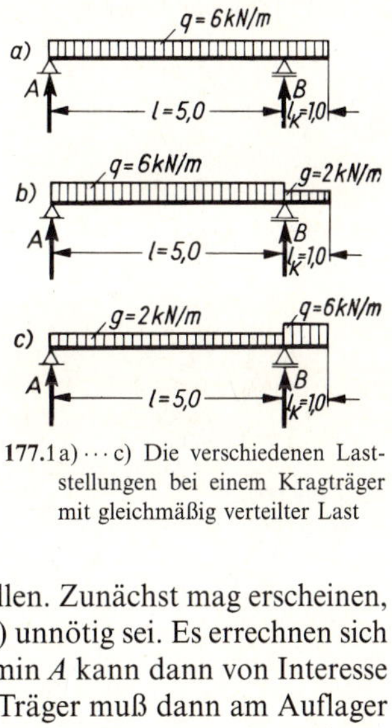

177.1a)···c) Die verschiedenen Laststellungen bei einem Kragträger mit gleichmäßig verteilter Last

Diese Berechnung der verschiedenen Belastungen durch die ungünstigen Laststellungen wurde bereits in den Beispielen zur Übung 4 bis 6, Abschn. 6.12.1, durchgeführt. Die ungünstigen Werte sind lediglich zusammenzustellen. Zunächst mag erscheinen, daß die Laststellung 3 (Vollbelastung nur auf dem Kragarm) unnötig sei. Es errechnen sich dabei auch keine Größtwerte. Aber die kleinste Stützkraft min A kann dann von Interesse sein, wenn die Rechnung einen negativen Wert liefert. Der Träger muß dann am Auflager A verankert werden. Er würde sich dort sonst abheben. Das Biegemoment min M_F kann ebenfalls negativ werden, der Träger wird dann im Bereich des Feldes nach oben durchgebogen und der obere Trägerrand gezogen. Da diese Wirkung der Feldbelastung entgegensteht, kann sie von großer Bedeutung sein.

Beispiel zur Erläuterung

Die in den Beispielen 4···6, Abschn. 6.12.1, erhaltenen Werte für einen Kragträger mit ungünstigen Laststellungen werden zusammengestellt. Die ungünstigen Stützkräfte und Biegemomente sind fettgedruckt angegeben.

Laststellung 1	$A = 14{,}4\,\text{kN}$	$B = \mathbf{21{,}6\,kN}$	$M_F = 17{,}3\,\text{kNm}$	$M_B = -\,\mathbf{3{,}0\,kN}\text{m}$
2	$A = \mathbf{14{,}8\,kN}$	$B = 17{,}2\,\text{kN}$	$M_F = \mathbf{18{,}2\,kN}\text{m}$	$M_B = -\,1{,}0\,\text{kNm}$
3	$A = 4{,}4\,\text{kN}$	$B = 11{,}6\,\text{kN}$	$M_F = 4{,}8\,\text{kNm}$	$M_B = -\,\mathbf{3{,}0\,kN}\text{m}$
	max $A = 14{,}8\,\text{kN}$	max $B = 21{,}6\,\text{kN}$	max $M_F = 18{,}2\,\text{kNm}$	min $M_B = -\,3{,}0\,\text{kNm}$
	min $A = 4{,}4\,\text{kN}$		min $M_F = 4{,}8\,\text{kNm}$	

6.12.3 Träger mit beidseitigen Kragarmen

Bei Trägern mit beidseitigen Kragarmen gilt sinngemäß das gleiche wie bei Trägern mit einseitigem Kragarm. Die Kragarmbelastung entlastet jeweils das gegenüberliegende Auflager und belastet jeweils das benachbarte Auflager um den gleichen Betrag. Über beiden Auflagern entstehen hier Größtwerte der negativen Kragmomente.

Beispiel zur Erläuterung

Kragträger mit unterschiedlichen Streckenlasten (Bild **179**.1)

Kragmomente

$$M_A = -\frac{q_1 \cdot l_1^2}{2} = -\frac{8 \cdot 1{,}0^2}{2} = -\,4{,}0\,\text{kNm}$$

$$M_B = -\frac{q_3 \cdot l_3^2}{2} = -\frac{10 \cdot 1{,}2^2}{2} = -\,7{,}2\,\text{kNm}$$

Querkräfte

$$Q_{Al} = -\,q_1 \cdot l_1 = -\,8 \cdot 1{,}0 = -\,8{,}0\,\text{kN}$$

$$Q_{Ar} = \frac{q_2 \cdot l_2}{2} - \frac{M_A}{l_2} + \frac{M_B}{l_2} = \frac{12 \cdot 5{,}0}{2} - \frac{-4}{5{,}0} + \frac{-7{,}2}{5{,}0} = 30{,}0 + 0{,}8 - 1{,}4 = 29{,}4\,\text{kN}$$

$$Q_{Bl} = -\frac{q_2 \cdot l_2}{2} + \frac{M_A}{l_2} - \frac{M_B}{l_2} = -\,30{,}0 - 0{,}8 + 1{,}4 = -\,30{,}6\,\text{kN}$$

$$Q_{Br} = q_3 \cdot l_3 = 10 \cdot 1{,}2 = 12{,}0\,\text{kN}$$

Stützkräfte

$$A = Q_{Al} + Q_{Ar} = 8{,}0 + 29{,}4 = 37{,}4\,\text{kN}$$

$$B = Q_{Bl} + Q_{Br} = 30{,}6 + 12{,}0 = 42{,}6\,\text{kN}$$

Nullstelle der Querkraft im Feld (Bild **179**.1b)

$$x_0 = \frac{Q_{Ar}}{q_2} = \frac{29{,}4}{12{,}0} = 2{,}45\,\text{m} \quad \text{von } A$$

Feldmoment

$$\max M_F = \frac{Q_{Ar} \cdot x_0}{2} + M_A = \frac{29{,}4 \cdot 2{,}45}{2} - 4{,}0 = 36{,}0 - 4{,}0 = 32{,}0\,\text{kNm} \quad \text{oder}$$

$$\max M_F = \frac{q_2 \cdot x_0^2}{2} + M_A = \frac{12 \cdot 2{,}45^2}{2} - 4{,}0 = 36{,}0 - 4{,}0 = 32{,}0\,\text{kNm}$$

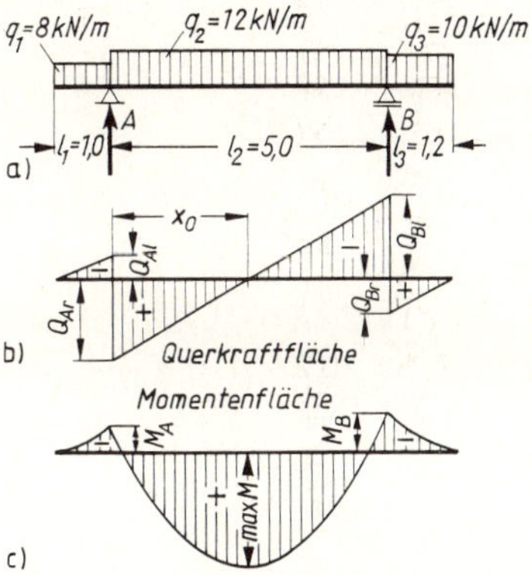

179.1 Träger mit beidseitigen Kragarmen und unterschiedlichen, gleichmäßig verteilten Lasten für Feld und Kragarme

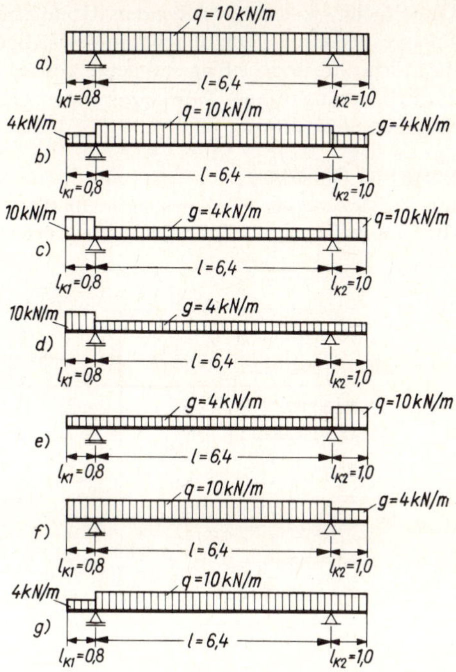

179.2a) ··· g) Die verschiedenen Laststellungen bei einem Kragträger mit gleichmäßig verteilten Lasten

Beispiele zur Übung

1. Träger mit beidseitigen Kragarmen, belastet durch gleichmäßig verteilte Last q auf der ganzen Trägerlänge. Zu berechnen sind A, B, M_A, M_B, M_F (Bild **179**.2a).
2. Träger mit beidseitigen Kragarmen, belastet durch ständige Last g auf der ganzen Trägerlänge und Verkehrslast p auf dem Feld. Zu berechnen sind A, B, M_A, M_B, M_F (Bild **179**.2b).
3. Wie Beispiel 2, jedoch Verkehrslast auf beiden Kragarmen (Bild **179**.2c).
4. Wie Beispiel 2, jedoch Verkehrslast auf dem Kragarm 1 (Bild **179**.2d).
5. Wie Beispiel 2, jedoch Verkehrslast auf dem Kragarm 2 (Bild **179**.2e).
6. Wie Beispiel 2, jedoch Verkehrslast auf dem Kragarm 1 und auf dem Feld (Bild **179**.2f).
7. Wie Beispiel 2, jedoch Verkehrslast auf dem Feld und auf dem Kragarm 2 (Bild **179**.2g).

6.12.4 Ungünstige Laststellungen

Von den Trägern mit einseitigem Kragarm ist bekannt, daß Teilbelastungen des Trägers ungünstigere Stützkräfte und Biegemomente verursachen können als die Vollbelastung des ganzen Trägers.

Die Ergebnisse der vorstehenden Übungsbeispiele 1 ··· 7 machen schon deutlich, daß Entsprechendes auch für Träger mit beidseitigen Kragarmen gilt. Die errechneten Werte für die Stützkräfte und die Biegemomente werden zweckmäßigerweise wie im folgenden Beispiel zur Erläuterung in einer Tabelle zusammengestellt, damit der Überblick bei der Vielzahl der Angaben nicht verlorengeht.

Beispiel zur Erläuterung

Die Rechenwerte der 7 Laststellungen zur Berechnung eines Trägers mit beidseitigen Kragarmen (Beispiele zu Übung 1 ··· 7) werden zusammengestellt.

Laststellung	A (kN)	B (kN)	M_A (kNm)	M_B (kNm)	M_F (kNm)
	39,7	42,3	**– 3,2**	**– 5,0**	47,1
	35,1	36,1	– 1,3	– 2,0	**49,6**
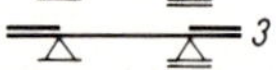	20,5	23,1	**– 3,2**	**– 5,0**	16,4
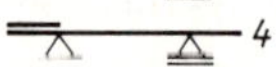	21,0	16,6	**– 3,2**	– 2,0	17,9
	15,4	23,4	– 1,3	**– 5,0**	17,4
	**40,2**	35,8	**– 3,2**	– 2,0	48,7
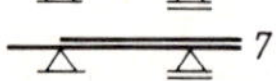	34,6	**42,6**	– 1,3	**– 5,0**	48,1

Daraus ersieht man, daß die Laststellung 1 (Vollast q auf der ganzen Trägerlänge) keine maximalen Werte liefert, die in anderen Laststellungen nicht auch enthalten sind. Auf die Berechnung dieser Laststellung kann daher verzichtet werden.

Aus der Tabelle sind folgende ungünstigen Werte zu entnehmen:

$\max A$	$= 40{,}2\,\mathrm{kN}$	$\min A$	$= 15{,}4\,\mathrm{kN}$
$\max B$	$= 42{,}6\,\mathrm{kN}$	$\min B$	$= 16{,}6\,\mathrm{kN}$
$\min M_A$	$= -3{,}2\,\mathrm{kNm}$	$\min M_B$	$= -5{,}0\,\mathrm{kNm}$
$\max M_F$	$= 49{,}6\,\mathrm{kNm}$	$\min M_F$	$= 16{,}4\,\mathrm{kNm}$

Für eine weitere Berechnung des Trägers (Abmessungen des Trägers, Größe und Art des Querschnittes) sind diese Werte von Bedeutung.

6.12.5 Zusammenfassung für Träger mit Kragarmen

Zur Berechnung der Träger mit Kragarmen genügen die drei Gleichgewichtsbedingungen $\sum V_i = 0$ $\sum H_i = 0$ $\sum M_i = 0$. Ihre Anwendung muß jedoch sorgfältig unter besonderer Beachtung der Vorzeichen geschehen. Die Lasten haben belastende oder entlastende Wirkungen. Negative Stützkräfte und negative Feldmomente sind bei entsprechenden Laststellungen möglich. Die Vollbelastung liefert nicht die ungünstigsten Werte.

Verschiedene mögliche Laststellungen sind zu untersuchen. Innerhalb des Feldes oder auf der Länge eines Kragarmes braucht die Belastung nicht getrennt zu werden. Also entweder Belastung durch Gesamtlast q oder Belastung nur durch ständige Last g auf der g a n z e n Feld- oder Kragarmlänge.

Die Beziehungen zwischen Belastungen, Querkräften und Biegemomenten bestehen hier genauso wie beim einfachen Träger auf zwei Stützen. Allerdings darf man dabei immer nur eine Laststellung für sich betrachten.

- **Die Belastung der Kragarme wirkt auf das gegenüberliegende Auflager entlastend, auf das angrenzende Auflager um den gleichen Betrag belastend.**
- **Über den Auflagern entstehen durch die Kragarmbelastung negative Kragmomente. Die Kragmomente (oder Stützmomente) verringern das Feldmoment des Trägers.**
- **Bei den Auflagern hat die Querkraftlinie einen Sprung von der Größe der Stützkraft.**
- **Über den Auflagern und im Feld kann die Querkraftlinie ihr Vorzeichen ändern. Die Querkraft ist dort Null. An diesen Stellen entstehen Größtwerte in der Momentenfläche.**
- **Alle Regeln für einfache Träger auf zwei Stützen** (Abschn. 6.6.4. und 6.8.3.) **gelten auch bei Kragträgern.**

6.13 Freiträger

In der Praxis werden Balkonträger, Vordächer, Konsolen u.ä. oft als Freiträger ausgebildet.

Die Berechnung der Schnittgrößen für einen Freiträger erfolgt auf gleiche Weise wie die Berechnung der Schnittgrößen für den Kragarm eines Kragträgers. Ein Freiträger ist also dem auskragenden Teil eines Kragträgers gleichzusetzen (Bild **181**.1).

Freiträger haben nur ein Auflager. Da alle Träger aber wegen des stabilen Gleichgewichtszustandes mindestens statisch dreiwertig gelagert sein müssen, ist ein dreiwertiges Auflager erforderlich. Fest eingespannte Auflager sind statisch dreiwertig (Abschn. 6.1). Eine feste Einspannung ist aber nicht ohne besondere Maßnahmen herzustellen, denn ein solches Auflager hat außer den vertikalen und horizontalen Kräften auch ein Drehmoment aufzunehmen (Bild **181**.2). Nach Möglichkeit wird man daher versuchen, einen Freiträger durch einen Kragträger mit zwei Auflagern zu ersetzen.

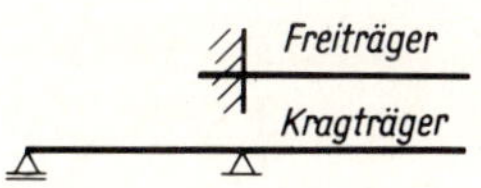

181.1 Freiträger mit Kragträger

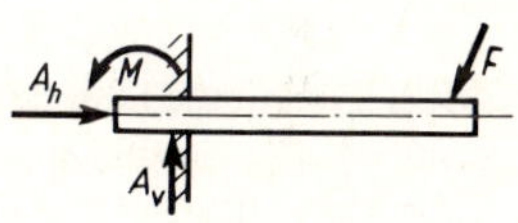

181.2 Auflagerreaktionen bei einem Freiträger

Die Lagerung des Freiträgers verdient besondere Beachtung. Bei Stahlbeton- oder Stahlkonstruktionen sind Freiträger konstruktiv recht gut anzuschließen. Bei Konstruktionen aus anderen Werkstoffen ist die Einspannung meist schwierig herzustellen.

6.13.1 Lagerung der Freiträger

Die Lagerung eines Freiträgers im Mauerwerk ist wegen der unklaren Verteilung der dabei entstehenden inneren Kräfte nicht eindeutig zu bestimmen (Bild **182**.1a). Man kann allerdings durch Platten das Kräftespiel im Auflager schon vorher genau festlegen (Bild **182**.1b). Dabei ist zu erkennen, daß man es mit zwei Stützkräften A und B zu tun hat. Es ist die gleiche Situation wie bei einem Kragträger mit sehr kurzer Feldlänge. Der Freiträger ist ein zweiseitiger Hebel mit dem Drehpunkt bei der Stützkraft A (Bild **182.**1 c). Die statische Länge des Freiträgers wird nicht vom freien Ende aus zur Vorderkante des Mauerwerks, sondern bis zur Stützkraft A gerechnet. Dem Moment der äußeren Kräfte hält das Einspannmoment $M_A = -B \cdot a$ entgegenwirkend das Gleichgewicht.

Bei einer Einspannung ohne Zentrierung der Stützkräfte durch Lagerplatten kann mit guter Näherung eine Kräfteverteilung entsprechend Bild **182.**2 angenommen werden.

Die Stützkräfte A und B werden dabei in einem Drittel der Druckverteilungslänge wirkend angenommen (Schwerpunkt der Dreiecksflächen). Daraus ergibt sich der Wirkabstand a der Stützkräfte

$$a = t - 2 \cdot \frac{1}{6} t = \frac{2}{3} t \tag{182.1}$$

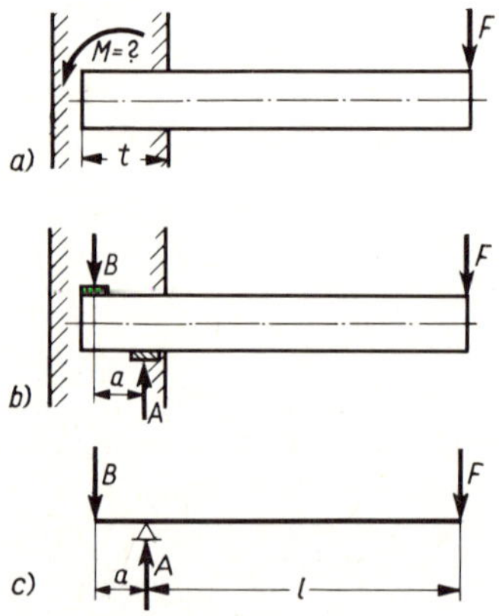

182.1 Bestimmung der Auflagerreaktionen bei Lagerplatten

Die statische Länge ist

$$\boldsymbol{l = l_w + \frac{1}{6} t} \tag{182.2}$$

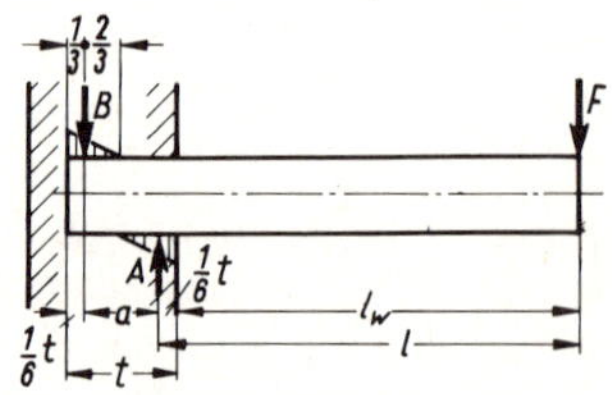

182.2 Bestimmung der Auflagerreaktionen bei einfacher Einspannung

Wichtig ist für die Untersuchung des Mauerwerks, ob die Stützkraft A aufgenommen werden kann (Abplatzungen an der Mauerwerkskante). Außerdem muß genügend Auflast zur Ausbildung der Stützkraft B vorhanden sein. Die verlangte 1,5fache Sicherheit (Abschn. 5.1.2) erfordert eine eineinhalbmal größere Auflast als B, andernfalls muß der Träger nach unten verankert werden.

6.13.2 Freiträger mit Einzellasten

Für Freiträger mit einer Einzellast an der Spitze werden die Schnittgrößen mit den Gleichgewichtsbedingungen (Hebelgesetz) bestimmt.

Freiträger mit Auflagerung im Mauerwerk (Bild **183.**1).

Stützkräfte

$$\sum M_{(A)} = 0 \qquad F \cdot l - B \cdot a = 0 \qquad B \cdot a = F \cdot l \qquad \boldsymbol{B = \frac{F \cdot l}{a}} \tag{182.3}$$

$$\sum V_i = 0 \qquad A - B - F = 0 \qquad \boldsymbol{A = B + F} \tag{182.4}$$

Querkräfte

$$Q_x = +F \qquad Q_{Al} = -B \qquad Q_{Ar} = F \qquad Q_B = -B$$

Biegemomente

$$\boldsymbol{M_A = -F \cdot l \qquad M_x = -F \cdot x} \qquad (183.1)\ (183.2)$$

Querkraftfläche

Die Querkraftfläche im Trägerbereich ist positiv. Die Querkraftfläche zwischen den beiden Stützkräften ist im allgemeinen von geringer Bedeutung, daher kann eine Darstellung für diesen Bereich entfallen.

Momentenfläche

Die Momentenfläche ist im Trägerbereich ein Dreieck. Die Momente sind negativ, da am unteren Trägerrand Druck entsteht. Auch hier erübrigt sich die Darstellung der Momentenfläche für den Bereich zwischen den Stützkräften.

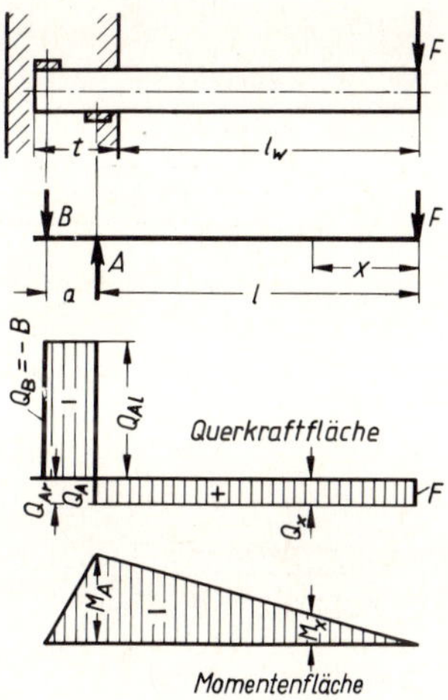

183.1 Freiträger mit Einzellast bei Lagerplatten

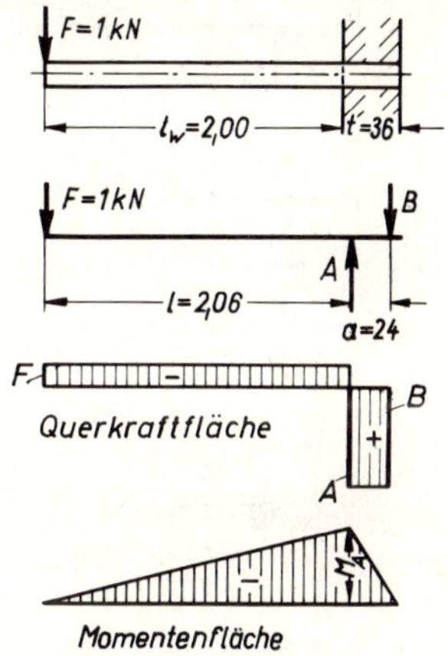

183.2 Freiträger mit Einzellast bei einfacher Einspannung

Beispiele zur Erläuterung

1. Für den Freiträger nach Bild **183.**2 werden die Kraft für die Mauerwerksbelastung und die erforderliche Auflast sowie das größte Biegemoment berechnet. Querkraft- und Momentenfläche werden dargestellt.

$$l = l_w + \frac{1}{6}t = 2{,}00 + \frac{0{,}36}{6} = 2{,}06\,\text{m} \qquad a = \frac{2}{3}t = \frac{2}{3}0{,}36 = 0{,}24\,\text{m}$$

$$\sum M_{(A)} = 0 \qquad B \cdot a - F \cdot l = 0 \qquad B = \frac{F \cdot l}{a} = \frac{1{,}0 \cdot 2{,}06}{0{,}24} = 8{,}6\,\text{kN}$$

$$\sum V_i = 0 \qquad A - B - F = 0 \qquad A = B + F = 8{,}6 + 1{,}0 = 9{,}6\,\text{kN}$$

Kraft für Mauerwerksbelastung	$A = 9{,}6\,\text{kN}$
Erforderliche Auflast	$Q = 1{,}5\,B = 1{,}5 \cdot 8{,}6 = 12{,}9\,\text{kN}$
Größtes Biegemoment	$M_A = -F \cdot l = -1{,}0 \cdot 2{,}06 = -2{,}06\,\text{kNm}$

2. Die Konsole aus Stahl (Freiträger) nach Bild **184.**1 hat zwei Einzellasten aufzunehmen und wird an einer Stütze angeschraubt. Die Schnittgrößen für den Freiträger und die Kräfte in den Schrauben werden berechnet, die Querkraft- und Momentenfläche dargestellt.

$$M_1 = -F_2 \cdot b = -5 \cdot 0{,}10 = -0{,}5\,\text{kNm}$$

$$M_A = -F_2 \cdot (a+b) - F_1 \cdot a = -5 \cdot 0{,}40 - 6 \cdot 0{,}30 = -2{,}0 - 1{,}8 = -3{,}8\,\text{kNm}$$

$$\sum M_{(A)} = 0 \qquad B_h \cdot h - M_A = 0 \qquad B_h = \frac{M_A}{h} = \frac{3{,}8}{0{,}20} = 19{,}0\,\text{kN}$$

$$\sum H_i = 0 \qquad A_h - B_h = 0 \qquad A_h = B_h = 19{,}0\,\text{kN}$$

$$\sum V_i = 0 \qquad A_v + B_v - F_1 - F_2 = 0 \qquad A_v + B_v = F_1 + F_2 = 6 + 5 = 11\,\text{kN}$$

$$A_v = 5{,}5\,\text{kN} \qquad B_v = 5{,}5\,\text{kN}$$

Die gesamte Kraft für eine Schraube berechnet man aus den beiden Kraftkomponenten A_h und A_v (oder B_h und B_v)

$$A = B = \sqrt{A_h^2 + A_v^2} = \sqrt{19{,}0^2 + 5{,}5^2} = 19{,}8\,\text{kN}$$

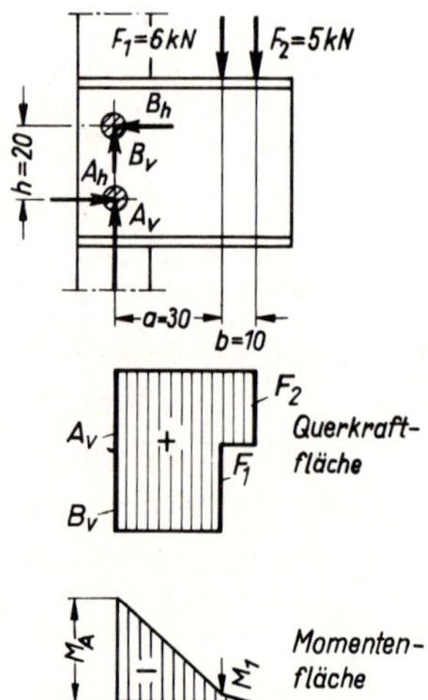

184.1 Konsole mit Schraubenanschluß

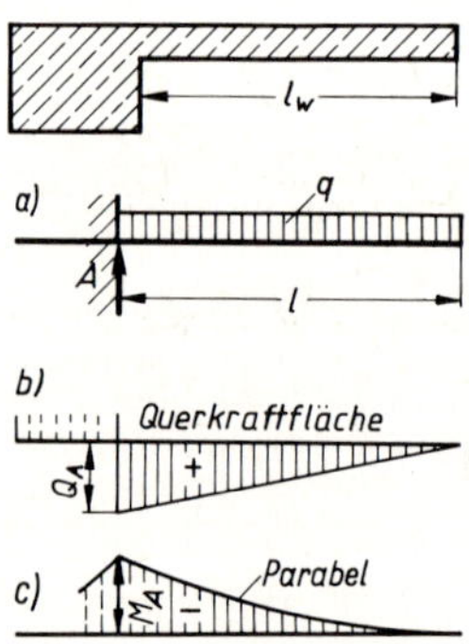

184.2 Stahlbetonplatte als Freiträger

6.13.3 Freiträger mit gleichmäßig verteilter Belastung

Die Schnittgrößen werden mit Hilfe der Gleichgewichtsbedingungen bestimmt.

Für einen Freiträger aus Stahlbeton mit Einspannung im Stahlbetonbalken (Bild **184.**2) erhält man die Schnittgrößen auf folgende Weise:

Statische Länge

$$l = 1{,}05\, l_w$$

Stützkraft

$$A = q \cdot l \tag{185.1}$$

Querkräfte

$$Q_x = q \cdot x \tag{185.2}$$

Biegemomente

$$M_x = -q \cdot x \cdot \frac{x}{2} = -\frac{q \cdot x^2}{2} \tag{185.3}$$

$$M_A = -q \cdot l \cdot \frac{l}{2} = -\frac{q \cdot l^2}{2} \tag{185.4}$$

Beispiele zur Übung

Die im Mauerwerk eingespannten Freiträger sollen berechnet werden. Dafür sind die statische Länge l, die Stützkraft A, die erforderliche Auflast B und das Einspannmoment M_A zu bestimmen (Bild **185**.1);

$$l = l_w + \frac{1}{6} t; \qquad a = \frac{2}{3} t$$

1.	$q = 5{,}0\,\text{kN/m}$	$l_w = 1{,}50\,\text{m}$	$t = 36{,}5\,\text{cm}$
2.	$q = 7{,}0\,\text{kN/m}$	$l_w = 2{,}00\,\text{m}$	$t = 49\,\text{cm}$
3.	$q = 2{,}0\,\text{kN/m}$	$l_w = 1{,}20\,\text{m}$	$t = 24\,\text{cm}$
4.	$q = 3{,}0\,\text{kN/m}$	$l_w = 0{,}90\,\text{m}$	$t = 24\,\text{cm}$

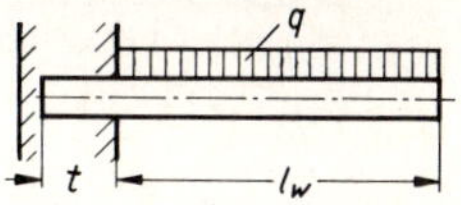

185.1 Freiträger mit einfacher Einspannung mit Mauerwerk

6.13.4 Freiträger mit Brüstung

Zur Bestimmung der Schnittgrößen sind ebenfalls die Gleichgewichtsbedingungen anzusetzen.

Freiträger (Balkonträger) mit biegesteif verbundener Brüstung und Auflagerung im Mauerwerk (Bild **186**.1).

Stützkräfte (Bild **186**.1 a)

$$\sum M_{(A)} = 0 \qquad V \cdot l + H \cdot h - B \cdot a = 0 \qquad B = \frac{V \cdot l + H \cdot h}{a} \tag{185.5}$$

$$\sum V_i = 0 \qquad A_v - B - V = 0 \qquad A_v = B + V \tag{185.6}$$

$$\sum H_i = 0 \qquad A_h - H = 0 \qquad A_h = H \tag{185.7}$$

Querkräfte (Bild **186**.1 b)

$$Q_x = +V \tag{185.8}$$

Normalkräfte (Bild **186**.1 c)

$$N = H \tag{185.9}$$

Biegemomente (Bild **186.**1d)

$$M_1 = -H \cdot h \qquad M_x = -H \cdot h - V \cdot x \tag{186.1}$$

$$M_A = -H \cdot h - V \cdot l \tag{186.2}$$

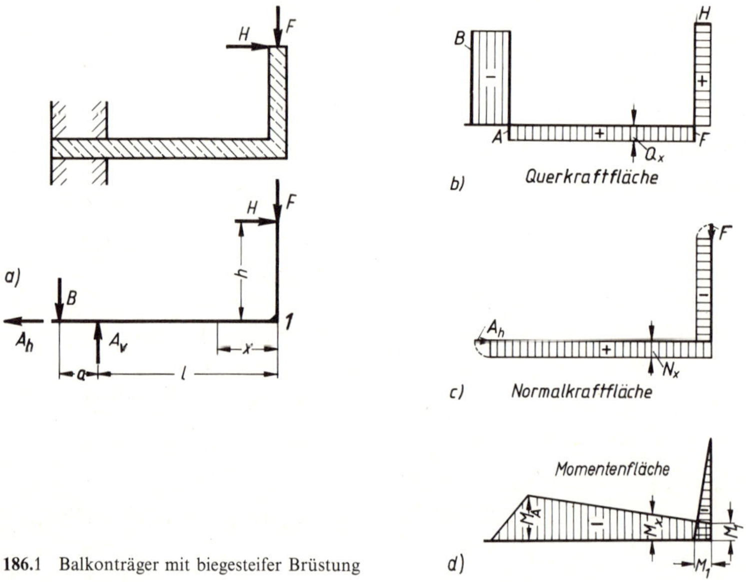

186.1 Balkonträger mit biegesteifer Brüstung

6.14 Gelenkträger

Ein Träger kann mehrere Felder überspannen. Solche Mehrfeldträger kommen in der Praxis sehr häufig vor. Sie werden auf verschiedene Arten konstruiert.

Läßt man einen Träger einfach über mehrere Stützen bzw. Felder durchlaufen, nennt man ihn Durchlaufträger. Dieser Träger sieht auf den ersten Blick recht einfach aus, ist aber ein statisch kompliziertes System. Durchlaufträger sind statisch unbestimmt, denn die drei Gleichgewichtsbedingungen reichen zur Bestimmung der Schnittgrößen nicht aus (s. Abschnitt 7).

Ein Träger über mehreren Feldern kann aus Kragträgern und einfachen Einfeldträgern zusammengesetzt werden. Die einzelnen Trägerteile werden durch Gelenke zu einem Gesamtträger verbunden; man bezeichnet ihn als Gelenkträger. Da im Jahre 1866 H. Gerber als erster auf diese Idee kam, nennt man die Gelenkträger auch Gerberträger. Dachpfetten aus Holz oder Stahl werden gelegentlich als Gelenkträger ausgebildet.

6.14.1 Anordnung der Gelenke

Die Gelenke sollen so ausgebildet sein, daß eine weitgehend ungehinderte Drehung der Träger an diesen Stellen möglich ist. In den Gelenken werden also nur Querkräfte und

Normalkräfte übertragen, keine Biegemomente. In jedem Gelenk sind die Momente gleich Null

$$\sum M_G = 0 \tag{187.1}$$

Mit dieser zusätzlichen Bedingung können die Schnittgrößen für Gelenkträger bestimmt werden. Wichtig ist jedoch, daß die Gelenke auf sinnvolle Weise angeordnet werden, damit die Träger stabil bleiben.

1. **Die Anzahl der Gelenke ist gleich der Anzahl der Mittelstützen.**
2. **In Endfeldern darf nur jeweils 1 Gelenk angeordnet werden.**
3. **Mittelfelder dürfen 2 Gelenke haben, in diesem Fall sollen die Nachbarfelder frei von Gelenken sein.**
4. **Nur ein Auflager ist fest, alle anderen sind beweglich.**

Je nach Anordnung der Gelenke setzt sich ein Gelenkträger zusammen aus folgenden Trägerteilen:

Kragträger, Schleppträger, Schwebeträger oder Koppelträger (Bilder **187.**1 und **187.**2). Die Aufteilung der Gelenkträger für die statische Berechnung wird in den Bildern **188.**1 und **188.**2 verdeutlicht.

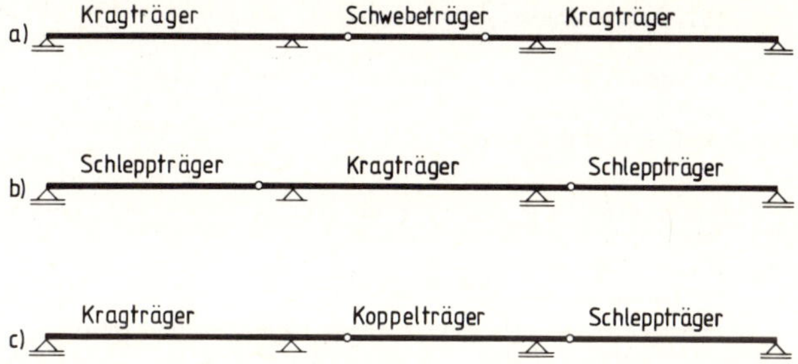

187.1
Gelenkträger über 3 Felder mit unterschiedlicher Anordnung der Gelenke
a) Endfelder ohne Gelenke, im Mittelfeld 2 Gelenke
b) Endfelder mit je einem Gelenk, Mittelfeld ohne Gelenk
c) an den Kragträger im ersten Endfeld schließt ein Koppelträger an

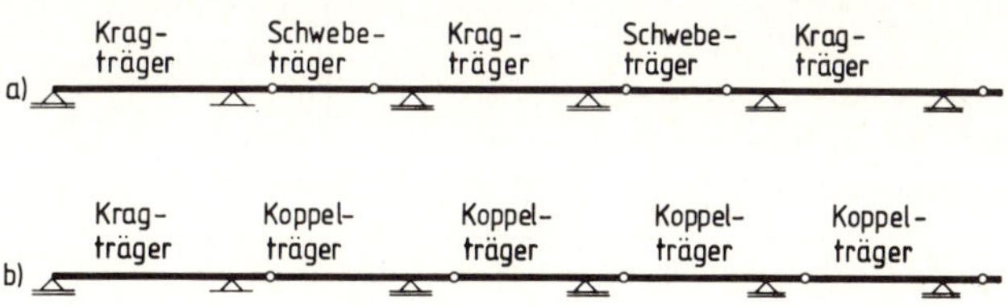

187.2
Gelenkträger können über beliebig viele Felder fortgesetzt werden
a) Kragträger mit Schwebeträgern
b) Kragträger mit Koppelträgern

6.14.2 Schnittgrößen bei gleichmäßig verteilter Belastung

Für die Bemessung des Trägerquerschnitts ist es günstig, wenn Feldmomente und Stützmomente möglichst gleichgroß sind. Das ist zum Teil durch eine passende Entfernung der Gelenke von den Auflagern zu erreichen (Bilder **188.**1 und **188.**2). Um durchweg gleichgroße Momente zu erhalten, müssen die Endfelder auf $l_1 = 0{,}854\, l$ verkürzt werden (Bild **189.**1). Das ist aber konstruktiv nicht immer möglich.

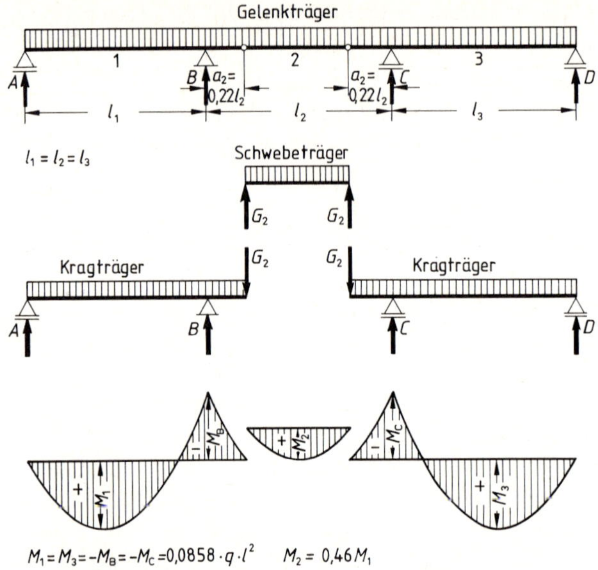

188.1 Träger mit Gelenken im Mittelfeld und Gelenkabstand 0,22 l: gleichgroße Momente für Endfelder und Stützen. Das Moment im Mittelfeld ist kleiner

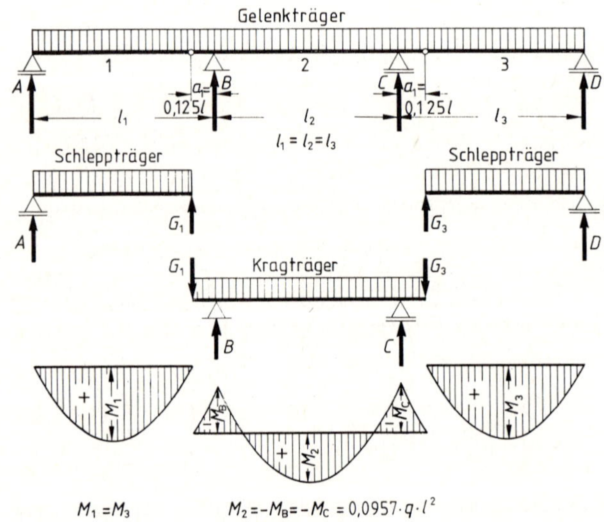

188.2 Träger mit Gelenken in den Endfeldern und Gelenkabstand 0,125 l: gleichgroße Momente für Mittelfeld und Stützen. Die Momente in den Endfeldern sind größer

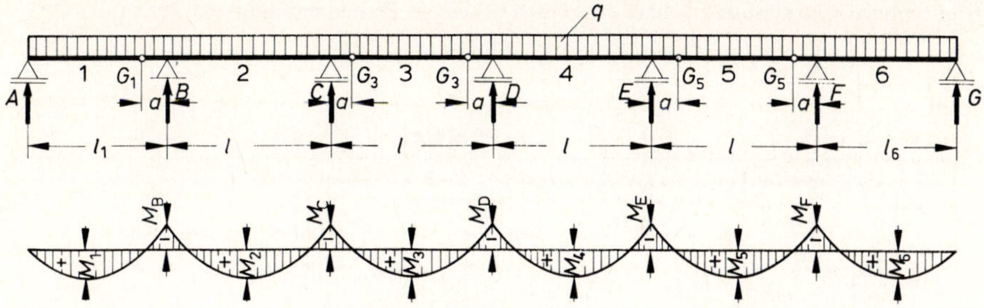

$a = 0{,}147\,l$ $\quad l_1 = l_6 = 0{,}854\,l$

$A = G = 0{,}354 \cdot q \cdot l$ $\quad G_1 \cdots G_5 = 0{,}354 \cdot q \cdot l$ $\quad B \cdots F = 1{,}0 \cdot q \cdot l$

$M_B \cdots M_F = -0{,}063 \cdot q \cdot l^2$ $\quad M_1 \cdots M_6 = +0{,}063 \cdot q \cdot l^2$

189.1 Träger mit gleichgroßen Feld- und Stützmomenten bei gleichmäßig verteilter Belastung

Bei gleichgroßen Feldweiten und gleichmäßig verteilter Belastung können die Schnittgrößen nach Tafel **189.**2 berechnet werden. Die angegebenen Abstände der Gelenke von den Auflagern sind dabei einzuhalten.

Tafel **189.**2 **Gelenkträger** mit gleichmäßig verteilter Belastung; Lage der Gelenke und Schnittgrößen

Ausführung, Gelenke	Stützkräfte, Gelenkkräfte	Biegemomente
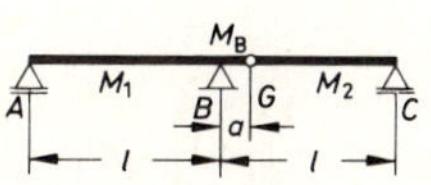 $a = 0{,}172\,l$	$A = 0{,}4142 \cdot q \cdot l$ $B = 1{,}1716 \cdot q \cdot l$ $C = 0{,}4142 \cdot q \cdot l = G$	$M_1 = -M_B = M_2$ $= 0{,}0858 \cdot q \cdot l^2$
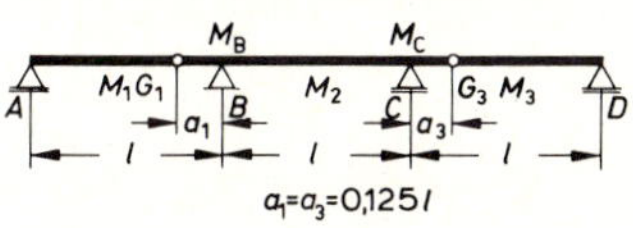 $a_1 = a_3 = 0{,}125\,l$	$A = D \;= 0{,}4375 \cdot q \cdot l$ $B = C \;= 1{,}0625 \cdot q \cdot l$ $G_1 = G_3 = 0{,}4375 \cdot q \cdot l$	$M_1 = 0{,}0957 \cdot q \cdot l^2$ $M_2 = -M_B = -M_C$ $= 0{,}0625 \cdot q \cdot l^2$
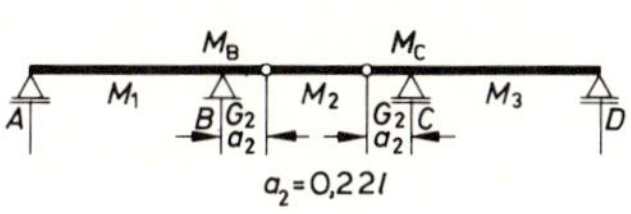 $a_2 = 0{,}22\,l$	$A = D = 0{,}4142 \cdot q \cdot l$ $B = C = 1{,}0858 \cdot q \cdot l$ $G_2 \quad = 0{,}28 \cdot q \cdot l$	$M_1 = -M_B = -M_C$ $= 0{,}0858 \cdot q \cdot l^2$ $M_2 = 0{,}0392 \cdot q \cdot l^2$

Beispiel zur Erläuterung

Für eine 25,1 m lange Lagerhalle werden die Dachpfetten als Gelenkträger ausgebildet. Der Abstand der unterstützenden Dachbinder beträgt 4,4 m, der Abstand zu den Giebelwänden 3,75 m.

Belastung aus Eigenlast und Schnee ergibt sich bei einem Pfettenabstand $e = 1{,}2\,\text{m}$ zu

$$q = (g + s) \cdot e = (0{,}50 + 0{,}75) \cdot 1{,}2 = 1{,}50\,\text{kN/m}$$

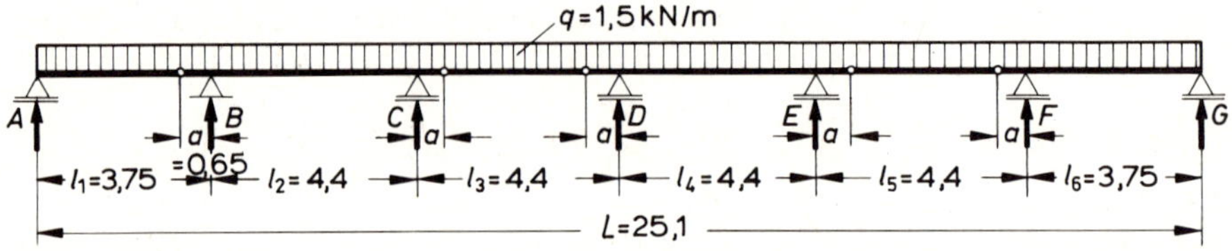

190.1 Dachpfetten als Gelenkträger für eine Lagerhalle

Stützlängen

$$l_1 = l_6 = 3{,}75\,\text{m}, \quad l_2 \cdots l_5 = 4{,}40\,\text{m}$$

Abstand der Gelenke

$$a = 0{,}147\,l = 0{,}147 \cdot 4{,}40 = 0{,}65\,\text{m}$$

Stützkräfte

$$A = G = 0{,}354 \cdot q \cdot l = 0{,}354 \cdot 1{,}50 \cdot 4{,}40 = 2{,}34\,\text{kN}$$
$$B \ldots F = 1{,}0 \cdot q \cdot l = 1{,}0 \cdot 1{,}50 \cdot 4{,}40 = 6{,}60\,\text{kN}$$
$$G_1 \ldots G_5 = 0{,}354 \cdot q \cdot l = 0{,}354 \cdot 1{,}50 \cdot 4{,}40 = 2{,}34\,\text{kN}$$

Feld $\quad M_1 \ldots M_6 = 0{,}063 \cdot q \cdot l^2 = 0{,}063 \cdot 1{,}50 \cdot 4{,}40^2 = 1{,}83\,\text{kNm}$

Stützmomente

$$M_B \ldots M_F = -\,0{,}063 \cdot q \cdot l^2 = -\,0{,}063 \cdot 1{,}50 \cdot 4{,}40^2 = -\,1{,}83\,\text{kNm}$$

Gelenkmomente

$$M_{G1} \ldots M_{G5} = 0$$

7 Berechnung statisch unbestimmter Träger

Im vorigen Abschnitt wurde festgestellt, daß ein Träger zur stabilen Lagerung mindestens 3wertig gelagert sein muß. Zur Berechnung dieser 3 unbekannten Größen der Stützkräfte stehen 3 Gleichungen zur Verfügung. Es sind dies die 3 Gleichgewichtsbedingungen

$$\sum H_i = 0, \quad \sum V_i = 0, \quad \sum M_i = 0.$$

Eine mehr als 3wertige Lagerung macht einen Träger statisch unbestimmt. Ein 4wertig gelagerter Träger ist statisch einfach unbestimmt ($4 - 3 = 1$), ein 5wertig gelagerter Träger ist statisch zweifach unbestimmt ($5 - 3 = 2$). Zu einer solchen mehr als 3wertigen Lagerung kommt es, wenn ein Träger mehr als ein festes Auflager (2wertig) **und** ein bewegliches Auflager (1wertig) besitzt oder mehr als ein eingespanntes Auflager hat. Diese mehr als 3wertige Lagerung ergibt sich bei eingespannten Einfeldträgern (Bild **191.**1) und bei Durchlaufträgern (Bild **191.**2).

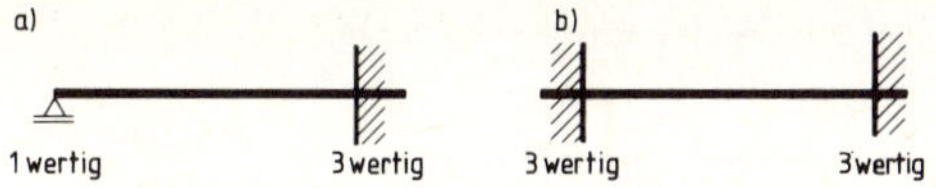

191.1 Eingespannte Einfeldträger sind wegen ihrer mehr als 3wertigen Lagerung statisch unbestimmt
a) einseitig eingespannter Einfeldträger: 4wertige Lagerung
b) beidseitig eingespannter Einfeldträger: 6wertige Lagerung

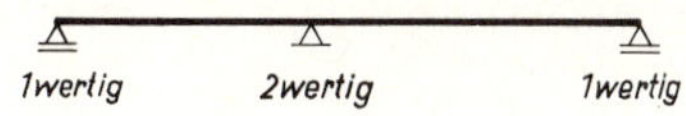

191.2 Mehrwertige Lagerung eines Durchlaufträgers: 4wertig

7.1 Durchlaufträger

Träger auf mehr als zwei Stützen sind Durchlaufträger, wenn keine Gelenke angeordnet werden (s. Abschn. 6.14). Ein Träger auf 3 Stützen ist ein Zweifeldträger, da er zwei Felder (Öffnungen) überbrückt (Bild **191.**3). Die Vorteile eines Zweifeldträgers gegenüber zwei Einfeldträgern sind die kleineren Biegemomente und geringeren Durchbiegungen. Diese ergeben sich aus der Durchlaufwirkung über dem Mittelauflager (Innenstütze). Infolge der Durchlaufwirkung entsteht über der Innenstütze ein zusätzliches Biegemoment. Dieses Biegemoment über der Stütze ist das Stützmoment und ähnelt dem Kragmoment beim Kragträger (Bild **192.**1).

Bei Kragträgern war das Kragmoment aus der äußeren Belastung zu berechnen. Das ist beim Stützmoment von Durchlaufträgern nicht ohne weiteres der Fall. Dieses Stützmoment ist gegenüber den statisch bestimmten Einfeldträgern die zusätzlich entstandene unbekann-

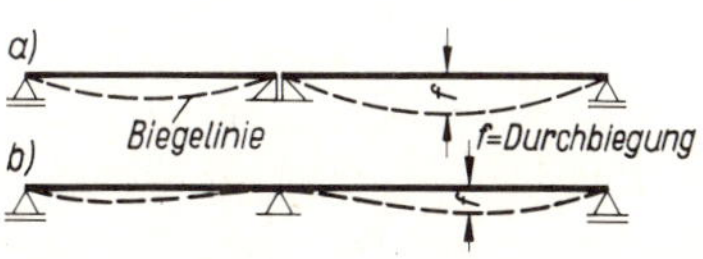

191.3
Durchbiegungen
a) bei zwei Einfeldträgern oder b) bei einem Zweifeldträger

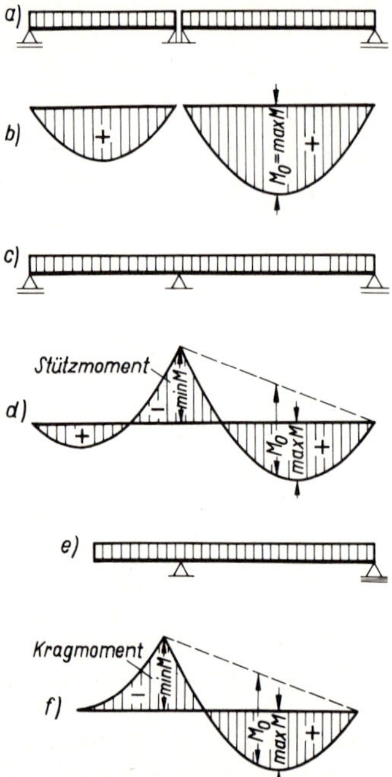

192.1 Biegemomente
a) und b) bei zwei Einfeldträgern
c) und d) bei einem Zweifeldträger
e) und f) bei einem Kragträger

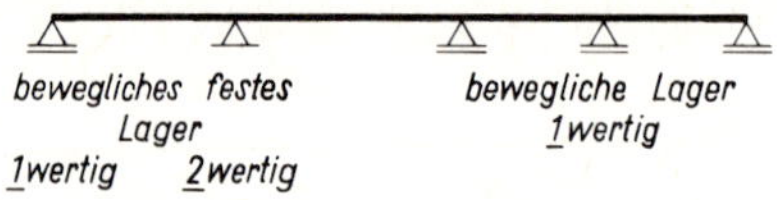

192.2 Durchlaufträger mit einem festen Auflager

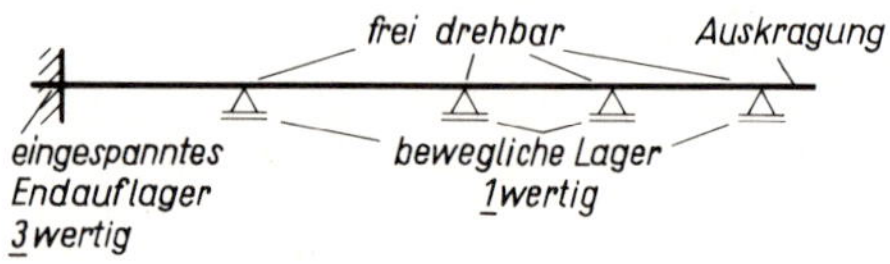

192.3 Durchlaufträger mit einem eingespannten Auflager

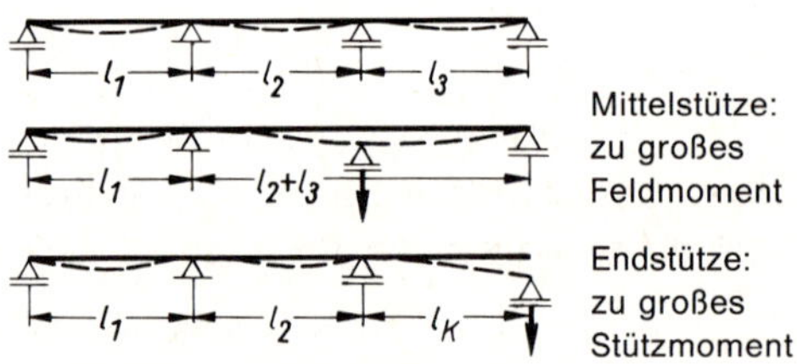

192.4 Auswirkung von Stützensenkung

te Größe. Über jeder Innenstütze entsteht ein entsprechendes Stützmoment. Um die Anzahl der Innenstützen ist also ein Durchlaufträger statisch unbestimmt. Ein Durchlaufträger mit einer Innenstütze (Zweifeldträger) ist statisch einfach unbestimmt. Ein Durchlaufträger über 2 Innenstützen (Dreifeldträger) ist statisch zweifach unbestimmt. Für diese unbestimmten Größen sind zusätzliche Gleichungen erforderlich, damit alle Größen bestimmt werden können. Dazu gibt es mehrere Berechnungsverfahren (Kraftgrößen-Verfahren, Formänderungsverfahren, Festpunkteverfahren, Iterationsverfahren nach Cross, Kani, Grinter). Eines der Kraftgrößen-Verfahren liefert die Dreimomentengleichung nach Clapeyron.

Zur Berechnung von Durchlaufträgern werden die folgenden vereinfachenden Annahmen getroffen.

1. **Der Durchlaufträger hat nur ein festes oder eingespanntes Auflager. Alle anderen Auflager sind beweglich (Bild 192.2).**
2. **Über allen Mittelstützen soll sich der Träger frei verbiegen und drehen können. An den Endauflagern kann der Träger frei beweglich oder fest eingespannt sein oder auch auskragen (Bild 192.3).**
3. **Ungleiche Senkungen der Stützen treten nicht ein (Bild 192.4).**
4. **Der Durchlaufträger ist aus einem einheitlichen Baustoff hergestellt.**
5. **Der Durchlaufträger hat einen gleichbleibenden Querschnitt über alle Felder.**
6. **Unterschiedliche Temperaturen an der Unter- und Oberseite des Trägers treten nicht auf.**

7.2 Durchlaufträger nach Clapeyron

Die aus dem Kraftgrößen-Verfahren abgeleiteten Dreimomentengleichungen von Clapeyron[1]) bieten die Möglichkeit, die statisch unbestimmten Größen bei Durchlaufträgern zu berechnen. Diese unbestimmten Größen sind die Stützmomente. Das Berechnungsverfahren ist besonders günstig bei Durchlaufträgern über wenigen Felder, also bei 2 oder 3 Feldern. Es ist aber auch zweckmäßig beim Aufstellen von Rechenprogrammen für statische Berechnungen mit Computern. Hierbei spielt die Anzahl der Felder keine Rolle.

Die Dreimomentengleichung dient zur Berechnung der drei Momente zweier benachbarter Felder (Bild **193**.1). Sie lautet:

$$M_l \cdot l_l + 2\,M_m \cdot (l_l + l_r) + M_r \cdot l_r = -\mathfrak{R}_l \cdot l_l - \mathfrak{L}_r \cdot l_r \tag{193.1}$$

M_l = Moment über der linken Stütze l_l = Länge des linken Feldes (l_1)
M_m = Moment über der Mittelstütze l_r = Länge des rechten Feldes (l_2)
M_r = Moment über der rechten Stütze
$\mathfrak{R}_l$ = Belastungsglied für das rechte Auflager des linken Feldes
$\mathfrak{L}_r$ = Belastungsglied für das linke Auflager des rechten Feldes

Diese allgemein gehaltene Formel kann man für jeweils zwei benachbarte Felder anwenden. Da hier in dieser Gleichung drei Unbekannte enthalten sind (M_l, M_m, M_r), braucht man zur Lösung weitere Gleichungen. Diese erhält man dadurch, daß man die nächsten beiden benachbarten Felder betrachtet und dafür ebenfalls die Dreimomentengleichung aufstellt. Es ergibt sich dann das folgende System (Bild **193**.2):

$$\begin{aligned} M_A \cdot l_1 + 2\,M_B \cdot (l_1 + l_2) + M_C \cdot l_2 &= -\mathfrak{R}_1 \cdot l_1 - \mathfrak{L}_2 \cdot l_2 \\ M_B \cdot l_2 + 2\,M_C \cdot (l_2 + l_3) + M_D \cdot l_3 &= -\mathfrak{R}_2 \cdot l_2 - \mathfrak{L}_3 \cdot l_3 \\ M_C \cdot l_3 + 2\,M_D \cdot (l_3 + l_4) + M_E \cdot l_4 &= -\mathfrak{R}_3 \cdot l_3 - \mathfrak{L}_4 \cdot l_4 \end{aligned} \tag{193.2}$$

Man erkennt den systematischen Aufbau: bei jeder weiteren Zeile geht man um eine Stütze (von *A* nach *B*) und um ein Feld (von l_1 nach l_2) weiter.

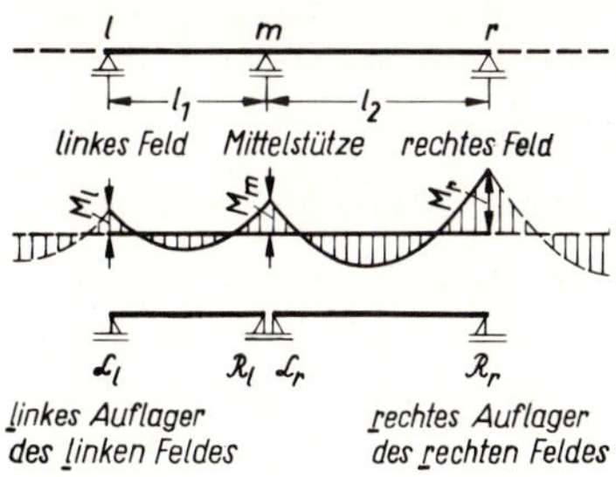

193.1 Teil eines Durchlaufträgers für Dreimomentengleichung

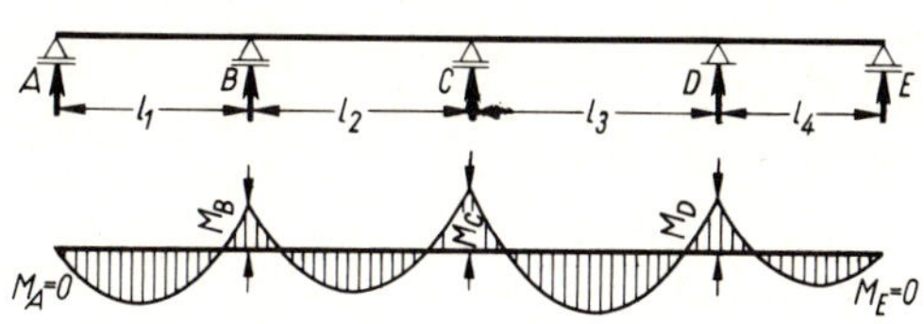

193.2 Durchlaufträger über 4 Felder mit 3 Innenstützen

[1]) Clapeyron, franz. Ingenieur, 1799–1864. Er wendete als erster den Arbeitssatz an: Äußere Arbeit = Formänderungsarbeit.

$\mathfrak{R}$ und $\mathfrak{L}$ sind die sog. Belastungsglieder, die von der Belastung der Felder abhängig sind. Bei gleichmäßig verteilter Belastung erhält man z.B.

$$\mathfrak{R}_1 = \mathfrak{L}_1 = \frac{q_1 \cdot l_1^2}{4} \tag{194.1}$$

Bei einer Einzellast in Feldmitte ist z.B.

$$\mathfrak{R}_1 = \mathfrak{L}_1 = \frac{3}{8} F \cdot l_1 \tag{194.2}$$

Die Belastungsglieder sind in statischen Tabellen für die verschiedensten Lastfälle zu finden.

Mit diesen Dreimomentgleichungen erhält man die Stützmomente. Alle anderen Schnittgrößen, wie Stützkräfte, Querkräfte, Biegemomente im Feld, berechnet man mit Hilfe der drei Gleichgewichtsbedingungen wie bisher unter Berücksichtigung des Einflusses der Stützmomente.

7.2.1 Zweifeldträger

Für einen Zweifeldträger ohne Einspannungen an den Endauflagern A und C (**194.**1) schrumpft die Gleichung $M_A \cdot l_1 + 2\,M_B \cdot (l_1 + l_2) + M_C \cdot l_2 = -\mathfrak{R}_1 \cdot l_1 - L_2 \cdot l_2$ auf eine einfachere Form zusammen. Die Momente M_A und M_C sind hierbei Null. Also lautet die Gleichung

$$2\,M_B \cdot (l_1 + l_2) = -\mathfrak{R}_1 \cdot l_1 - \mathfrak{L}_2 \cdot l_2 \tag{194.3}$$

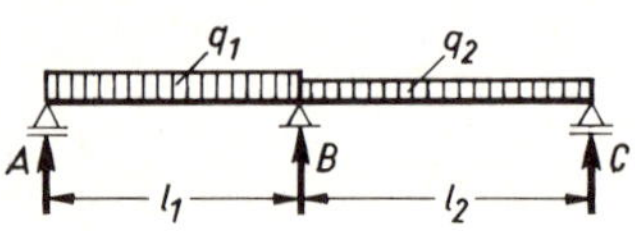

194.1 Zweifeldträger

Bei gleichmäßig verteilter Last sind die Belastungsglieder

$$\mathfrak{R}_1 = \frac{q_1 \cdot l_1^2}{4} \quad \text{und} \quad \mathfrak{L}_2 = \frac{q_2 \cdot l_2^2}{4}$$

Damit erhält man

$$2\,M_B \cdot (l_1 + l_2) = -\frac{q_1 \cdot l_1^2}{4} \cdot l_1 - \frac{q_2 \cdot l_2^2}{4} \cdot l_2 = -\frac{q_1 \cdot l_1^3 + q_2 \cdot l_2^3}{4}$$

$$\mathbf{M_B = -\frac{q_1 \cdot l_1^3 + q_2 \cdot l_2^3}{8 \cdot (l_1 + l_2)}} \tag{194.4}$$

Damit ist die statisch unbestimmte Größe gefunden. Die anderen Schnittgrößen erhält man mit Hilfe der 3 Gleichgewichtsbedingungen.

Stützkräfte

Es ist am sinnvollsten, bei der Berechnung der Stützkräfte jedes Feld getrennt für sich zu betrachten. Die gesamte Belastung setzt sich zusammen aus der äußeren Belastung und den Stützmomenten (Bild **195.**1).

Also errechnen sich auch die Stützkräfte aus der äußeren Belastung und dem Einfluß der Stützmomente. Das geschah in gleicher Form schon beim Kragträger (s. Abschn. 6.12). Statt des Kragmomentes haben wir es hier mit dem Stützmoment zu tun. Auch ein Stützmoment hat auf das darunterliegende Auflager eine belastende Wirkung, auf benachbarte Auflager eine entlastende Wirkung (Bild **195.**2).

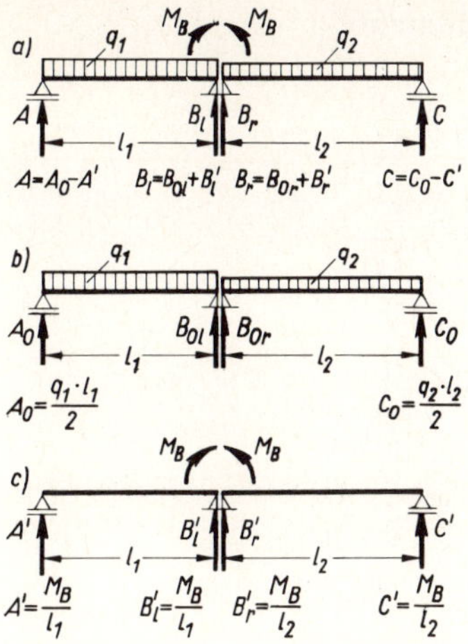

195.1 Getrennte Betrachtung der Einzelfelder für die Berechnung der Stützkräfte

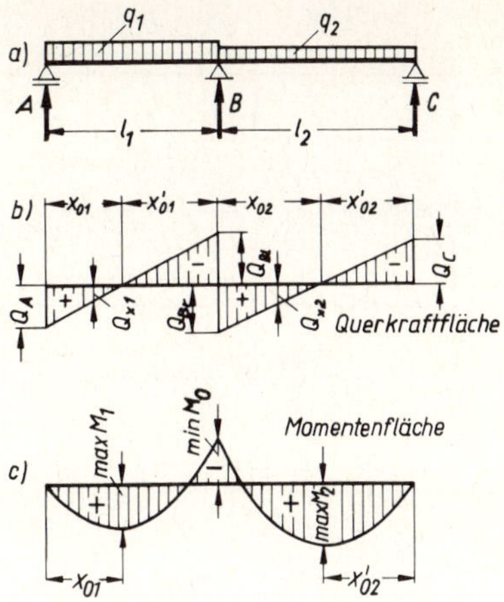

195.2 Zweifeldträger mit Querkraft- und Momentenfläche

Stützkraft ohne Einfluß des Stützmomentes

$$A_0 = \frac{q \cdot l}{2} \tag{195.1}$$

Einfluß des Stützmomentes auf die Stützkraft

$$A' = \frac{M_B}{l} \tag{195.2}$$

Die Vorzeichen der Stützmomente sind bei der Berechnung zu beachten.

$$A = A_0 + A' = \frac{q_1 \cdot l_1}{2} + \frac{M_B}{l_1} \qquad B = B_l + B_r = B_0 - \frac{M_B}{l_1} - \frac{M_B}{l_2} \qquad (195.3)\ (195.4)$$

$$C = C_0 + C' = \frac{q_2 \cdot l_2}{2} + \frac{M_B}{l_2} \qquad B_l = B_{0l} - \frac{M_B}{l_1} = \frac{q_1 \cdot l_1}{2} - \frac{M_B}{l_1} \qquad (195.5)$$

$$B_r = B_{0r} - \frac{M_B}{l_2} = \frac{q_2 \cdot l_2}{2} - \frac{M_B}{l_2}$$

Querkräfte

$$Q_x = Q_{x_0} + \frac{M_B}{l_1} \text{ im Feld 1} \quad Q_x = Q_{x_0} + \frac{M_B}{l_2} \text{ im Feld 2} \tag{195.6}$$

Nullstellen

$$\begin{aligned} x_{01} &= Q_A/q_1 && \text{im Feld 1 rechts vom Auflager } A \text{ für max } M_1 \\ x_{01}' &= Q_{Bl}/q_1 && \text{im Feld 1 links vom Auflager } B \text{ für max } M_1 \\ x_{02} &= Q_{Br}/q_2 && \text{im Feld 2 rechts vom Auflager } B \text{ für max } M_2 \\ x_{02}' &= Q_C/q_2 && \text{im Feld 2 links vom Auflager } C \text{ für max } M_2 \end{aligned} \tag{195.7}$$

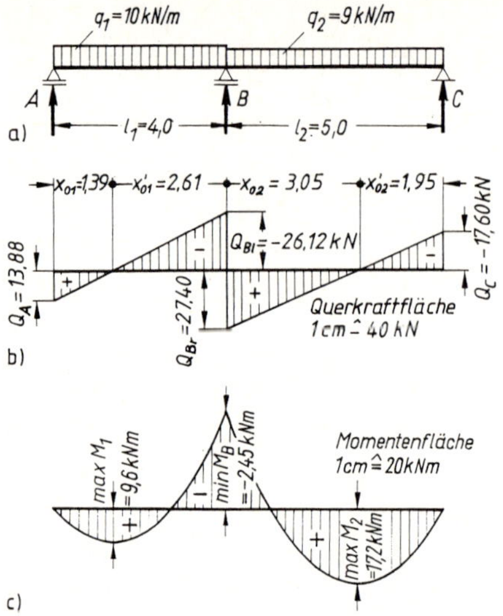

Feldmomente

$$\max M_1 = \frac{A^2}{2q_1} \qquad \max M_2 = \frac{C^2}{2q_2} \tag{196.1}$$

196.1
Zweifeldträger mit Querkraft- und Momentenfläche

Beispiel zur Erläuterung

Für einen Zweifeldträger (Bild **196.1**) mit den Stützweiten $l_1 = 4{,}0\,\text{m}$, $l_2 = 5{,}0\,\text{m}$ und den Belastungen $q_1 = 10\,\text{kN/m}$, $q_2 = 9\,\text{kN/m}$ werden Stützmomente, Stützkräfte, Nullstellen und Feldmomente berechnet.

Stützmoment (Bild **196.1**c)

$$M_B = -\frac{q_1 \cdot l_1^3 + q_2 \cdot l_2^3}{8(l_1 + l_2)} = -\frac{10 \cdot 4{,}0^3 + 9 \cdot 5{,}0^3}{8(4{,}0 + 5{,}0)} = -\frac{640 + 1125}{8 \cdot 9{,}0} = -\frac{1765}{72{,}0} = -24{,}5\,\text{kNm}$$

Stützkräfte (Bild **196.1**b)

$$A = A_0 + \frac{M_B}{l_1} = \frac{q_1 \cdot l_1}{2} + \frac{M_B}{l_1} = \frac{10 \cdot 4{,}0}{2} + \frac{-24{,}5}{4{,}0} = 20{,}0 - 6{,}12 = 13{,}88\,\text{kN}$$

$$B_l = B_{l_0} - \frac{M_B}{l_1} = \frac{q_1 \cdot l_1}{2} - \frac{M_B}{l_1} = \frac{10 \cdot 4{,}0}{2} - \frac{-24{,}5}{4{,}0} = 20{,}0 + 6{,}12 = 26{,}12\,\text{kN}$$

$$B_r = B_{r_0} - \frac{M_B}{l_2} = \frac{q_2 \cdot l_2}{2} - \frac{M_B}{l_2} = \frac{9 \cdot 5{,}0}{2} - \frac{-24{,}5}{5{,}0} = 22{,}5 + 4{,}9 = 27{,}40\,\text{kN}$$

$$B = B_l + B_r = \qquad = 26{,}12 + 27{,}40 = 53{,}52\,\text{kN}$$

$$C = C_0 + \frac{M_B}{l_2} = \frac{q_2 \cdot l_2}{2} + \frac{M_B}{l_2} = \frac{9 \cdot 5{,}0}{2} + \frac{-24{,}5}{5{,}0} = 22{,}5 - 4{,}9 = 17{,}60\,\text{kN}$$

Nullstellen der Querkräfte (Bild **196.1**b)

$x_{01} = Q_A/q_1 = 13{,}88/10 = 1{,}39\,\text{m}$ oder $x'_{01} = Q_{Bl}/q_1 = -26{,}12/10 = -2{,}61\,\text{m}$

$x_{02} = Q_{Br}/q_2 = 27{,}40/9 = 3{,}05\,\text{m}$ oder $x'_{02} = Q_C/q_2 = -17{,}60/9 = -1{,}95\,\text{m}$

Feldmomente (Bild **196.**1c)

$$\max M_1 = \frac{A \cdot x_{01}}{2} = \frac{A^2}{2q_1} = \frac{13{,}88^2}{2 \cdot 10} = 9{,}6\,\text{kNm}$$

$$\left(\text{oder} \quad \max M_1 = \frac{B_l^2}{2q_1} + M_B = \frac{26{,}12^2}{2 \cdot 10} + (-24{,}5) = 34{,}1 - 24{,}5 = 9{,}6\,\text{kNm}\right)$$

$$\max M_2 = \frac{Q_C \cdot x'_{02}}{2} = \frac{C^2}{2q_2} = \frac{17{,}60^2}{2 \cdot 9} = 17{,}2\,\text{kNm}$$

$$\left(\text{oder} \quad \max M_2 = \frac{B_r^2}{2q_2} + M_B = \frac{27{,}40^2}{2 \cdot 9} + (-24{,}5) = 41{,}7 - 24{,}5 = 17{,}2\,\text{kNm}\right)$$

Beispiele zur Übung

Die Stützmomente, Stützkräfte, Nullstellen und Feldmomente für Durchlaufträger über 2 Feldern sind zu bestimmen (Bild **197.**1).

1. $l_1 = 4{,}5\,\text{m}$ $l_2 = 5{,}5\,\text{m}$ $q_1 = 30\,\text{kN/m}$ $q_2 = 32\,\text{kN/m}$

2. $l_1 = 4{,}5\,\text{m}$ $l_2 = 5{,}5\,\text{m}$ $q_1 = 30\,\text{kN/m}$ $q_2 = 18\,\text{kN/m}$

3. $l_1 = 4{,}5\,\text{m}$ $l_2 = 5{,}5\,\text{m}$ $q_1 = 14\,\text{kN/m}$ $q_2 = 32\,\text{kN/m}$

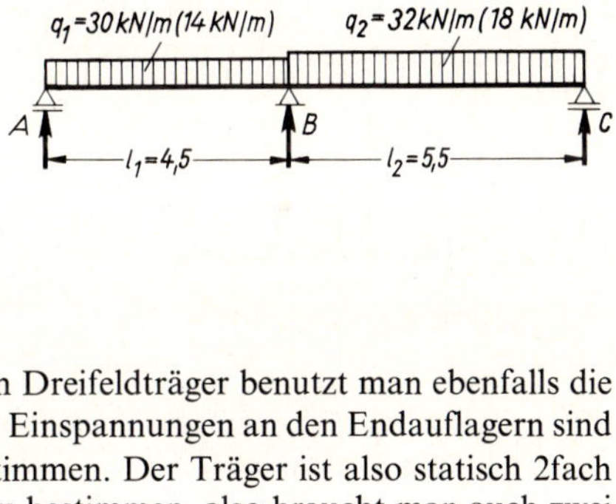

197.1
Zweifeldträger mit verschiedenen Belastungen

7.2.2 Dreifeldträger

Für die Berechnung der Stützmomente bei einem Dreifeldträger benutzt man ebenfalls die Clapeyronsche Dreimomentengleichung. Ohne Einspannungen an den Endauflagern sind hier die zwei Stützmomente M_B und M_C zu bestimmen. Der Träger ist also statisch 2fach unbestimmt. Es sind zwei unbekannte Größen zu bestimmen, also braucht man auch zwei Gleichungen, in denen diese unbekannte Größen jeweils vorhanden sind. Die Clapeyronschen Dreimomentengleichungen lauten

$$M_A \cdot l_1 + 2\,M_B (l_1 + l_2) + M_C \cdot l_2 = -\,\mathfrak{R}_1 \cdot l_1 - \mathfrak{L}_2 \cdot l_2 \tag{197.1}$$

$$M_B \cdot l_2 + 2\,M_C (l_2 + l_3) + M_D \cdot l_3 = -\,\mathfrak{R}_2 \cdot l_2 - \mathfrak{L}_3 \cdot l_3 \tag{197.2}$$

Hierin sind die Momente M_A und M_D gleich Null, wenn an den Erdauflagern keine Einspann- oder Kragmomente wirken (Bild **198.**1). Die Gleichungen verringern sich dadurch auf folgende Form:

$$\mathbf{2\,M_B (l_1 + l_2) + M_C \cdot l_2 = -\,\mathfrak{R}_1 \cdot l_1 - \mathfrak{L}_2 \cdot l_2} \tag{197.3}$$

$$\mathbf{M_B \cdot l_2 + 2\,M_C (l_2 + l_3) = -\,\mathfrak{R}_2 \cdot l_2 - \mathfrak{L}_3 \cdot l_3} \tag{197.4}$$

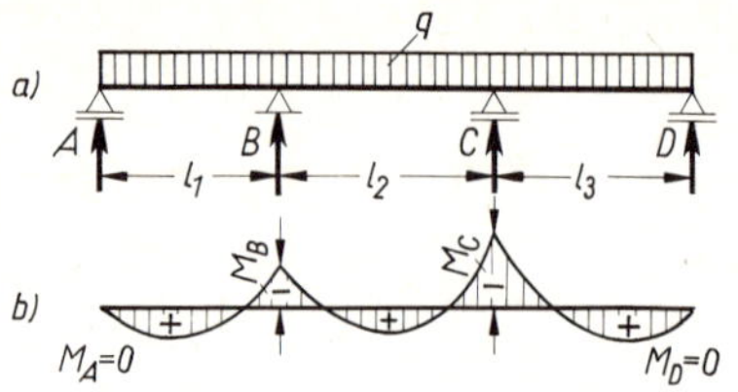

198.1
Dreifeldträger
a) Statisches System
b) Momentenfläche

Nach Einsetzen der bekannten Werte in beide Gleichungen geschieht die Lösung mit Hilfe der Additionsmethode (Gleichungen mit 2 Unbekannten). Eine Gleichung wird so multipliziert, daß bei anschließendem Addieren der Gleichungen ein Stützmoment fortfällt. Man erhält dadurch eine Gleichung mit einer Unbekannten. Diese kann dann wie üblich gelöst werden. Das andere Stützmoment errechnet man durch Einsetzen des errechneten Stützmomentes in eine der beiden Gleichungen. Die statisch unbestimmten Größen sind damit gefunden. Die anderen Schnittgrößen erhält man wie bisher.

Beispiel zur Erläuterung

Für einen Dreifeldträger (Bild **199.1**) mit den Belastungen $q_1 = 20\,\mathrm{kN/m}$, $q_2 = 24\,\mathrm{kN/m}$, $q_3 = 18\,\mathrm{kN/m}$ und den Stützweiten $l_1 = 5{,}2\,\mathrm{m}$, $l_2 = 2{,}5\,\mathrm{m}$, $l_3 = 6{,}25\,\mathrm{m}$ werden die Schnittgrößen berechnet.

Stützmomente (Gleichungen I und II)

$$\text{I.}\quad 2M_B(l_1 + l_2) + M_C \cdot l_2 = -\mathfrak{R}_1 \cdot l_1 - \mathfrak{L}_2 \cdot l_2$$
$$\text{II.}\quad M_B \cdot l_2 + 2M_C(l_2 + l_3) = -\mathfrak{R}_2 \cdot l_2 - \mathfrak{L}_3 \cdot l_3$$

$$\text{I.}\quad 2M_B(l_1 + l_2) + M_C \cdot l_2 = -\frac{q_1 \cdot l_1^3}{4} - \frac{q_2 \cdot l_2^3}{4}$$
$$\text{II.}\quad M_B \cdot l_2 + 2M_C(l_2 + l_3) = -\frac{q_2 \cdot l_2^3}{4} - \frac{q_3 \cdot l_3^3}{4}$$

$$\text{I.}\quad 2M_B(5{,}2 + 2{,}5) + M_C \cdot 2{,}5 = -\frac{20 \cdot 5{,}2^3}{4} - \frac{24 \cdot 2{,}5^3}{4}$$
$$\text{II.}\quad M_B \cdot 2{,}5 + 2M_C(2{,}5 + 6{,}25) = -\frac{24 \cdot 2{,}5^3}{4} - \frac{18 \cdot 6{,}25^3}{4}$$

$$\text{I.}\quad 15{,}4\,M_B + 2{,}5\,M_C = -\ 703 - 94 \qquad (-7)$$
$$\text{II.}\quad 2{,}5\,M_B + 17{,}5\,M_C = -\ 94 - 1100$$

$$\text{I.}\quad -107{,}8\,M_B - 17{,}5\,M_C = +5579$$
$$\text{II.}\quad 2{,}5\,M_B + 17{,}5\,M_C = -1194$$

$$\text{I.}\quad -105{,}3\,M_B = +4385$$
$$M_B = -\frac{4385}{105{,}3} = -41{,}6\,\mathrm{kNm}$$
$$\text{II.}\quad 2{,}5(-4{,}16) + 17{,}5\,M_C = -1194$$
$$17{,}5\,M_C = -1194 + 104$$
$$M_C = -\frac{1090}{17{,}5} = -62{,}3\,\mathrm{kNm}$$

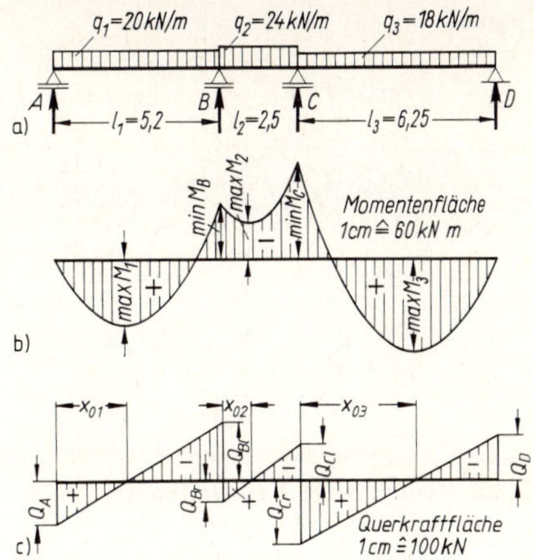

199.1 Dreifeldträger mit Querkraft- und Momentenfläche

Stützkräfte (Bild **199.**1c)

$$A = A_0 + \frac{M_B}{l_1} = \frac{q_1 \cdot l_1}{2} + \frac{M_B}{l_1} = \frac{20 \cdot 5{,}2}{2} + \frac{-41{,}6}{5{,}2} = 52{,}0 - 8{,}0 = 44{,}0\,\text{kN}$$

$$B_l = B_{ol} - \frac{M_B}{l_1} = \frac{q_1 \cdot l_1}{2} - \frac{M_B}{l_1} = \frac{20 \cdot 5{,}2}{2} - \frac{-41{,}6}{5{,}2} = 52{,}0 + 8{,}0 = 60{,}0\,\text{kN}$$

$$B_r = B_{or} - \frac{M_B}{l_2} + \frac{M_C}{l_2} = \frac{q_2 \cdot l_2}{2} + \frac{-M_B + M_C}{l_2} = \frac{24 \cdot 2{,}5}{2} + \frac{41{,}6 - 62{,}3}{2{,}5}$$

$$= 30{,}0 - 8{,}3 = 21{,}7\,\text{kN}$$

$$B = B_l + B_r = 60{,}0 + 21{,}7 = 81{,}7\,\text{kN}$$

$$C_l = C_{ol} + \frac{M_B}{l_2} - \frac{M_C}{l_2} = \frac{q_2 \cdot l_2}{2} + \frac{M_B - M_C}{l_2} = \frac{24 \cdot 2{,}5}{2} + \frac{-41{,}6 + 62{,}3}{2{,}5}$$

$$= 30{,}0 + 8{,}3 = 38{,}3\,\text{kN}$$

$$C_r = C_{or} - \frac{M_C}{l_3} = \frac{q_3 \cdot l_3}{2} - \frac{M_C}{l_3} = \frac{18 \cdot 6{,}25}{2} - \frac{-62{,}3}{6{,}25} = 56{,}2 + 9{,}9 = 66{,}1\,\text{kN}$$

$$C = C_l + C_r = 38{,}3 + 66{,}1 = 104{,}4\,\text{kN}$$

$$D = D_0 + \frac{M_C}{l_3} = \frac{q_3 \cdot l_3}{2} + \frac{M_C}{l_3} = \frac{18 \cdot 6{,}25}{2} + \frac{-62{,}3}{6{,}25} = 56{,}2 - 9{,}9 = 46{,}3\,\text{kN}$$

Nullstellen der Querkräfte (Bild **199.**1c)

$x_{01} = Q_A/q_1 = 44/20 = 2{,}20\,\text{m}$ von A nach rechts

$x_{02} = Q_{Br}/q_2 = 21{,}7/24 = 0{,}90\,\text{m}$ von B nach rechts

$x_{03} = Q_{Cr}/q_3 = 66{,}1/18 = 3{,}67\,\text{m}$ von C nach rechts

Feldmomente (Bild **199.**1 b)

$$\max M_1 = \frac{A^2}{2q_1} = \frac{44^2}{2 \cdot 20} = 48{,}4\,\text{kNm}$$

$$\max M_2 = \frac{B_r^2}{2q_2} + M_B = \frac{21{,}7^2}{2 \cdot 24} - 41{,}6 = 9{,}8 - 41{,}6 = -31{,}8\,\text{kNm} \qquad \text{oder}$$

$$\max M_2 = \frac{C_l^2}{2q_2} + M_C = \frac{38{,}3^2}{2 \cdot 24} - 62{,}3 = 30{,}5 - 62{,}3 = -31{,}8\,\text{kNm}$$

$$\max M_3 = \frac{D^2}{2q_3} = \frac{46{,}3^2}{2 \cdot 18} = 59{,}3\,\text{kNm}$$

7.2.3 Ungünstige Laststellungen

Die maximalen Schnittgrößen erhält man bei den Durchlaufträgern nicht bei Vollbelastung aller Felder des gesamten Trägers. Zwar sind die Eigenlasten als ständige Lasten immer vorhanden, aber die Verkehrslasten können wechseln. Bei Hochbauten nimmt man eine feldweise veränderliche Verkehrslast an. Es muß also die ständige Last g von der Verkehrslast p getrennt werden (Bild **201.**1). Damit ist zu untersuchen, bei welcher Belastung man die jeweils ungünstigen Schnittgrößen erhält.

Hierzu gelten die folgenden Regeln:

1. **Größte Stützkräfte und größte Stützmomente:**
   Verkehrslast in den benachbarten Feldern der betreffenden Stütze und abwechselnd in den folgenden Feldern.
2. **Größte Feldmomente:**
   Verkehrslast in dem betreffenden Feld und abwechselnd in den folgenden Feldern.
3. **Größte Querkräfte:**
   Verkehrslast wie bei 1, bei Hochbauten genügt aber Vollbelastung aller Felder.

Der sich daraus ergebende Rechenaufwand ist erheblich, denn für jeden Lastfall müssen die Stützmomente mit den Dreimomentgleichungen gesondert ermittelt werden. Einfacher ist es daher, mit folgenden Laststellungen zu rechnen:

Laststellung 1: Ständige Last g in allen Feldern
2: Verkehrslast p nur im Feld 1
3: Verkehrslast p nur im Feld 2
n: Verkehrslast p nur im Feld n usw.

Die Stützmomente der zu berücksichtigenden Laststellungen errechnet man aus der Addition der einzelnen Werte. Aber auch hierbei ist der Rechenaufwand noch erheblich. Die anderen Schnittgrößen werden wie bisher bestimmt.

Beispiel zur Übung

Die Stützmomente, Stützkräfte, Querkräfte und Feldmomente sind für einen Dreifeldträger bei den ungünstigen Laststellungen nacheinander zu bestimmen (Bild **201.**2). Die maximalen Schnittgrößen sind zusammenzustellen.

1: Feld 1, 2 und 3 nur mit ständiger Last $g = 3\,\text{kN/m}$ (Bild **201.**2a)

2: Feld 1 nur mit Verkehrslast $p_1 = 5\,\text{kN/m}$ ($\mathfrak{L}_2 = \mathfrak{R}_2 = \mathfrak{L}_3 = \mathfrak{R}_3 = 0$) (Bild **201.**2b)

3: Feld 2 nur mit Verkehrslast $p_2 = 6\,\mathrm{kN/m}$ ($\mathfrak{L}_1 = \mathfrak{R}_1 = \mathfrak{L}_3 = \mathfrak{R}_3 = 0$) (Bild **201.**2c)

4: Feld 3 nur mit Verkehrslast $p_3 = 5\,\mathrm{kN/m}$ ($\mathfrak{L}_1 = \mathfrak{R}_1 = \mathfrak{L}_2 = \mathfrak{R}_2 = 0$) (Bild **201.**2d)

Zusammenstellung der maximalen Schnittgrößen aus Laststellung 1 bis 4 (die Vorzeichen sind zu beachten).

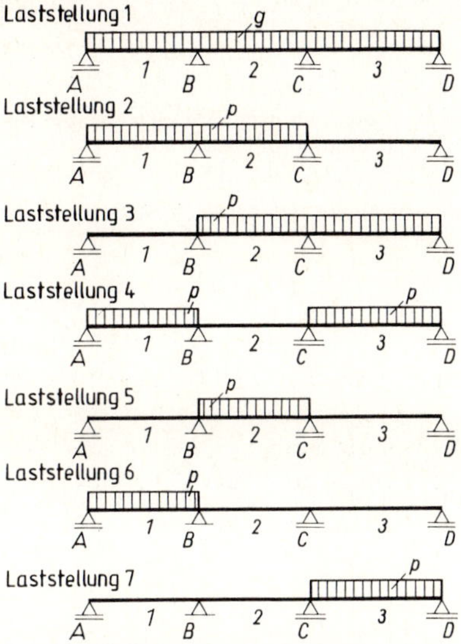

201.1 Ungünstige Laststellungen mit den ungünstigen Schnittgrößen für einen Dreifeldträger

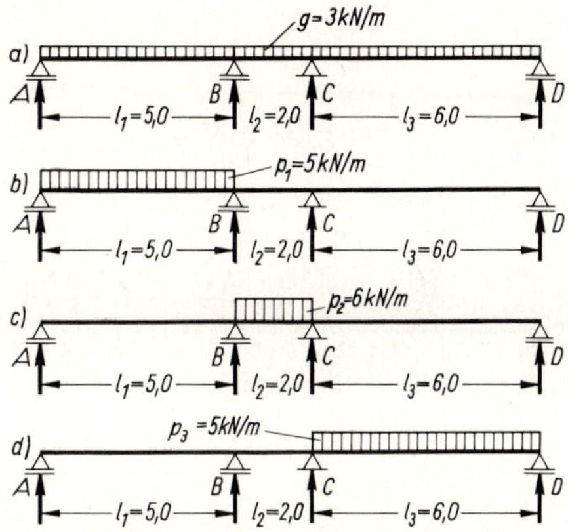

201.2 Belastung eines Dreifeldträgers durch Eigenlast und feldweise Belastung durch die Verkehrslast

7.2.4 Gleichungen mit Einflußzahlen für mehrere Laststellungen

Um bei mehreren Laststellungen die Stützmomente für die ungünstigsten Schnittgrößen zu bestimmen, ist das Aufstellen von Gleichungen nach folgendem Verfahren zweckmäßig.

In die Dreimomentgleichungen werden die Stützweiten dieses Trägers als feste unveränderliche Größen zahlenmäßig eingesetzt und mit den Belastungen p als offene veränderliche Größen durchgerechnet.

Man erhält hiermit für jedes Stützmoment eine Gleichung, in die dann die tatsächliche Belastung des entsprechenden Feldes je nach Lastfall eingesetzt wird. Für das Feld 1 anstelle von $\bar{p}_1$ also die ständige Last g_1 oder die Gesamtlast q_1 mit ihren Zahlenwerten.

Die Gleichungen erhalten für das Stützmoment M_B bzw. M_C folgendes Bild, wobei die Werte a, b, c usw. aus den Dreimomentgleichungen mit den für diesen Träger unveränderlichen Größen errechnet werden; sie heißen Einflußzahlen und geben den Einfluß einer Feldbelastung $\bar{p}_i$ auf das betreffende Stützmoment an.

$$M_B = b_1 \cdot \bar{p}_1 + b_2 \cdot \bar{p}_2 + b_3 \cdot \bar{p}_3 + \ldots \qquad (201.1)$$

$$M_C = c_1 \cdot \bar{p}_1 + c_2 \cdot \bar{p}_2 + c_3 \cdot \bar{p}_3 + \ldots \qquad (201.2)$$

Die Vorzeichen sind zu berücksichtigen.

Für die Laststellung mit p_1 und p_2 (Bild **202.1**) zur Bestimmung des größten Stützmomentes M_B eines Dreifeldträgers erhält man:

$$\boldsymbol{M_{B(1,2)} = b_1 \cdot q_1 + b_2 \cdot q_2 + b_3 \cdot g_3} \tag{202.1}$$

$$M_{C(1,2)} = c_1 \cdot q_1 + c_2 \cdot q_2 + c_3 \cdot g_3 \tag{202.2}$$

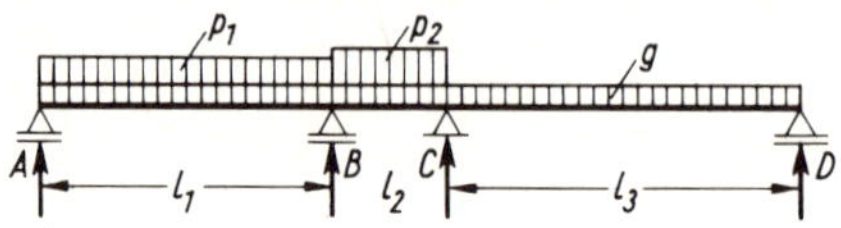

202.1
Laststellung 1 und 2 mit ständiger Last g auf allen Feldern und Verkehrslast p auf Feld 1 und 2

Für die Laststellung mit p_2 und p_3 (Bild **202.2**) zur Bestimmung des größten Stützmomentes M_C ergibt sich:

$$M_{B(2,3)} = b_1 \cdot g_1 + b_2 \cdot q_2 + b_3 \cdot q_3 \tag{202.3}$$

$$\boldsymbol{M_{C(2,3)} = c_1 \cdot g_1 + c_2 \cdot q_2 + c_3 \cdot q_3} \tag{202.4}$$

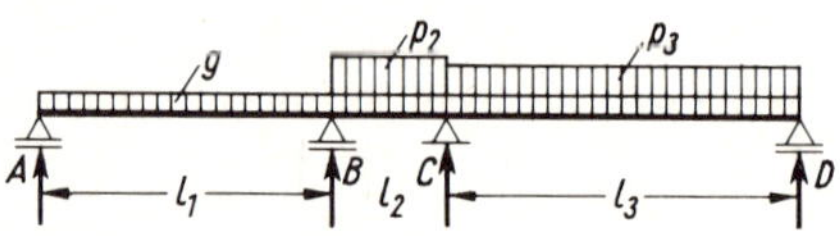

202.2
Laststellung 1 und 3 mit ständiger Last g auf allen Feldern und Verkehrslast p auf Feld 2 und 3

Beispiel zur Erläuterung

Für den Dreifeldträger nach Bild **201.2** werden mit den Laststellungen 1 bis 5 nach Bild **201.1** die Gleichungen aufgestellt und die erforderlichen Schnittgrößen berechnet.

Dreimomentengleichungen

$$\begin{aligned}
&\text{I. } 2M_B(l_1 + l_2) && + M_C \cdot l_2 && = -\mathfrak{R}_1 \cdot l_1 - \mathfrak{L}_2 \cdot l_2 \\
&\text{II. } M_B \cdot l_2 && + 2M_C(l_2 + l_3) && = -\mathfrak{R}_2 \cdot l_2 - \mathfrak{L}_3 \cdot l_3
\end{aligned}$$

$$\begin{aligned}
&\text{I. } 2M_B(l_1 + l_2) && + M_C \cdot l_2 && = -\frac{\bar{p}_1 \cdot l_1^3}{4} - \frac{\bar{p}_2 \cdot l_2^3}{4} \\
&\text{II. } M_B \cdot l_2 && + 2M_C(l_2 + l_3) && = -\frac{\bar{p}_2 \cdot l_2^3}{4} - \frac{\bar{p}_3 \cdot l_3^3}{4}
\end{aligned}$$

$$\begin{aligned}
&\text{I. } 2M_B(5{,}0 + 2{,}0) && + M_C \cdot 2{,}0 && = -\frac{5{,}0^3}{4} \cdot \bar{p}_1 - \frac{2{,}0^3}{4} \cdot \bar{p}_2 \\
&\text{II. } M_B \cdot 2{,}0 && + 2M_C(2{,}0 + 6{,}0) && = -\frac{2{,}0^3}{4} \cdot \bar{p}_2 - \frac{6{,}0^3}{4} \cdot \bar{p}_3
\end{aligned}$$

$$\begin{aligned}
&\text{I. } 14{,}0\,M_B && + 2{,}0\,M_C && = -31{,}3\bar{p}_1 - 2{,}0\bar{p}_2 \cdot (-8{,}0) \\
&\text{II. } 2{,}0\,M_B && + 16{,}0\,M_C && = -2{,}0\bar{p}_2 - 54{,}0\bar{p}_3 \cdot ((-7{,}0))
\end{aligned}$$

Gleichung für Stützmoment M_B

$$\begin{array}{llll}
\text{I.} & -112{,}0\,M_B & -16{,}0\,M_C & = +250{,}0\bar{p}_1 + 16{,}0\bar{p}_2 \\
\text{II.} & -2{,}0\,M_B & +16{,}0\,M_C & = -2{,}0\bar{p}_2 - 54{,}0\,\bar{p}_3 \\
\hline
 & -110{,}0\,M_B & & = +250{,}0\bar{p}_1 + 14{,}0\bar{p}_2 - 54{,}0\bar{p}_3
\end{array}$$

$$\mathbf{M_B = -2{,}27\bar{p}_1 - 0{,}13\bar{p}_2 + 0{,}49\bar{p}_3} \qquad (203.1)$$

Gleichung für Stützmoment M_C

$$\begin{array}{llll}
\text{I.} & 14{,}0\,M_B & +2{,}0\,M_C & = -31{,}3\bar{p}_1 - 2{,}0\bar{p}_2 \\
\text{II.} & -14{,}0\,M_B & -112{,}0\,M_C & = +14{,}0\bar{p}_2 + 378{,}0\bar{p}_3 \\
\hline
 & & -110{,}0\,M_C & = -31{,}3\bar{p}_1 + 12{,}0\bar{p}_2 + 378{,}0\bar{p}_3
\end{array}$$

$$\mathbf{M_C = +0{,}28\bar{p}_1 - 0{,}11\bar{p}_2 - 3{,}44\bar{p}_3} \qquad (203.2)$$

Stützmomente M_B (Bild **205**.2)

für Laststellung $g + p_1 + p_2$ $M_{B(1,2)} = -2{,}27 \cdot q_1 - 0{,}13 \cdot q_2 + 0{,}49 \cdot g_3$ (aus 203.1)

$= -2{,}27 \cdot 8{,}0 - 0{,}13 \cdot 9{,}0 + 0{,}49 \cdot 3{,}0$

$= -18{,}16 - 1{,}17 + 1{,}47 = -17{,}86$ kNm

für Laststellung $g + p_2 + p_3$ $M_{B(2,3)} = -2{,}27 \cdot g_1 - 0{,}13 \cdot q_2 + 0{,}49 \cdot q_3$ (aus 203.1)

$= -2{,}27 \cdot 3{,}0 - 0{,}13 \cdot 9{,}0 + 0{,}49 \cdot 8{,}0$

$= -6{,}81 - 1{,}17 + 3{,}92 = -4{,}06$ kNm

für Laststellung $g + p_1 + p_3$ $M_{B(1,3)} = -2{,}27 \cdot q_1 - 0{,}13 \cdot g_2 + 0{,}49 \cdot q_3$ (aus 203.1)

$= -2{,}27 \cdot 8{,}0 - 0{,}13 \cdot 3{,}0 + 0{,}49 \cdot 8{,}0$

$= -18{,}16 - 0{,}39 + 3{,}92 = -14{,}63$ kNm

für Laststellung $g + p_2$ $M_{B(2)} = -2{,}27 \cdot g_1 - 0{,}13 \cdot q_2 + 0{,}49 \cdot g_3$ (aus 203.1)

$= -2{,}27 \cdot 3{,}0 - 0{,}13 \cdot 9{,}0 + 0{,}49 \cdot 3{,}0$

$= -6{,}81 - 1{,}17 + 1{,}47 = -6{,}51$ kNm

Stützmomente M_C (Bild **205**.2)

für Laststellung $g + p_1 + p_2$ $M_{C(1,2)} = +0{,}28 \cdot q_1 - 0{,}11 \cdot q_2 - 3{,}44 \cdot g_3$ (aus 203.2)

$= +0{,}28 \cdot 8{,}0 - 0{,}11 \cdot 9{,}0 - 3{,}44 \cdot 3{,}0$

$= +2{,}24 - 0{,}99 - 10{,}32 = -9{,}07$ kNm

für Laststellung $g + p_2 + p_3$ $M_{C(2,3)} = +0{,}28 \cdot g_1 - 0{,}11 \cdot q_2 - 3{,}44 \cdot q_3$ (aus 203.2)

$= +0{,}28 \cdot 3{,}0 - 0{,}11 \cdot 9{,}0 - 3{,}44 \cdot 8{,}0$

$= +0{,}84 - 0{,}99 - 27{,}52 = -27{,}67$ kNm

für Laststellung $g + p_1 + p_3$

$$M_{C(1,3)} = +0{,}28 \cdot q_1 - 0{,}11 \cdot g_2 - 3{,}44 \cdot q_3 \quad \text{(aus 203.2)}$$
$$= +0{,}28 \cdot 8{,}0 - 0{,}11 \cdot 3{,}0 - 3{,}44 \cdot 8{,}0$$
$$= +2{,}24 - 0{,}33 - 27{,}52 = -25{,}61\,\text{kNm}$$

für Laststellung $g + p_2$

$$M_{C(2)} = +0{,}28 \cdot g_1 - 0{,}11 \cdot q_2 - 3{,}44 \cdot g_3 \quad \text{(aus 203.2)}$$
$$= +0{,}28 \cdot 3{,}0 - 0{,}11 \cdot 9{,}0 - 3{,}44 \cdot 3{,}0$$
$$= +0{,}84 - 0{,}99 - 10{,}32 = -10{,}47\,\text{kNm}$$

Stützkräfte (Bild **205.**1)

$$\max A = A_0 + \frac{M_B}{l_1} = \frac{q_1 \cdot l_1}{2} + \frac{M_{B(1,3)}}{l_1} = \frac{8{,}0 \cdot 5{,}0}{2} + \frac{-14{,}63}{5{,}0} = 20{,}0 - 2{,}93 = 17{,}07\,\text{kN}$$

$$A_{(1,2)} = \frac{q_1 \cdot l_1}{2} + \frac{M_{B(1,2)}}{l_1} = \frac{8{,}0 \cdot 5{,}0}{2} + \frac{-17{,}86}{5{,}0} = 20{,}0 - 3{,}57 = 16{,}43\,\text{kN}$$

$$B_{l(1,2)} = B_{0l} - \frac{M_B}{l_1} = \frac{q_1 \cdot l_1}{2} - \frac{M_{B(1,2)}}{l_1} = \frac{8{,}0 \cdot 5{,}0}{2} - \frac{-17{,}86}{5{,}0} = 20{,}0 + 3{,}57 = 23{,}57\,\text{kN}$$

$$B_{r(1,2)} = B_{0r} - \frac{M_B}{l_2} + \frac{M_C}{l_2} = \frac{q_2 \cdot l_2}{2} - \frac{M_{B(1,2)} - M_{C(1,2)}}{l_2} = \frac{9{,}0 \cdot 2{,}0}{2} - \frac{-17{,}86 + 9{,}07}{2{,}0}$$
$$= 9{,}0 + 4{,}40 = 13{,}40\,\text{kN}$$

$$\max B = B_{l(1,2)} + B_{r(1,2)} = 23{,}57 + 13{,}40 = 36{,}97\,\text{kN}$$

$$B_{r(2)} = B_{0r} - \frac{M_B}{l_2} + \frac{M_C}{l_2} = \frac{q_2 \cdot l_2}{2} - \frac{M_{B(2)} - M_{C(2)}}{l_2} = \frac{9{,}0 \cdot 2{,}0}{2} - \frac{-6{,}51 + 10{,}47}{2{,}0}$$
$$= 9{,}0 - 1{,}98 = 7{,}02\,\text{kN}$$

$$C_l = C_{0l} + \frac{M_B}{l_2} - \frac{M_C}{l_2} = \frac{q_2 \cdot l_2}{2} + \frac{M_{B(2,3)} - M_{C(2,3)}}{l_2} = \frac{9{,}0 \cdot 2{,}0}{2} + \frac{-4{,}06 + 27{,}67}{2{,}0}$$
$$= 9{,}0 + 11{,}80 = 20{,}80\,\text{kN}$$

$$C_r = C_{0r} - \frac{M_C}{l_3} = \frac{q_3 \cdot l_3}{2} - \frac{M_{C(2,3)}}{l_3} = \frac{8{,}0 \cdot 6{,}0}{2} - \frac{-27{,}67}{6{,}0} = 24{,}0 + 4{,}61 = 28{,}61\,\text{kN}$$

$$\max C = \max C_l + \max C_r = 20{,}80 + 28{,}61 = 49{,}41\,\text{kN}$$

$$\max D = D_0 + \frac{M_C}{l_3} = \frac{q_3 \cdot l_3}{2} + \frac{M_{C(1,3)}}{l_3} = \frac{8{,}0 \cdot 6{,}0}{2} + \frac{-25{,}61}{6{,}0} = 24{,}0 - 4{,}27 = 19{,}73\,\text{kN}$$

$$D_{(2,3)} = D_0 + \frac{M_C}{l_3} = \frac{q_3 \cdot l_3}{2} + \frac{M_{C(2,3)}}{l_3} = \frac{8{,}0 \cdot 6{,}0}{2} + \frac{-27{,}67}{6{,}0} = 24{,}0 - 4{,}61 = 19{,}39\,\text{kN}$$

Nullstellen der Querkräfte (Bild **205.**1)

$$x_{01} = \max Q_A/q_1 = 17{,}07/8{,}0 = 2{,}13\,\text{m} \quad \text{von Stütze } A$$

$$x_{02} = Q_{Br}/q_2 = 7{,}02/9{,}0 = 0{,}78\,\text{m} \quad \text{von Stütze } B$$

$$x_{03} = l_3 + Q_D/q_3 = 6{,}0 - 19{,}73/8{,}0 = 3{,}53\,\text{m} \quad \text{von Stütze } C$$

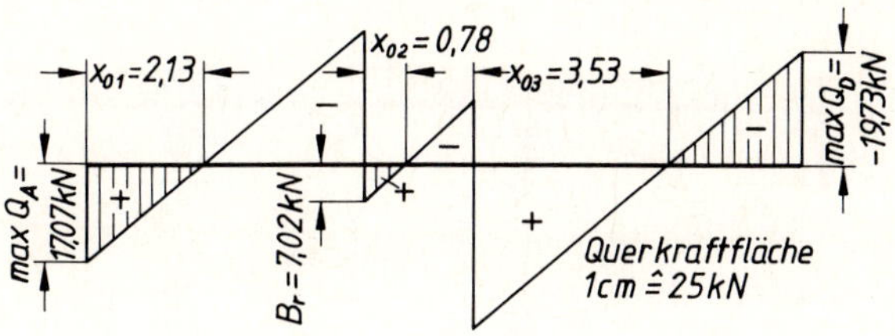

205.1
Querkraftfläche mit den Nullstellen der Querkräfte als Stellen der maximalen Feldmomente

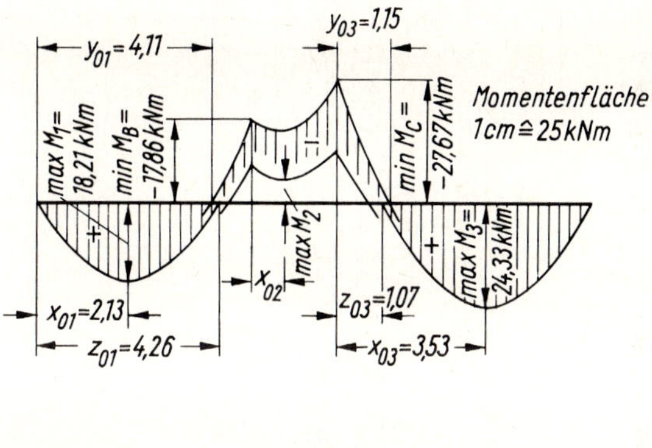

205.2
Momentenfläche mit den Nullstellen der Stütz- und Feldmomente

Nullstellen der Stützmomente (Bild **205.**2)

$$y_{01} = 2 \cdot Q_{A(1,2)}/q_1 = 2 \cdot 16{,}43/8{,}0 = 4{,}11\,\text{m} \quad \text{von Stütze } A$$

$$y_{03} = l_3 - Q_{D(2,3)}/q_3 = 6{,}0 - 2 \cdot 19{,}39/8{,}0 = 1{,}15\,\text{m} \quad \text{von Stütze } C$$

Nullstellen der Feldmomente (Bild **205.**2)

$$z_{01} = 2 \cdot Q_A/q_1 = 2 \cdot 17{,}07/8{,}0 = 4{,}26\,\text{m von Stütze } A$$

$$z_{03} = l_3 + Q_D/q_3 = 6{,}0 - 2 \cdot 19{,}73/8{,}0 = 1{,}07\,\text{m von Stütze } C$$

Feldmomente (Bild **205.**2)

$$\max M_1 = \frac{\max A^2}{2 \cdot q_1} = \frac{17{,}07^2}{2 \cdot 8{,}0} = 18{,}21\,\text{kNm}$$

$$\max M_2 = \frac{B_{r(2)}^2}{2 \cdot q_2} + M_{B(2)} = \frac{7{,}02^2}{2 \cdot 9{,}0} + (-6{,}51) = 2{,}74 - 6{,}51 = -\,3{,}77\,\text{kNm}$$

$$\max M_3 = \frac{\max D^2}{2 \cdot q_3} = \frac{19{,}73^2}{2 \cdot 8{,}0} = 24{,}33\,\text{kNm}$$

7.3 Durchlaufträger nach Cross

Mit den Dreimomentengleichungen nach Clapeyron wird die Berechnung der Stützmomente bei vier oder mehr Feldern sehr umfangreich. Mit dem Momentenverfahren von Cross[1]) ist der Rechenvorgang kürzer. Dabei werden die Stützmomente nicht mit exakten Gleichungen berechnet. Sie werden stattdessen zunächst wie für eine volle Einspannung angenommen. Da an eine Innenstütze links und rechts je ein Feld angrenzt, bekommt man durch diese Annahme für eine Stütze zwei verschiedene Einspannmomente (Bild **206.**1).

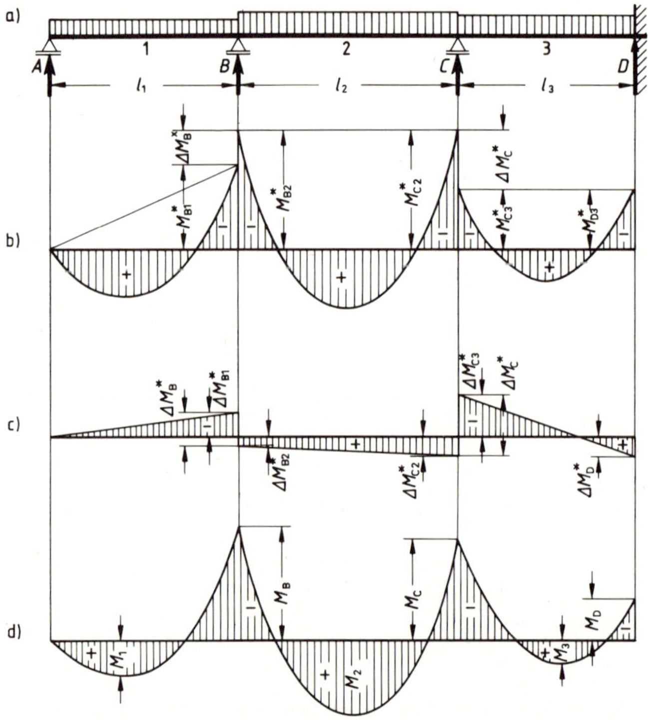

206.1 Erläuterung des Momentenausgleichsverfahren nach Cross am Durchlaufträger
a) Statisches System mit Belastung
b) volle Einspannmomente je Feld
c) Differenzmomente zum Ausgleich
d) endgültige Momentenfläche

Diese unterschiedlichen Einspannmomente müssen ausgeglichen werden und zwar durch ständig nähernde Schritte. Je nach Steifigkeit der angrenzenden Felder wird das Differenzmoment von einer Stütze an die benachbarten Stützen weitergeleitet. Das dort vorhandene Differenzmoment wird wiederum ausgeglichen. Das geht so lange weiter, bis die Differenzen so klein geworden sind, daß die geforderte Genauigkeit erreicht ist.

Anstelle langer Erklärungen sollen im folgenden die wesentlichen Bestandteile des Rechenverfahrens genannt werden.

---

[1]) Hardy Cross, amerikanischer Professor, entwickelte 1932 das Iterationsverfahren (Wiederholungsverfahren) als Näherungsverfahren zur Berechnung vielfach statisch unbestimmter Tragwerke.

7.3.1 Mehrfeldträger

Wegen einiger Vorarbeiten wird das Momentenverfahren von Cross erst bei mehrfach statisch unbestimmten Tragwerken (Mehrfeldträger, Rahmen) gegenüber dem Verfahren von Clapeyron Vorteile bieten.

Voraussetzungen für das Cross-Verfahren

1. Die Stützen (ebenfalls Knotenpunkte oder Knoten genannt) sind auch unter Belastung unverschieblich.

2. Der Querschnitt des Durchlaufträgers ist über die ganze Länge gleichgroß.

Vorzeichenregel für das Cross-Verfahren

Abweichend von der üblichen Regel wird das Vorzeichen der Einspannmomente nach ihrem Drehsinn festgelegt (Bild **207**.1):

Drehung im Uhrzeigersinn = positiv
Drehung entgegen dem Uhrzeigersinn = negativ

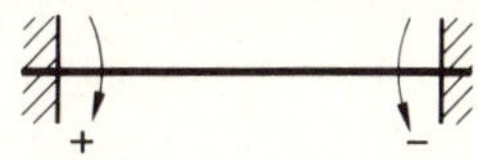

207.1 Vorzeichenregel für die Einspannmomente beim Cross-Verfahren

Rechengang beim Cross-Verfahren

1. Ermittlung der Einspannmomente M^* unter Annahme voller Einspannung an den Innenstützen (s. Tafeln **226**.2 und **228**.2) und Eintragen in ein Berechnungsschema.
2. Berechnung der Steifigkeiten

   $k' = 0{,}75/l$ für Endfelder mit frei drehbaren Endauflagern
   $k\ = 1{,}00/l$ für Mittelfelder
3. Berechnung der Verteilzahlen $\alpha = \mathrm{k}/\sum k$ für jede Innenstütze. Bei frei drehbaren und fest eingespannten Endauflagerstützen ist $\alpha = 0$.

   Zur Kontrolle: $\sum a = 1{,}00$ an jeder Innenstütze.
4. Anschreiben der Fortleitungszahlen γ im Berechnungsschema:

   $\gamma = 0{,}5$ für benachbarte Innenstützen oder Endeinspannungen;
   $\gamma = 0$ für benachbarte frei drehbare Endauflager.
5. Berechnen der Differenzmomente ΔM an jeder Innenstütze (= Differenz der Einspannmomente)
6. Berechnen der Ausgleichsmomente aus dem Differenzmoment ΔM und der jeweiligen Verteilzahl α.
7. Fortleiten des halben Ausgleichsmoment bei $\gamma = 0{,}5$.
8. Weiterer Ausgleich der fortgeleiteten Momente bis die auszugleichenden Momente vernachlässigbar klein geworden sind.
9. Berechnung der endgültigen Stützmomente durch Zusammenzählen der Einspannmomente, Ausgleichsmomente und Fortleitmomente an jeder Stützenseite.
10. Links und rechts der Innenstützen ergeben sich gleichgroße Stützmomente, wenn der Ausgleich lange genug durchgeführt wurde. Das Vorzeichen links der Stütze ist das richtige.

Beispiel zur Erläuterung

Für einen durchlaufenden Stahlbetonbalken über 3 Feldern mit Einspannung an einem Endauflager werden die Stützmomente bestimmt (**208.1**). Es wird das Momentenverfahren nach Cross in einem Berechnungsschema angewendet. Der Durchlaufträger ist 3fach statisch unbestimmt.

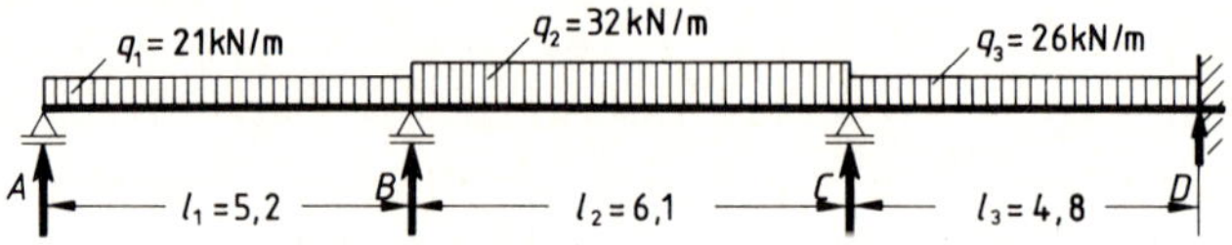

208.1 Statisches System für Dreifeldträger mit einseitiger Endeinspannung

1. Einspannmomente M^* (nach Tafeln **226.2** und **228.2**)

Feld 1 $M^*_{A1} = 0$

$$M^*_{B1} = -\frac{q_1 \cdot l_1^2}{8} = -\frac{21 \cdot 5{,}2^2}{8} = -71{,}0\,\text{kNm}$$

Feld 2
$$M^*_{B2} = -\frac{q_2 \cdot l_2^2}{12} = -\frac{32 \cdot 6{,}1^2}{12} = -99{,}2\,\text{kNm}$$

$$M^*_{C2} = M^*_{B2} = -99{,}2\,\text{kNm}$$

Feld 3
$$M^*_{C3} = -\frac{q_3 \cdot l_3^2}{12} = -\frac{26 \cdot 4{,}8^2}{12} = -49{,}9\,\text{kNm}$$

$$M^*_{D3} = M^*_{C3} = -49{,}9\,\text{kNm}$$

2. Steifigkeiten k

Feld 1 $k'_1 = 0{,}75/l_1 = 0{,}75/5{,}2 = 0{,}144$
Feld 2 $k_2 = 1{,}00/l_2 = 1{,}00/6{,}1 = 0{,}164$
Feld 3 $k_3 = 1{,}00/l_3 = 1{,}00/4{,}8 = 0{,}208$

$\sum k_B = 0{,}308$
$\sum k_C = 0{,}372$

3. Verteilzahlen α

Stütze A $\alpha_{AB} = 0$

Stütze B $\alpha_{BA} = k'_1/\sum k_B = 0{,}144/0{,}308 = 0{,}47$
$\alpha_{BC} = k_2/\sum k_B = 0{,}164/0{,}308 = 0{,}53$
$\sum \alpha_B = 1{,}00$

Stütze C $\alpha_{CB} = k_2/\sum k_C = 0{,}164/0{,}372 = 0{,}44$
$\alpha_{CD} = k_3/\sum k_C = 0{,}208/0{,}372 = 0{,}56$
$\sum \alpha_C = 1{,}00$

Stütze D $\alpha_{DC} = 0$

4. Berechnungsschema

Fortleitungszahlen γ		$0 \leftarrow \gamma \rightarrow 0{,}5$		$0{,}5 \leftarrow \gamma \rightarrow 0{,}5$		
Verteilzahlen α		0,47	0,53	0,44	0,56	
statisches System	*A* 1	*B*	2	*C*	3	*D*
Einspannmomente M*	0	−71,0	+99,2	−99,2	+49,9	−49,9
Differenzmomente		+28,2		−49,3		
Ausgleichsmomente				+21,7	+27,6	
Fortleitungsmomente			+10,9 ←		→	+13,8
Differenzmoment		+39,1				
Ausgleichsmomente		−18,4	−20,7			
Fortleitungsmomente	0 ←		→	−10,4		
Differenzmoment				−10,4		
Ausgleichsmomente				+4,6	+5,8	
Fortleitungsmomente			+2,3 ←		→	+2,9
Differenzmoment		+2,3				
Ausgleichsmomente		−1,1	−1,2			
Fortleitungsmomente	0 ←		→	−0,6		
Differenzmoment				−0,6		
Ausgleichsmoment				+0,3	+0,3	
Iteration genügt						
Stützmomente		−90,5	+90,5	−83,6	+83,6	−33,2

5. Stützmomente

$M_B = -90{,}5\,\text{kNm} \qquad M_C = -83{,}6\,\text{kNm} \qquad M_D = -33{,}2\,\text{kNm}$

Die Berechnung der Stützkräfte und Feldmomente erfolgt wie bisher (s. Abschnitt 7.2.2 und 7.2.3).

7.3.2 Praktische Handhabung des Cross-Verfahrens

Das Berechnungsschema muß nicht so umfangreich angeschrieben werden, wie es im vorigen Beispiel zur Erläuterung geschah.

Das Momentenverfahren nach Cross wird am selben Beispiel nachfolgend noch einmal in der praktischen Fassung dargestellt.

Einspannmomente, Steifigkeiten und Verteilzahlen bleiben unverändert. Verteilzahlen α und Fortleitungszahlen γ werden jedoch vorweg multipliziert und das Produkt wird ins Berechnungsschema eingetragen. Die Differenzmomente werden nicht mehr angeschrieben.

Beispiel zur Erläuterung

Für den 3Feld-Durchlaufbalken des vorgenannten Beispiels (s. Abschnitt 7.3.1) wird das Berechnungsschema in der praktischen Form unter dem statischen System nochmals dargestellt. Der Vergleich zeigt, daß für die Lösung nicht allzuviel Schreibarbeit nötig ist.

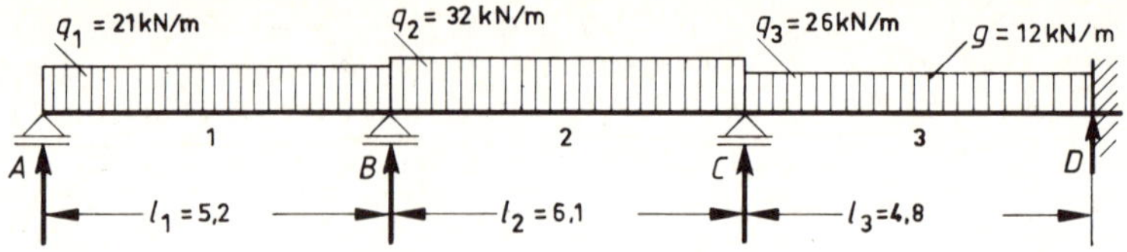

	A	B		C		D
γ		0	0,5	0,5	0,5	
α		0,47	0,53	0,44	0,56	
$\gamma \cdot \alpha$	←	0	0,265 →	← 0,22	0,28 →	
M^*		−71,0	+99,2	−99,2	+49,9	−49,9
			+10,9 ←	+21,7	+26,7 →	+13,8
		−18,4	−20,7 →	−10,4		
			+ 2,3 ←	+ 4,6	+ 5,8 →	+ 2,9
		− 1,1	− 1,2 →	− 0,6		
				+ 0,3	+ 0,3	
M		−90,5	+90,5	−83,6	+83,6	−33,2

$\mathbf{M_A = 0}$ $\quad$ $\mathbf{M_B = -90{,}5\,kNm}$ $\quad$ $\mathbf{M_C = -83{,}6\,kNm}$ $\quad$ $\mathbf{M_D = -33{,}2\,kNm}$

7.3.3 Ungünstige Laststellungen

Die bei einer späteren Nutzung der Tragwerke entstehende Schnittgrößen müssen in ihren Größtwerten rechnerisch erfaßt werden. Dazu werden die Lasten feldweise in ungünstigen Stellungen angeordnet und die dabei auftretenden Schnittgrößen berechnet.

Bei mehrfeldrigen Durchlaufträgern entsteht durch die vielen möglichen Laststellungen ein erheblicher Rechenaufwand. Für die Anordnung der Lasten gilt bei Anwendung des Cross-Verfahrens das, was für den Einsatz der Dreimomentengleichungen in Abschnitt 7.2.3 gesagt wurde.

7.3.4 Cross-Verfahren für mehrere Laststellungen

Der Rechenaufwand darf bei mehreren Laststellungen nicht zu groß werden. Wenn man jedoch einen Trick anwenden will, muß man nicht für jede Laststellung einen gesonderten Momentenausgleich durchführen. Das ist möglich, wenn man ähnlich wie beim Clapeyron-Verfahren mit Einflußzahlen und Belastungen als offene veränderliche Größen arbeitet (s. Abschnitt 7.2.4).

Anstelle der tatsächlichen Belastung wird ein Momentenausgleich für die Einheitsbelastung $\bar{p} = 1$ in jeweils nur einem Feld durchgeführt.

Erster Momentenausgleich mit $\bar{p}_1 = 1$ in Feld 1, alle anderen Felder unbelastet. Zweiter Momentenausgleich mit $\bar{p}_2 = 1$ in Feld 2, alle anderen Felder unbelastet, usw. bis zum letzten Feld.

Die damit am Ende des Momentenausgleichs erhaltenen Einflußzahlen werden mit den tatsächlich vorhandenen Belastungen multipliziert (s. Abschn. 7.2.4).

Zur Vereinfachung des Verfahrens können die Ausgleichsmomente erst am Ende angetragen werden. Das nachstehende Beispiel zeigt den Rechenweg.

Beispiel zur Erläuterung

Für den durchlaufenden Stahlbetonbalken über 3 Felder (s. Beispiele Abschn. 7.3.1 und 7.3.2) werden die größten Schnittgrößen für die ungünstigsten Laststellungen berechnet (Bild **211**.1). Dazu sind zunächst 3 Momentenausgleiche nötig.

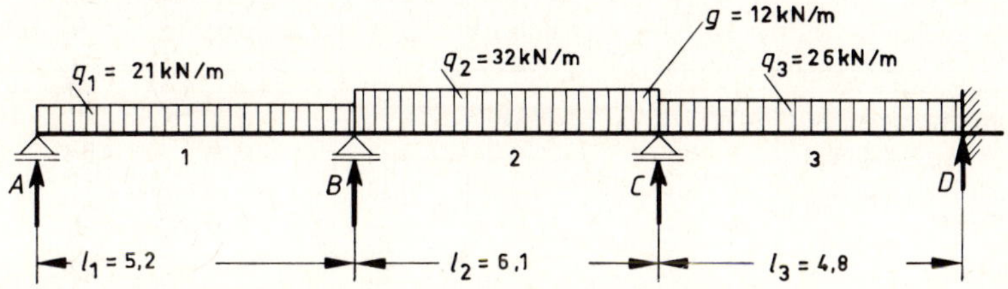

211.1 Statisches System für Dreifeldträger mit einseitiger Einspannung

1. Einspannmomente M^* (nach Tafel **226**.2 und **228**.2)

Feld 1 $M^*_{A1} = 0$

$$M^*_{B1} = -\frac{\bar{p}_1 \cdot l_1^2}{8} = -\frac{5{,}2^2}{8} \cdot \bar{p}_1 = -3{,}38\,\bar{p}_1$$

Feld 2 $$M^*_{B2} = -\frac{\bar{p}_2 \cdot l_2^2}{12} = -\frac{6{,}1^2}{12} \cdot \bar{p}_2 = -3{,}10\,\bar{p}_2$$

$M^*_{C2} = M^*_{B2}$

Feld 3 $$M^*_{C3} = -\frac{\bar{p}_3 \cdot l_3^2}{12} = -\frac{4{,}8^2}{12} \cdot \bar{p}_3 = -1{,}92\,\bar{p}_3$$

$M^*_{D3} = M^*_{C3}$

2. Steifigkeiten k

Feld 1 $k'_1 = 0{,}75/l_1 = 0{,}75/5{,}2 = 0{,}144$
Feld 2 $k_2 = 1{,}00/l_2 = 1{,}00/6{,}1 = 0{,}164$
Feld 3 $k_3 = 1{,}00/l_3 = 1{,}00/4{,}8 = 0{,}208$

$\sum k_B = 0{,}308$ (Feld 1 und 2)
$\sum k_C = 0{,}372$ (Feld 2 und 3)

3. Verteilzahlen α

Stütze A $_{AB} = 0$

Stütze B $\alpha_{BA} = k'_1/\sum k_B = 0{,}144/0{,}308 = 0{,}47$
$\alpha_{BC} = k_2/\sum k_B = 0{,}164/0{,}308 = 0{,}53$
$\sum \alpha_B = 1{,}00$

Stütze C $\alpha_{CB} = k_2/\sum k_C = 0{,}164/0{,}372 = 0{,}44$
$\alpha_{CD} = k_3 \sum k_C = 0{,}208/0{,}372 = 0{,}56$
$\sum \alpha_C = 1{,}00$

Stütze D $\alpha_{DC} = 0$

4. Berechnungsschema

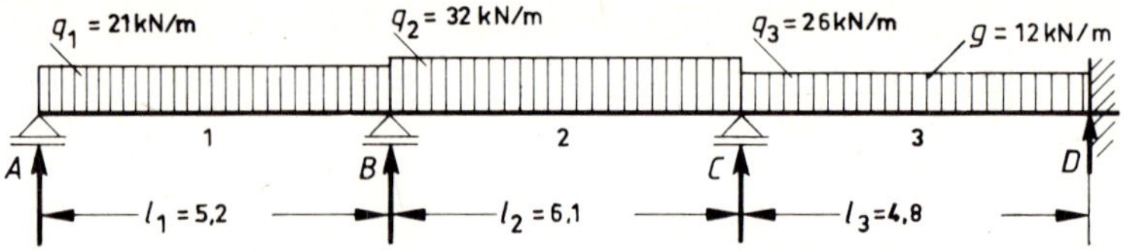

	A	B	B	C	C	D
γ		0	0,5	0,5	0,5	
α		0,47	0,53	0,44	0,56	
$\gamma \cdot \alpha$		← 0	0,265 →	← 0,22	0,28 →	

Einspannmoment (für Laststellung 1 mit Einheitslast Feld 1)	0	−3,38	0	0	0	0
		←→		+0,90		
			−0,20	←→		−0,25
		←→		+0,05		
			−0,01	←→		−0,01
$\sum$		−3,38	−0,21	+0,95	0	−0,26
Ausgleich		+1,69	+1,90	−0,42	−0,53	
$\bar{M}$		−1,69	+1,69	+0,53	−0,53	−0,26

$\bar{M}_{A(1)} = 0$ $\bar{M}_{B(1)} = -1{,}69 \cdot \bar{p}_1$ $\bar{M}_{C(1)} = +0{,}53 \cdot \bar{p}_1$ $\bar{M}_{D(1)} = -0{,}26 \cdot \bar{p}_1$

Einspannmoment (für Laststellung 2 mit Einheitslast Feld 2)	0	0	+3,10	−3,10	0	0
		←→		−0,82		
			+0,86	←→		+1,10
		←→		−0,23		
			+0,05	←→		+0,06
		←→		−0,01		
$\sum$		0	+4,01	−4,16		+1,16
Ausgleich		−1,88	−2,13	+1,83	+2,33	
$\bar{M}$		−1,88	+1,88	+2,33	+2,33	+1,16

$\bar{M}_{A(2)} = 0$ $\bar{M}_{B(2)} = -1{,}88 \cdot \bar{p}_2$ $\bar{M}_{C(2)} = -2{,}33 \cdot \bar{p}_2$ $\bar{M}_{D(2)} = +1{,}16 \cdot \bar{p}_2$

Einspannmoment (für Laststellung 3 mit Einheitslast Feld 3)	0	0	0	0	+1,92	−1,92
			−0,42	←→		−0,54
		←→		+0,11		
			−0,02	←→		−0,03
		←→		+0,01		
$\sum$		0	−0,44	+0,12	+1,92	−2,49
Ausgleich		+0,21	+0,23	−0,90	−1,14	
$\bar{M}$		+0,21	−0,21	−0,78	+0,78	−2,49

$\bar{M}_{A(3)} = 0$ $\bar{M}_{B(3)} = +0{,}21 \cdot \bar{p}_3$ $\bar{M}_{C(3)} = -0{,}78 \cdot \bar{p}_3$ $\bar{M}_{D(3)} = -2{,}49 \cdot \bar{p}_3$

Stützmomente M_B (Bild **214.**1c)

aus Laststellung $g + p_1 + p_2$: $M_{B(1,2)}$ $= -1{,}69 \cdot q_1 - 1{,}88 \cdot q_2 + 0{,}21 \cdot g$

$= -1{,}69 \cdot 21 - 1{,}88 \cdot 32 + 0{,}21 \cdot 12$

$= -35{,}5 - 60{,}2 + 2{,}5 = -93{,}2\,\text{kNm}$

aus Laststellung $g + p_2 + p_3$: $M_{B(2,3)}$ $= -1{,}69 \cdot g - 1{,}88 \cdot q_2 + 0{,}21 \cdot q_3$

$= -1{,}69 \cdot 12 - 1{,}88 \cdot 32 + 0{,}21 \cdot 26$

$= -20{,}3 - 60{,}2 + 5{,}5 = -75{,}0\,\text{kNm}$

aus Laststellung $g + p_1 + p_3$: $M_{B(1,3)}$ $= -1{,}69 \cdot q_1 - 1{,}88 \cdot g + 0{,}21 \cdot q_3$

$= -1{,}69 \cdot 21 - 1{,}88 \cdot 12 + 0{,}21 \cdot 26$

$= -35{,}5 + 22{,}6 + 5{,}5 = -52{,}6\,\text{kNm}$

aus Laststellung $g + p_2$: $M_{B(2)}$ $= -1{,}69 \cdot g - 1{,}88 \cdot q_2 + 0{,}21 \cdot g$

$= -1{,}69 \cdot 12 - 1{,}88 \cdot 32 + 0{,}21 \cdot 12$

$= -20{,}3 - 60{,}2 + 2{,}5 = -78{,}0\,\text{kNm}$

Stützmomente M_C (Bild **214.**1c)

aus Laststellung $g + p_1 + p_2$: $M_{C(1,2)}$ $= +0{,}53 \cdot q_1 - 2{,}33 \cdot q_2 - 0{,}78 \cdot g$

$= +0{,}53 \cdot 21 - 2{,}33 \cdot 32 - 0{,}78 \cdot 12$

$= +11{,}1 - 74{,}6 - 9{,}4 = -72{,}9\,\text{kNm}$

aus Laststellung $g + p_2 + p_3$: $M_{C(2,3)}$ $= +0{,}53 \cdot g - 2{,}33 \cdot q_2 - 0{,}78 \cdot q_3$

$= +0{,}53 \cdot 12 - 2{,}33 \cdot 32 - 0{,}78 \cdot 26$

$= +6{,}4 - 74{,}6 - 20{,}3 = -88{,}5\,\text{kNm}$

aus Laststellung $g + p_1 + p_3$: $M_{C(1,3)}$ $= +0{,}53 \cdot q_1 - 2{,}33 \cdot g - 0{,}78 \cdot q_3$

$= +0{,}53 \cdot 21 - 2{,}33 \cdot 12 - 0{,}78 \cdot 26$

$= +11{,}1 - 18{,}0 - 20{,}3 = -37{,}2\,\text{kNm}$

aus Laststellung $g + p_2$: $M_{C(2)}$ $= +0{,}53 \cdot g - 2{,}33 \cdot q_2 - 0{,}78 \cdot g$

$= +0{,}53 \cdot 12 - 2{,}33 \cdot 32 - 0{,}78 \cdot 12$

$= +6{,}4 - 74{,}6 - 9{,}4 = -77{,}6\,\text{kNm}$

Stützmoment M_D (Bild **214.**1c)

aus Laststellung $g + p_1 + p_3$: $M_{D(1,3)}$ $= -26 \cdot q_1 + 1{,}16 \cdot g - 2{,}49 \cdot q_3$

$= -0{,}26 \cdot 21 + 1{,}16 \cdot 12 - 2{,}49 \cdot 26$

$= -5{,}5 + 13{,}9 - 64{,}7 = -56{,}3\,\text{kNm}$

aus Laststellung $g + p_2 + p_3$: $M_{D(2,3)}$ $= -0{,}26 \cdot g + 1{,}16 \cdot q_2 - 2{,}49 \cdot q_3$

$= -0{,}26 \cdot 12 + 1{,}16 \cdot 32 - 2{,}49 \cdot 26$

$= -3{,}1 + 37{,}1 - 64{,}7 = -30{,}7\,\text{kNm}$

Stützkräfte (Bild **214.**1 b)

$$\max A = A_0 + \frac{M_B}{l_1} = \frac{q_1 \cdot l_1}{2} + \frac{M_{B(1,3)}}{l_1} = \frac{21 \cdot 5{,}2}{2} + \frac{-52{,}6}{5{,}2} = 54{,}6 - 10{,}1 = 44{,}5\,\text{kN}$$

$$A_{(1,2)} = A_0 + \frac{M_B}{l_1} = \frac{q_1 \cdot l_1}{2} + \frac{M_{B(1,2)}}{l_1} = \frac{21 \cdot 5{,}2}{2} + \frac{-93{,}2}{5{,}2} = 54{,}6 - 17{,}9 = 36{,}7\,\text{kN}$$

$$B_{l(1,2)} = B_{0l} - \frac{M_B}{l_1} = \frac{q_1 \cdot l_1}{2} - \frac{M_{B(1,2)}}{l_1} = \frac{21 \cdot 5{,}2}{2} - \frac{-93{,}2}{5{,}2} = 54{,}6 + 17{,}9 = 72{,}5\,\text{kN}$$

$$B_{r(1,2)} = B_{0r} - \frac{M_B}{l_2} + \frac{M_C}{l_2} = \frac{q_2 \cdot l_2}{2} - \frac{M_{B(1,2)} - M_{C(1,2)}}{l_2}$$

$$= \frac{32 \cdot 6{,}1}{2} - \frac{-93{,}2 + 72{,}9}{1} = 97{,}6 + 3{,}3 = 94{,}3\,\text{kN}$$

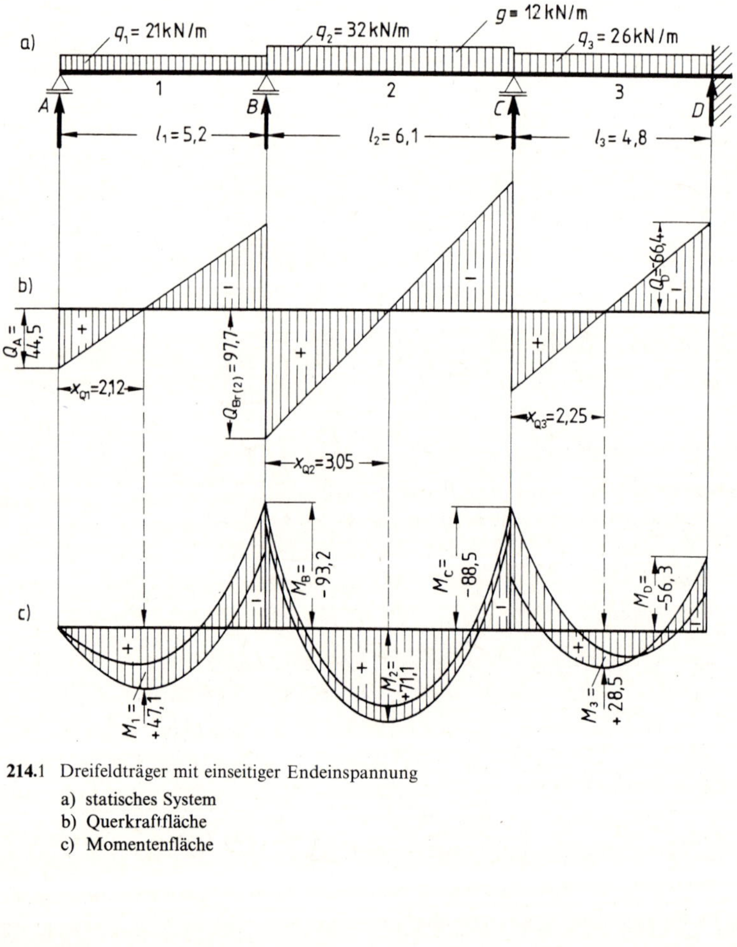

214.1 Dreifeldträger mit einseitiger Endeinspannung

a) statisches System
b) Querkraftfläche
c) Momentenfläche

$$\max B = B_{l(1,2)} + B_{r(1,2)} = 72{,}5 + 94{,}3 = 166{,}8\,\text{kN}$$

$$B_{r(2)} = B_{0r} - \frac{M_B}{l_2} + \frac{M_C}{l_2} = \frac{q_2 \cdot l_2}{2} - \frac{M_{B(2)} - M_{C(2)}}{l_2}$$

$$= \frac{32 \cdot 6{,}1}{2} - \frac{-78{,}0 + 77{,}6}{6{,}1} = 97{,}6 + 0{,}1 = 97{,}7\,\text{kN}$$

$$C_{l(2,3)} = C_{0l} + \frac{M_B}{l_2} - \frac{M_C}{l_2} = \frac{q_2 \cdot l_2}{2} + \frac{M_{B(2,3)} - M_{C(2,3)}}{l_2}$$

$$= \frac{32 \cdot 6{,}1}{2} + \frac{-75{,}0 + 88{,}5}{6{,}1} = 97{,}6 - 2{,}2 = 95{,}4\,\text{kN}$$

$$C_{r)2,3)} = C_{0r} - \frac{M_C}{l_3} + \frac{M_D}{l_3} = \frac{q_3 \cdot l_3}{2} - \frac{M_{C(2,3)} - M_{D(2,3)}}{l_3}$$

$$= \frac{26 \cdot 4{,}8}{2} - \frac{-88{,}5 + 30{,}7}{4{,}8} = 62{,}4 + 12{,}0 = 74{,}4\,\text{kN}$$

$$\max C = C_{l(2,3)} + C_{r(2,3)} = 95{,}4 + 74{,}4 = 169{,}8\,\text{kN}$$

$$\max D = D_0 + \frac{M_C}{l_3} - \frac{M_D}{l_3} = \frac{q_3 \cdot l_3}{2} + \frac{M_{C(1,3)} - M_{D(1,3)}}{l_3}$$

$$= \frac{26 \cdot 4{,}8}{2} + \frac{-37{,}2 + 56{,}3}{4{,}8} = 62{,}4 + 4{,}0 = 66{,}4\,\text{kN}$$

$$D_{(2,3)} = D_0 + \frac{M_C}{l_3} - \frac{M_D}{l_3} = \frac{q_3 \cdot l_3}{2} + \frac{M_{C(2,3)} - M_{D(2,3)}}{l_3}$$

$$= \frac{26 \cdot 4{,}8}{2} + \frac{-88{,}5 + 30{,}7}{4{,}8} = 62{,}4 - 12{,}0 = 50{,}4\,\text{kN}$$

Nullstellen der Querkräfte (Bild **214.**1 b)

$$x_{Q1} = Q_A/q_1 = 44{,}5/21 = 2{,}12\,\text{m von Stütze } A$$

$$x_{Q2} = Q_{Br(2)}/q_2 = 97{,}7/32 = 3{,}05\,\text{m von Stütze } B$$

$$x_{Q3} = l_3 + Q_D/q_3 = 4{,}8 - 66{,}4/26 = 2{,}25\,\text{m von Stütze } C$$

Feldmomente (Bild **214.**1 c)

$$\max M_1 = \frac{\max A^2}{2 \cdot q_1} = \frac{44{,}5^2}{2 \cdot 21} = 47{,}1\,\text{kNm}$$

$$\max M_2 = \frac{B_{r(2)}^2}{2 \cdot q_2} + M_{B(2)} = \frac{97{,}7^2}{2 \cdot 32} - 78{,}0 = 71{,}1\,\text{kNm}$$

$$\max M_3 = \frac{\max D^2}{2 \cdot q_3} + M_{D(1,3)} = \frac{66{,}4^2}{2 \cdot 26} - 56{,}3 = 28{,}5\,\text{kNm}$$

7.4 Durchlaufträger mit etwa gleichen Feldweiten und Belastungen

Die Berechnung der Schnittgrößen für Durchlaufträger ist eine umfangreiche Arbeit. Bei Hochbauten hat man aber auch oft Träger mit ungefähr gleichen Stützweiten und Belastungen. Für solche Träger sind allgemeine Formeln mit Hilfe der Dreimomentengleichung entwickelt und in Tabellen zusammengestellt worden. Sehr zweckmäßig sind die Zahlentafeln nach Winkler und Mensch (siehe z.B. in Wendehorst: Bautechnische Zahlentafeln). Für Stahlbetondecken oder Stahlträger in Hochbauten sind andere Näherungsverfahren zur Ermittlung der Schnittgrößen zulässig.

7.4.1 Winklersche Zahlen zur Schnittgrößenberechnung für Durchlaufträger

Für Durchlaufträger mit gleichen Feldweiten und gleichmäßig verteilter Belastung gestatten die Winklerschen Zahlen die Berechnung der Schnittgrößen mit Hilfe der Beiwerte a bis f an verschiedenen Stellen des Trägers auf folgende Weise:

$$\begin{aligned} \max M &= (a \cdot g + b \cdot p) \cdot l^2 \qquad & \min M &= (a \cdot g + c \cdot p) \cdot l^2 \\ \max Q &= (d \cdot g + e \cdot p) \cdot l \qquad & \min Q &= (d \cdot g + f \cdot p) \cdot l \end{aligned} \tag{216.1}$$

Die Beiwerte a bis f sind in Tabellen zusammengestellt für verschiedene Verhältnisse x/l an mehreren Trägerstellen. x ist der Abstand vom links benachbarten Auflager.

Die feldweise unterschiedliche Belastung durch g oder $g + p$ für ungünstige Laststellungen ist berücksichtigt.

Tafel **216.1** **Beiwerte zur Bestimmung der Biegemomente und Querkräfte für Zweifeldträger** (nach Winkler)

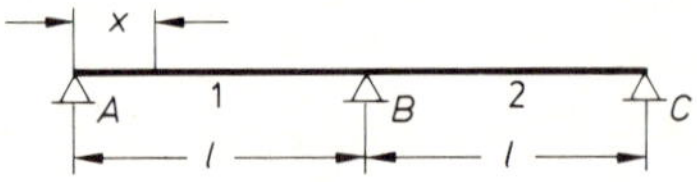

Verhältnis x/l	Biegemomente			Querkräfte		
	Einfluß von g	Einfluß von p		Einfluß von g	Einfluß von p	
	Beiwert a	Beiwert b	Beiwert c	Beiwert d	Beiwert e	Beiwert f
0,0	0	0	0	**+0,3750**	**+0,4375**	−0,0625
0,1	+0,0325	+0,0388	−0,0063	+0,2750	+0,3437	−0,0687
0,2	+0,0550	+0,0675	−0,0125	+0,1750	+0,2624	−0,0874
0,3	+0,0675	+0,0863	−0,0188	+0,0750	+0,1932	−0,1182
0,375	+0,0703	+0,0938	−0,0234	0	+0,1491	−0,1491
0,4	**+0,0700**	**+0,0950**	−0,0250	−0,0250	+0,1359	−0,1609
0,5	+0,0625	+0,0938	−0,0313	−0,1250	+0,0898	−0,2148
0,6	+0,0450	+0,0825	−0,0375	−0,2250	+0,0544	−0,2794
0,7	+0,0175	+0,0613	−0,0438	−0,3250	+0,0287	−0,3537
0,75	0	+0,0469	−0,0469	−0,3750	+0,0193	−0,3943
0,8	−0,0200	+0,0300	−0,0500	−0,4250	+0,0119	−0,4369
0,85	−0,0425	+0,0152	−0,0577	−0,4750	+0,0064	−0,4814
0,9	−0,0675	+0,0061	−0,0736	−0,5250	+0,0027	−0,5277
0,95	−0,0950	+0,0014	−0,0964	−0,5750	+0,0007	−0,5757
1,0	**−0,1250**	**0**	**−0,1250**	**−0,6250**	**0**	**−0,6250**

Tafel **217.1** **Beiwerte zur Bestimmung der Biegemomente und Querkräfte für Dreifeldträger** (nach Winkler)

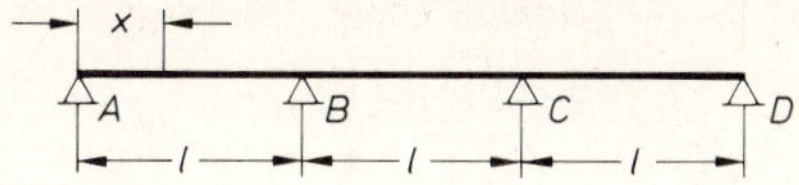

Verhältnis x/l	Biegemomente			Querkräfte		
	Einfluß von g	Einfluß von p		Einfluß von g	Einfluß von p	
	Beiwert a	Beiwert b	Beiwert c	Beiwert d	Beiwert e	Beiwert f
	Endfelder			Endfelder		
0,0	0	0	0	+**0,4000**	+**0,4500**	−0,0500
0,1	+0,0350	+0,0400	−0,0050	+0,3000	+0,3560	−0,0563
0,2	+0,0600	+0,0700	−0,0100	+0,2000	+0,2752	−0,0752
0,3	+0,0750	+0,0900	−0,0150	+0,1000	+0,2065	−0,1065
0,4	+**0,0800**	+**0,1000**	−0,0200	0	+0,1496	−0,1496
0,5	+0,0750	+0,1000	−0,0250	−0,1000	+0,1042	−0,2042
0,6	+0,0600	+0,0900	−0,0300	−0,2000	+0,0694	−0,2694
0,7	+0,0350	+0,0700	−0,0350	−0,3000	+0,0443	−0,3443
0,8	0	+0,0402	−0,0402	−0,4000	+0,0280	−0,4280
0,85	−0,0213	+0,0277	−0,0490			
0,9	−0,0450	+0,0204	−0,0654	−0,5000	+0,0193	−0,5191
0,95	−0,0713	+0,0171	−0,0883			
1,0	−**0,1000**	+0,0167	−**0,1167**	−**0,6000**	+0,0167	−**0,6167**
	Mittelfeld			Mittelfeld		
0,0	−**0,1000**	+0,0167	−**0,1167**	+**0,5000**	+**0,5833**	−0,0833
0,05	−0,0763	+0,0141	−0,0903			
0,1	−0,0550	+0,0151	−0,0701	+0,4000	+0,4870	−0,0870
0,15	−0,0363	+0,0205	−0,0568			
0,2	−0,0200	+0,0300	−0,0500	+0,3000	+0,3991	−0,0991
0,2764	0	+0,0500	−0,0500			
0,3	+0,0050	+0,0550	−0,0500	+0,2000	+0,3210	−0,1210
0,4	+0,2000	+0,0700	−0,0500	+0,1000	+0,2537	−0,1537
0,5	−**0,0250**	+**0,0750**	−0,0500	0	+0,1979	−0,1979

Beispiel zur Erläuterung

Zweifeldträger mit $l_1 = l_2 = 4{,}8\,\text{m}$, $g = 6\,\text{kN/m}$, $p_1 = p_2 = 8\,\text{kN/m}$ (Bild **218.**1)

Die Stützkräfte und Biegemomente werden berechnet.

Stützkräfte (Bild **218.**1b)

$$\begin{aligned}\max A &= \max C = (d \cdot g + e \cdot p) \cdot l = \max C = (0{,}375\,g + 0{,}4375\,p) \cdot l \\ &= (0{,}375 \cdot 6 + 0{,}4375 \cdot 8) \cdot 4{,}8 = (2{,}25 + 3{,}50) \cdot 4{,}8 = 5{,}75 \cdot 4{,}8 = 27{,}6\,\text{kN}\end{aligned}$$

$$\begin{aligned}B &= 2 \cdot (d \cdot g + e \cdot p) \cdot l = 2 \cdot (0{,}625 \cdot g + 0{,}625 \cdot p) \cdot l = 1{,}25 \cdot (6 + 8) \cdot 4{,}8 \\ &= 1{,}25 \cdot 14 \cdot 4{,}8 = 84{,}0\,\text{kN}\end{aligned}$$

Biegemomente (Bild **218.**1c)

$$\begin{aligned}\max M_1 &= \max M_2 = (a \cdot g + b \cdot p) \cdot l^2 = (0{,}070 \cdot g + 0{,}095 \cdot p) \cdot l^2 \\ &= (0{,}07 \cdot 6 + 0{,}095 \cdot 8) \cdot 4{,}8^2 = (0{,}42 + 0{,}76) \cdot 4{,}8^2 = 1{,}18 \cdot 4{,}8^2 = 27{,}2\,\text{kNm}\end{aligned}$$

$$\begin{aligned}\min M_B &= (a \cdot g + c \cdot p) \cdot l^2 = (-0{,}125 \cdot g - 0{,}125 \cdot p) \cdot l^2 = -0{,}125 \cdot (6 + 8) \cdot 4{,}8^2 \\ &= -0{,}125 \cdot 14 \cdot 4{,}8^2 = -40{,}3\,\text{kNm}\end{aligned}$$

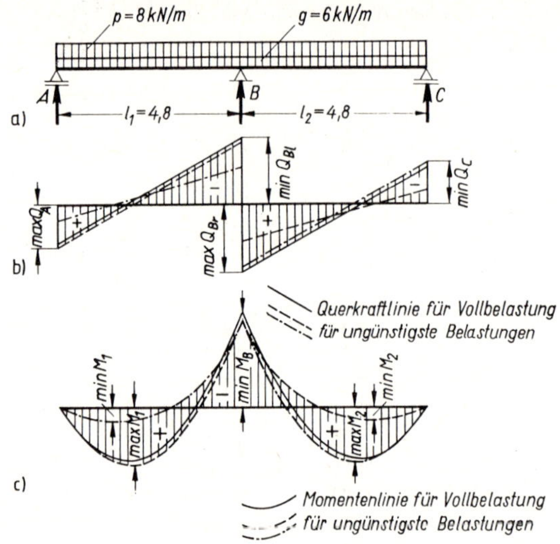

218.1
Querkraft- und Momentenlinien für unterschiedliche Belastungen eines Zweifeldträgers zur Ermittlung der maximalen und minimalen Schnittgrößen

Beispiele zur Übung

Für folgende Träger sind mit den Winklerschen Zahlen die Stützkräfte und Biegemomente zu bestimmen:

1. $l_1 = l_2 = 5{,}0\,\text{m}$
$g = 5\,\text{kN/m}$
$p_1 = p_2 = 10\,\text{kN/m}$

2. $l_1 = l_2 = 6{,}2\,\text{m}$
$g = 8\,\text{kN/m}$
$p_1 = p_2 = 15\,\text{kN/m}$

3. $l_1 = l_2 = l_3 = 4{,}5\,\text{m}$
$g = 9\,\text{kN/m}$
$p_1 = p_2 = p_3 = 15\,\text{kN/m}$

4. $l_1 = l_2 = l_3 = 5{,}2\,\text{m}$
$g = 10\,\text{kN/m}$
$p_1 = p_2 = p_3 = 20\,\text{kN/m}$

7.4.2 Zahlentafeln nach Mensch zur Schnittgrößenberechnung für Durchlaufträger

Für Durchlaufträger mit gleichen Feldweiten und gleich großer Belastung enthalten die Zahlentafeln nach Mensch die Beiwerte k zur Berechnung der Größtwerte für die Feldmomente, Stützmomente und Stützkräfte. Auch andere Lastarten (Einzel-, Dreiecks-, Trapezlasten) sind in den Tafeln erfaßt. Für Hochbauten ist die Benutzung der Tafeln auch zulässig bei ungleichen Stützweiten, wenn die kleinste Stützweite $\geqq 80\,\%$ der größten Stützweite beträgt: $\min l \geqq 0{,}8 \max l$. Die Stützkräfte der Innenstützen und die Stützmomente werden mit den Mittelwerten der jeweils benachbarten Stützweiten berechnet. Die Beiwerte gelten entsprechend spiegelbildlich auch für die rechte Trägerhälfte, da sie in den Zahlentafeln nur für die linke Trägerhälfte (bis zur Symmetrieachse) angegeben sind.

Die Biegemomente werden in folgender Weise berechnet:

$$\max M = (k_1 \cdot g + k_2 \cdot p) \cdot l^2 \qquad \min M = (k_3 \cdot g + k_4 \cdot p) \cdot l^2 \qquad (218.1)\ (218.2)$$

$$\max Q = (k_5 \cdot g + k_6 \cdot p) \cdot l \qquad \text{mit } q = g + p \qquad (218.3)$$

Tafel **219.1** **Beiwerte *k* zur Bestimmung der Schnittgrößen für Zweifeldträger** (nach Mensch)

Belastungsschema Doppelstrich: belastet, wie rechts dargestellt	statische Größe	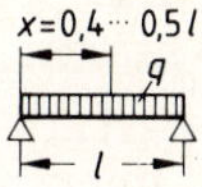	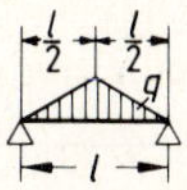	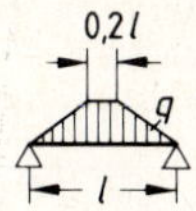	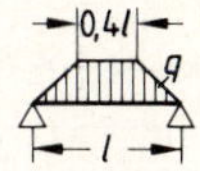
2 gleiche Öffnungen 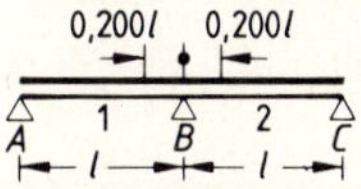	M_1	0,070	0,048	0,056	0,062
	min M_B	−0,125	−0,078	−0,093	−0,106
	A	0,375	0,172	0,207	0,244
	max B	1,250	0,656	0,786	0,911
	min Q_{Bl}	−0,625	−0,328	−0,393	−0,456
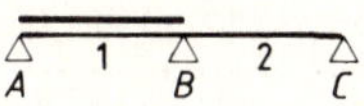	max M_1	0,096	0,065	0,076	0,085
	M_B	−0,063	−0,039	−0,047	−0,053
	max A	0,438	0,211	0,253	0,297
	min C	−0,063	−0,039	−0,047	−0,053

Tafel **219.2** **Beiwerte *k* zur Bestimmung der Schnittgrößen für Dreifeldträger** (nach Mensch)

3 gleiche Öffnungen 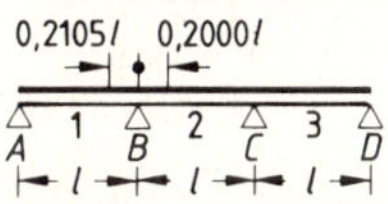	M_1	0,080	0,054	0,064	0,071
	M_2	0,025	0,021	0,024	0,025
	M_B	−0,100	−0,063	−0,074	−0,085
	A	0,400	0,188	0,226	0,265
	B	1,100	0,563	0,674	0,785
	Q_{Bl}	−0,600	−0,313	−0,374	−0,435
	Q_{Br}	0,500	0,250	0,300	0,350
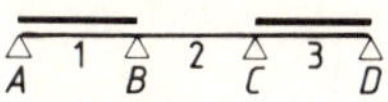	max M_1	0,101	0,068	0,080	0,090
	M_B	−0,050	−0,032	−0,037	−0,043
	max A	0,450	0,219	0,263	0,307
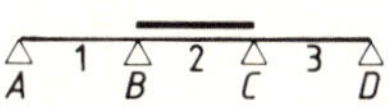	max M_2	0,075	0,052	0,061	0,067
	M_B	−0,050	−0,032	−0,037	−0,043
	min A	−0,050	−0,032	−0,037	−0,043
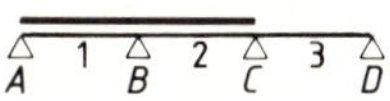	min M_B	−0,117	−0,073	−0,087	−0,099
	M_C	−0,033	−0,021	−0,025	−0,029
	max B	1,200	0,626	0,749	0,871
	min Q_{Bl}	−0,617	−0,323	−0,387	−0,449
	max Q_{Br}	0,583	0,303	0,362	0,421
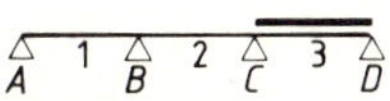	max M_B	0,017	0,011	0,013	0,015
	M_C	−0,067	−0,042	−0,050	−0,057
	max Q_{Bl}	0,017	0,011	0,013	0,015
	min Q_{Br}	−0,083	−0,053	−0,062	−0,071

Tafel **220.1** **Beiwerte *k* zur Bestimmung der Schnittgrößen für Vierfeldträger** (nach Mensch)

Belastungsschema Doppelstrich: belastet, wie rechts dargestellt	statische Größe	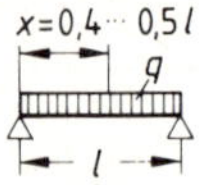	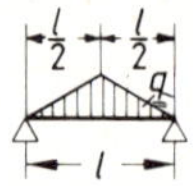	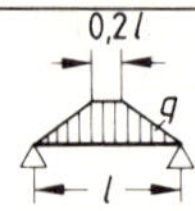	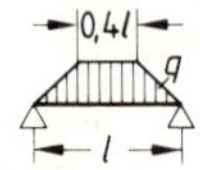
4 gleiche Öffnungen	M_1	0,077	0,052	0,062	0,069
	M_2	0,036	0,028	0,032	0,034
	M_B	−0,107	−0,067	−0,080	−0,091
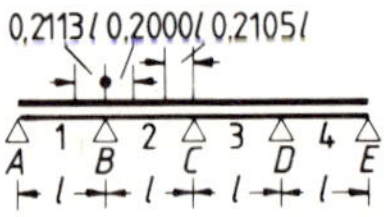	M_C	−0,071	−0,045	−0,053	−0,060
	A	0,393	0,183	0,220	0,259
	B	1,143	0,590	0,707	0,822
	C	0,929	0,455	0,546	0,638
	Q_{Bl}	−0,607	−0,317	−0,380	−0,441
	Q_{Br}	0,536	0,273	0,327	0,381
	Q_{Cl}	−0,464	−0,228	−0,273	−0,319
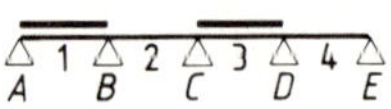	max M_1	0,100	0,067	0,079	0,088
	M_B	−0,054	−0,034	−0,040	−0,046
	M_C	−0,036	−0,023	−0,027	−0,031
	max A	0,446	0,217	0,260	0,298
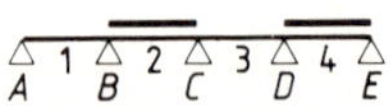	max M_2	0,080	0,056	0,065	0,071
	M_B	−0,054	−0,034	−0,040	−0,046
	M_C	−0,036	−0,023	−0,027	−0,031
	min A	−0,054	−0,034	−0,040	−0,046
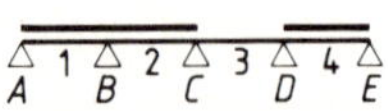	min M_B	−0,121	−0,076	−0,090	−0,102
	M_C	−0,018	−0,012	−0,013	−0,015
	M_D	−0,058	−0,036	−0,043	−0,049
	max B	1,223	0,640	0,767	0,889
	min Q_{Bl}	−0,621	−0,326	−0,390	−0,452
	max Q_{Br}	0,603	0,314	0,377	0,437
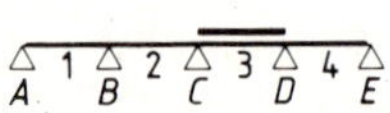	max M_B	0,013	0,009	0,010	0,011
	M_C	−0,054	−0,033	−0,040	−0,045
	M_D	−0,049	−0,031	−0,037	−0,042
	min B	−0,080	−0,050	−0,060	−0,067
	max Q_{Bl}	0,013	0,009	0,010	0,011
	min Q_{Br}	−0,067	−0,042	−0,050	−0,056
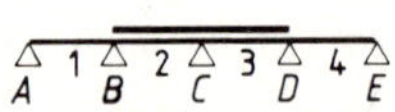	M_B	−0,036	−0,023	−0,027	−0,031
	min M_C	−0,107	−0,067	−0,080	−0,091
	max C	1,143	0,589	0,706	0,820
	min Q_{Cl}	−0,571	−0,295	−0,353	−0,410
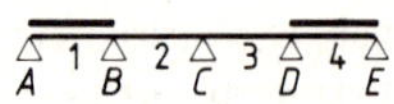	M_B	−0,071	−0,045	−0,053	−0,060
	max M_C	0,036	0,023	0,027	0,031
	min C	−0,214	−0,134	−0,160	−0,182
	max Q_{Cl}	0,107	0,067	0,080	0,091

Beispiel zur Erläuterung

Ein Träger mit $l_1 = 4{,}0$ m und $l_2 = 4{,}6$ m mit $g = 10$ kN/m und $p_1 = p_2 = 16$ kN/m wird berechnet (Bild **221.**1).

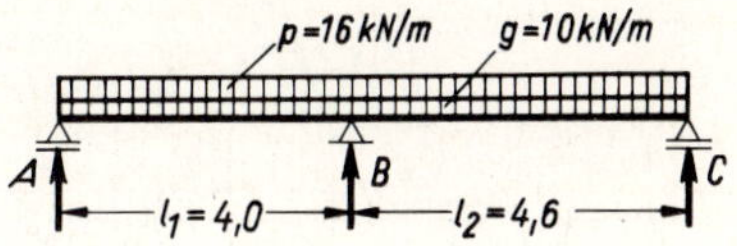

221.1
Zweifeldträger mit Eigenlast und Verkehrslast

Biegemomente

$$\max M_1 = (k_1 \cdot g + k_2 \cdot p) \cdot l_1^2 = (0{,}07 \cdot 10 + 0{,}096 \cdot 16) \cdot 4{,}0^2 = (0{,}70 + 1{,}54) \cdot 4{,}0^2$$
$$= 2{,}24 \cdot 4{,}0^2 = 35{,}8 \text{ kNm}$$

$$\max M_2 = (k_1 \cdot g + k_2 \cdot p) \cdot l_1^2 = (0{,}07 \cdot 10 + 0{,}096 \cdot 16) \cdot 4{,}6^2 = (0{,}70 + 1{,}54) \cdot 4{,}6^2$$
$$= 2{,}24 \cdot 4{,}6^2 = 47{,}4 \text{ kNm}$$

$$\min M_B = (k_3 \cdot g + k_4 \cdot p) \cdot \left(\frac{l_1 + l_2}{2}\right)^2 = (-0{,}125 \cdot 10 - 0{,}125 \cdot 16) \cdot \left(\frac{4{,}0 + 4{,}6}{2}\right)^2$$
$$= (-1{,}25 - 2{,}00) \cdot \left(\frac{8{,}6}{2}\right)^2 = -3{,}25 \cdot 4{,}3^2 = -60{,}1 \text{ kNm}$$

Stützkräfte

$$\max A = (k_5 \cdot g_1 + k_6 \cdot q_1) \cdot l_1 = (0{,}375 \cdot 10 + 0{,}438 \cdot 16) \cdot 4{,}0 = (3{,}75 + 7{,}02) \cdot 4{,}0$$
$$= 10{,}77 \cdot 4{,}0 = 43{,}1 \text{ kN}$$

$$B_l = (k_7 \cdot g_1 + k_8 \cdot p_1) \cdot l_1 \qquad B_r = (k_7 \cdot g_2 + k_8 \cdot p_2) \cdot l_2$$

$$\max B = B_l + B_r = (k_7 \cdot g + k_8 \cdot p) \cdot \frac{l_1 + l_2}{2} = (1{,}25 \cdot 10 + 1{,}25) \cdot 16) \cdot \frac{4{,}0 + 4{,}6}{2}$$
$$= (12{,}5 + 20{,}0) \cdot 4{,}3 = 139{,}8 \text{ kN}$$

$$\max C = (k_5 \cdot g_2 + k_6 \cdot p_2) \cdot l_2 = (0{,}375 \cdot 10 + 0{,}438 \cdot 16) \cdot 4{,}6 = (3{,}75 + 7{,}02) \cdot 4{,}6$$
$$= 10{,}77 \cdot 4{,}6 = 49{,}5 \text{ kN}$$

Beispiele zur Übung

Die Schnittgrößen für die nachstehenden Träger sind mit den Zahlentafeln nach Mensch zu bestimmen.

1.	l_1	$= 4{,}8$ m	$l_2 = 5{,}4$ m	$g = 5$ kN/m	$p_1 = p_2 = 8$ kN/m
2.	$l_1 = l_2 = l_3$	$= 4{,}5$ m		$g = 8$ kN/m	$p_1 = p_2 = p_3 = 12$ kN/m
3.	$l_1 = l_3$	$= 4{,}4$ m	$l_2 = 3{,}6$ m	$g = 10$ kN/m	$p_1 = p_2 = p_3 = 13$ kN/m
4.	$l_1 = l_2$	$= 5{,}0$ m	$l_3 = 4{,}0$ m	$g = 6$ kN/m	$p_1 = p_2 = p_3 = 10$ kN/m

7.4.3 Durchlaufende Platten und Balken im Stahlbetonbau

Die Schnittgrößen für durchlaufende Platten, Balken und Plattenbalken aus Stahlbeton mit gleichmäßig verteilter Belastung dürfen bei Hochbauten ebenfalls mit den Winklerschen Zahlen oder mit den Zahlentafeln nach Mensch berechnet werden. Diese Bauteile dürfen dabei im allgemeinen als frei drehbar gelagert angenommen werden.

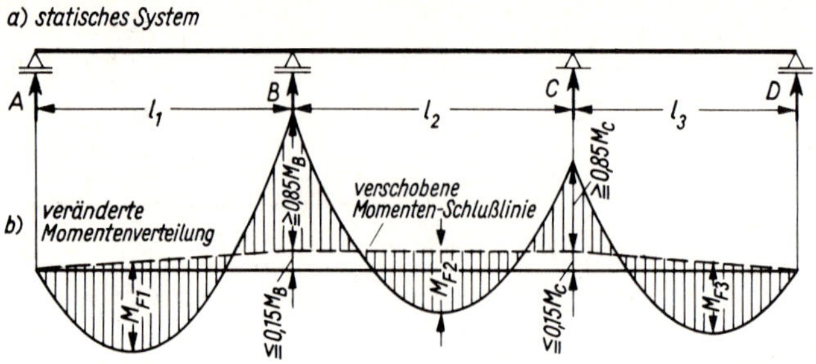

222.1 Verminderung der Stützmomente durch Verschiebung der Momenten-Schlußlinie bis zu 0,15 M_S; dadurch freie Wahl der Momentenverteilung

Bei Stützweiten bis zu 12 m dürfen die so berechneten Stützmomente bis zu 15% ihrer Größtwerte vermindert (oder vergrößert) werden, wenn die zugehörigen Feldmomente um das entsprechende Maß vergrößert (oder vermindert) werden (Bild **222.**1).

Die Momentenfläche darf über den Unterstützungen außerdem parabelförmig ausgerundet werden.

Bei Auflagerung auf Mauerwerk oder bei nicht biegesteifem Anschluß an die Unterstützung ist dann die Bemessung für das abgeminderte Moment M' durchzuführen (Bild **222.**2)

$$M'_S = M_S + \frac{t \cdot |Q|}{8} \tag{222.1}$$

Hierbei sind:

M_S Stützmoment (mit Vorzeichen einsetzen) in kNm
$|Q|$ Querkraft $|Q_1| + |Q_r|$ in Auflagermitte (als absoluter Wert ohne Vorzeichen einsetzen) in kN
t Auflagertiefe in m

Bei Auflagerung auf Stahlbetonbalken oder -wänden oder bei biegesteifem Anschluß an die Unterstützung ist die Bemessung für die Momente M_I bzw. M_{II} am Rand der Unterstützung durchzuführen (Bild **222.**3)

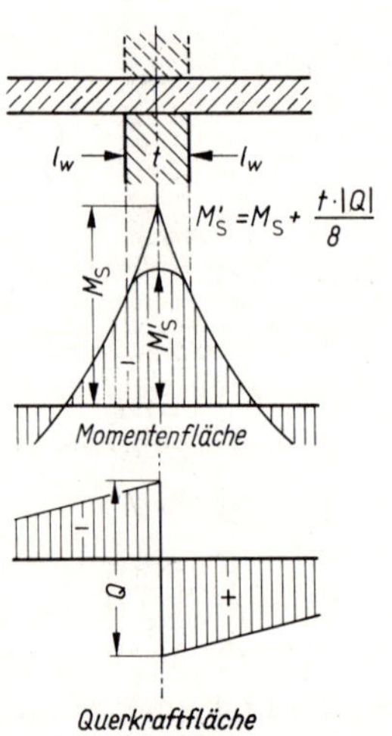

222.2 Momentenausrundung bei Auflagerung auf Mauerwerk oder bei nicht biegesteifem Anschluß an die Unterstützung

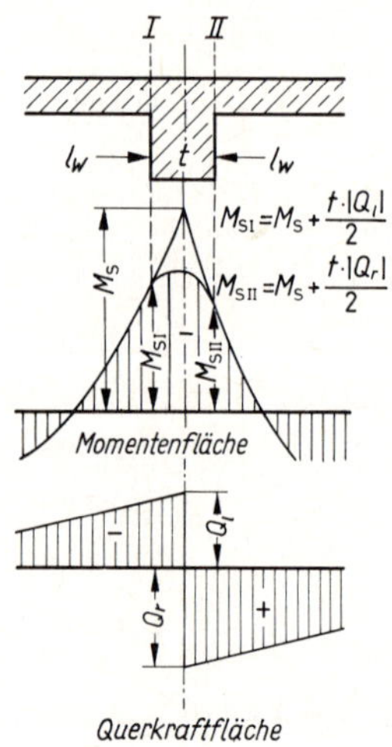

222.3 Momentenausrundung bei Auflagerung auf Stahlbeton oder bei biegesteifem Anschluß an die Unterstützung

$$M_{SI} = M_S + \frac{t \cdot |Q_l|}{2} \tag{223.1}$$

$$M_{SII} = M_S + \frac{t \cdot |Q_r|}{2} \tag{223.2}$$

Hierbei sind:

M_S Stützmoment (mit Vorzeichen einsetzen) in kNm
$|Q_l|$ Querkraft links der Auflagermitte (als absoluter Wert ohne Vorzeichen einsetzen) in kN
$|Q_r|$ Querkraft rechts der Auflagermitte in kN
t Tiefe der Unterstützung in m

Auf diesen Grundlagen aufbauende Näherungsverfahren sind im Heft 240 des Deutschen Ausschusses für Stahlbeton veröffentlicht.

Beispiele zur Erläuterung s. „Stahlbetonbau – Bemessung, Konstruktion, Ausführung“.

7.4.4 Durchlaufende Stahlträger

Nach DIN 1050 und DIN 18801 dürfen Durchlaufträger aus Stahl auf vereinfachte Weise berechnet werden, wenn die Stützenweiten gleich sind oder die kleinste Stützenweite mindestens 0,8 der größeren ist:

$$\min l \geqq 0{,}8 \max l \tag{223.3}$$

Die Stützkräfte von Durchlaufträgern mit mehr als zwei Feldern dürfen berechnet werden wie bei Einfeldträgern. Für gleichmäßig verteilte Belastung sind die Stützkräfte in Bild **223.1** angegeben.

Für Zweifeldträger ist die Stützkraft am Mittelauflager für Vollbelastung zu berechnen:

$$\max B = 1{,}25 \cdot q \cdot l \tag{223.4}$$

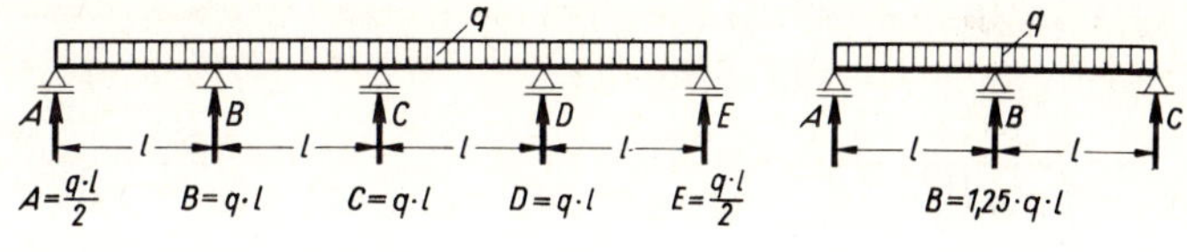

223.1 Stützkräfte bei durchlaufenden Stahlträgern mit gleichen oder ännähernd gleichen Stützweiten

Biegemomente bei gleichmäßig verteilter Belastung

Die Biegemomente der Durchlaufträger mit gleichmäßig verteilter Belastung können wie folgt berechnet werden (Bild **223.2**):

Endfelder $M_E = q \cdot l^2/11$ (223.5)

Innenfelder $M_I = q \cdot l^2/16$ (223.6)

Innenstützen $M_S = -q \cdot l^2/16$ (223.7)

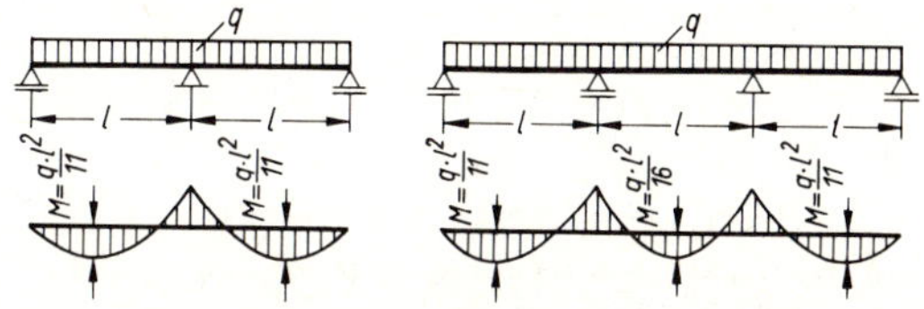

223.2 Feldmomente für Stahlträger mit gleichen oder annähernd gleichen Stützweiten und gleichmäßig verteilter Belastung

Für die Feldmomente sind q und l des jeweiligen Feldes anzusetzen.

Für die Innenstützmomente sind q und l des angrenzenden Feldes anzusetzen, das den größeren Wert aus $q \cdot l$ liefert.

Folgende Bedingungen sind einzuhalten:

- Gleiche oder annähernd gleiche Stützweiten (Gl. 223.3)
- Belastung aus feldweise gleichgroßen, gleichgerichteten Streckenlasten: min $q \geqq 0$
- Träger mit doppelsymmetrischem, über die Länge gleichbleibendem Querschnitt (z.B. I-Profile, nicht aber [-Profile).

Biegemomente bei anderen Belastungsarten

Die Biegemomente der Durchlaufträger mit anderen als gleichmäßig verteilten Belastungen können vereinfacht nach den Gleichungen 224.1 und 224.2 berechnet werden.

Endfelder (Bild **224.**1a und b)

$$M_x = M_0 + 0{,}6\,M'_B \cdot \frac{x}{l} \tag{224.1}$$

Innenfelder (Bild **224.**1c und d)

$$M_x = M_0 + 0{,}75 \cdot \left(M'_B \cdot \frac{x'}{l} + M'_C \cdot \frac{x}{l}\right) \tag{224.2}$$

M'_B und M'_C sind die bei voller Einspannung der Felder entstehenden Einspannmomente (s. Abschn. 7.5).

M_0 ist das im untersuchten Feld bei freier Auflagerung ohne Durchlaufwirkung entstehende Moment.

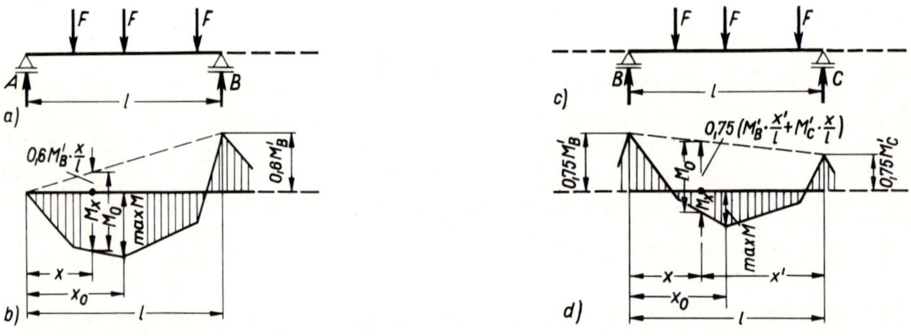

224.1 Momentenbestimmung für durchlaufende Stahlträger mit gleichen oder annähernd gleichen Stützweiten a) und b) im Endfeld c) und d) im Innenfeld

Beispiel zur Erläuterung

Ein Stahlträger läuft über 3 Felder durch und ist jeweils in Feldmitte durch eine Einzellast $F = 40\,\text{kN}$ belastet (Bild **224.**2)

$$l_1 = l_3 = 3{,}0\,\text{m} \qquad l_2 = 3{,}5\,\text{cm} \qquad x = l/2$$

Die Biegemomente und Stützkräfte werden berechnet.

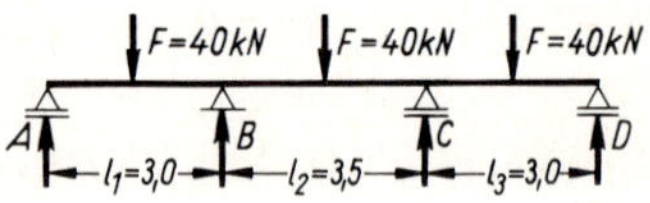

224.2 Dreifeldträger aus Stahl

Biegemomente

$$\min M_{B1} = 0{,}6\, M'_{B1} = -0{,}6 \cdot \frac{3 \cdot F \cdot l}{16} = -0{,}6 \cdot \frac{3 \cdot 40 \cdot 3{,}0}{16} = -13{,}5\,\text{kNm}$$

$$\min M_{C2} = \min M_{B2} = 0{,}75\, M'_B = -0{,}75 \cdot \frac{F \cdot l}{8} = -0{,}75 \cdot \frac{40 \cdot 3{,}5}{8} = -13{,}1\,\text{kNm}$$

Maßgebend ist das größte Moment, also $\min M_{B1} = -13{,}50\,\text{kNm}$

$$\max M_1 = \max M_3 = M_0 + 0{,}6\, M'_B \cdot \frac{x}{l} = \frac{F \cdot l}{4} + M_{B1} \cdot \frac{1}{2} = \frac{40 \cdot 3{,}0}{4} - 13{,}50 \cdot \frac{1}{2}$$
$$= 30{,}00 - 6{,}75 = 23{,}25\,\text{kNm}$$

$$\max M_2 = M_0 - 0{,}75 \cdot \left(M'_B \cdot \frac{x'}{l} + M'_C \cdot \frac{x}{l}\right) = \frac{F \cdot l}{4} - M_{B2} \cdot \frac{1}{2} - M_{C2} \cdot \frac{1}{2}$$
$$= \frac{40 \cdot 3{,}5}{4} - 13{,}1 \cdot \frac{1}{2} - 13{,}1 \cdot \frac{1}{2} = 35{,}0 - 13{,}1 = 21{,}9\,\text{kNm}$$

Stützkräfte

$$A = D = \frac{F}{2} = \frac{40}{2} = 20\,\text{kN} \qquad B = C = \frac{F}{2} + \frac{F}{2} = F = 40\,\text{kN}$$

Beispiele zur Übung

Die Dreifeldträger aus Stahl erhalten gleichmäßig verteilte Lasten und sind nach dem vorgenannten Näherungsverfahren zu berechnen. Gesucht sind $\max M_1$, $\max M_2$, $\max M_3$, $\min M_B$, $\min M_C$, A, B, C, und D.

1. $l_1 = 4{,}0\,\text{m}$ $l_2 = 4{,}2\,\text{m}$ $l_3 = 3{,}8\,\text{m}$ $q_1 = q_3 = 12\,\text{kN/m}$ $q_2 = 10\,\text{kN/m}$
2. $l_1 = 4{,}8\,\text{m}$ $l_2 = 4{,}8\,\text{m}$ $l_3 = 4{,}0\,\text{m}$ $q_1 = q_2 = q_3 = 24\,\text{kN/m}$
3. $l_1 = 2{,}0\,\text{m}$ $l_2 = 2{,}4\,\text{m}$ $l_3 = 2{,}5\,\text{m}$ $q_1 = q_3 = 8{,}0\,\text{kN/m}$ $q_2 = 6{,}8\,\text{kN/m}$
4. $l_1 = 3{,}0\,\text{m}$ $l_2 = 2{,}4\,\text{m}$ $l_3 = 3{,}0\,\text{m}$ $q_1 = q_2 = q_3 = 45\,\text{kN/m}$

7.5 Eingespannte Einfeldträger

Auch die eingespannten Träger auf 2 Stützen sind statisch unbestimmt gelagert, da die Lagerung mehr als 3wertig ist. Die statisch unbestimmten Größen sind hier die Einspannmomente. Die Dreimomentengleichung ist auch für diese Träger anwendbar.

7.5.1 Einseitig eingespannte Träger auf zwei Stützen

Den eingespannten Träger stellt man sich an der Einspannstelle um ein gedachtes (ideelles) Feld verlängert als Durchlaufträger vor (Bild **225**.1). Das Stützmoment M_B entspricht dem Einspannmoment.

Die Dreimomentengleichung lautet

$$M_A \cdot l + 2 M_B \cdot (l + l_i) + M_C \cdot l_i = -\mathfrak{R} \cdot l - \mathfrak{L}_i \cdot l_i$$

In dieser Gleichung sind mehrere Größen gleich Null:

$$M_A = 0 \qquad M_C = 0 \qquad l_i = 0 \qquad \mathfrak{L}_i = 0$$

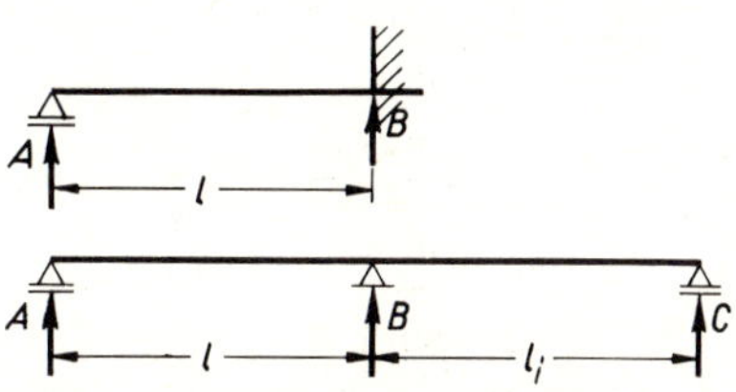

225.1 Einseitig eingespannter Träger auf 2 Stützen mit ideellem Zweifeldträger

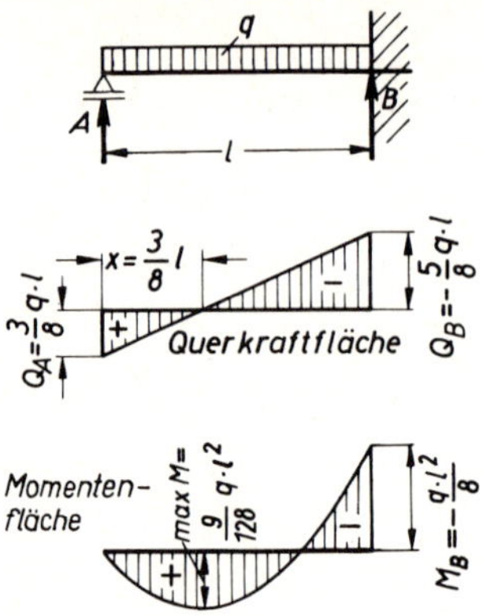

226.1 Eingespannter Träger mit Querkraft- und Momentenfläche bei gleichmäßig verteilter Belastung

Es bleibt übrig

$$2\,M_{\mathrm{B}} \cdot l = -\,\mathfrak{R} \cdot l$$

Damit wird

$$M_{\mathrm{B}} = -\,\frac{\mathfrak{R}}{2}$$

Für eine gleichmäßig verteilte Belastung (Bild **226.**1) wird mit

$$\mathfrak{R} = +\,\frac{q \cdot l^2}{4}$$

$$M_{\mathrm{B}} = -\,\frac{q \cdot l^2}{4 \cdot 2} = -\,\frac{\boldsymbol{q \cdot l^2}}{\mathbf{8}} \qquad (226.1)$$

Für fest eingespannte Träger sind Formeln entwickelt worden. Sie liefern bei voller Einspannung genaue Schnittgrößen. Bei elastischen Einspannungen, also teilweisen Einspannungen, gelten diese Formeln nicht. Tafel **226.**2 enthält eine Zusammenstellung der Formeln zur Berechnung der Schnittgrößen für einseitig eingespannte Einfeldträger.

Tafel **226.**2 **Zusammenstellung der Schnittgrößen für einseitig eingespannte Einfeldträger**

statisches System und Belastung	Auflagerkräfte	Biegemomente
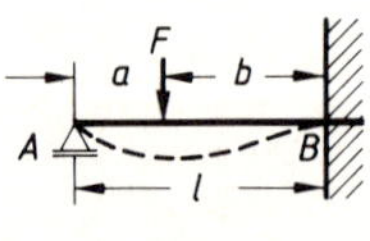	$A = \frac{F \cdot b^2}{2\,l^3} \cdot (2\,l + a)$ $A = \frac{F \cdot a}{2\,l^3} \cdot (3\,l^2 - a^2)$	$M_{\mathrm{B}} = -\,\frac{F \cdot a \cdot b}{2\,l^2} \cdot (l + a)$ $M_{\mathrm{F}} = \frac{F \cdot a \cdot b^2}{2\,l^3} \cdot (2\,l + a)$
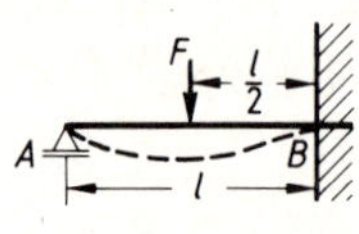	$A = \frac{5}{16} F$ $B = \frac{11}{16} F$	$M_{\mathrm{B}} = -\,\frac{3}{16} F \cdot l$ $M_{\mathrm{F}} = \frac{5}{32} F \cdot l$
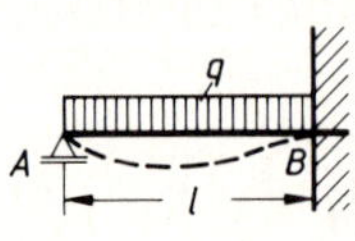	$A = \frac{3}{8} q \cdot l$ $B = \frac{5}{8} q \cdot l$	$M_{\mathrm{B}} = -\,\frac{q \cdot l^2}{8}$ $M_{\mathrm{F}} = \frac{9}{128} \cdot q \cdot l^2$ bei $x = \frac{3}{8} l$
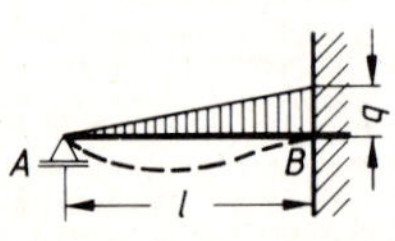	$A = \frac{1}{10} q \cdot l$ $B = \frac{2}{5} q \cdot l$	$M_{\mathrm{B}} = -\,\frac{q \cdot l^2}{15}$ $M_{\mathrm{F}} = 0{,}0298\,q \cdot l^2$ bei $x = 0{,}447\,l$

Beispiel zur Erläuterung

Eine Stahlbetondecke überspannt einen Raum von 5,76 m lichter Weite, liegt links auf Mauerwerk auf und ist rechts in eine Stahlbetonwand eingespannt. Die Belastung beträgt für 1 m Deckenbreite $q = 8{,}5\,\text{kN/m}$ (Bild **227**.1).

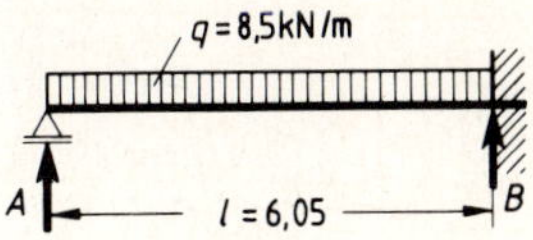

227.1 Statisches System der einseitig eingespannten Stahlbetonplatte

statische Länge

$$l = 1{,}05\,l_w = 1{,}05 \cdot 5{,}76 = 6{,}05\,\text{m}$$

Stützkräfte

$$A = \frac{3}{8} \cdot q \cdot l = \frac{3}{8} \cdot 8{,}5 \cdot 6{,}05 = 19{,}28\,\text{kN}$$

$$B = \frac{5}{8} \cdot q \cdot l = \frac{5}{8} \cdot 8{,}5 \cdot 6{,}05 = 32{,}14\,\text{kN}$$

Biegemomente

$$\max M = \frac{9}{128} \cdot q \cdot l^2 = \frac{9}{128} \cdot 8{,}5 \cdot 6{,}05^2 = 21{,}88\,\text{kNm}$$

$$M_B = -\frac{q \cdot l^2}{8} = -\frac{8{,}5 \cdot 6{,}05^2}{8} = -38{,}89\,\text{kNm}$$

7.5.2 Zweiseitig eingespannte Träger auf zwei Stützen

Diese Träger stellt man sich an beiden Einspannstellen jeweils um ein ideelles Feld verlängert vor. Man hat dann einen ideellen Durchlaufträger über 3 Felder (Bild **227**.2). Die 2 erforderlichen Gleichungen lauten

$$2\,M_A \cdot (l_{i1} + l) + M_B \cdot l = -\mathfrak{R}_{i1} \cdot l_{i1} - \mathfrak{L} \cdot l$$

$$M_A \cdot l + 2\,M_B \cdot (l + l_{i2}) = -\mathfrak{R} \cdot l - \mathfrak{L}_{i2} \cdot l_{i2}$$

Alle ideellen Größen mit dem Index i sind Null. Daher heißen die Gleichungen

$$2\,M_A \cdot l + M_B \cdot l = -\mathfrak{L} \cdot l$$

$$M_A \cdot l + 2\,M_B \cdot l = -\mathfrak{R} \cdot l$$

Durch Addition erhält man

$$M_A = -\frac{1}{3} \cdot (2\,\mathfrak{L} - \mathfrak{R})$$

$$M_B = -\frac{1}{3} \cdot (2\,\mathfrak{R} - \mathfrak{L})$$

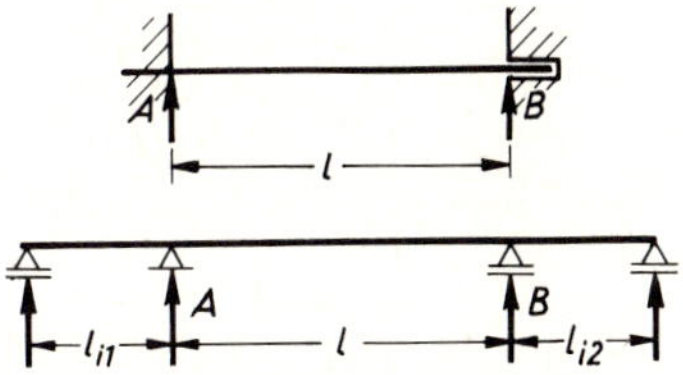

227.2 Beidseitig eingespannter Einfeldträger mit ideellem Dreifeldträger

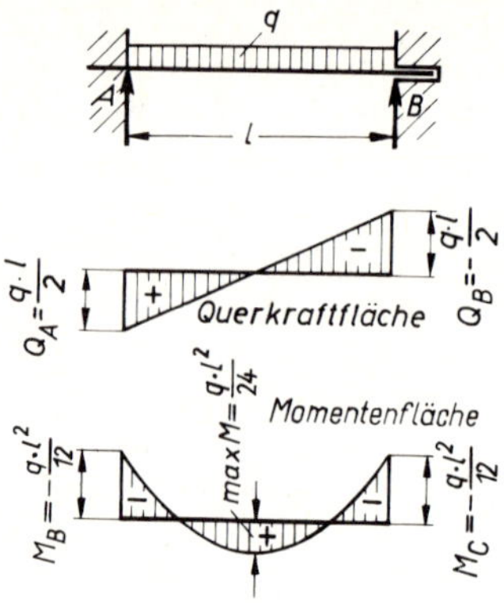

228.1
Eingespannter Träger mit Querkraft- und Momentenfläche bei gleichmäßig verteilter Belastung

Bei gleichmäßig verteilter Belastung (Bild **228.**1) mit

$$\mathfrak{R} = \mathfrak{L} = \frac{q \cdot l^2}{4} \text{ wird daraus}$$

$$\boldsymbol{M_A = M_B} = -\frac{1}{3} \cdot \left(2 \cdot \frac{q \cdot l^2}{4} - \frac{q \cdot l^2}{4}\right)$$

$$= -\frac{1}{3} \cdot \frac{q \cdot l^2}{4} = -\frac{\boldsymbol{q \cdot l^2}}{\boldsymbol{12}} \qquad (228.1)$$

In Tafel **228.**2 sind die Formeln zur Bestimmung der Schnittgrößen für beidseitig eingespannte Einfeldträger zusammengestellt.

Tafel **228.**2 **Zusammenstellung der Schnittgrößen für beidseitig eingespannte Einfeldträger**

statisches System und Belastung	Auflagerkräfte	Biegemomente
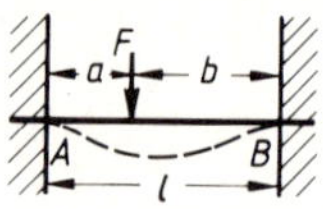	$A = \frac{F \cdot b^2}{l^3} \cdot (l + 2a)$ $B = \frac{F \cdot a^2}{l^3} \cdot (l + 2b)$	$M_A = -F \cdot \frac{a \cdot b^2}{l^2}$ $M_B = -F \cdot \frac{a^2 \cdot b}{l^2}$ $M_F = 2F \cdot \frac{a^2 \cdot b^2}{l^3}$
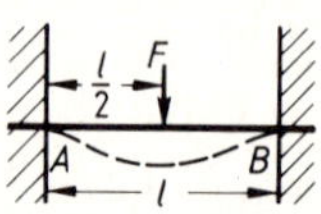	$A = B = \frac{F}{2}$	$M_A = M_B = -\frac{F \cdot l}{8}$ $M_F = \frac{F \cdot l}{8}$
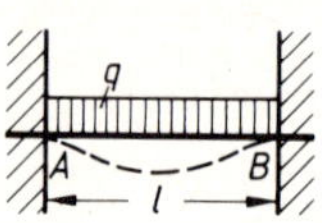	$A = B = \frac{q \cdot l}{2}$	$M_A = M_B = -\frac{q \cdot l^2}{12}$ $M_F = \frac{q \cdot l^2}{24}$
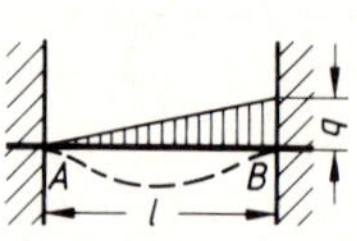	$A = \frac{3}{20} q \cdot l$ $B = \frac{7}{20} q \cdot l$	$M_A = -\frac{q \cdot l^2}{30}$ $M_B = -\frac{q \cdot l^2}{20}$ $M_F = \frac{q \cdot l^2}{46{,}6}$ bei $x = 0{,}548\, l$

Weitere Belastungsfälle sind in statischen Tabellenbüchern zusammengestellt.

Beispiele zur Übung

Für die zweiseitig eingespannten Einfeldträger sind die Biegemomente max M, M_A und M_B sowie die Stützkräfte A und B zu berechnen (Bild **229.**1).

1.	$l = 3{,}0\,\text{m}$	$g = 5\,\text{kN/m}$	$F = 10\,\text{kN}$	$a = b = 1{,}5\,\text{m}$	
2.	$l = 4{,}0\,\text{m}$	$g = 6\,\text{kN/m}$	$F = 20\,\text{kN}$	$a = 2{,}5\,\text{m}$	$b = 1{,}5\,\text{m}$
3.	$l = 2{,}5\,\text{m}$	$g = 20\,\text{kN/m}$	$F = 40\,\text{kN}$	$a = 1{,}2\,\text{m}$	$b = 1{,}3\,\text{m}$
4.	$l = 6{,}0\,\text{m}$	$g = 2\,\text{kN/m}$	$F = 5\,\text{kN}$	$a = b = 3{,}0\,\text{m}$	

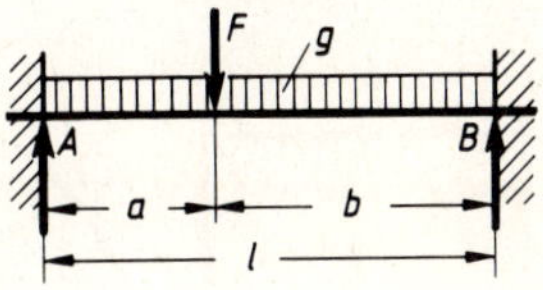

229.1 Eingespannter Träger mit gleichmäßig verteilter Last und Einzellast

8 Berechnung von Dreigelenktragwerken

Dreigelenktragwerke gehören zu den statisch bestimmten Systemen. Diese Tragwerke bestehen aus zwei Tragwerksteilen, die durch ein Gelenk miteinander verbunden sind. Die anderen Enden der beiden Tragwerksteile sind die Auflager, die ebenfalls als Gelenke ausgebildet werden. Dadurch sind drei Gelenke vorhanden und alle Tragwerksenden sind durch Gelenke gehalten.

Dreigelenktragwerke können unterschiedliche Formen aufweisen. Einige Beispiele zeigt Bild **230**.1.

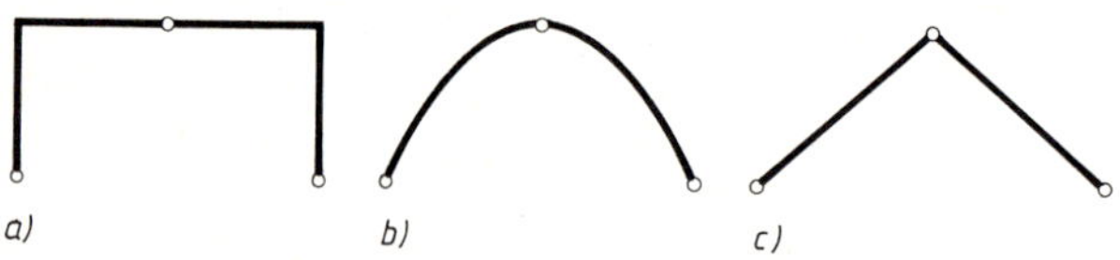

230.1 Verschiedene Formen von Dreigelenktragwerken
a) rechteckiges Dreigelenktragwerk (Dreigelenkbinder)
b) bogenförmiges Dreigelenktragwerk (Dreigelenkbogen)
c) dreieckförmiges Dreigelenktragwerk (z. B. Sparrendach)

Ein Gelenk bindet zwei Bewegungsmöglichkeiten, genau wie ein festes Auflager zwei Bewegungsmöglichkeiten bindet. Ein Gelenk ist statisch zweiwertig (s. Abschn. 6.1.2). An jedem Gelenk ist je eine Vertikal- und Horizontalkraft zu ermitteln, bzw. die Normalkraft und die Querkraft der angeschlossenen Stäbe. An den Gelenken entsteht kein Biegemoment, die Biegemomente sind dort gleich Null.

Für jeden der beiden Tragwerksteile stehen drei Gleichgewichtsbedingungen zur Verfügung. Mit diesen insgesamt sechs Gleichungen lassen sich die vier Unbekannten an den Auflagern und die zwei Unbekannten am mittigen Gelenk lösen: das System ist statisch bestimmt.

Die bekannten drei Gleichgewichtsbedingungen lassen sich auch auf das Gesamttragwerk anwenden. Eine geschickte Anwendung der Gleichgewichtsbedingungen bringt Gleichungen mit nur jeweils einer unbekannten Auflagerkraft bzw. Gelenkkraft.

Ein Nachteil der Dreigelenktragwerke ist es, daß in den Auflagern Horizontalkräfte entstehen, auch wenn nur vertikale Lasten wirken. Konstruktiv ist dieser Nachteil am einfachsten mit einem Zugband zwischen den Auflagern zu lösen.

8.1 Rechteckiger Dreigelenkbinder

Für Hallen im Hochbau kann als statisches System ein rechteckiger Dreigelenkbinder gewählt werden. Mit den Vertikal- und Horizontalkomponenten der Auflagerkräfte sind die Normalkräfte und Querkräfte in den Tragwerksteilen direkt zu ermitteln. Mit Hilfe der drei Gleichgewichtsbedingungen sind alle Schnittgrößen bestimmbar.

Beispiel zur Erläuterung

Für einen rechteckigen Dreigelenkbinder entsprechend Bild **231**.1 werden die Schnittgrößen bestimmt. Die beiden Auflager werden durch Gelenke gebildet, ein weiteres Gelenk befindet sich in der Mitte des

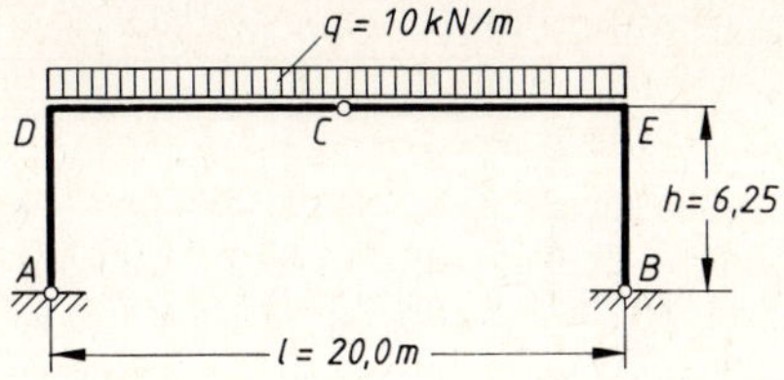

231.1
Rechteckiger Dreigelenkbinder mit gleichmäßig verteilter Belastung auf dem Riegel; stabiles System

waagerechten Tragwerksteils. Die Verbindungen der lotrechten Tragwerksteile mit dem waagerechten Tragwerksteil wird starr ausgebildet als biegesteife Rahmenecke.

Ein seitliches Umkippen rechtwinklig zur Binderachse muß durch eine Aussteifung verhindert werden.

Gleichgewichtsbindungen $\sum V = 0 \quad \sum H = 0 \quad \sum M = 0$

Auflagerkräfte

Momentengleichung um B:

$$\sum M_{(B)} = 0 \qquad -q \cdot l \cdot \frac{l}{2} + A_v \cdot l = 0$$

$$A_v = \frac{q \cdot l \cdot l/2}{l} = \frac{q \cdot l}{2} = \frac{10{,}0 \cdot 20{,}0}{2} = 100\,\text{kN}$$

$$\sum V = 0 \qquad A_v + B_v - q \cdot l = 0$$

$$B_v = q \cdot l - A_v = 10{,}0 \cdot 20{,}0 - 100 = 100\,\text{kN}$$

Momentengleichung um C:

$$\sum M_{(C)} = 0 \qquad A_h \cdot h - q \cdot \frac{l}{2} \cdot \frac{l}{4} = 0$$

$$A_h = \frac{q \cdot l^2/8}{h} = \frac{10{,}0 \cdot 20{,}0^2/8}{6{,}25} = 80\,\text{kN}$$

$$\sum V = 0 \qquad A_h = B_h = 0$$

$$B_h = A_h = 80\,\text{kN}$$

Normalkräfte (Bild **232.**1a)

$$N_A = N_{D,u} = -A_v = -100\,\text{kN}$$
$$N_{D,r} = N_{E,l} = -A_h = -\ 80\,\text{kN}$$
$$N_{E,u} = N_B = -B_v = -100\,\text{kN}$$

Querkräfte (Bild **232.**1b)

$$Q_A = Q_{D,u} = -A_h = -80\,\text{kN}$$
$$Q_{D,r} = +A_v = +100\,\text{kN}$$
$$Q_C = +A_v - \frac{q \cdot l}{2} = +100 - \frac{10{,}0 \cdot 20{,}0}{2} = 0$$
$$Q_{E,l} = +A_v - q \cdot l = +100 - 10{,}0 \cdot 20{,}0 = -100\,\text{kN}$$
$$Q_{E,u} = Q_B = +B_h = +80\,\text{kN}$$

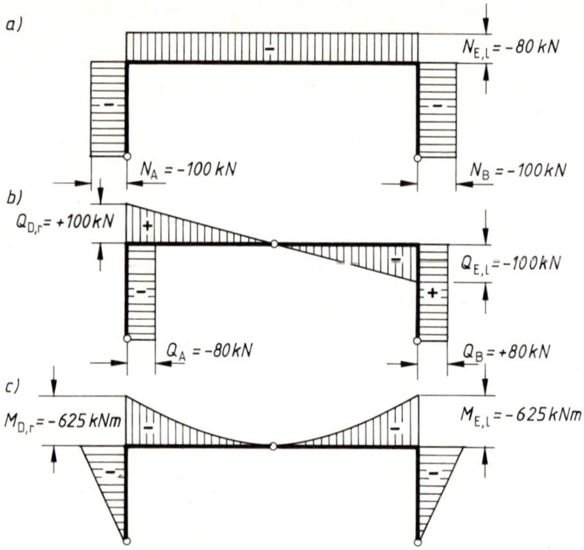

232.1 Rechteckiger Dreigelenkbinder mit gleichmäßig verteilter Belastung auf dem Riegel
a) Normalkraftfläche
b) Querkraftfläche
c) Momentenfläche

Gelenkkräfte

$$C_v = 0$$

$$C_h = N_{D,r} = N_{E,l} = -80\,\text{kN}$$

Biegemomente (Bild **232.**1c)

$$M_D = -A_h \cdot h = -100 \cdot 6{,}25 = -625\,\text{kNm}$$

$$M_E = -B_h \cdot h = -100 \cdot 6{,}25 = -625\,\text{kNm}$$

8.2 Sparrendach als Dreigelenkbinder

Das einfache Sparrendach besteht aus mehreren geneigten Trägern, die sich paarweise gegeneinander abstützen. Diese Holzsparren werden an den Fußpunkten gegen Auseinanderschieben durch ein Zugband (Deckenbalken aus Holz oder Stahlbetondecke) gehalten (Bild **233.**1). Jedes Sparrenpaar bildet mit dem Zugband ein selbständiges Tragwerk. Die räumliche Aussteifung erfolgt durch Dachlatten und Windrispen.

Die beiden Fußpunkte und der Firstpunkt werden trotz der festen Verbindung als Gelenke aufgefaßt, an denen keine Biegemomente übertragen werden können (Bild **233.**2). Dadurch ist jedes Gespärre eines Sparrendachs als Dreigelenkrahmen aufzufassen und somit ein statisch bestimmtes System. Die Schnittgrößen können mit den drei Gleichgewichtsbedingungen ermittelt werden.

Beispiel zur Erläuterung

Für ein Sparrendach werden die Lasten ermittelt und die Stützkräfte und Schnittgrößen berechnet. Die Abmessungen sind aus Bild **233.**1 und das statische System aus Bild **233.**2 zu ersehen. Sparrenabstand $a = 0{,}80\,\text{m}$, Firsthöhe < 8 m über Gelände, Dachdeckung Falzdachsteine, Sparren 8/16 cm, Dachneigung $\alpha = 38°$ Schneelastzone II, Geländehöhe < 200 m über NN.

In diesem Beispiel wird zusätzlich zur Eigenlast g die volle Schneelast s und die volle Windlast w angesetzt. Es kann daher bei weiteren Nachweisen mit dem Lastfall HZ (Haupt- und Zusatzlasten) gerechnet werden.

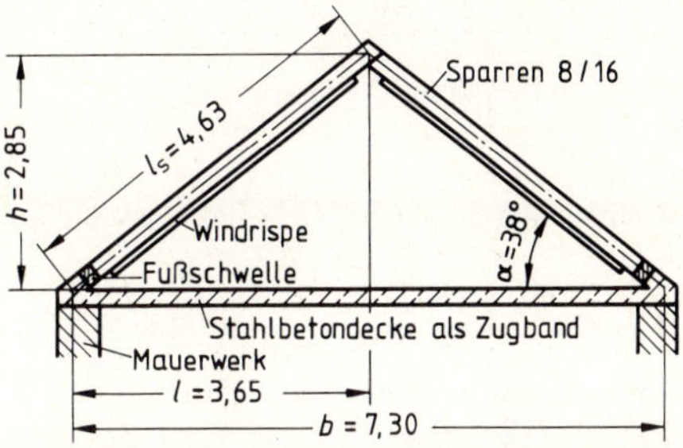

233.1
Einfaches Sparrendach auf einer Stahlbetondecke mit Aufkantungen an den Fußpunkten

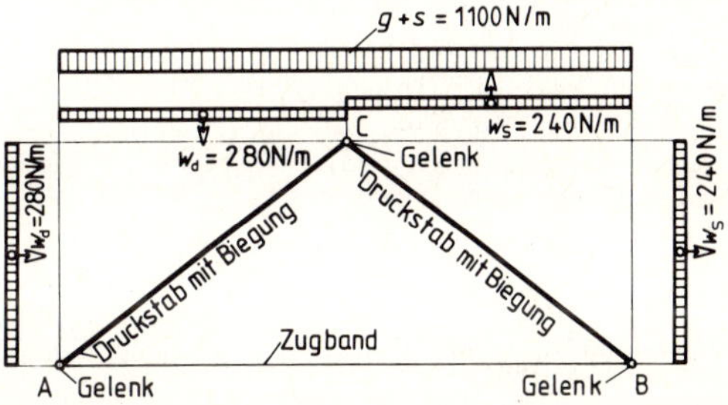

233.2
Statisches System eines Sparrendaches mit Belastung durch ständige Last g, Schneelast s und Winddruck w_d sowie Windsog w_s

Statisches System (Bild **233.**2)

$$b = 7{,}30\,\text{cm}$$

$$l = b/2 = 7{,}30/2 = 3{,}65\,\text{m}$$

$$h = 2{,}85\,\text{m} \quad a = 0{,}80\,\text{m}$$

$$\tan\alpha = h/l = 2{,}85/3{,}65 = 0{,}781$$

$$\sin\alpha = 0{,}616$$

$$\cos\alpha = 0{,}788$$

$$l_s = l/\cos\alpha = 3{,}65/0{,}788 = 4{,}63\,\text{m}$$

Lastenermittlung

Vertikale Belastung je m² Grundfläche:

Eigenlasten	Sparren	$g_{Sp}/(a \cdot \cos\alpha) = 77/(0{,}80 \cdot 0{,}788) =$	122 N/m² Grundfläche
	Dachdeckung Falzdachsteine	$g_D/\cos\alpha = 500/0{,}788 =$	635 N/m² Grundfläche
	Zuschlag für Windrispen u. ä.	$=$	18 N/m² Grundfläche
		$g' =$	775 N/m² Grundfläche
Verkehrslast	Schnee	$s' = k_s \cdot s_0 = 0{,}80 \cdot 750 = s' =$	600 N/m² Grundfläche
		$g' + s' =$	1375 N/m² Grundfläche

Vertikale Belastung der Sparren:

$$g + s = (g' + s') \cdot a = 1375 \cdot 0{,}80 = \mathbf{g + s = 1100\ N/m^2} \text{ Grundlänge}$$

Rechtwinklig zur Dachfläche wirkende Windlast je m Sparren (Winddruckbeiwerte c_p siehe Tafel **75.**1):

Winddruck	$w_d = c_p \cdot q \cdot a + 25\,\% = 0{,}56 \cdot 500 \cdot 0{,}80 \cdot 1{,}25$	$\mathbf{w_d} =$ **280 N/m** Dachlänge
Windsog	$w_s = c_p \cdot q \cdot a = -0{,}6 \cdot 500 \cdot 0{,}80$	$\mathbf{w_s} =$ **−240 N/m** Dachlänge

Wind- und Schneelast je Sparrenfeld:

$$W + S = (w_d + s' \cdot a) \cdot l = (280 + 600 \cdot 0{,}80) \cdot 3{,}65 = 2774\ \text{N} > 2000\ \text{N}$$

Stützkräfte in den Auflagern A und B (Bild **234.**1): (Der Windsog w_s wird in der tatsächlich wirkenden Richtung eingesetzt, also ohne Minuszeichen).

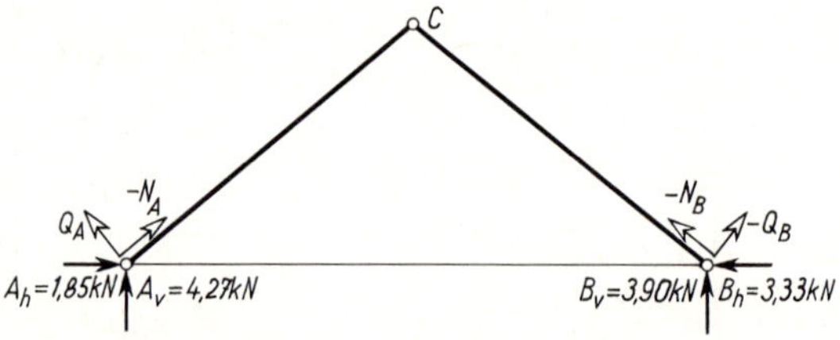

234.1 Vertikale und horizontale Stützkräfte an den Auflagern A und B mit Querkräften und Normalkräften für die Sparren

$$\sum M_{(B)} = 0: \quad A_v \cdot 2l - (g+s) \cdot 2l \cdot l - w_d \cdot l \cdot \frac{3}{2} l + w_s \cdot l \cdot \frac{1}{2} l + (w_d + w_s) \cdot h \cdot \frac{1}{2} h = 0$$

$$A_v = \frac{(g+s) \cdot 2l \cdot l + w_d \cdot l \cdot \frac{3}{2} l - w_s \cdot l \cdot \frac{1}{2} l - (w_d + w_s) h \cdot \frac{1}{2} h}{2l}$$

$$= (g+s) \cdot l + \frac{3}{4} \cdot w_d \cdot l - \frac{1}{4} (w_d + w_s) \cdot \frac{h^2}{l}$$

$$= 1100 \cdot 3{,}65 + \frac{3}{4} \cdot 280 \cdot 3{,}65 - \frac{1}{4} \cdot 240 \cdot 3{,}65 - \frac{1}{4} (280 + 240) \cdot \frac{2{,}85^2}{3{,}65}$$

$$= 4015 + 767 - 219 - 289 = 4274\ \text{N} = 4{,}27\ \text{kN}$$

$$\sum M_{(A)} = 0: \quad -B_v \cdot 2l + (g+s) \cdot 2l \cdot l + w_d \cdot l \cdot \frac{1}{2} l - w_s \cdot l \cdot \frac{3}{2} l + (w_d + w_s) \cdot h \cdot \frac{1}{2} h = 0$$

$$B_v = (g+s) \cdot l + \frac{1}{4} \cdot w_d \cdot l - \frac{3}{4} \cdot w_s \cdot l + \frac{1}{4} (w_d + w_s) \cdot \frac{h^2}{l}$$

$$= 1100 \cdot 3{,}65 + \frac{1}{4} \cdot 280 \cdot 3{,}65 - \frac{3}{4} \cdot 240 \cdot 3{,}65 + \frac{1}{4} (280 + 240) \cdot \frac{2{,}85^2}{3{,}65}$$

$$= 4015 + 255 - 657 + 289 = 3902\,\text{N} = 3{,}90\,\text{kN}$$

Kontrolle mit $\sum V_i = 0$:

$$(g+s) \cdot 2l + w_d \cdot l - w_s \cdot l - A_v - B_v = 0$$

$$1100 \cdot 2 \cdot 3{,}65 + 280 \cdot 3{,}65 - 240 \cdot 3{,}65 - 4274 - 3902 = 0$$

$$(8030 + 1022 - 876) - (4274 + 3902) = 0$$

$$8176 - 8176 = 0$$

$$\sum M_{(C)l} = 0: \quad -A_h \cdot h + A_v \cdot l - (g + s + w_d) \cdot l \cdot \frac{1}{2} l - w_d \cdot h \cdot \frac{1}{2} h = 0$$

$$A_h = \frac{A_v \cdot l - (g + s + w_d) \cdot \dfrac{l^2}{2} - w_d \cdot \dfrac{h^2}{2}}{h}$$

$$= \frac{4274 \cdot 3{,}65 - (1100 + 280) \cdot \dfrac{3{,}65^2}{2} - 280 \cdot \dfrac{2{,}85^2}{2}}{2{,}85}$$

$$= \frac{15\,600 - 9193 - 1137}{2{,}85} = 1849\,\text{N} = 1{,}85\,\text{kN}$$

$$\sum M_{(C)r} = 0: \quad B_h \cdot h - B_v \cdot l + (g + s - w_s) \cdot l \cdot \frac{1}{2} l - w_s \cdot h \cdot \frac{1}{2} h = 0$$

$$B_h = \frac{B_v \cdot l - (g + s - w_s) \cdot \dfrac{l^2}{2} + w_s \cdot \dfrac{h^2}{2}}{h}$$

$$= \frac{3902 \cdot 3{,}65 - (1100 - 240) \cdot \dfrac{3{,}65^2}{2} + 240 \cdot \dfrac{2{,}85^2}{2}}{2{,}85}$$

$$= \frac{14\,242 - 5729 + 975}{2{,}85} = 3329\,\text{N} = 3{,}33\,\text{kN}$$

Kontrolle mit $\sum H_i = 0$:

$$(w_d + w_s) \cdot h + A_h - B_h = 0$$

$$(280 + 240) \cdot 2{,}85 + 1849 - 3329 = 0$$

$$1482 + 1849 - 3329 \approx 0$$

Normalkräfte in den Sparren-Fußpunkten (Bilder **234**.1, **236**.1 und **236**.2):

$$N_A = -A_v \cdot \sin\alpha - A_h \cdot \cos\alpha = -4{,}27 \cdot 0{,}616 - 1{,}85 \cdot 0{,}788 = -2{,}63 - 1{,}46 = -4{,}09\,\text{kN}$$

$$N_B = -B_v \cdot \sin\alpha - A_h \cdot \cos\alpha = -3{,}90 \cdot 0{,}616 - 3{,}33 \cdot 0{,}788 = -2{,}40 - 2{,}62 = -5{,}02\,\text{kN}$$

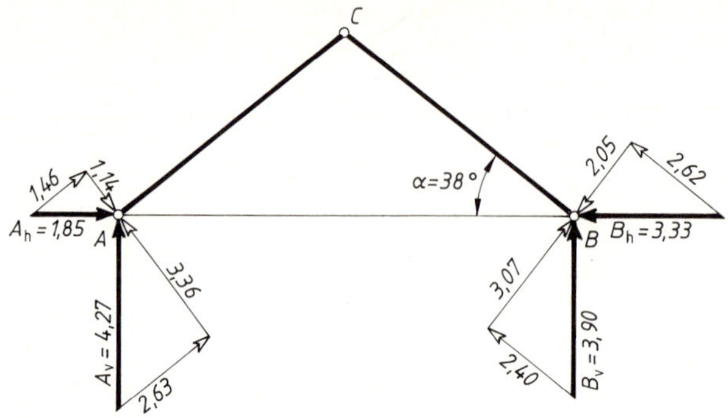

236.1
Kraftecke an den Auflagern

Querkräfte in den Sparren-Fußpunkten (Bilder **234.**1, **236.**1 und **236.**3)

$$Q_A = +A_v \cdot \cos\alpha - A_h \cdot \sin\alpha = +4{,}27 \cdot 0{,}788 - 1{,}85 \cdot 0{,}616 = +3{,}36 - 1{,}14 = +2{,}22\,\text{kN}$$
$$Q_B = -B_v \cdot \cos\alpha + B_h \cdot \sin\alpha = -3{,}90 \cdot 0{,}788 + 3{,}33 \cdot 0{,}616 = -3{,}07 + 2{,}05 = -1{,}02\,\text{kN}$$

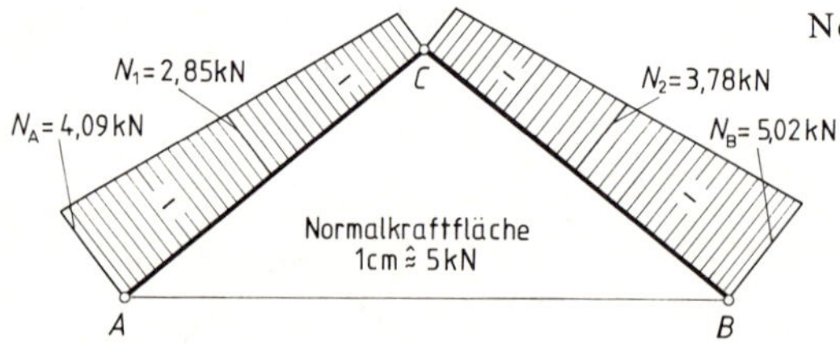

236.2 Normalkräfte für die Sparren

Normalkräfte in Sparrenmitte (Bild **236.**1)

$$N_1 = N_A + (g+s) \cdot \frac{l}{2} \cdot \sin\alpha$$
$$= -4{,}09 + 1{,}10 \cdot \frac{3{,}65}{2} \cdot 0{,}616$$
$$= -4{,}09 + 1{,}24 = -2{,}85\,\text{kN}$$

$$N_2 = N_B\,^{\circ}(g+s) \cdot \frac{l}{2} \cdot \sin\alpha$$
$$= -5{,}02 + 1{,}24 = -3{,}78\,\text{kN}$$

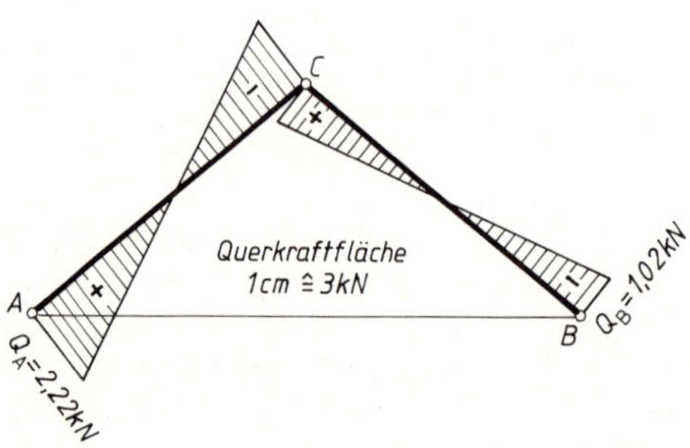

236.3 Querkräfte für die Sparren

Biegemomente in Sparrenmitte (Bild **236.**4)

$$\max M_1 = \frac{(g+s+w_d)\cdot l^2}{8} + \frac{w_d \cdot h^2}{8}$$
$$= \frac{(1100+280)\cdot 3{,}65^2}{8} + \frac{280 \cdot 2{,}85^2}{8}$$
$$= 2298 + 284 = 2582\,\text{Nm}$$
$$= 2{,}58\,\text{kNm}$$

$$\max M_2 = \frac{(g+s-w_s)\cdot l^2}{8} - \frac{w_s \cdot h^2}{8}$$
$$= \frac{(1100-240)\cdot 3{,}65^2}{8} - \frac{240 \cdot 2{,}85^2}{8}$$
$$= 1432 - 244 = 1188\,\text{Nm} = 1{,}19\,\text{kNm}$$

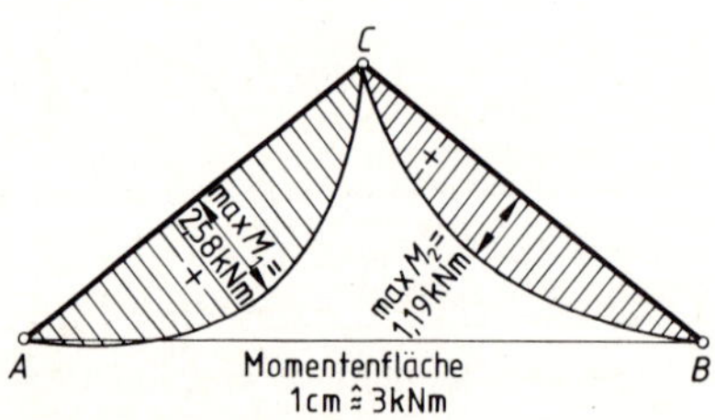

236.4 Momentenfläche für die Sparren

Die Bemessung der Sparren erfolgt im Teil 2, Abschn. 8.2.1, Beispiel 2.

8.3 Kehlbalkendach als Dreigelenkbinder mit Druckstab

Kehlbalkendächer sind Dreigelenkbinder, bei denen wie beim einfachen Sparrendach (s. Abschn. 8.2) jedes Sparrenpaar ein selbständiges Tragwerk bildet. Ein Zugband (Deckenbalken aus Holz oder Stahlbetondecke) verhindert das Auseinanderschieben der Sparren am Auflager. Zusätzlich kann jedes Sparrenpaar durch den Einbau eines horizontalen Druckstabes (Kehlbalken) gegeneinander abgestützt werden (Bild **237.**1). Diese Abstützung ist jedoch bei einseitiger Belastung verschieblich, solange die Kehlbalkenlage nicht als horizontal starre Scheibe (z.B. in Verbindung mit dem Giebelmauerwerk) für eine unverschiebliche Fixierung der Sparren sorgt. Die Kehlbalken liegen statisch am günstigsten in halber Dachhöhe, da hier die Durchbiegungen der Sparren am größten sind. Da sich Kehlbalkendächer besonders gut für den Ausbau des Dachgeschosses eignen, wird jedoch die Höhenlage der Kehlbalken durch die Dachgeschoßhöhe bestimmt. Die beiden Fußpunkte und der Firstpunkt werden als Gelenke aufgefaßt, ebenso werden die Anschlüsse des Kehlbalkens an die Sparren gelenkig angenommen.

Das System ist einfach statisch unbestimmt. Zum Ermitteln der Schnittgrößen sind verschiedene Verfahren entwickelt worden, mit denen eine tabellarische Berechnung der Schnittgrößen für unterschiedliche Dachneigung und verschiedene Lastfälle möglich ist. Unter Auswertung der Rahmenformeln von Kleinlogel werden zum Berechnen der Schnittgrößen in Tafel **238.**1 Formeln angegeben, die eine zweckmäßige Berechnungsweise gestatten. Vereinfachende Annahmen liegen auf der sicheren Seite.

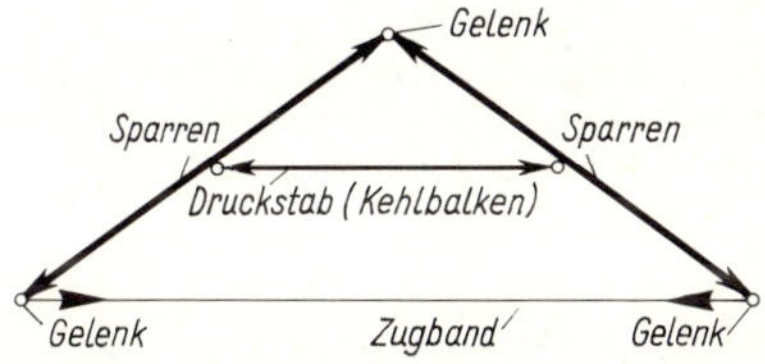

237.1
Tragsystem eines verschieblichen Kehlbalkendaches als Dreigelenkrahmen

Die Laststellungen 1 und 2 sind stets anzusetzen, da sie die ständig wirkenden Lasten berücksichtigen. Da die Schneelast entweder vollständig (beidseitig) oder einseitig wirken kann, ist nur die ungünstigere Laststellung, also entweder Laststellung 3a oder 3b, anzunehmen. Bei Dachneigungen über 70° kann die Schneelast ganz außer acht gelassen werden. Die Laststellungen 4 und 5 erfassen zusammen die rechtwinklig zur Dachfläche wirkende Windlast (s. Bild **161.**1).

Ungünstige Laststellungen

Bei Dachneigungen bis 45° sind Dächer für die gleichzeitige Belastung durch Wind und Schnee zu berechnen.

Bei verschieblichen Kehlbalkendächern sind zwei Lastkombinationen zu unterscheiden, wenn nicht mit voller Schneelast und voller Windlast gerechnet wird.

Dabei sind die Lastkombinationen $g + s + w/2$ und $g + s/2 + w$ zu berücksichtigen (s. Abschnitt 4.5.5). Für die zulässigen Spannungen gilt dann Lastfall H, nicht jedoch Lastfall HZ (Fortsetzung Seite 240).

Tafel **238.1** **Schnittgrößen für übliche Laststellungen bei verschieblichen Kehlbalkendächern**

Belastung	Laststellung **1** Ständige Last auf Sparren	Laststellung **2** Last auf Kehlbalken	Laststellung **3a** Schneelast beidseitig	Laststellung **3b** Schneelast einseitig
Statisches System $l = l_1 + l_2$	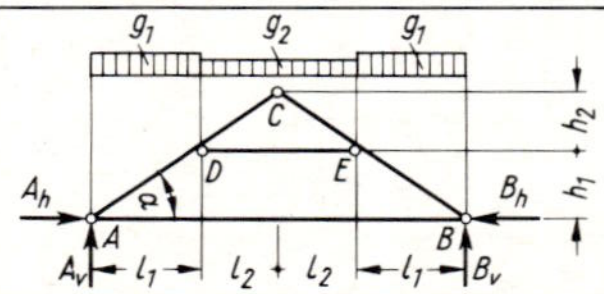	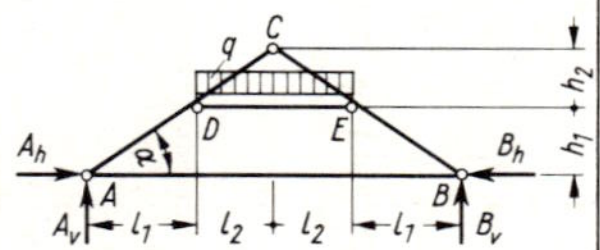	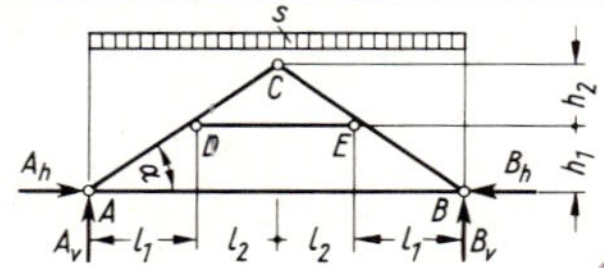	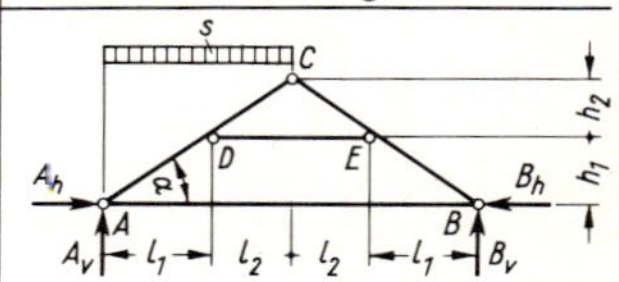
Biegemoment im Sparren am Kehlbalken-Anschluß	$M_D = -\frac{g_1 \cdot l_1^3 + g_2 \cdot l_2^3}{8l}$ $M_E = M_D$	$M_D = 0$ $M_E = 0$	$M_D = -\frac{s \cdot (l_1^3 + l_2^3)}{8l}$ $M_E = M_D$	$M_D = -\frac{s \cdot (l_1^3 + l_2^3)}{16l} + \frac{s \cdot l_1 \cdot l_2}{4}$ $M_E = -\frac{s \cdot (l_1^3 + l_2^3)}{16l} - \frac{s \cdot l_1 \cdot l_2}{4}$
Biegemoment in der unteren Feldmitte Biegemoment in der oberen Feldmitte	$M_1 = \frac{g_1 \cdot l_1^2}{8} + \frac{M_D}{2}$ $M_2 = \frac{g_2 \cdot l_2^2}{8} + \frac{M_D}{2}$	$M_1 = 0$ $M_2 = 0$	$M_1 = \frac{s \cdot l_1^2}{8} + \frac{M_D}{2}$ $M_2 = \frac{s \cdot l_2^2}{8} + \frac{M_D}{2}$	$M_1 = \frac{s \cdot l_1^2}{8} + \frac{M_D}{2}$ $M_2 = \frac{s \cdot l_2^2}{8} + \frac{M_D}{2}$
vertikale Stützkräfte	$A_v = g_1 \cdot l_1 + g_2 \cdot l_2$ $B_v = A_v$	$A_v = q \cdot l_2$ $B_v = A_v$	$A_v = s \cdot l$ $B_v = A_v$	$A_v = \frac{3}{4} \cdot s \cdot l$ $B_v = \frac{1}{4} \cdot s \cdot l$
horizontale Stützkräfte	$A_h = \frac{0{,}5 \cdot g_1 \cdot l_1^2 + g_2 \cdot l_1 \cdot l_2 - M_D}{h_1}$ $B_h = A_h$	$A_h = \frac{q \cdot l_2^2}{h_2}$ $B_h = A_h$	$A_h = \frac{s \cdot l_1 \cdot (0{,}5 l_1 + l_2) - M_D}{h_1}$ $B_h = A_h$	$A_h = \frac{B_v \cdot l_1 - M_E}{h_1}$ $B_h = A_h$
Längskraft im Kehlbalken	$N_{DE} = -A_h + \frac{0{,}5 \cdot g_2 \cdot l_2^2 + M_D}{h_2}$	$N_{DE} = -A_h$	$N_{DE} = -A_h + \frac{0{,}5 \cdot s \cdot l_2^2 + M_D}{h_2}$	$N_{DE} = -B_h + \frac{B_v \cdot l_2 + M_E}{h_2}$
Längskraft im Sparren am unteren Auflager	$N_A = -A_v \cdot \sin\alpha - A_h \cdot \cos\alpha$	$N_A = -A_v \cdot \sin\alpha - A_h \cdot \cos\alpha$	$N_A = -A_v \cdot \sin\alpha - A_h \cdot \cos\alpha$	$N_A = -A_v \cdot \sin\alpha - A_h \cdot \cos\alpha$
Längskraft im Sparren i.d. unteren Feldmitte Längskraft im Sparren i.d. oberen Feldmitte	$N_1 = N_A + \frac{g_1 \cdot l_1}{2} \cdot \sin\alpha$ $N_2 = -\frac{g_2 \cdot l_2}{2} \cdot \sin\alpha$	$N_1 = N_A$ $N_2 = 0$	$N_1 = N_A + \frac{s \cdot l_1}{2} \cdot \sin\alpha$ $N_2 = \frac{s \cdot l_2}{2} \cdot \sin\alpha$	$N_1 = N_A + \frac{s \cdot l_1}{2} \cdot \sin\alpha$ $N_2 = -\frac{s \cdot l_2}{2} \cdot \sin\alpha$

Fortsetzung Tafel **238**.1

Belastung	Laststellung **4** Winddruck vertikal	Laststellung **5** Winddruck horizontal	Laststellung **6** Reparaturlast
Statisches System $l = l_1 + l_2$	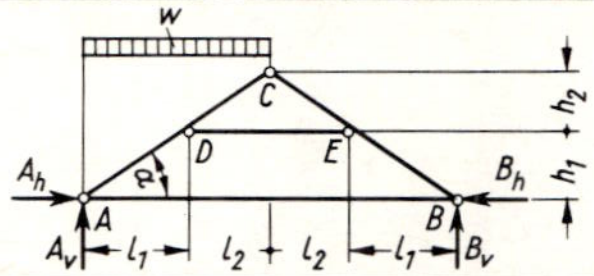	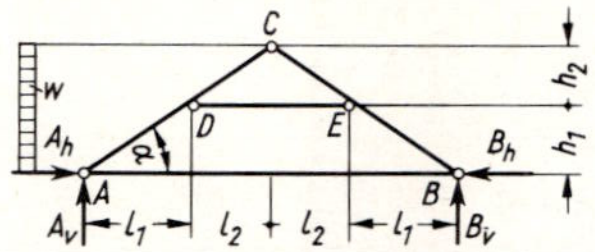	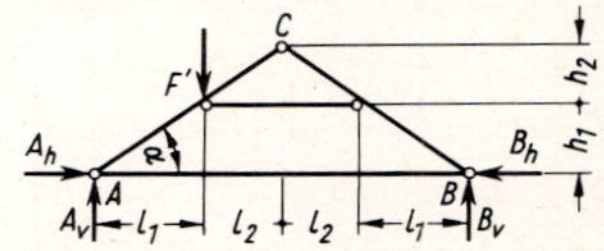
Biegemoment im Sparren am Kehlbalken-Anschluß	$M_D = -\frac{w \cdot (l_1^3 + l_2^3)}{16\,l} + \frac{w \cdot l_1 \cdot l_2}{4}$ $M_E = -\frac{w \cdot (l_1^3 + l_2^3)}{16\,l} - \frac{w \cdot l_1 \cdot l_2}{4}$	$M_D = -\frac{w \cdot (h_1^3 + h_2^3)}{16\,h} + \frac{w \cdot h_1 \cdot h_2}{4}$ $M_E = -\frac{w \cdot (h_1^3 + h_2^3)}{16\,h} - \frac{w \cdot h_1 \cdot h_2}{4}$	$M_D = \frac{F' \cdot l_1 \cdot l_2}{2\,l}$ $M_E = -M_D$
Biegemoment in der unteren Feldmitte Biegemoment in der oberen Feldmitte	$M_1 = \frac{w \cdot l_1^2}{8} + \frac{M_D}{2}$ $M_2 = \frac{w \cdot l_2^2}{8} + \frac{M_D}{2}$	$M_1 = \frac{w \cdot h_1^2}{8} + \frac{M_D}{2}$ $M_2 = \frac{w \cdot h_2^2}{8} + \frac{M_D}{2}$	$M_1 = \frac{M_D}{2} \quad M'_1 = \frac{F' \cdot l_1}{4}$ $M_2 = \frac{M_D}{2} \quad M'_2 = \frac{F' \cdot l_2}{4}$
vertikale Stützkräfte	$A_v = \frac{3}{4} \cdot w \cdot l$ $B_v = \frac{1}{4} \cdot w \cdot l$	$A_v = -\frac{w \cdot h^2}{4\,l}$ $B_v = \frac{w \cdot h^2}{4\,l}$	$A_v = F' \cdot \frac{l_1 + 2 \cdot l_2}{2\,l}$ $B_v = \frac{F' \cdot l_1}{2\,l}$
horizontale Stützkräfte	$A_h = \frac{B_v \cdot l_1 - M_E}{h_1}$ $B_h = A_h$	$A_h = -w \cdot h + B_h$ $B_h = \frac{B_v \cdot l_1 - M_E}{h_1}$	$A_h = \frac{F' \cdot l}{2\,h}$ $B_h = A_h$
Längskraft im Kehlbalken	$N_{DE} = -B_h + \frac{B_v \cdot l_2 + M_E}{h_2}$	$N_{DE} = -B_h + \frac{B_v \cdot l_2 + M_E}{h_2}$	$N_{DE} = -\frac{F' \cdot l}{2\,h}$
Längskraft im Sparren am unteren Auflager	$N_A = -A_v \cdot \sin\alpha - A_h \cdot \cos\alpha$	$N_A = -A_v \cdot \sin\alpha - A_h \cdot \cos\alpha$	$N_A = -A_v \cdot \sin\alpha - A_h \cdot \cos\alpha$
Längskraft im Sparren i.d. unteren Feldmitte Längkraft im Sparren i.d. oberen Feldmitte	$N_1 = N_A + \frac{w \cdot l_1}{2} \cdot \sin\alpha$ $N_2 = -\frac{w \cdot l_2}{2} \cdot \sin\alpha$	$N_1 = N_A - \frac{w \cdot h_1}{2} \cdot \cos\alpha$ $N_2 = -\frac{w \cdot h_2}{2} \cdot \cos\alpha$	$N_1 = N_A$ $N_2 = -B_v \cdot \sin\alpha$

Die Lastkombination Eigenlast g mit beidseitig voller Schneelast s und halber Windbelastung $w/2$ ergibt größere Druckkräfte in den Sparren und Kehlbalken, jedoch kleinere Biegemomente in den Sparren:

$g + s + w/2 \longrightarrow$ größere Druckkräfte
kleinere Biegemomente

Die Lastkombination Eigenlast g mit einseitig halber Schneelast $s/2$ und voller Windbelastung w ergibt kleinere Druckkräfte in den Sparren und Kehlbalken, jedoch größere Biegemomente in den Sparren:

$g + s/2 + w \longrightarrow$ kleinere Druckkräfte
größere Biegemomente

Meistens ist die Lastkombination $g + s/2 + w$ die ungünstigere, da sie größere Sparrenquerschnitte ergibt (s. Teil 2 Abschnitt 8.2.2).

Für jede Lastkombination muß ausreichende Sicherheit gegen Abheben durch Wind (Winddruck und Windsog) vorhanden sein (s. Abschnitt 5.4).

Beispiel 1 zur Erläuterung

Verschiebliches Kehlbalkendach mit der Lastkombination $\boldsymbol{g + s + w/2}$ zur Ermittlung der ungünstigen Schnittgrößen. Auf eine Berücksichtigung von Windsog wird verzichtet.

Dachneigung $\alpha = 35°$, Sparrenabstand $a = 75$ cm, Traufhöhe >8 m < 20 m über Gelände, Schneelastzone II, Höhe über NN < 200 m. Nadelholz Güteklasse II, Lastfall H.

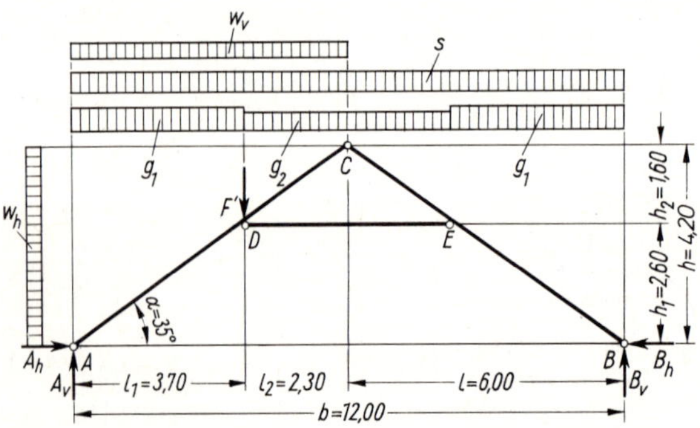

240.1 Statisches System des verschieblichen Kehlbalkendaches mit Belastung $g + s + w/2$

1. Statisches System:

$b = 12{,}00$ m
$l = b/2 = 12{,}00/2 = 6{,}00$ m
$l_1 = 3{,}70$ m
$l_2 = 2{,}30$ m
$h = 4{,}20$ m
$h_1 = 2{,}60$ m
$h_2 = 1{,}60$ m
$\tan\alpha = h/l = 4{,}20/6{,}00 = 0{,}700$
$\sin\alpha = 0{,}574 \qquad \cos\alpha = 0{,}819$

2. Lastermittlung:

Laststellung 1, ständige Last auf Sparren

Unterer Sparrenbereich

Sparren	$g_{Sp}/a \cdot \cos\alpha = 80/0{,}75 \cdot 0{,}819$	$= 130\,\text{N/m}^2$ Grundfläche
Dachdeckung	$g_D/\cos\alpha = 600/0{,}819$	$= 733\,\text{N/m}^2$ Grundfläche
Verkleidung für Ausbau	$g_A/\cos\alpha = 350/0{,}819$	$= 427\,\text{N/m}^2$ Grundfläche
		$g_1' = 1290\,\text{N/m}^2 = 1{,}29\,\text{kN/m}^2$
Vertikale Belastung je m Sparren	$g_1 = g_1' \cdot a = 1{,}29 \cdot 0{,}75$	$g_1 \approx \mathbf{0{,}97\,kN/m}$

Oberer Sparrenbereich

wie vor, jedoch ohne Verkleidung $g'_2 = 863\,\text{N/m}^2 = 0{,}86\,\text{kN/m}^2$

Vertikale Belastung je m Sparren $g_2 = g'_2 \cdot a = 0{,}86 \cdot 0{,}75$ $\quad \mathbf{g_2 \approx 0{,}65\,kN/m}$

Laststellung 2, Last auf Kehlbalken

Kehlbalken	$g_K/a = 100/0{,}75$	$= 133\,\text{N/m}^2$
Bretterlage		$= 150\,\text{N/m}^2$
Verkleidung für Ausbau		$= 350\,\text{N/m}^2$
Verkehrslast für Spitzboden		$= 1000\,\text{N/m}^2$
		$q' = 1633\,\text{N/m}^2 = 1{,}63\,\text{kN/m}^2$

Gesamtlast je m Kehlbalken $q = q' \cdot a = 1{,}63 \cdot 0{,}75$ $\quad \mathbf{q \approx 1{,}23\,kN/m}$

Laststellung 3a, volle Schneelast beidseitig

$$s = k_s \cdot s_0 \cdot a = 0{,}87 \cdot 750 \cdot 0{,}75 = 490\,\text{N/m} \qquad \mathbf{s = 0{,}49\,kN/m}$$

Laststellung 4 und 5, halber Winddruck einseitig (bei gleichzeitiger Berücksichtigung von Schnee und Wind)

$$c_p = 0{,}3 + (0{,}8 - 0{,}3) \cdot 10°/25° = 0{,}3 + 0{,}2 = 0{,}5$$

$$w' = w/2 = c_p \cdot q \cdot a \cdot 1{,}25/2 = 0{,}5 \cdot 800 \cdot 0{,}75 \cdot 1{,}25/2 = 188\,\text{N/m} \qquad w' = 0{,}19\,\text{kN/m}$$

Laststellung 6, Reparaturlast F

Schnee und Wind je Sparrenfeld:

$S + W = (s + w') \cdot l = (0{,}49 + 0{,}19) \cdot 6{,}00 = 4{,}08\,\text{kN} > 2{,}0\,\text{kN}$, daher entfällt Laststellung 6.

3. Schnittgrößen für die verschiedenen Laststellungen:

Schnittgrößen für Laststellung 1: ständige Last auf Sparren

$$M_D = M_E = -\frac{g_1 \cdot l_1^3 + g_2 \cdot l_2^3}{8\,l} = -\frac{0{,}97 \cdot 3{,}70^3 + 0{,}65 \cdot 2{,}30^3}{8 \cdot 6{,}00} = -\frac{49{,}1 + 7{,}9}{8 \cdot 6{,}00} = -1{,}19\,\text{kNm}$$

$$M_1 = \frac{g_1 \cdot l_1^2}{8} + \frac{M_D}{2} = \frac{0{,}97 \cdot 3{,}70^2}{8} - \frac{1{,}19}{2} = 1{,}66 - 0{,}60 = 1{,}06\,\text{kNm}$$

$$A_v = B_v = g_1 \cdot l_1 + g_2 \cdot l_2 = 0{,}97 \cdot 3{,}70 + 0{,}65 \cdot 2{,}30 = 3{,}59 + 1{,}50 = 5{,}09\,\text{kN}$$

$$A_h = B_h = \frac{0{,}5 \cdot g_1 \cdot l_1^2 + g_2 \cdot l_1 \cdot l_2 - M_D}{h_1} = \frac{0{,}5 \cdot 0{,}97 \cdot 3{,}70^2 + 0{,}65 \cdot 3{,}70 \cdot 2{,}30 + 1{,}19}{2{,}60}$$

$$= \frac{6{,}64 + 5{,}53 + 1{,}19}{2{,}60} = 5{,}14\,\text{kN}$$

$$N_{DE} = -A_h + \frac{0{,}5 \cdot g_2 \cdot l_2^2 + M_D}{h_2} = -5{,}14 + \frac{0{,}5 \cdot 0{,}65 \cdot 2{,}30^2 - 1{,}19}{1{,}60}$$

$$= -5{,}14 + \frac{1{,}72 - 1{,}19}{1{,}60} = -5{,}14 + 0{,}33 = -4{,}81\,\text{kN}$$

Schnittgrößen für Laststellung 2: Last auf Kehlbalken

$$M_D = M_E = M_1 = M_2 = 0$$

$$A_v = B_v = q \cdot l_2 = 1{,}23 \cdot 2{,}30 = 2{,}83\,\text{kN}$$

$$A_h = B_h = \frac{q \cdot l_2^2}{h_2} = \frac{1{,}23 \cdot 2{,}30^2}{1{,}60} = 4{,}07\,\text{kN}$$

$$N_{DE} = -A_h = -4{,}07\,\text{kN}$$

Schnittgrößen für Laststellung 3a: Schneelast beidseitig

$$M_D = M_E = -\frac{s \cdot (l_1^3 + l_2^3)}{8\,l} = -\frac{0{,}49 \cdot (3{,}70^3 + 2{,}30^3)}{8 \cdot 6{,}00}$$

$$= -\frac{0{,}49 \cdot (50{,}7 + 12{,}2)}{8 \cdot 6{,}00} = -0{,}64\,\text{kNm}$$

$$M_1 = \frac{s \cdot l_1^2}{8} + \frac{M_D}{2} = \frac{0{,}49 \cdot 3{,}70^2}{8} - \frac{0{,}64}{2} = 0{,}84 - 0{,}32 = 0{,}52\,\text{kNm}$$

$$A_v = B_v = s \cdot l = 0{,}49 \cdot 6{,}00 = 2{,}94\,\text{kN}$$

$$A_h = B_h = \frac{s \cdot l_1 \cdot (0{,}5\,l_1 + l_2) - M_D}{h_1} = \frac{0{,}49 \cdot 3{,}70 \cdot (0{,}5 \cdot 3{,}70 + 2{,}30) + 0{,}64}{2{,}60}$$

$$= \frac{7{,}52 + 0{,}64}{2{,}60} = 3{,}14\,\text{kN}$$

$$N_{DE} = -A_h + \frac{0{,}5 \cdot s \cdot l_2^2 + M_D}{h_2} = -2{,}88 + \frac{0{,}5 \cdot 0{,}49 \cdot 2{,}30^2 - 0{,}64}{1{,}60}$$

$$= -2{,}88 + \frac{1{,}30 - 0{,}64}{1{,}60} = -2{,}88 + 0{,}41 = -2{,}47\,\text{kN}$$

Schnittgrößen für Laststellung 4: Wind vertikal

$$M_D = -\frac{w' \cdot (l_1^3 + l_2^3)}{16\,l} + \frac{w \cdot l_1 \cdot l_2}{4} = -\frac{0{,}19 \cdot (3{,}70^3 + 2{,}30^3)}{16 \cdot 6{,}00} + \frac{0{,}19 \cdot 3{,}70 \cdot 2{,}30}{4}$$

$$= -0{,}12 + 0{,}40 = +0{,}28\,\text{kNm}$$

$$M_E = -0{,}12 - 0{,}40 = -0{,}52\,\text{kNm}$$

$$M_1 = \frac{w' \cdot l_1^2}{8} + \frac{M_D}{2} = \frac{0{,}19 \cdot 3{,}70^2}{8} + \frac{0{,}28}{2} = 0{,}33 + 0{,}14 = 0{,}47\,\text{kNm}$$

$$A_v = \frac{3}{4} \cdot w' \cdot l = \frac{3}{4} \cdot 0{,}19 \cdot 6{,}00 = 0{,}86\,\text{kN}$$

$$B_v = \frac{1}{4} \cdot w' \cdot l = \frac{1}{4} \cdot 0{,}19 \cdot 6{,}00 = 0{,}29\,\text{kN}$$

$$A_h = B_h = \frac{B_v \cdot l_1 - M_E}{h_1} = \frac{0{,}29 \cdot 3{,}70 + 0{,}52}{2{,}60} = 0{,}61\,\text{kN}$$

$$N_{DE} = -B_h + \frac{B_v \cdot l_2 + M_E}{h_2} = -0{,}61 + \frac{0{,}29 \cdot 2{,}30 - 0{,}52}{1{,}60}$$

$$= -0{,}61 + 0{,}09 = -0{,}52\,\text{kN}$$

Schnittgrößen für Laststellung 5: Wind horizontal

$$M_D = -\frac{w' \cdot (h_1^3 + h_2^3)}{16h} + \frac{w' \cdot h_1 \cdot h_2}{4} = -\frac{0{,}19 \cdot (2{,}60^3 + 1{,}60^3)}{16 \cdot 4{,}20} + \frac{0{,}19 \cdot 2{,}60 \cdot 1{,}60}{4}$$

$$= -\frac{0{,}19 \cdot (17{,}6 + 4{,}1)}{16 \cdot 4{,}20} + 0{,}20 = -0{,}06 + 0{,}20 = 0{,}14\,\text{kNm}$$

$$M_E = -0{,}06 - 0{,}20 = -0{,}26\,\text{kNm}$$

$$M_1 = \frac{w' \cdot h_1^2}{8} + \frac{M_D}{2} = \frac{0{,}19 \cdot 2{,}60^2}{8} + \frac{0{,}14}{2} = 0{,}16 + 0{,}07 = 0{,}23\,\text{kNm}$$

$$A_v = -B_v = -\frac{w' \cdot h^2}{4l} = -\frac{0{,}19 \cdot 4{,}20^2}{4 \cdot 6{,}00} = -0{,}14\,\text{kN}$$

$$B_h = \frac{B_v \cdot l_1 - M_E}{h_1} = \frac{0{,}14 \cdot 3{,}70 + 0{,}26}{2{,}60} = 0{,}30\,\text{kN}$$

$$A_h = -w' \cdot h + B_h = -0{,}19 \cdot 4{,}20 + 0{,}30 = -0{,}50\,\text{kN}$$

$$N_{DE} = -B_h + \frac{B_v \cdot l_2 + M_E}{h_2} = -0{,}30 + \frac{0{,}14 \cdot 2{,}30 - 0{,}26}{1{,}60}$$

$$= -0{,}30 + 0{,}04 = -0{,}26\,\text{kN}$$

Die Zusammenstellung der Schnittgrößen aus den verschiedenen Laststellungen für die ungünstigste Lastkombination erfolgt in Tafel **243.**1.

Tafel **243.**1 **Zusammenstellung der Schnittgrößen** aus den verschiedenen Laststellungen für die ungünstigste Lastkombination mit $g + s + w/2$ in kN bzw. kNm

Schnitt-größen	Laststellung (1)	(2)	(3a)	(4)	(5)	(6)	Summe aus den Laststellungen
M_D	−1,19	0	−0,64	−0,28	+0,14	–	(1) + (2) + (3a) = − **1,83 kNm**
M_E	−1,19	0	−0,64	−0,52	−0,26	–	(1) + (2) + (3a) + (4) + (5) = − **2,61 kNm**
M_1	+1,06	0	+0,52	+0,47	+0,23	–	(1) + (2) + (3a) + (4) + (5) = + **2,28 kNm**
M_2	–	–	–	–	–	–	–
A_v	+5,09	+2,83	+2,94	+0,86	−0,14	–	(1) + (2) + (3a) + (4) + (5) = **+11,58 kN**
B_v	+5,09	+2,83	+2,94	+0,29	+0,14	–	(1) + (2) + (3a) + (4) + (5) = **+11,29 kN**
A_h	+5,14	+4,07	+3,14	+0,61	−0,50	–	(1) + (2) + (3a) + (4) + (5) = **+12,46 kN**
B_h	+5,14	+4,07	+3,14	+0,61	+0,30	–	(1) + (2) + (3a) + (4) + (5) = **+13,26 kN**
N_{DE}	−4,81	−4,07	−2,47	−0,52	−0,26	–	(1) + (2) + (3a) + (4) + (5) = **−12,13 kN**

Maßgebend für die ungünstigsten Schnittgrößen (Bilder **244.**1 und **244.**2) sind die Laststellungen (1) + (2) + (3a) + (4) + (5); also ständige Last mit voller Schneelast und halber Windlast einseitig.

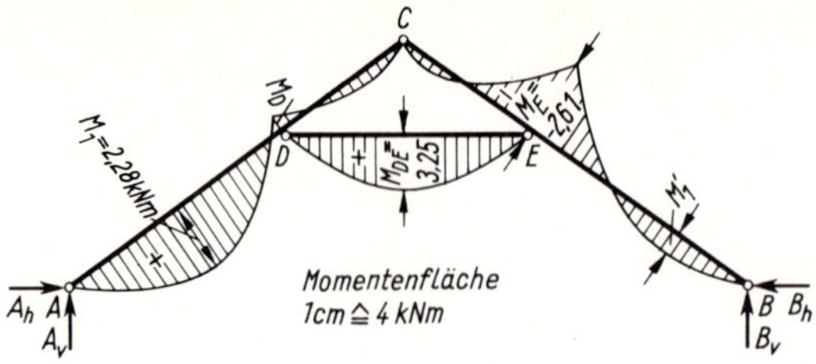

244.1
Momentenfläche für Sparren und Kehlbalken mit den größten Momenten M_1, M_E und M_{DE}

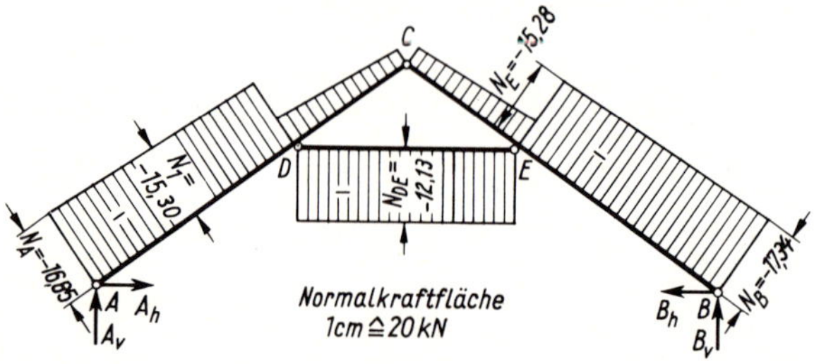

244.2
Normalkraftfläche für Sparren und Kehlbalken mit den ungünstigen Normalkräften N_1, N_E und N_{DE} im Bereich der größten Momente

4. Ungünstige Schnittgrößen für die Bemessung:

Längskräfte in Sparren an Auflagern:

$$N_A = -A_v \cdot \sin\alpha - A_h \cdot \cos\alpha = -11{,}58 \cdot 0{,}574 - 12{,}46 \cdot 0{,}819 = -6{,}65 - 10{,}20 = -16{,}85\,\text{kN}$$

$$N_B = -B_v \cdot \sin\alpha - B_h \cdot \cos\alpha = -11{,}29 \cdot 0{,}574 - 13{,}26 \cdot 0{,}819 = -6{,}48 - 10{,}86 = -17{,}34\,\text{kN}$$

Längskraft im unteren Sparrenfeld für das zugehörige Biegemoment $M_1 = \mathbf{2{,}28\,kNm}$:

$$N_1 = N_A + \frac{(g_1 + s + w') \cdot l_1}{2} \cdot \sin\alpha - \frac{w' \cdot h_1}{2} \cdot \cos\alpha$$

$$= -16{,}85 + \frac{(0{,}97 + 0{,}49 + 0{,}19) \cdot 3{,}70}{2} \cdot 0{,}574 - \frac{0{,}19 \cdot 2{,}60}{2} \cdot 0{,}819$$

$$= -16{,}85 + 1{,}75 - 0{,}20 = \mathbf{-15{,}30\,kN}$$

Längskraft im Sparren am Kehlbalkenanschluß für das zugehörige Biegemoment

$$M_E = \mathbf{-2{,}61\,kNm}:$$

$$N_E = N_B + g_1 \cdot l_1 \cdot \sin\alpha = -17{,}34 + 0{,}97 \cdot 3{,}70 \cdot 0{,}574 = -17{,}34 + 2{,}06 = \mathbf{-15{,}28\,kN}$$

Biegemoment im Kehlbalken für die zugehörige Längskraft $N_{DE} = \mathbf{-12{,}13\,kN}$:

$$M_{DE} = \frac{q \cdot (2 \cdot l_2)^2}{8} = \frac{q \cdot l_2^2}{2} = \frac{1{,}23 \cdot 2{,}30^2}{2} = \mathbf{3{,}25\,kNm}$$

Querkraft im Kehlbalkenanschluß:

$$Q_D = Q_E = q \cdot l_2 = 1{,}23 \cdot 2{,}30 = 2{,}83\,\text{kN}$$

Die Bemessung für dieses verschiebliche Kehlbalkendach erfolgt in Teil 2 Abschn. 8.2.1 mit den hier errechneten Schnittgrößen in den Beispielen 3 bis 5.

Beispiel 2 zur Erläuterung

Verschiebliches Kehlbalkendach mit der Lastkombination ***g* + *s*/2 + *w*** zur Ermittlung der ungünstigen Schnittgrößen. Der Windsog wird berücksichtigt. Hierzu werden die Laststellungen 4 und 5 für die rechte Dachhälfte entgegengesetzt wirkend spiegelbildlich angesetzt (Bild **245**.1). Nadelholz Güteklasse II, Lastfall H.

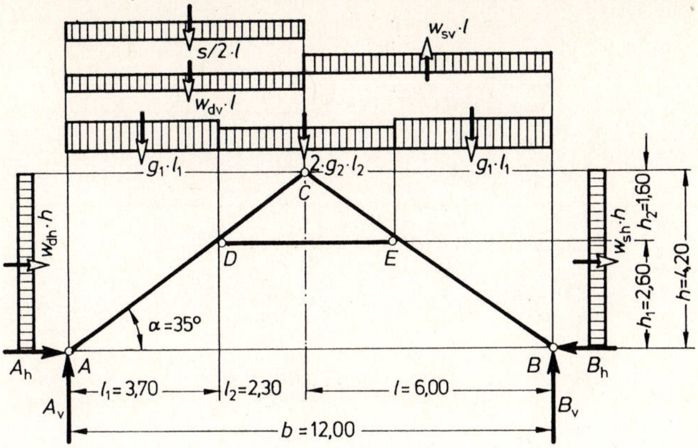

245.1 Statisches System des verschieblichen Kehlbalkendaches mit Belastung $g + s/2 + w$

1. Statisches System und Werte für das Dach wie 1. Beispiel zur Erläuterung S. 240

2. Lastermittlung

Laststellung 1, ständige Last auf Sparren wie 1. Beispiel $g_1 \approx 0{,}97\,\text{kN/m}$

$g_2 \approx 0{,}65\,\text{kN/m}$

Laststellung 2, Last auf Kehlbalken wie 1. Beispiel $q \approx 1{,}23\,\text{kN/m}$

Laststellung 3b, halbe Schneelast einseitig

$s/2 = k_s \cdot s_0 \cdot a/2 = 0{,}87 \cdot 750 \cdot 0{,}75/2 = 245\,\text{N/m}$ $s/2 \approx 25\,\text{kN/m}$

Laststellung 4a und 5a, voller Winddruck (linke Dachhälfte)

$c_p = 0{,}3 + (0{,}8 - 0{,}3)\, 10°/25° = 0{,}3 + 0{,}2 = 0{,}5$

$w_d = c_p \cdot q \cdot a \cdot 1{,}25 = 0{,}5 \cdot 800 \cdot 0{,}75 \cdot 1{,}25 = 375\,\text{N/m}$ $\boldsymbol{w_d \approx 0{,}38\,\text{kN/m}}$

Laststellung 4b und 5b, voller Windsog (rechte Dachhälfte)

$c_p = -0{,}6$

$w_s = c_p \cdot q \cdot a = -0{,}60 \cdot 800 \cdot 0{,}75 = -360\,\text{N/m}$ $\boldsymbol{w_s = -0{,}36\,\text{kN/m}}$

Laststellung 6, Reparaturlast F' wie 1. Beispiel: entfällt

3. Schnittgrößen für die verschiedenen Laststellungen

Schnittgrößen für Laststellung 1: ständige Last auf Sparren wie 1. Beispiel

Schnittgrößen für Laststellung 2: Last auf Kehlbalken wie 1. Beispiel

Schnittgrößen für Laststellung 3b: Schneelast einseitig

$$M_D = -\frac{s \cdot (l_1^2 + l_2^3)}{16l} + \frac{s \cdot l_1 \cdot l_2}{4}$$

$$= -\frac{0{,}25\,(3{,}70^3 + 2{,}30^3)}{16 \cdot 6{,}00} + \frac{0{,}25 \cdot 3{,}70 \cdot 2{,}30}{4}$$

$$= -0{,}16 \qquad + 0{,}53 \qquad = +0{,}37\,\text{kNm}$$

$$M_E = -\frac{s \cdot (l_1^3 + l_2^3)}{16l} - \frac{s \cdot l_1 \cdot l_2}{4}$$

$$= -0{,}16 \qquad - 0{,}53 \qquad = -0{,}69\,\text{kNm}$$

$$M_1 = \frac{s \cdot l_1^2}{8} + \frac{M_D}{2} = \frac{0{,}25 \cdot 3{,}70^2}{8} + \frac{0{,}37}{2} = 0{,}43 + 0{,}18 = 0{,}61\,\text{kNm}$$

$$A_v = \frac{3}{4} \cdot s \cdot l = \frac{3}{4} \cdot 0{,}25 \cdot 6{,}00 \qquad = 1{,}13\,\text{kN}$$

$$B_v = \frac{1}{4} \cdot s \cdot l = \frac{1}{4} \cdot 0{,}25 \cdot 6{,}00 \qquad = 0{,}38\,\text{kN}$$

$$A_h = B_h = \frac{B_v \cdot l_1 - M_E}{h_1} = \frac{0{,}38 \cdot 3{,}70 + 0{,}69}{2{,}60} \qquad = 0{,}81\,\text{kN}$$

$$N_{DE} = -B_h + \frac{B_v \cdot l_2 + M_E}{h_2} = -0{,}81 + \frac{0{,}38 \cdot 2{,}30 - 0{,}69}{1{,}60}$$

$$= -0{,}81 + 0{,}12 \qquad = -0{,}69\,\text{kN}$$

Schnittgrößen für Laststellung 4a: Winddruck vertikal (linke Dachhälfte)

$$M_D = -\frac{w \cdot (l_1^3 + l_2^3)}{16l} + \frac{w \cdot l_1 \cdot l_2}{4} = -\frac{0{,}38\,(3{,}70^3 + 2{,}30^3)}{16 \cdot 6{,}00} + \frac{0{,}38 \cdot 3{,}70 \cdot 2{,}30}{4}$$

$$= -0{,}25 \qquad + 0{,}81 \qquad = +0{,}56\,\text{kNm}$$

$$M_E = -0{,}25 \qquad - 0{,}81 \qquad = -1{,}06\,\text{kNm}$$

$$M_1 = \frac{w \cdot l_1^2}{8} + \frac{M_D}{2} = +\frac{0{,}38 \cdot 3{,}70^2}{8} + \frac{0{,}56}{2} = +0{,}65 + 0{,}28 = +0{,}93\,\text{kNm}$$

$$A_v = \frac{3}{4} \cdot w \cdot l = \frac{3}{4} \cdot 0{,}38 \cdot 6{,}00 \qquad = +1{,}71\,\text{kN}$$

$$B_v = \frac{1}{4} \cdot w \cdot l = \frac{1}{4} \cdot 0{,}38 \cdot 6{,}00 \qquad = +0{,}57\,\text{kN}$$

$$A_h = B_h = \frac{B_v \cdot l_1 - M_E}{h_1} = \frac{0{,}57 \cdot 3{,}70 + 1{,}06}{2{,}60} = +1{,}22\,\text{kN}$$

$$N_{DE} = -B_h + \frac{B_v \cdot l_2 + M_E}{h_2} = -1{,}22 + \frac{0{,}57 \cdot 2{,}30 - 1{,}06}{1{,}60}$$

$$= -1{,}22 + 0{,}16 \qquad = -1{,}06\,\text{kN}$$

Schnittgrößen für Laststellung 5a: Winddruck horizontal (linke Dachhälfte)

$$M_D = -\frac{w \cdot (h_1^3 + h_2^3)}{16h} + \frac{w \cdot h_1 \cdot h_2}{4} = -\frac{0{,}38\,(2{,}60^3 + 1{,}60^3)}{16 \cdot 4{,}20} + \frac{0{,}38 \cdot 2{,}60 \cdot 1{,}60}{4}$$

$$= -0{,}12 \quad + 0{,}40 \quad = +0{,}28\,\text{kNm}$$

$$M_E = -0{,}12 \quad - 0{,}40 \quad = -0{,}52\,\text{kNm}$$

$$M_1 = \frac{w \cdot h_1^2}{8} + \frac{M_D}{2} = +\frac{0{,}38 \cdot 2{,}60^2}{8} + \frac{0{,}28}{2} = +0{,}32 + 0{,}14 = +0{,}46\,\text{kNm}$$

$$A_v = -B_v = -\frac{w \cdot h^2}{4l} = -\frac{0{,}38 \cdot 4{,}20^2}{4 \cdot 6{,}00} = -0{,}28\,\text{kN}$$

$$B_h = \frac{B_v \cdot l_1 - M_E}{h_1} = +\frac{0{,}28 \cdot 3{,}70 + 0{,}52}{2{,}60} = +0{,}60\,\text{kN}$$

$$A_h = -w \cdot h + B_h = -0{,}38 \cdot 4{,}20 + 0{,}60 = -1{,}00\,\text{kN}$$

$$N_{DE} = -B_h + \frac{B_v \cdot l_2 + M_E}{h_2} = -0{,}60 + \frac{0{,}28 \cdot 2{,}30 - 0{,}52}{1{,}60}$$

$$= -0{,}60 + 0{,}08 = -0{,}52\,\text{kN}$$

Schnittgrößen für Laststellung 4b: Windsog vertikal (rechte Dachhälfte)

$$M_D = \frac{w_s}{w_d} \cdot M_{E(4a)} \text{ (von Laststellung 4a)} = \frac{-0{,}36}{+0{,}38} \cdot (-1{,}06) = +1{,}00\,\text{kN/m}$$

$$M_E = \frac{w_s}{w_d} \cdot M_{D(4a)} = (-0{,}95) \cdot (+0{,}56) = -0{,}53\,\text{kNm}$$

$$M_1 = \frac{w_s}{w_d} \cdot M_{2(4a)} = (-0{,}95) \cdot (+0{,}93) = -0{,}88\,\text{kNm}$$

$$A_v = \frac{w_s}{w_d} \cdot B_{v(4a)} = (-0{,}95) \cdot (+0{,}57) = -0{,}54\,\text{kN}$$

$$B_v = \frac{w_s}{w_d} \cdot A_{v(4a)} = (-0{,}95) \cdot (+1{,}71) = -1{,}62\,\text{kN}$$

$$A_h = B_h = \frac{w_s}{w_d} \cdot A_{h(4a)} = (-0{,}95) \cdot (+1{,}22) = -1{,}16\,\text{kN}$$

$$N_{DE} = \frac{w_s}{w_d} \cdot N_{DE(4a)} = (-0{,}95) \cdot (-1{,}06) = +1{,}00\,\text{kN}$$

Schnittgrößen für Laststellung 5b: Windsog horizontal (rechte Dachhälfte)

$$M_D = \frac{w_s}{w_d} \cdot M_{E(5a)} \quad \text{(von Laststellung 5a)} = \frac{-0,36}{+0,38} \cdot (-0,52) = +0,49\,\text{kN/m}$$

$$M_E = \frac{w_s}{w_d} \cdot M_{D(5a)} = (-0,95) \cdot (+0,28) = -0,27\,\text{kNm}$$

$$M_1 = \frac{w_s}{w_d} \cdot M_{1(5a)} = (-0,95) \cdot (+0,46) = -0,44\,\text{kNm}$$

$$A_v = \frac{|w_s|}{w_d} \cdot A_{v(5a)} = 0,95 \cdot (-0,28) = -0,27\,\text{kN}$$

$$B_v = \frac{|w_s|}{w_d} \cdot B_{v(5a)} = 0,95 \cdot (+0,28) = +0,27\,\text{kN}$$

$$A_h = \frac{|w_s|}{w_d} \cdot B_{h(5a)} = 0,95 \cdot (+0,60) = +0,57\,\text{kN}$$

$$B_h = \frac{|w_s|}{w_d} \cdot A_{h(5a)} = 0,95 \cdot (-1,00) = -0,95\,\text{kN}$$

$$N_{DE} = \frac{w_s}{w_d} \cdot N_{DE(5a)} = (-0,95) \cdot (-0,52) = +0,49\,\text{kN}$$

Die Zusammenstellung der Schnittgrößen aus den verschiedenen Laststellungen für die ungünstigste Lastkombination erfolgt in Tafel **248.**1.

Tafel **248.**1 **Zusammenstellung der Schnittgrößen** aus den verschiedenen Laststellungen für die ungünstigste Lastkombination mit $g + s/2 + w$ in kN bzw. kNm

Schnitt-größen	Laststellung (1) $g_1 + g_2$	(2) q	(3b) $s/2$	(4a) w_{dv}	(4b) w_{sv}	(5a) w_{dh}	(5b) w_{sh}	Summe für ungünstigste Lastkombination ohne Wind	mit Wind
M_D	−1,19	0	+0,37	+0,56	+1,00	+0,28	+0,49	− 1,19 kNm	+1,51 kNm
M_E	−1,19	0	−0,69	−1,06	−0,53	−0,52	−0,27	− 1,88 kNm	−4,26 kNm
M_1	+1,06	0	+0,61	+0,93	−0,88	+0,46	−0,44	+ 1,67 kNm	+3,06 kNm
A_v	+5,09	+2,83	+1,13	+1,71	−0,54	−0,28	−0,27	+ 9,05 kN	+9,67 kN
B_v	+5,09	+2,83	+0,38	+0,57	−1,62	+0,28	+0,27	+ 8,30 kN	+7,80 kN
A_h	+5,14	+4,07	+0,81	+1,22	−1,16	−1,00	+0,57	+10,02 kN	+9,65 kN
B_h	+5,14	+4,07	+0,81	+1,22	−1,16	+0,60	−0,95	+10,02 kN	+9,73 kN
N_{DE}	−4,81	−4,07	−0,69	−1,06	+1,00	−0,52	+0,49	− 9,57 kN	−9,66 kN

4. Ungünstige Schnittgrößen für die Bemessung

Längskräfte in Sparren an Auflagern:

$$N_{A(1-5)} = -A_v \cdot \sin\alpha - A_h \cdot \cos\alpha$$
$$= -9{,}67 \cdot 0{,}574 - \ 9{,}65 \cdot 0{,}819 = -5{,}55 - 7{,}90 = \mathbf{-13{,}45\,kN}$$

$$N_{A(1-3)} = -9{,}05 \cdot 0{,}574 - 10{,}02 \cdot 0{,}819 = -5{,}19 - 8{,}21 = -13{,}40\,\text{kN}$$

$$N_B = -B_v \cdot \sin\alpha - B_h \cdot \cos\alpha$$
$$= -8{,}30 \cdot 0{,}574 - 10{,}02 \cdot 0{,}819 = -4{,}76 - 8{,}21 = -12{,}97\,\text{kN}$$

Längskraft im unteren Sparrenfeld für das zugehörige Biegemoment $M_1 = \mathbf{+3{,}06\,kNm}$ mit $N_A = -13{,}45\,\text{kN}$

$$N_1 = N_A + \frac{(g_1 + s + w_d) \cdot l_1}{2} \cdot \sin\alpha - \frac{w_d \cdot h_1}{2} \cdot \cos\alpha$$
$$= -13{,}45 + \frac{(0{,}97 + 0{,}25 + 0{,}38) \cdot 3{,}70}{2} \cdot 0{,}547 - \frac{0{,}38 \cdot 2{,}60}{2} \cdot 0{,}819$$
$$= -13{,}45 + 1{,}62 - 0{,}40 = \mathbf{-12{,}23\,kN}$$

Längskraft im Sparren am Kehlbalkenanschluß für das zugehörige Biegemoment $M_E = \mathbf{-4{,}26\,kNm}$

$$N_E = N_A + g_1 \cdot l_1 \cdot \sin\alpha = -13{,}45 + 0{,}97 \cdot 3{,}70 \cdot 0{,}574$$
$$= -13{,}45 + 2{,}06 = \mathbf{-11{,}39\,kN}$$

Biegemoment im Kehlbalken für die zugehörige Längskraft $N_{DE} = \mathbf{-9{,}66\,kN}$

$$M_{DE} = +\frac{q \cdot (2 \cdot l_2)^2}{8} = +\frac{q \cdot l_2^2}{2} = +\frac{1{,}23 \cdot 2{,}30^2}{2} = \mathbf{+3{,}25\,kNm}$$

Querkraft im Kehlbalkenanschluß

$$Q_D = Q_E = q \cdot l_2 = 1{,}23 \cdot 2{,}30 = 2{,}83\,\text{kN}$$

Die Bemessung für diese Lastkombination des verschieblichen Kehlbalkendaches wird in Teil 2 Abschnitt 8.2.1 mit den hier errechneten Schnittgrößen in Beispiel 6 gezeigt.

9 Berechnung von Fachwerkbindern

Unter einem Fachwerk versteht man eine Konstruktion, die aus einzelnen geraden Stäben gebildet wird. Diese Stäbe haben die Lasten aufzunehmen. Sie erhalten dadurch Längskräfte. Die Stäbe werden so miteinander verbunden, daß sie jeweils Dreiecke bilden (Bild **250.**1). Dreiecke sind unverschieblich, auch wenn die einzelnen Stäbe gelenkartig miteinander verbunden sind (Bild **250.**2). Das ist bei einem Viereck nicht der Fall (Bild **250.**3). Die Verbindungsstellen der Stäbe heißen Knotenpunkte. Fachwerke können sehr unterschiedliche Formen haben.

Zur Bestimmung der Fachwerke werden zunächst einige vereinfachende Annahmen und Voraussetzungen getroffen.

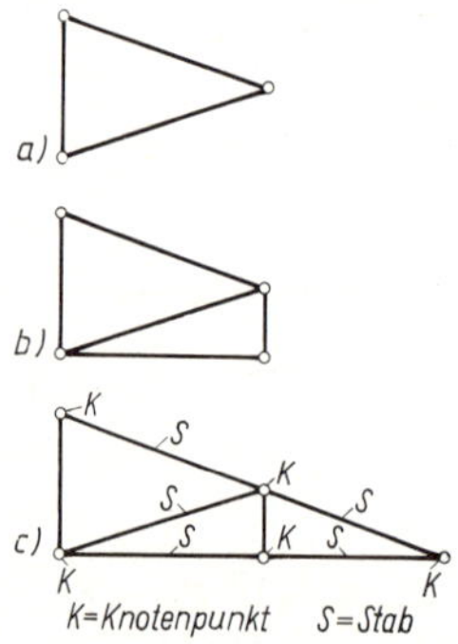

250.1 Unverschiebliche Dreiecke bilden ein Fachwerksystem

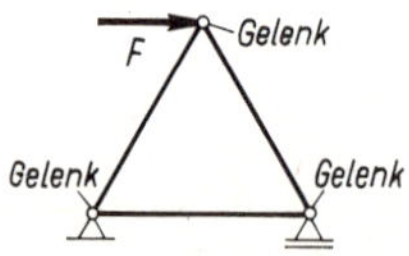

250.2 Ein Dreieck ist auch bei gelenkiger Verbindung unverschieblich

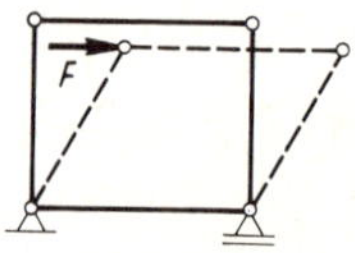

250.3 Ein Viereck ist bei gelenkiger Verbindung verschieblich

1. **Das Fachwerk besteht nur aus starren Stäben mit gerader Stabachse.**
2. **Die Stäbe sind an den Knotenpunkten gelenkig miteinander verbunden.**
3. **Die Stäbe sind zentrisch angeschlossen. Die Schwerlinien der Stäbe** (Stabachsen) **schneiden sich in einem Punkt.**
4. **Die Belastung greift nur als Einzellast in den Knotenpunkten an.**
5. **Die Eigenlast des Fachwerks wird zu den Einzellasten der äußeren Belastung hinzugerechnet.**
6. **Jedes statisch bestimmte Fachwerk hat eine zugehörige Anzahl Stäbe.**

   $s = 2k - 3$ s = Anzahl der Stäbe k = Anzahl der Knotenpunkte
7. **Das Fachwerk ist statisch bestimmt gelagert** (3wertig).

Die Voraussetzungen 2 und 5 sind in der Praxis nicht gegeben. Die dadurch entstehenden Fehler sind aber gering und können vernachlässigt werden.

Ein Fachwerk mit z.B. 11 Knoten hat $s = 2k - 3 = 2 \cdot 11 - 3 = 19$ Stäbe. Hat ein Fachwerk mehr Stäbe, als sich nach der Formel errechnen läßt, dann ist es um die Anzahl der überzähligen Stäbe statisch unbestimmt. Sind in einem Fachwerk weniger Stäbe, dann ist es wegen der im System entstehenden Freiheitsgrade labil und verschieblich.

Die meisten Fachwerke werden für Dachbinder aus Holz oder Stahl gebaut. Man unterscheidet Dreiecks- und Balkenbinder (Bild **251.**1). Die Stäbe eines Fachwerkbinders werden entsprechend ihrer Lage bezeichnet. Die Stäbe, die das Fachwerk nach außen umschließen, heißen Obergurt und Untergurt (Bild **251.**1 a). Die von ihnen eingeschlossenen Stäbe sind die Füllungsstäbe. Bei schräger Anordnung sind es Diagonalstäbe oder Streben, bei vertikaler Anordnung nennt man sie Vertikalstäbe oder Pfosten (Bild **251.**2 b).

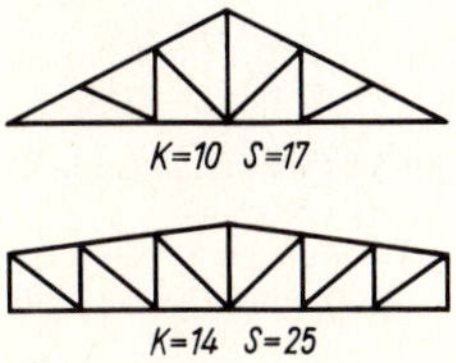

251.1 Dreiecksbinder und Balkenbinder

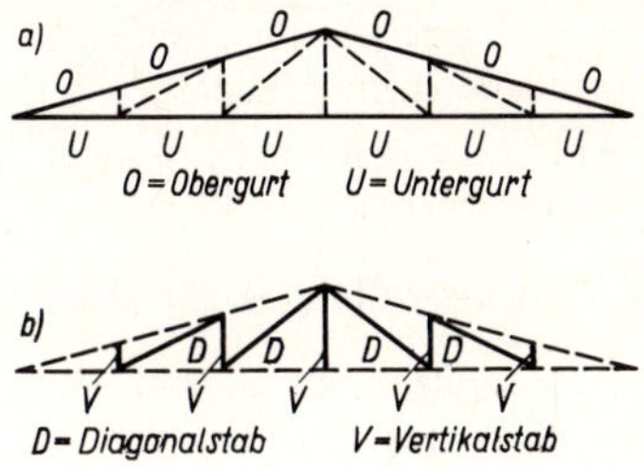

251.2 Fachwerkbinder
a) Ober- und Untergurte
b) Diagonal- und Vertikalstäbe

9.1 Regeln zur Bildung von Fachwerken

Damit einwandfrei funktionierende Fachwerke gebildet werden können, sind folgende Regeln zu beachten. Diese Regeln werden auch Bildungsgesetze genannt.

Regel 1 (Regel der Fachwerkdreiecke)

An ein unverschiebliches Dreieck (Bild **250.**1 a) wird jeweils ein weiteres Dreieck angeschlossen, indem man einen neuen Knoten mit zwei Stäben anfügt. Dadurch entstehen statisch bestimmte, unverschiebbare Fachwerke.

Den ersten Schritt zeigt Bild **250.**1 b, der zweite Schritt ist aus Bild **250.**1 c zu erkennen.

Regel 2 (Regel der Verbindung mehrerer Fachwerke)

a) Zwei statisch bestimmte und unverschiebliche Fachwerke nach der 1. Regel werden durch ein gemeinsames Gelenk und einen weiteren Stab miteinander verbunden. Weder dieser Stab noch seine Verlängerung darf durch das Verbindungsgelenk gehen (Bild **251.**3).

b) Zwei oder mehrere Fachwerke nach der 1. Regel werden durch je 3 Ergänzungsstäbe miteinander verbunden. Alle 3 Stäbe dürfen weder parallel sein, noch dürfen sich die Stäbe oder ihre Verlängerungen in einem Punkt schneiden (Bild **251.**4).

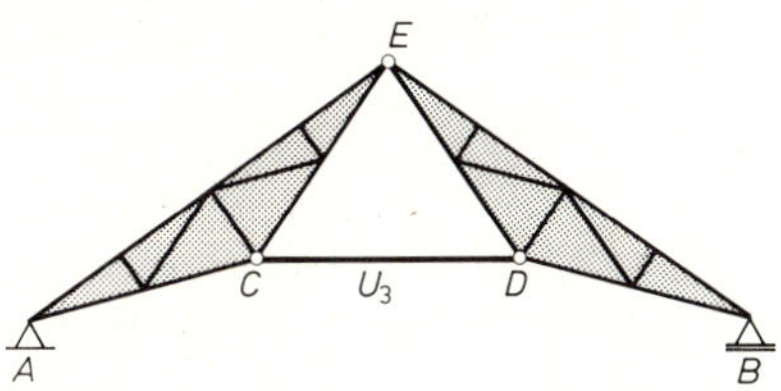

251.3 Zwei Dreieckbinder werden durch ein gemeinsames Gelenk (E) und einen weiteren Stab (U_3) miteinander verbunden zu einem größeren Fachwerk

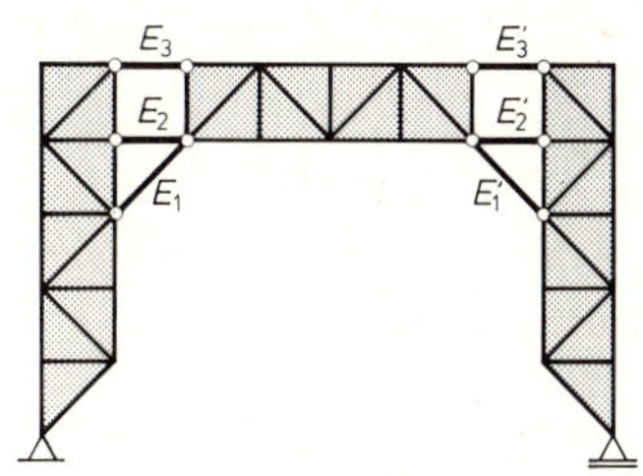

251.4 Drei statisch bestimmte und unverschiebliche Fachwerke werden an zwei Stellen durch je 3 Ergänzungsstäbe (E_1, E_2, E_3 bzw. E_1', E_2', E_3') miteinander verbunden zu einem Gesamtfachwerk

Regel 3 (Regel der Stabvertauschung)

Bei jedem Fachwerk, das nach der 1. oder 2. Regel konstruiert ist, kann ein Stab herausgenommen und an anderer Stelle zwischen zwei Knoten wieder eingefügt werden, so daß die Knoten auch bei unendlich kleiner Bewegung ihren Abstand nicht ändern (Bild **252.1**).

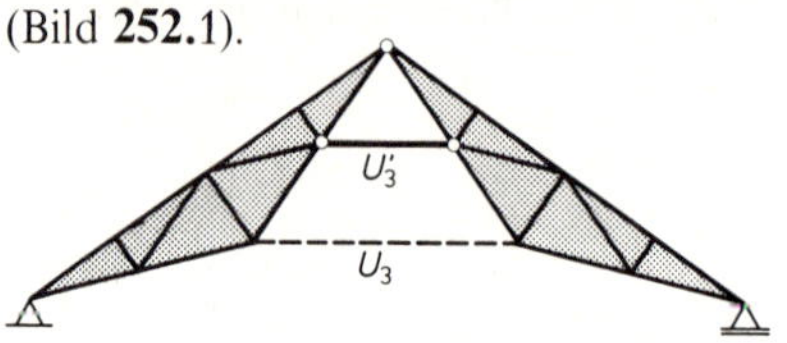

252.1 Nach der Regel der Stabvertauschung kann der Stab U_3 durch den Stab U_3' ersetzt werden

9.2 Laststellungen für Dachbinder

Im folgenden sind die einzelnen Laststellungen genannt, die bei Dachbindern zunächst getrennt zu erfassen sind.

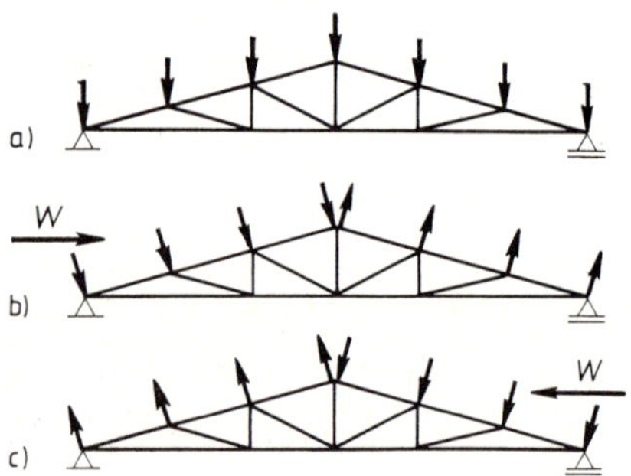

252.2 Belastungen für Dreiecksbinder

Dreiecksbinder
- Ständige Last (Eigenlast) und Schnee (Bild **252.2**a)
- Windlast vom festen Auflager her (Bild **252.2**b)
- Windlast vom beweglichen Auflager her (Bild **252.2**c)

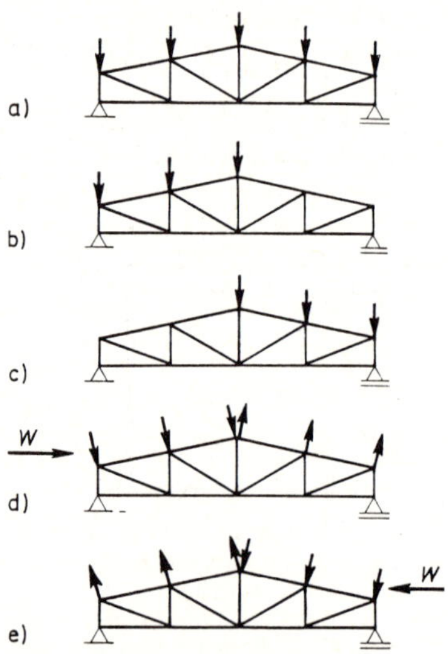

252.3 Belastungen für Balkenbinder

Balkenbinder
- Ständige Last (Eigenlast) (Bild **252.3**a)
- Schnee auf der linken Dachseite (Bild **252.3**b)
- Schnee auf der rechten Dachseite (Bild **252.3**c)
- Wind vom festen Auflager her (Bild **252.3**d)
- Wind vom beweglichen Auflager her (Bild **252.3**e)

Durch die Belastungen entstehen in den Stäben nur Normalkräfte, keine Querkräfte oder Biegemomente. Die Normalkräfte wirken als Zugkräfte oder als Druckkräfte. Sie werden bei Zug als positiv (+), bei Druck als negativ (−) bezeichnet. Danach werden die Stäbe Zug- oder Druckstäbe genannt. Die Kraftart (Zug oder Druck) kann auch für ein und denselben Stab bei verschiedenen Laststellungen wechseln.

9.3 Regeln zum Erkennen von Nullstäben

In einem Fachwerkträger können verschiedene Stäbe bei bestimmten Laststellungen weder Zug- noch Druckkräfte erhalten. Die Längskräfte dieser Stäbe sind Null. Solche Stäbe werden als Nullstäbe bezeichnet; sie sind vor dem Zeichnen des Kräfteplanes festzustellen. Hierfür gelten folgende Regeln:

Regel 1

Bei belasteten Knoten mit zwei Stäben ist ein Stab ein Nullstab, wenn die Last in Richtung des anderen Stabes wirkt. Das trifft für Stab O_1 in Bild **253.**1 zu: $O_1 = 0$.

Regel 2

Bei unbelasteten Knoten mit zwei Stäben sind beide Stäbe nur Nullstäbe. In Bild **253.**1 ist das bei den Stäben O_6 und V_7 der Fall: $O_6 = 0$, $V_7 = 0$.

Regel 3

Bei unbelasteten Gurtknoten mit nur einem Füllungsstab ist dieser Füllungsstab ein Nullstab, wenn die Gurtstäbe in einer Wirkungslinie liegen:

Bild **253.**1: $V_2 = 0$, $V_4 = 0$, $V_5 = 0$, $V_6 = 0$.

Bild **253.**2: $D_8 = 0$.

Regel 4

Bei unbelasteten Gurtknoten mit Füllungsstäben, die von anderen Knoten kommend schon Null sind, ist ein weiterer Füllungsstab ebenfalls Null, wenn sonst kein anderer Füllungsstab vorhanden ist und wenn die Gurtstäbe in einer Wirkungslinie liegen.

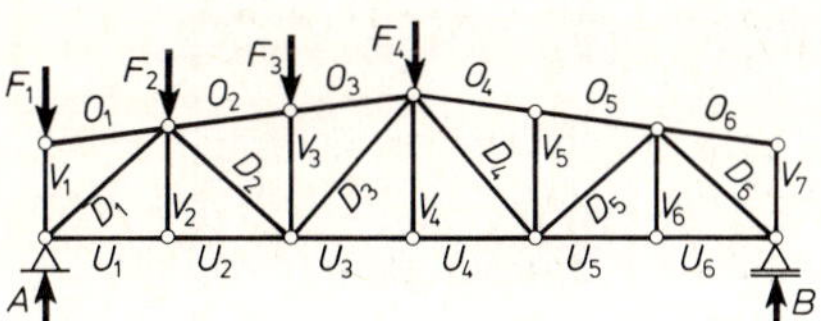

253.1 Balkenbinder mit einseitiger Belastung und Nullstäben

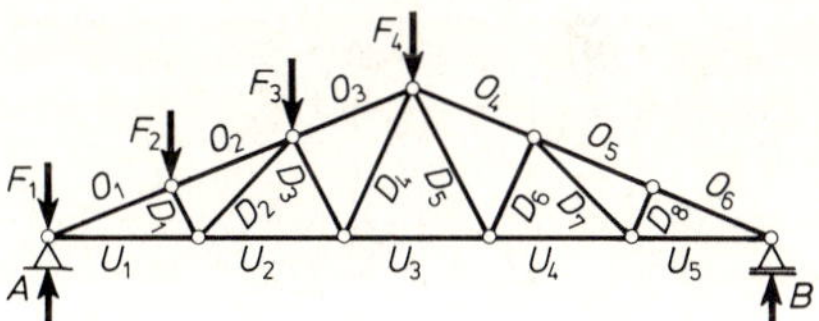

253.2 Dreiecksbinder mit einseitiger Belastung und Nullstäben

Beispiel zur Erläuterung

In Bild **253.**2 ist der Füllungsstab D_8 nach Regel 3 bereits Null. Er trifft am unbelasteten Untergurtknoten mit den in einer Wirkungslinie liegenden Untergurtstäben U_4 und U_5 zusammen. Es ist ein weiterer Füllungsstab vorhanden, der ebenfalls Null wird.

$$D_7 = 0.$$

Das gleiche trifft für die Füllungsstäbe D_6 und D_5 zu:

$$D_6 = 0, D_5 = 0.$$

9.4 Kräfteplan nach Cremona

Wenn ein Fachwerkträger durch eine äußere Belastung im Gleichgewicht ist, dann sind auch alle einzelnen Knotenpunkte im Gleichgewicht. Für jeden Knotenpunkt, den man sich aus dem System herausgeschnitten denkt, kann man mit allen an diesem Knotenpunkt wirkenden Kräften ein Krafteck zeichnen. Alle Kräfte an einem Knotenpunkt sind im Gleichgewicht, wenn sie ein geschlossenes Krafteck mit fortlaufendem Umfahrungssinn bilden (s. Abschn. 2.5.3). Die Stabkräfte werden also hier zeichnerisch bestimmt (Bild **254.**1a).

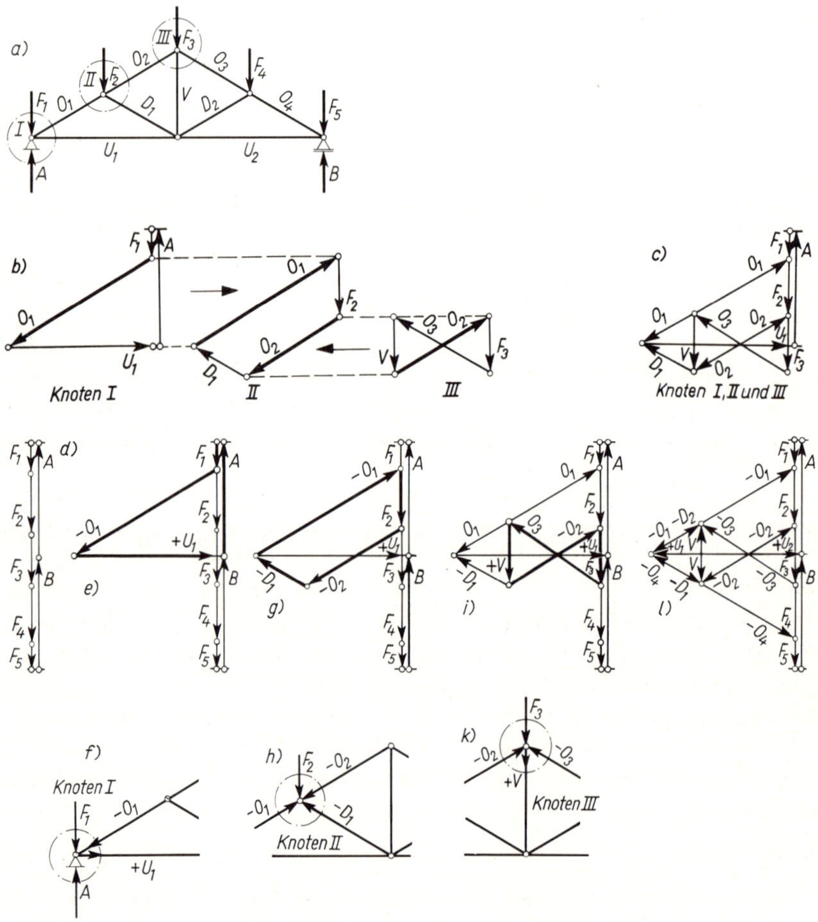

254.1 Entwicklung des Cremonaplans
a) System des Fachwerkträgers
b) Kraftecke für Knoten I, II und III
c) Cremonaplan für Knoten I, II und III durch Zusammenschieben der einzelnen Kraftecke
d) Kraftecke für äußere Belastung und Stützkräfte
e) Krafteck wie d), jedoch mit O_1 und U_1
f) Knoten I für Krafteck e)
g) Krafteck wie e), jedoch mit O_2 und D_1
h) Knoten II für Krafteck g)
i) Krafteck wie g), jedoch mit O_3 und V
k) Knoten III für Krafteck i)
l) Krafteck wie i), jedoch mit O_4 und U_2

Jeder Stab ist mit den beiden Enden an jeweils einem Knotenpunkt angeschlossen. Wenn man für jeden Knotenpunkt ein Krafteck zeichnet, dann erscheint eine Stabkraft in zwei Kraftecken, sie wird zweimal gezeichnet (Bild **254.**1 b). Die einzelnen Kraftecke kann man aber so zusammenschieben, daß die zweimal gezeichnete Stabkraft zur Überdeckung kommt. Die Kraft erscheint dann nur einmal, und es entsteht ein Gesamtplan für das ganze Fachwerk. Dieser Kräfteplan wird als Cremonaplan bezeichnet[1]). (Bild **254.**1 c)

Beim Auftragen des Kräfteplanes sind folgende Regeln der Reihenfolge nach zu beachten:

1. Belastungen ermitteln, Stützkräfte bestimmen.
2. Systembild des Fachwerkes maßstabsgetreu mit der zugehörigen Belastung auftragen. Stäbe bezeichnen (Bild **254.**1 a).
3. Anzahl der Stäbe und Knotenpunkte kontrollieren ($s = 2k - 3 = 2 \cdot 6 - 3 = 9$). Nullstäbe feststellen.
4. Krafteck für die äußere Belastung und die Stützkräfte zeichnen. Beim festen Auflager ist auch die Richtung der Stützkraft unbekannt. Entsprechenden Kräftemaßstab wählen (Bild **254.**1 d).
5. Zu Beginn das Krafteck für einen Knotenpunkt mit nur zwei unbekannten Stabkräften darstellen. Das wird im allg. der Auflagerpunkt A des Fachwerkes sein. Bei Kragdächern (Bild **259.**2) an der Spitze beginnen. Kräfte in immer gleicher Reihenfolge (im Uhrzeigersinn) antragen und mit der ersten bekannten Kraft beginnen (Bild **254.**1 e).
6. Kraftrichtung im Krafteck eintragen und in das Systembild übernehmen (Bild **254.**1 f). Zeigt die Kraft zum Knoten hin, dann ist es eine Druckkraft (mit − kennzeichnen). Zeigt die Kraft vom Knoten weg, dann ist es eine Zugkraft (mit + kennzeichnen).
7. Stabkräfte maßstäblich abmessen und in eine Tabelle eintragen.
8. Krafteck für den nächsten Knotenpunkt zeichnen, an dem wieder nur zwei unbekannte Kräfte vorkommen. Man benutzt dazu die bereits gezeichneten und bekanntgewordenen Stabkräfte in dem bisher erstellten Krafteck (Bild **254.**1 g).
9. Krafteck für einen Knotenpunkt nach dem anderen schrittweise in gleicher Form zeichnen, Kraftrichtung ins System übertragen, Zug oder Druck durch + oder − kennzeichnen, Kraftgröße abmessen und in die Tabelle eintragen.
10. Beim Zeichnen des Kraftecks für den letzten Knoten muß sich der Kräfteplan schließen (Bild **254.**1 l). Ist das nicht der Fall, dann liegt ein Fehler vor. Große Abweichungen entstehen meistens bei falschen Stützkräften.

    Kleine Abweichungen sind meistens in Ungenauigkeiten beim Zeichnen zu suchen. Sie können ausgeglichen werden, wenn sie die geforderte Genauigkeit nicht überschreiten.
11. Für symmetrische Fachwerke mit symmetrischer Belastung genügt die Darstellung des Cremonaplanes bis zur Symmetrieachse, also bis zur Mitte. Die andere Hälfte hat gleich große Stabkräfte.
12. Die einseitigen Laststellungen aus Wind erfordern besonders sorgfältiges Arbeiten. Die Lage des festen und des beweglichen Auflagers sind von besonderer Bedeutung. Bei flacher Dachneigung mit $\alpha < 25°$ entstehen auf der ganzen Dachfläche nur Sogkräfte. Die Darstellung des Cremonaplanes für Windlast erübrigt sich dann bei Berücksichtigung eines Zuschlages von $0{,}05 \cdots 0{,}15\,\mathrm{kN/m^2}$ Grundfläche zur Eigenlast des Binders. Es muß jedoch für eine ausreichende Sicherheit gegen Abheben durch Windsog gesorgt werden (s. Abschn. 4.2.2 und 5.4).

[1]) L. Cremona, ital. Mathematiker, 1830–1903. Er entwickelte die graphische Statik weiter.

Beispiel zur Erläuterung

Für ein Dachfachwerk als Dreiecksbinder (Bild **256.**1) werden für die drei Laststellungen Eigenlast mit Schnee, Windlast vom festen Auflager und Windlast vom beweglichen Auflager die Stabkräfte ermittelt und in einer Tabelle zusammengestellt (Tafel **259.**1).

statisches System (Bild **256.**1)

Stützweite $l = 7{,}0\,\text{m}$, Binderabstand $a = 3{,}5\,\text{m}$

Dachneigung $\alpha = 36°$; $\cos\alpha = 0{,}8090$

schräge Dachlänge $l_s = \dfrac{l/2}{\cos\alpha} = \dfrac{7{,}0/2}{0{,}8090} = 4{,}33\,\text{m}$

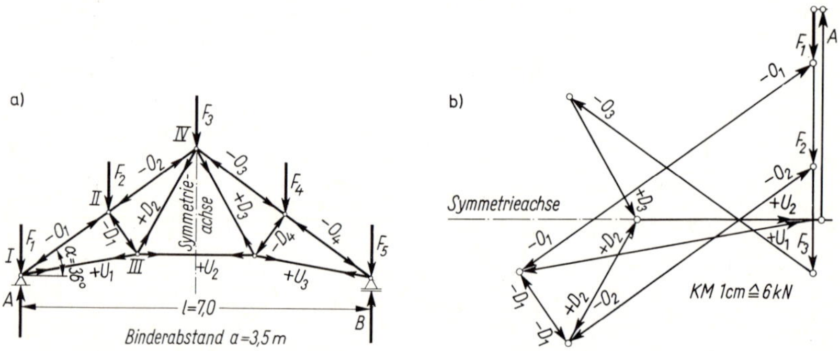

256.1 Dreiecksbinder mit Cremonaplan für die vertikalen Belastungen aus Eigenlast und Schnee
a) statisches System b) Cremonaplan

Lastenermittlung

Eigenlasten

Dachhaut (dopp. Bitumenpappdach mit Bekiesung)	$= 0{,}20\,\text{kN/m}^2$ Dachfläche	
Schalung $0{,}025\,\text{m} \cdot 6\,\text{kN/m}^3$	$= 0{,}15$	
Sparren	$= 0{,}05$	
Pfetten	$\dfrac{1}{0{,}8090} \cdot 0{,}40\,\text{kN/m}^2$	$= 0{,}49\,\text{kN/m}^2$ Grundfläche
Dachbinder		$0{,}06\,\text{kN/m}^2$ Grundfläche
Dachverband		$0{,}10\,\text{kN/m}^2$ Grundfläche
		$0{,}02\,\text{kN/m}^2$ Grundfläche
		$g = 0{,}67\,\text{kN/m}^2$ Grundfläche
		$g \approx 0{,}70\,\text{kN/m}^2$ Grundfläche

Schneelast

Schneelastzone III, Geländehöhe über NN = 200 m,

Regelschneelast $s_0 = 0{,}75\,\text{kN/m}^2$

Abminderungswert für $\alpha = 36°$ $\quad k_s = 1 - \dfrac{\alpha - 30°}{40°} = 0{,}85$

Schneelast $s = k_s \cdot s_0 = 0{,}85 \cdot 0{,}75\,\text{kN/m}^2 =$ $\quad s = 0{,}64\,\text{kN/m}^2$ Grundfläche

Windlast

Staudruck für $h = 8 \dots 20\,\text{m}$ über Gelände: $q = 0{,}80\,\text{kN/m}^2$

Beiwert auf Luvseite für $\alpha = 36°$: $c_p = 0{,}3 + 0{,}3 \cdot 11/15 = 0{,}52$

Beiwert auf Leeseite für $\alpha = -36°$: $c_p = -0{,}6$

Winddruck $w_D = c_p \cdot q = 0{,}52 \cdot 0{,}80\,\text{kN/m}^2 = 0{,}42\,\text{kN/m}^2$ Dachfläche

Windsog $w_S = c_p \cdot q = -0{,}6 \cdot 0{,}80\,\text{kN/m}^2 = -0{,}48\,\text{kN/m}^2$ Dachfläche

Gleichzeitige Schnee- und Windlast

$$s \cdot \frac{l}{2} + \frac{w}{2} \cdot l_s \cdot \cos\alpha = \left(s + \frac{w}{2}\right) \cdot \frac{l}{2}$$

$$= \left(0{,}64 + \frac{0{,}42}{2}\right) \cdot \frac{7{,}00}{2} = 2{,}98\,\text{kN/m}$$

Belastung halber Schnee + Wind $\frac{s}{2} + w$

$$\frac{s}{2} \cdot \frac{l}{2} + w \cdot l_s \cdot \cos\alpha = \left(\frac{s}{2} + w\right) \cdot \frac{l}{2}$$

$$= \left(\frac{0{,}64}{2} + 0{,}42\right) \cdot \frac{7{,}00}{2} = 2{,}59\,\text{kN/m}$$

Maßgebende Belastung: $s + \frac{w}{2}$

Laststellung 1: Eigenlast und Schnee (Bild **256.**1)

Einzellasten an den Binderknoten

$$F_1 = F_5 = (g + s) \cdot \frac{l}{8} \cdot a = (0{,}70 + 0{,}64) \cdot \frac{7{,}0}{8} \cdot 3{,}5 = 4{,}1\,\text{kN}$$

$$F_2 = F_3 = F_4 = (g + s) \cdot \frac{l}{4} \cdot a = (0{,}70 + 0{,}64) \cdot \frac{7{,}0}{4} \cdot 3{,}5 = 8{,}2\,\text{kN}$$

Stützkräfte

$$A = B = F_1 + F_2 + \frac{F_3}{2} = 4{,}1 + 8{,}2 + \frac{8{,}2}{2} = 16{,}4\,\text{kN}$$

Laststellung 2: Wind vom festen Auflager (von links) (Bild **258.**1)

An der dem Wind zugekehrten Dachseite (Luv) werden Winddruckkräfte angesetzt. An der dem Wind abgekehrten Dachseite (Lee) entstehen Windsogkräfte. Aus allen Windkräften, die an den Knoten angreifend gedacht werden, bildet man die resultierende Kraft R_w. Die Stützkräfte werden zeichnerisch ermittelt (s. Abschn. 6.2.2). Mit ihnen beginnt der Cremonaplan am linken Auflager.

$$W_{D1} = W_{D3} = \frac{1}{2} \cdot w_D \cdot \frac{l_s}{4} \cdot a = \frac{1}{2} \cdot 0{,}42 \cdot \frac{4{,}33}{4} \cdot 3{,}5 = 0{,}8\,\text{kN}$$

$$W_{D2} = \frac{1}{2} \cdot w_D \cdot \frac{l_s}{2} \cdot a = \frac{1}{2} \cdot 0{,}42 \cdot \frac{4{,}33}{2} \cdot 3{,}5 = 1{,}6\,\text{kN}$$

$$\sum W_D = W_{D1} + W_{D2} + W_{D3} = 0{,}8 + 1{,}6 + 0{,}8 = 3{,}2\,\text{kN}$$

$$W_{S1} = W_{S3} = \frac{1}{2} \cdot w_S \cdot \frac{l_s}{4} \cdot a = -\frac{1}{2} \cdot 0{,}48 \cdot \frac{4{,}44}{4} \cdot 3{,}5 = -0{,}9\,\text{kN}$$

$$W_{S2} = \frac{1}{2} \cdot w_S \cdot \frac{l_s}{2} \cdot a = -\frac{1}{2} \cdot 0{,}48 \cdot \frac{4{,}33}{2} \cdot 3{,}5 = -1{,}8\,\text{kN}$$

$$\sum W_S = W_{S1} + W_{S2} + W_{S3} = -0{,}9 - 1{,}8 - 0{,}9 = -3{,}6\,\text{kN}$$

Laststellung 3: Wind vom beweglichen Auflager (von rechts)

Die angreifenden Windkräfte sind gleich groß wie in Laststellung 2, wirken jedoch von der anderen Seite. Es entstehen andere Stabkräfte, da die Stützkräfte in den Auflagern entgegengesetzt wirken. Lastermittlungen wie bei Laststellung 2.

Ungünstige Stabkräfte aus allen 3 Laststellungen

Die Werte aus den einzelnen Laststellungen für die ungünstigen Stabkräfte werden so addiert, daß die größten Stabkräfte entstehen. Das können für die Stäbe jeweils die Laststellungen 1 und 2 oder die Laststellungen 1 und 3 sein. Eine Addition aller 3 Laststellungen scheidet aus, da der Wind nie von beiden Seiten her gleichzeitig wirken kann. Die erhaltenen Stabkräfte sind zur Ermittlung der Stabquerschnitte erforderlich.

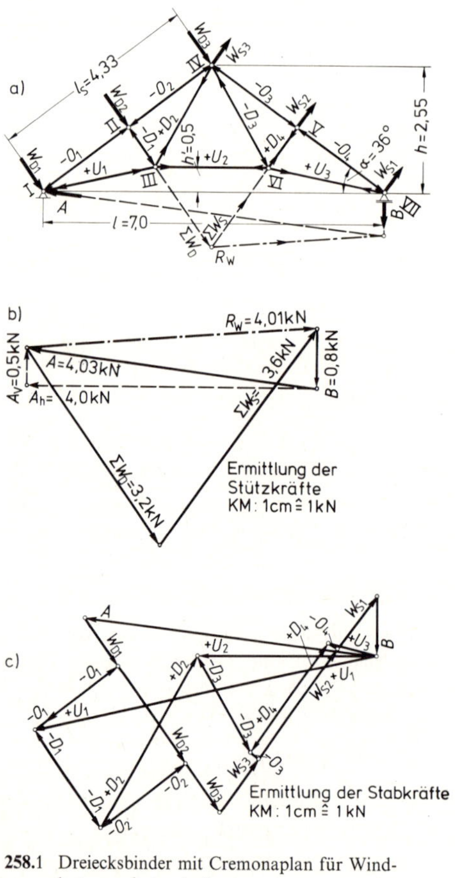

258.1 Dreiecksbinder mit Cremonaplan für Windlast vom festen Auflager

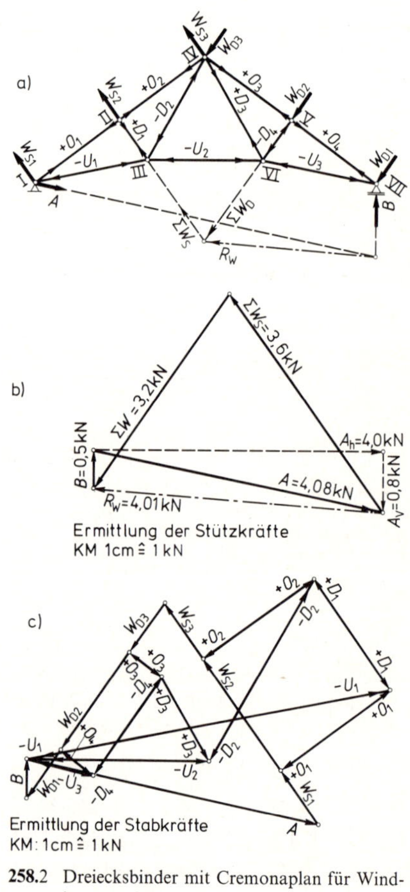

258.2 Dreiecksbinder mit Cremonaplan für Windlast vom beweglichen Auflager

Tafel **259.**1 **Stabkräfte** aus den Cremonaplänen Bild **256.**1, **258.**1 und **258.**2

Stab	Laststellung 1	Laststellung 2	Laststellung 3	ungünstige Stabkräfte in kN
	Stabkräfte in kN			
O_1	−28,6	−1,45	+1,85	−30,05
O_2	−23,8	−1,45	+1,85	−25,25
O_3	−23,8	−0,15	+0,55	−23,95
O_4	−28,6	−0,15	+0,55	−28,75
U_1	+23,8	+4,80	−5,00	+28,60
U_2	+13,9	+2,45	−2,50	+16,35
U_3	+23,8	+0,70	−0,95	+24,50
D_1	− 6,8	−1,60	+1,80	− 8,40
D_2	+11,3	+2,65	−2,80	+13,95
D_3	+11,3	−1,50	+1,30	+12,60
D_4	− 6,8	+1,80	−1,60	− 8,40
Auflager	**Stützkräfte in kN**			**ungünstige Stützkräfte in kN**
	1	2	3	
A_v	16,4↑	0,5↑	0,8↓	16,9
A_h	0	4,0←	4,0→	4,0
B_v	16,4↑	0,8↓	0,5↑	16,9
B_h	0	0	0	0

Beispiele zur Übung

1. Der Fachwerkträger für ein Vordach über einer Verladerampe ist zu berechnen. Die Stabkräfte infolge der vertikalen Belastung sind zu bestimmen (Bild **259.**2). Das obere Lager kann nur horizontale Kräfte aufnehmen.

2. Ein Dreiecksbinder über einer kleinen Lagerhalle soll konstruiert werden. Dazu sind die Stabkräfte zunächst zu ermitteln (Bild **259.**3).

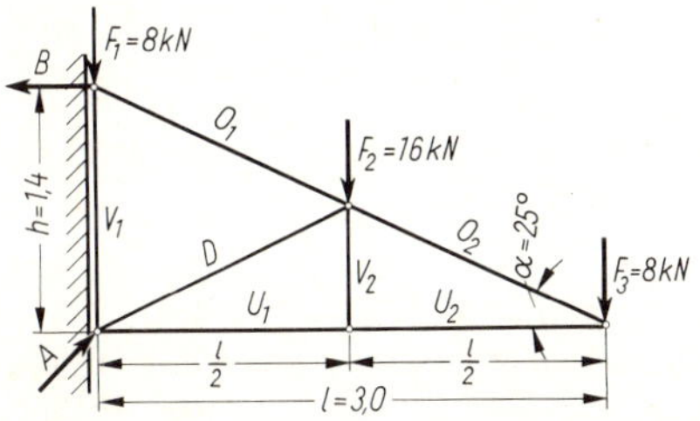

259.2 Fachwerkbinder für ein Vordach

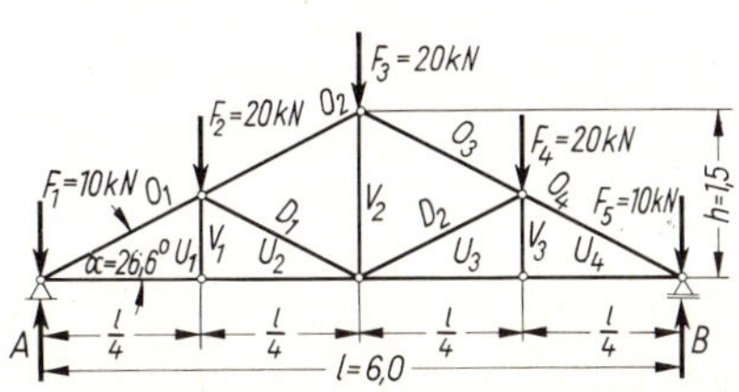

259.3 Dreiecksbinder für eine kleine Lagerhalle

10 Berechnung einfacher Rahmen

Rahmen sind statische Systeme, bei denen Stützen und Träger an den Ecken biegesteif miteinander verbunden sind. Die Stützen heißen hier Stiele. Sie können lotrecht oder schräg stehen. Die Träger nennt man hier Riegel. Sie liegen horizontal oder sind geneigt. Da die Rahmenstiele gelenkig gelagert oder fest eingespannt werden, sind Rahmen statisch unbestimmte Systeme. Sie werden nach folgenden Merkmalen unterschieden:

- Rahmen mit gelenkiger Lagerung
- Rahmen mit eingespannten Stielen
- zweistielige, dreistielige oder mehrstielige Rahmen (Mehrfeldrahmen)
- einstöckige, zweistöckige oder mehrstöckige Rahmen (Stockwerkrahmen)
- Rechteckrahmen, Dreieckrahmen, einhüftige Rahmen
- symmetrische Rahmen, unsymmetrische Rahmen

Aus der Vielzahl der hiernach möglichen Kombinationen zeigt Bild **260.**1 einige typische Beispiele.

In vielen Tabellenbüchern sind für verschiedene einfache Rahmen mit möglichen Belastungen fertige Rahmenformeln angegeben. Es sollen hier keine Rahmenformeln abgeleitet werden.

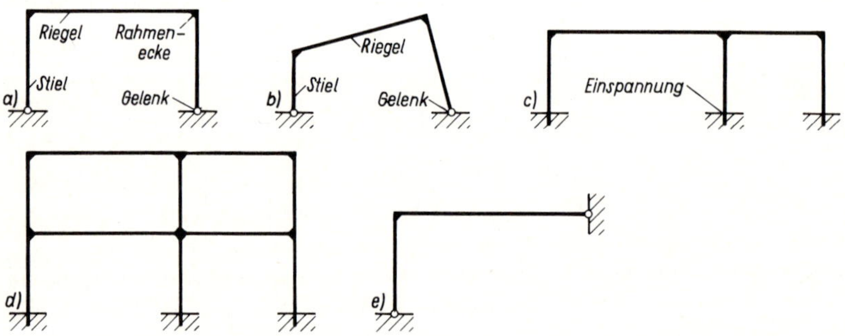

260.1 Statisch unbestimmte Rahmensysteme

a) Rechteckrahmen mit gelenkiger Lagerung
b) unsymmetrischer Rahmen mit gelenkiger Lagerung
c) Mehrfeldrahmen mit eingespannten Stielen
d) Stockwerkrahmen mit eingespannten Stielen
e) einhüftiger Rahmen mit gelenkiger Lagerung

Für oft vorkommende Laststellungen bei Rechteckrahmen sind in nachstehenden Tafeln die Schnittgrößen angegeben. Sie gelten für Rahmen mit gleichgroßen Stiel- und Riegelquerschnitten.

Tafel **261.**1 **Zusammenstellung der Rahmenformeln für Zweigelenk-Rechteckrahmen**

stat. System	Momentenfläche	Schnittgrößen
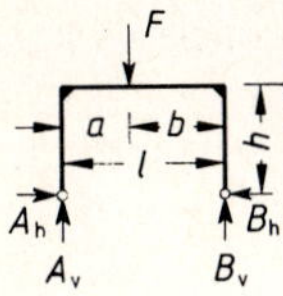	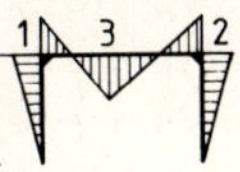	$A_h = B_h = \frac{3F\cdot a\cdot b}{2h\cdot l}\cdot\frac{1}{2\cdot\frac{h}{l}+3}$ $A_v = \frac{F\cdot b}{l}\quad B_v = \frac{F\cdot a}{l}$ $M_1 = M_2 = -A_h\cdot h$ $M_3 = \frac{F\cdot a\cdot b}{l} - A_h\cdot h$
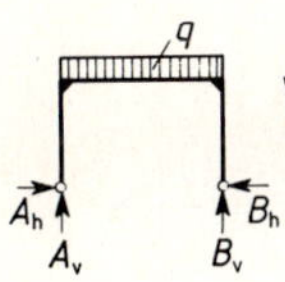	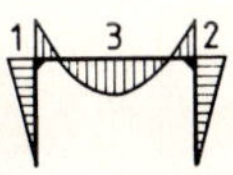	$A_h = B_h = \frac{q\cdot l^2}{4h}\cdot\frac{1}{2\cdot\frac{h}{l}+3}$ $A_v = B_v = \frac{q\cdot l}{2}$ $M_1 = M_2 = -A_h\cdot h$ $\max M_3 = \frac{q\cdot l^2}{8} - A_h\cdot h$
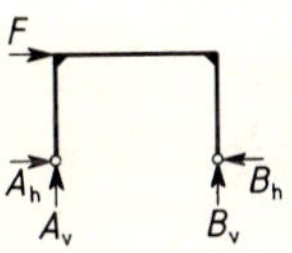	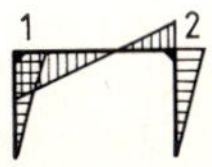	$-A_h = B_h = F/2$ $-A_v = B_v = \frac{F\cdot h}{l}$ $M_1 = -M_2 = \frac{F\cdot h}{2}$
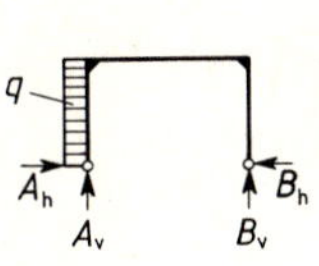	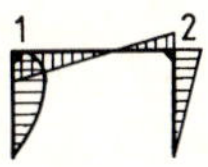	$B_h = \frac{q\cdot h}{8}\cdot\quad 5\cdot\frac{h}{l}+6\quad\frac{1}{2\cdot\frac{h}{l}+3}$ $-A_h = q\cdot h - B_h$ $-A_v = B_v = \frac{q\cdot h^2}{2l}$ $M_1 = \frac{q\cdot h^2}{2} - B_h\cdot h$ $M_2 = -B_h\cdot h$

Tafel **262.1** **Zusammenstellung der Rahmenformeln für eingespannte Rechteckrahmen**

stat. System	Momentenfläche	Schnittgrößen
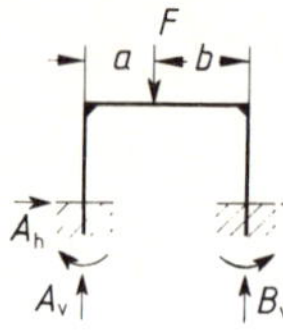	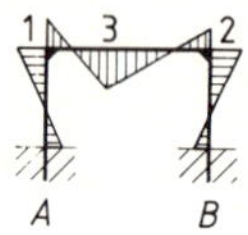	$A_v = B_v = \frac{F\cdot b}{l}\cdot\left[1+\frac{a\cdot(b-a)}{l^2\cdot\left(6\cdot\frac{h}{l}+1\right)}\right]$ $A_h = B_h = \frac{3F\cdot a\cdot b}{2h\cdot l}\cdot\frac{1}{\frac{h}{l}+2}$ $\left.\begin{matrix}M_A\\M_B\end{matrix}\right\} = \frac{F\cdot a\cdot b}{2l}\cdot\left[\frac{1}{\frac{h}{l}+2}\mp\frac{b-a}{l\cdot\left(6\cdot\frac{h}{l}+1\right)}\right]$ $\left.\begin{matrix}M_1\\M_2\end{matrix}\right\} = -\frac{F\cdot a\cdot b}{l}\cdot\left[\frac{1}{\frac{h}{l}+2}\pm\frac{b-a}{2l\cdot\left(6\cdot\frac{h}{l}+1\right)}\right]$ $M_3 = \frac{1}{l}\cdot(F\cdot a\cdot b+b\cdot M_1+a\cdot M_2)$
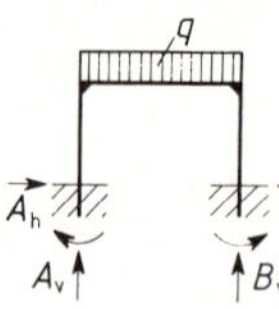	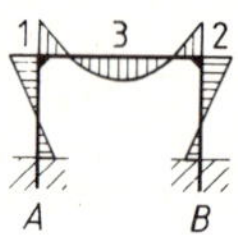	$A_h = B_h = \frac{q\cdot l^2}{4h}\cdot\frac{1}{\frac{h}{l}+2}$ $M_A = M_B = \frac{q\cdot l^2}{12}\cdot\frac{1}{\frac{h}{l}+2}$ $A_v = B_v = \frac{q\cdot l}{2}$ $M_1 = M_2 = -2\,M_A \qquad M_3 = \frac{q\cdot l^2}{8}+M_1$
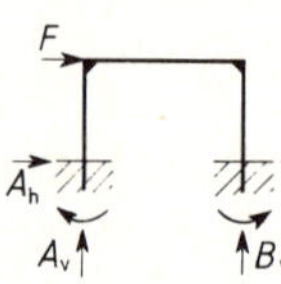	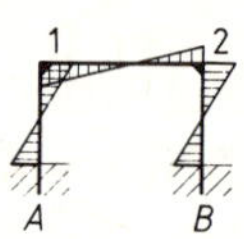	$-A_v = B_v = \frac{F\cdot h}{l}\cdot\frac{3\cdot\frac{h}{l}}{6\cdot\frac{h}{l}+1} \qquad -A_h = B_h = \frac{F}{2}$ $-M_A = M_B = \frac{F\cdot h}{2}\cdot\frac{3\cdot\frac{h}{l}+1}{6\cdot\frac{h}{l}+1}$ $M_1 = -M_2 = \frac{F\cdot h}{2}\cdot\frac{3\cdot\frac{h}{l}}{6\cdot\frac{h}{l}+1}$

Tafel **262.**1 (Fortsetzung)

stat. System	Momentenfläche	Schnittgrößen
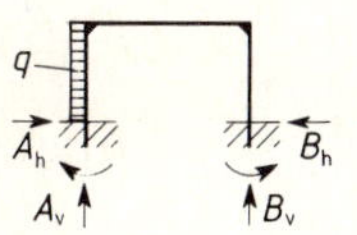	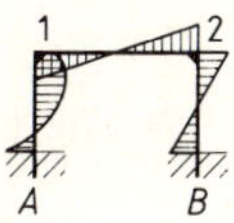	$-A_v = B_v = \frac{q \cdot h^2}{l} \cdot \frac{\frac{h}{l}}{6 \cdot \frac{h}{l} + 1}$ $-A_h = \frac{q \cdot h}{8} \cdot \frac{6 \cdot \frac{h}{l} + 13}{\frac{h}{l} + 2}$ $\quad B_h = \frac{q \cdot h}{8} \cdot \frac{2 \cdot \frac{h}{l} + 3}{\frac{h}{l} + 2}$ $-M_A = M_B = \frac{q \cdot h^2}{4} \cdot \left[- \frac{\frac{h}{l} + 3}{6 \cdot \left(\frac{h}{l} + 2\right)} \mp \frac{4 \cdot \frac{h}{l} + 1}{6 \cdot \frac{h}{l} + 1} \right]$ $M_1 = M_2 = \frac{q \cdot h^2}{4} \cdot \left[- \frac{\frac{h}{l}}{6 \cdot \left(\frac{h}{l} + 2\right)} \pm \frac{2 \cdot \frac{h}{l}}{6 \cdot \frac{h}{l} + 1} \right]$

An einem Beispiel soll der Umgang mit den Rahmenformeln gezeigt und der Verlauf der Biegemomente erläutert werden. Ein häufig vorkommender Fall ist der gelenkig gelagerte zweistielige Rechteckrahmen.

Beispiel zur Erläuterung

Ein Zweigelenk-Rechteckrahmen hat gleiche Stiel- und Riegelquerschnitte. Er erhält eine gleichmäßig verteilte Belastung auf dem Riegel und eine horizontale Einzellast aus Wind an der oberen Rahmenecke (Bild **264.**1).

Als Rahmenformeln sind gegeben (s. Tafel **261.**1):

Laststellung 1: Gleichmäßig verteilte Last auf dem Riegel

$$A_h = B_h = \frac{q \cdot l^2}{4h} \cdot \frac{1}{2 \cdot \frac{h}{l} + 3} = \frac{12 \cdot 5{,}0^2}{4 \cdot 3{,}0} \cdot \frac{1}{2 \cdot \frac{3{,}0}{5{,}0} + 3} = 25 \cdot \frac{1}{4{,}2} = 5{,}95\,\text{kN}$$

$$A_v = B_v = \frac{q \cdot l}{2} = \frac{12 \cdot 5{,}0}{2} = 30{,}0\,\text{kN}$$

$$M_1 = M_2 = -A_h \cdot h = -5{,}95 \cdot 3{,}0 = -17{,}85\,\text{kNm}$$

$$\max M_R = \frac{q \cdot l^2}{8} - A_h \cdot h = \frac{12 \cdot 5{,}0^2}{8} - 17{,}85$$

$$= 37{,}50 - 17{,}85 = 19{,}65\,\text{kNm}$$

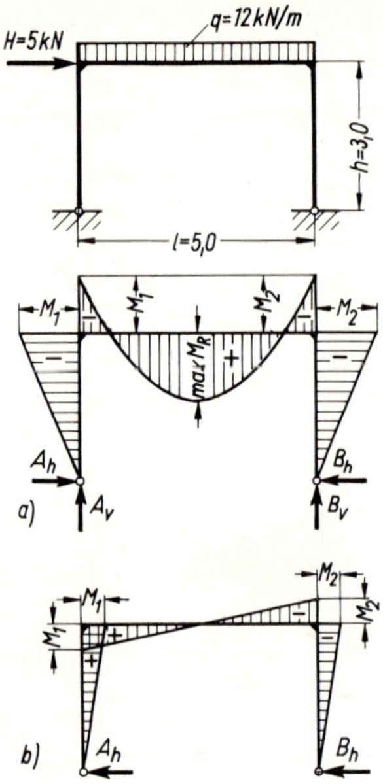

264.1 Zweistieliger Rechteckrahmen mit gelenkiger Lagerung

a) Momentenfläche für Laststellung 1: vertikal wirkende, gleichmäßig verteilte Belastung auf dem Rahmenriegel

b) Momentenfläche für Laststellung 2: horizontal wirkende Einzellast an der Rahmenecke

Laststellung 2: Horizontale Einzellast an der Rahmenecke

$$-A_h = B_h = \frac{H}{2} = \frac{5}{2} = 2{,}5\,\text{kN}$$

$$-A_v = B_v = \frac{H \cdot h}{l} = \frac{5 \cdot 3{,}0}{5{,}0} = 3{,}0\,\text{kN}$$

$$M_1 = -M_2 = \frac{H \cdot h}{2} = \frac{5 \cdot 3{,}0}{2} = 7{,}5\,\text{kNm}$$

Ungünstige Schnittgrößen aus Laststellung 1 und 2

$\max A_h = 5{,}95\,\text{kN}$	$\max B_h = 5{,}95 + 2{,}50 = 8{,}45\,\text{kN}$
$\max A_v = 30{,}00\,\text{kN}$	$\max B_v = 30{,}00 + 3{,}00 = 33{,}00\,\text{kN}$
$\min M_1 = -17{,}85\,\text{kNm}$	$\min M_2 = -(17{,}85 + 7{,}50) = -25{,}35\,\text{kNm}$
$\max M_R = 19{,}65\,\text{kNm}$	

Beispiele zur Übung

Zweistielige Rechteckrahmen mit gleichen Stiel- und Riegelquerschnitten haben auf dem Riegel gleichmäßig verteilte Lasten aufzunehmen. Die Stützkräfte A_h, A_v, B_h, B_v und die Biegemomente M_1, M_2 und max M_R sind zu berechnen.

1. $l = 4{,}0\,\text{m}$ $h = 3{,}0\,\text{m}$ $q = 5\,\text{kN/m}$

2. $l = 3{,}0\,\text{m}$ $h = 2{,}8\,\text{m}$ $q = 9\,\text{kN/m}$

3. $l = 4{,}8\,\text{m}$ $h = 3{,}5\,\text{m}$ $q = 12\,\text{kN/m}$

4. $l = 5{,}3\,\text{m}$ $h = 2{,}5\,\text{m}$ $q = 9\,\text{kN/m}$

11 Lösungen zu den Übungsbeispielen

Abschnitt 2.1.2

1. a) $R = 224$ kN b) $\alpha = 26{,}6°$
2. a) $R = 2{,}83$ kN b) $\alpha_1 = \alpha_2 = 45°$
3. a) $R = 3{,}82$ kN b) $\alpha_1 = \alpha_2 = \alpha/2 = 17{,}5°$
4. a) $R = 0{,}68$ kN b) $\alpha = 2{,}2°$
5. a) $D = 17$ kN
6. a) $R = 32{,}4$ kN b) $\alpha_R = 10{,}9°$
7. a) $R = 8{,}74$ kN b) $\alpha = 7{,}9°$ c) $c = 1{,}9$ cm außerhalb der Wand
8. a) $R = 7{,}58$ kN b) $\alpha = 18{,}6°$ c) $c = 12{,}2$ cm innerhalb der Wand

Abschnitt 2.2

1. a) $F_v = 125$ kN b) $F_h = 216$ kN
2. a) $F_v = 6{,}3$ kN b) $F_h = 13{,}6$ kN
3. a) $F_\perp = 0{,}77$ kN b) $F_\parallel = 0{,}64$ kN
4. a) $F_v = 4{,}6$ kN b) $F_h = 6{,}6$ kN

Abschnitt 2.5.1

1. a) $R = 3{,}23$ kN b) $\alpha = 43{,}8°$
2. a) $R = 0{,}87$ kN b) $\alpha = 33{,}7°$
3. a) $R = 103{,}5$ kN b) $\alpha = 10{,}3°$ c) $c = 29$ cm

Abschnitt 2.5.3

1. a) $Z = 5{,}85$ kN b) $D = 5{,}50$ kN
2. a) $D = 9{,}47$ kN b) $Z = 8{,}58$ kN
3. a) $Z_1 = Z_2 = 48{,}3$ kN
4. a) $Z = 7{,}07$ kN b) $D = 9{,}66$ kN
5. a) $S_1 = S_2 = 70$ kN b) $A = B = 35$ kN c) $Z = 60{,}6$ kN

Abschnitt 2.6.1

1. a) $R = 13{,}8$ kN b) $\alpha = 61°$ c) $x = 2{,}7$ m
2. a) $R = 75{,}1$ kN b) $\alpha = 9{,}7°$ c) $c = 0{,}52$ m
3. a) $R = 366{,}2$ kN b) $\alpha < 1°$ c) $c = 1{,}1$ m

Abschnitt 2.6.4

1. $M = 2{,}0$ kNm
2. $M = 2{,}0$ kNm
3. $M = 2{,}0$ kNm
4. $M = 5{,}25$ kNm
5. $M = 7{,}2$ kNm

Abschnitt 2.6.7

1. a) $R = 2{,}2$ kN b) $a_0 = 1{,}36$ m
2. a) $R = 32$ kN b) $a_0 = 4{,}0$ m
3. a) $R = 300$ kN b) $a_0 = 3{,}81$ m
4. a) $R = 180$ kN b) $a_0 = 3{,}13$ m

Abschnitt 3.2.2

1. a) $y_0 = 74$ cm b) $z_0 = 56{,}3$ cm
2. a) $z_o = 43{,}6$ cm b) $z_u = 56{,}4$ cm
3. a) $z_o = 15{,}75$ cm b) $z_u = 14{,}25$ cm
4. a) $y_0 = 42$ cm b) $z_0 = 90{,}5$ cm
5. a) $z_u = 18{,}5$ cm b) $z_0 = 16{,}0$ cm
6. a) $y_0 = 3{,}3$ cm b) $z_0 = 13{,}6$ cm
7. a) $z_u = 10{,}1$ cm b) $z_0 = 4{,}9$ cm
8. $z_0 = 4{,}7$ cm

Abschnitt 6.6.4

1. $A = 13{,}3\,\text{kN}$ $B = 6{,}7\,\text{kN}$ $\max M = 20\,\text{kNm}$
2. $A = B = 12\,\text{kN}$ $\max M = M_1 = M_2 = 18\,\text{kNm}$
3. $A = 42{,}7\,\text{kN}$ $B = 27{,}3\,\text{kN}$ $M_1 = 42{,}7\,\text{kNm}$ $M_2 = \max M = 68{,}2\,\text{kNm}$
4. $A = 22{,}5\,\text{kN}$ $B = 17{,}5\,\text{kN}$ $M_1 = 22{,}5\,\text{kNm}$ $M_2 = \max M = 41{,}25\,\text{kNm}$
   $M_3 = 26{,}25\,\text{kNm}$

Abschnitt 6.7

1. $A = B = 24{,}2\,\text{kN}$ $\max M = 30{,}9\,\text{kNm}$
2. $A = B = 10{,}4\,\text{kN}$ $\max M = 8{,}5\,\text{kNm}$
3. $A = B = 2{,}1\,\text{kN}$ $\max M = 1{,}1\,\text{kNm}$
4. $A = B = 34{,}5\,\text{kN}$ $\max M = 45{,}6\,\text{kNm}$
5. $A = B = 46{,}5\,\text{kN}$ $\max M = 72{,}1\,\text{kNm}$

Abschnitt 6.8.3

1. $A = 19{,}2\,\text{kN}$ $B = 12{,}8\,\text{kN}$ $M = 23{,}1\,\text{kNm}$ $x = 2{,}40\,\text{m}$
2. $A = 21{,}7\,\text{kN}$ $B = 8{,}3\,\text{kN}$ $M = 19{,}6\,\text{kNm}$ $x = 1{,}81\,\text{m}$
3. $A = 18{,}6\,\text{kN}$ $B = 30{,}9\,\text{kN}$ $M = 43{,}5\,\text{kNm}$ $x = 3{,}19\,\text{m}$ $x' = -2{,}81\,\text{m}$
4. $A = 3{,}6\,\text{kN}$ $B = 14{,}4\,\text{kN}$ $M = 11{,}5\,\text{kNm}$ $x = 3{,}40\,\text{m}$ $x' = -1{,}60\,\text{m}$
5. $A = 10{,}5\,\text{kN}$ $B = 7{,}5\,\text{kN}$ $M = 19{,}7\,\text{kNm}$ $z = 1{,}75\,\text{m}$ $x = +2{,}75\,\text{m}$
6. $A = 16{,}7\,\text{kN}$ $B = 23{,}3\,\text{kN}$ $M = 38{,}9\,\text{kNm}$ $z = 1{,}67\,\text{m}$ $x = +3{,}17\,\text{m}$

Abschnitt 6.9

1. $A = 11{,}5\,\text{kN}$ $B = 8{,}5\,\text{kN}$ $Q_1 = -6{,}5\,\text{kN}$ $x = 1{,}93\,\text{m}$ $\max M = 11{,}0\,\text{kNm}$
2. $A = 24{,}5\,\text{kN}$ $B = 20{,}5\,\text{kN}$ $Q_1 = 19{,}5\,\text{kN}$ $Q_2 = -10{,}5\,\text{kN}$ $z = 1{,}30\,\text{m}$
   $x = 2{,}30\,\text{m}$ $M_1 = 22\,\text{kNm}$ $M_2 = 31\,\text{kNm}$ $\max M = 34{,}7\,\text{kNm}$
3. $A = 22{,}5\,\text{kN}$ $B = 17{,}5\,\text{kN}$ $Q_{1l} = 15{,}0\,\text{kN}$ $Q_{1r} = -5{,}0\,\text{kN}$
   $\max M = M_1 = 28{,}1\,\text{kNm}$
4. $A = B = 45{,}0\,\text{kN}$ $Q_{1l} = -Q_{2r} = 37{,}5\,\text{kN}$ $Q_{1r} = -Q_{2l} = 7{,}5\,\text{kN}$
   $M_1 = M_2 = 61{,}9\,\text{kNm}$ $\max M = 67{,}5\,\text{kNm}$
5. $A = 60{,}0\,\text{kN}$ $B = 50{,}0\,\text{kN}$ $Q_{1l} = 52{,}0\,\text{kN}$ $Q_{1r} = 22{,}0\,\text{kN}$ $Q_{2l} = 6{,}0\,\text{kN}$
   $Q_{2r} = -34{,}0\,\text{kN}$ $M_1 = 56{,}0\,\text{kNm}$ $M_2 = \max M = 84{,}0\,\text{kNm}$
6. $A = 38{,}1\,\text{kN}$ $B = 29{,}9\,\text{kN}$ $Q_1 = -7{,}4\,\text{kN}$ $Q_{2l} = -9{,}9\,\text{kN}$ $Q_{2r} = -19{,}9\,\text{kN}$
   $M_1 = 53{,}6\,\text{kNm}$ $M_2 = 49{,}8\,\text{kNm}$ $\max M = 55{,}8\,\text{kNm}$

Abschnitt 6.10.1

1. $A = 1{,}21\,\text{kN}$ $Q_A = 1{,}14\,\text{kN}$ $N_A = -0{,}41\,\text{kN}$ $B = 0{,}79\,\text{kN}$ $Q_B = -0{,}74\,\text{kN}$
   $N_B = 0{,}27\,\text{kN}$ $M = 1{,}82\,\text{kNm}$
2. $A = 2{,}37\,\text{kN}$ $Q_A = 2{,}29\,\text{kN}$ $N_A = -0{,}61\,\text{kN}$ $B = 2{,}63\,\text{kN}$ $Q_B = -2{,}54\,\text{kN}$
   $N_B = 0{,}68\,\text{kN}$ $M = 4{,}74\,\text{kNm}$
3. $A = B = 6{,}75\,\text{kN}$ $Q_A = -Q_B = 5{,}53\,\text{kN}$ $N_A = -N_B = -3{,}87\,\text{kN}$ $M = 7{,}59\,\text{kNm}$
4. $A = 5{,}60\,\text{kN}$ $Q_A = 4{,}53\,\text{kN}$ $N_A = -3{,}29\,\text{kN}$ $B = 8{,}40\,\text{kN}$ $Q_B = -6{,}80\,\text{kN}$
   $N_B = 4{,}93\,\text{kN}$ $M = 12{,}10\,\text{kNm}$

Abschnitt 6.10.3

1. $A_v = B_v = 4{,}95$ kN $A_h = B_h = 0{,}36$ kN $M = 3{,}93$ kNm
2. $A_v = B_v = 9{,}00$ kN $A_h = B_h = 0{,}78$ kN $M = 9{,}60$ kNm
3. $A_v = B_v = 8{,}75$ kN $A_h = B_h = 0{,}90$ kN $M = 11{,}75$ kNm
4. $A_v = B_v = 6{,}45$ kN $A_h = B_h = 0{,}26$ kN $M = 9{,}91$ kNm

Abschnitt 6.11

1. $A = B = 33{,}60$ kN $Q_1 = -Q_2 = 21{,}60$ kN $M_1 = M_2 = 33{,}10$ kNm max $M = 52{,}60$ kNm
2. $A = B = 33{,}80$ kN $Q_1 = -Q_2 = 18{,}85$ kN $M_1 = M_2 = 34{,}20$ kNm max $M = 47{,}90$ kNm
3. $A = B = 25{,}95$ kN $Q_1 = -Q_2 = 15{,}60$ kN $M_1 = M_2 = 23{,}85$ kNm max $M = 34{,}00$ kNm
4. $A = B = 40{,}80$ kN $Q_1 = -Q_2 = 25{,}20$ kN $M_1 = M_2 = 43{,}05$ kNm max $M = 20{,}35$ kNm

Abschnitt 6.12.1

1. $A = 7{,}50$ kN $B = 32{,}50$ kN $M_B = -15{,}00$ kNm $M_F = 18{,}75$ kNm
2. $A = 26{,}25$ kN $B = 43{,}75$ kN $M_1 = \max M_F = 39{,}40$ kNm $M_2 = 35{,}70$ kNm
   $M_B = -15{,}00$ kNm
3. $A = 41{,}25$ kN $B = 58{,}75$ kN $M_B = -15{,}0$ kNm $M_1 = 41{,}25$ kNm
   $M_2 = \max M_F = 52{,}50$ kNm $M_3 = 33{,}75$ kNm
4. $A = 14{,}4$ kN $B = 21{,}6$ kN $M_B = -3{,}0$ kNm $M_F = 17{,}3$ kNm
5. $A = 14{,}8$ kN $B = 17{,}2$ kN $M_B = -1{,}0$ kNm $M_F = 18{,}2$ kNm
6. $A = 4{,}4$ kN $B = 11{,}6$ kN $M_B = -3{,}0$ kNm $M_F = 4{,}8$ kNm

Abschnitt 6.12.3

1. $A = 39{,}7$ kN $B = 42{,}3$ kN $M_A = -3{,}2$ kNm $M_B = -5{,}0$ kNm $M_F = 47{,}1$ kNm
2. $A = 35{,}1$ kN $B = 36{,}1$ kN $M_A = -1{,}3$ kNm $M_B = -2{,}0$ kNm $M_F = 49{,}6$ kNm
3. $A = 20{,}5$ kN $B = 23{,}1$ kN $M_A = -3{,}2$ kNm $M_B = -5{,}0$ kNm $M_F = 16{,}4$ kNm
4. $A = 21{,}0$ kN $B = 16{,}6$ kN $M_A = -3{,}2$ kNm $M_B = -2{,}0$ kNm $M_F = 17{,}9$ kNm
5. $A = 15{,}4$ kN $B = 23{,}4$ kN $M_A = -1{,}3$ kNm $M_B = -5{,}0$ kNm $M_F = 17{,}4$ kNm
6. $A = 40{,}2$ kN $B = 35{,}8$ kN $M_A = -3{,}2$ kNm $M_B = -2{,}0$ kNm $M_F = 48{,}7$ kNm
7. $A = 34{,}6$ kN $B = 42{,}6$ kN $M_A = -1{,}3$ kNm $M_B = -5{,}0$ kNm $M_F = 48{,}1$ kNm

Abschnitt 6.13.3

1. $l = 1{,}56$ m $b = 24$ cm $M_A = -6{,}08$ kNm erf $B = 38{,}10$ kN $A = 33{,}2$ kN
2. $l = 2{,}08$ m $b = 33$ cm $M_A = -15{,}15$ kNm erf $B = 68{,}85$ kN $A = 60{,}5$ kN
3. $l = 1{,}24$ m $b = 16$ cm $M_A = -1{,}54$ kNm erf $B = 14{,}40$ kN $A = 11{,}1$ kN
4. $l = 0{,}94$ m $b = 16$ cm $M_A = -1{,}33$ kNm erf $B = 12{,}45$ kN $A = 11{,}1$ kN

Abschnitt 7.2.1

1. $M_B = -100{,}7\,kNm$ $A = 45{,}1\,kN$ $B = 196{,}2\,kN$ $C = 69{,}7\,kN$ $x_1 = 1{,}50\,m$
$x_2 = 3{,}32\,m$ $\max M_1 = 33{,}9\,kNm$ $\max M_2 = 75{,}9\,kNm$
2. $M_B = -71{,}6\,kNm$ $A = 51{,}6\,kN$ $B = 145{,}9\,kN$ $C = 36{,}5\,kN$ $x_1 = 1{,}72\,m$
$x_2 = 3{,}47\,m$ $\max M_1 = 44{,}4\,kNm$ $\max M_2 = 37{,}0\,kNm$
3. $M_B = -82{,}5\,kNm$ $A = 13{,}2\,kN$ $B = 152{,}8\,kN$ $C = 73{,}0\,kN$ $x_1 = 0{,}94\,m$
$x_2 = 3{,}22\,m$ $\max M_1 = 6{,}2\,kNm$ $\max M_2 = 83{,}3\,kNm$

Abschnitt 7.2.3

Laststellung	A	B (kN)	C	D	M_B	M_C	M_1 (kNm)	M_2	M_3
1	+ 6,35	+ 9,55	+15,75	+ 7,35	− 5,73	− 9,81			
2	+10,23	+21,18	− 6,61	+ 0,24	−11,35	+ 1,40			
3	− 0,16	+ 6,24	+ 6,03	− 0,11	− 0,78	− 0,66			
4	+ 0,49	−10,29	+27,63	+12,14	+ 2,45	−17,20			
	+17,07	+36,97	+49,41	+19,73	−17,86	−27,67	+18,21	− 3,77 −15,45	+24,33

Abschnitt 7.4.1

1. $A = C = 31{,}2\,kN$ $B = 93{,}8\,kN$ $M_B = -46{,}8\,kN$ $M_1 = M_2 = 32{,}5\,kNm$
2. $A = C = 59{,}3\,kN$ $B = 178{,}2\,kN$ $M_B = -111{,}0\,kNm$ $M_1 = M_2 = 76{,}8\,kNm$
3. $A = D = 46{,}6\,kN$ $B = C = 125{,}5\,kN$ $M_B = M_C = -53{,}6\,kNm$
$M_1 = M_3 = 46{,}0\,kNm$ $M_2 = 27{,}4\,kNm$
4. $A = D = 67{,}6\,kN$ $B = C = 182{,}2\,kN$ $M_B = M_C = -90{,}0\,kNm$
$M_1 = M_3 = 75{,}6\,kNm$ $M_2 = 477{,}3\,kNm$

Abschnitt 7.4.2

1. $A = 25{,}9\,kN$ $B = 83{,}0\,kN$ $C = 29{,}1\,kN$ $M_1 = 25{,}7\,kNm$ $M_2 = 32{,}8\,kNm$
$M_B = -42{,}3\,kNm$
2. $A = D = 38{,}7\,kN$ $B = C = 104{,}3\,kN$ $M_1 = M_3 = 37{,}6\,kNm$ $M_2 = 22{,}3\,kNm$
$M_B = M_C = -44{,}6\,kNm$
3. $A = D = 43{,}3\,kN$ $B = C = 106{,}4\,kN$ $M_1 = M_3 = 40{,}9\,kNm$ $M_2 = 15{,}8\,kNm$
$M_B = M_C = -40{,}4\,kNm$
4. $A = 34{,}5\,kN$ $B = 93{,}0\,kN$ $C = 83{,}7\,kN$ $D = 27{,}6\,kN$ $M_1 = 37{,}3\,kNm$
$M_2 = 22{,}5\,kNm$ $M_3 = 23{,}8\,kNm$ $M_B = -44{,}3\,kNm$ $M_C = -35{,}9\,kNm$

Abschnitt 7.4.4

1. $M_1 = 17{,}5\,\text{kNm}$ $M_2 = 11{,}0\,\text{kNm}$ $M_3 = 15{,}8\,\text{kNm}$ $M_B = -13{,}9\,\text{kNm}$
   $M_C = -13{,}2\,\text{kNm}$ $A = 24{,}0\,\text{kN}$ $B = 45{,}0\,\text{kN}$ $C = 43{,}8\,\text{kN}$ $D = 22{,}8\,\text{kN}$
2. $M_1 = 50{,}2\,\text{kNm}$ $M_2 = 36{,}8\,\text{kNm}$ $M_3 = 34{,}9\,\text{kNm}$ $M_B = -41{,}5\,\text{kNm}$
   $M_C = -34{,}8\,\text{kNm}$ $A = 57{,}6\,\text{kN}$ $B = 115{,}2\,\text{kN}$ $C = 105{,}6\,\text{kN}$ $D = 48{,}0\,\text{kN}$
3. $M_1 = 2{,}91\,\text{kNm}$ $M_2 = 2{,}61\,\text{kNm}$ $M_3 = 4{,}55\,\text{kNm}$ $M_B = -2{,}69\,\text{kNm}$
   $M_C = -3{,}33\,\text{kNm}$ $A = 8{,}0\,\text{kN}$ $B = 16{,}16\,\text{kN}$ $C = 18{,}16\,\text{kN}$ $D = 10{,}0\,\text{kN}$
4. $M_1 = M_3 = 36{,}8\,\text{kNm}$ $M_2 = 17{,}3\,\text{kNm}$ $M_B = M_C = -24{,}6\,\text{kNm}$
   $A = D = 67{,}5\,\text{kN}$ $B = C = 121{,}5\,\text{kN}$

Abschnitt 7.5.2

1. $M_A = M_B = -7{,}5\,\text{kNm}$ $\max M = 5{,}6\,\text{kNm}$ $A = B = 12{,}5\,\text{kN}$
2. $M_A = -14{,}3\,\text{kNm}$ $M_B = -19{,}7\,\text{kNm}$ $M_F = 16{,}0\,\text{kNm}$ $A = 18{,}3\,\text{kN}$ $B = 25{,}7\,\text{kN}$
3. $M_A = -23{,}4\,\text{kNm}$ $M_B = -22{,}4\,\text{kNm}$ $M_F = 17{,}5\,\text{kNm}$ $A = 46{,}2\,\text{kN}$ $B = 43{,}8\,\text{kN}$
4. $M_A = M_B = -9{,}8\,\text{kNm}$ $M_F = 6{,}8\,\text{kNm}$ $A = B = 8{,}5\,\text{kN}$

Abschnitt 9.4

1. $A = 46{,}9\,\text{kN}$ $B = 34{,}3\,\text{kN}$ $V_1 = -24{,}0\,\text{kN}$ $V_2 = 0$ $O_1 = +37{,}8\,\text{kN}$
   $O_2 = +18{,}9\,\text{kN}$ $D = -18{,}9\,\text{kN}$ $U_1 = U_2 = -17{,}2\,\text{kN}$
2. $A = B = 40\,\text{kN}$ $O_1 = O_4 = -67{,}0\,\text{kN}$ $O_2 = O_3 = -44{,}7\,\text{kN}$ $D_1 = D_2 = -22{,}3\,\text{kN}$
   $V_1 = V_3 = 0$ $V_2 = -20{,}0\,\text{kN}$ $U_1 = U_2 = U_3 = U_4 = +60{,}0\,\text{kN}$

Abschnitt 10

1. $A_h = B_h = 1{,}48\,\text{kN}$ $A_v = B_v = 10{,}0\,\text{kN}$ $M_1 = M_2 = -4{,}44\,\text{kNm}$ $\max M_R = 5{,}56\,\text{kNm}$
2. $A_h = B_h = 1{,}49\,\text{kN}$ $A_v = B_v = 13{,}5\,\text{kN}$ $M_1 = M_2 = -4{,}17\,\text{kNm}$ $\max M_R = 5{,}94\,\text{kNm}$
3. $A_h = B_h = 4{,}4\,\text{kN}$ $A_v = B_v = 28{,}8\,\text{kN}$ $M_1 = M_2 = -15{,}5\,\text{kNm}$
   $\max M_R = 19{,}1\,\text{kNm}$
4. $A_h = B_h = 6{,}4\,\text{kN}$ $A_v = B_v = 23{,}8\,\text{kN}$ $M_1 = M_2 = -16{,}0\,\text{kNm}$
   $\max M_R = 15{,}6\,\text{kNm}$

12 Formelzeichen und ihre Bedeutung

A	Fläche (Area)
$A, B, C, \ldots$	Stützkräfte eines Trägers
D	Druckkraft
E_a	Erddruckkraft
F	Kraft (Force)
F_R	Reibungskraft
G	Eigenlast; ständige Einzellast
H	Horizontalkraft, Horizontallast
K_a	Beiwert für aktiven Erddruck
$\mathfrak{L}$	Belastungsglied für das linke Auflager eines Durchlaufträgers
M	Moment, Drehmoment M_K Kippmoment M_S Standmoment
N	Längskraft (Normalkraft)
P	Verkehrslast; Verkehrseinzellast
P_w	Wasserdruckkraft
Q	Querkraft, Gesamtlast
R	Resultierende Kraft
$\mathfrak{R}$	Belastungsglied für das rechte Auflager eines Durchlaufträgers
S	Schwerpunkt; Schwerachse; Schneelast
V	Vertikalkraft; Volumen
W	Windeinzellast
Wl	Wirkungslinie einer Kraft
Z	Zugkraft
$a, b, c, \ldots$	Maßangaben, Abstände
a	Wirkabstand einer Kraft
b	Breite
c	Abstand der Resultierenden von der Kippkante
c_f	Kraftbeiwert für Wind
c_p	Druckbeiwert für Wind
d	Bauteildicke; Durchmesser
e	Ausmitte, Mittenabstand
e_a	aktiver Erddruck
g	Eigenlast je Längen- oder Flächeneinheit
h	Höhe, Tiefe
l	Länge; Stützweite eines Trägers
l_s	schräge Länge
l_w	lichte Weite eines Trägers
max	maximal, größt-
min	minimal, kleinst-
n	beliebige Anzahl
p	Verkehrslast je Längen- oder Flächeneinheit
p_w	hydrostatischer Druck des Wassers
q	Gesamtlast je Längen- oder Flächeneinheit $q = g + p$
r	Radius; Halbmesser
s	Schneelast je Längen- oder Flächeneinheit
t	Auflagertiefe
w	Windlast je Längen- oder Flächeneinheit
y_0	Schwerpunktabstand von der vertikalen Bezugsachse z
z_0	Schwerpunktabstand von der horizontalen Bezugsachse y
α, β	(Alpha, Beta) Neigungswinkel
γ	(Gamma) Sicherheitsbeiwert bei Baustoffen, Wichte eines Stoffes (Kraft je Volumen)
γ_w	Wichte des Wassers
η	(Eta) Sicherheit für Standsicherheitsnachweis und im Grundbau η_a Sicherheit gegen Auftrieb η_g Sicherheit gegen Gleiten η_k Sicherheit gegen Kippen
μ	(Mü) Reibungsbeiwert
ϱ	Dichte eines Stoffes (Masse je Volumen)
φ	Winkel der inneren Reibung (Phi)
$\sum$	(Sigma) Summe
$=$	gleich
$\neq$	ungleich, nicht gleich
$\sim$	proportional, ähnlich
$\approx$	angenähert (rund, etwa)
$\hat{=}$	entspricht
$<$	kleiner als
$>$	größer als
$\leqq$	gleich oder kleiner als (höchstens)
$\geqq$	gleich oder größer als (mindestens)
$\parallel$	parallel
$\perp$	rechtwinklig zu

13 Formelsammlung

1. Einführung

Einheiten der Kraft

Kilonewton	1 kN	= 100 kp	Kilonewton	1 kN	= 1000 N
Newton	1 N	= 0,1 kp	Meganewton	1 MN	= 1000 kN
Kilopond	1 kp	= 10 N	Megapond	1 Mp	= 1000 kp

Einheiten des Moments

Kilonewtonmeter	1 kNm	= 100 kpm	Kilonewtonmeter	1 kNm	= 1000 Nm
Newtonmeter	1 Nm	= 0,1 kpm	Meganewtonmeter	1 MNm	= 1000 kNm
Kilopondmeter	1 kpm	= 10 Nm	Megapondmeter	1 Mpm	= 1000 kpm

2. Wirkung der Kräfte

Resultierende

Kräfte mit gemeinsamer Wirkungslinie

$$R = F_1 + F_2 \tag{12.1}$$

Kraftangriff im rechten Winkel

$$R = \sqrt{F_1^2 + F_2^2} \tag{17.1}$$

Kraftangriff im spitzen oder stumpfen Winkel

$$R = \sqrt{F_1^2 + F_2^2 - 2F_1 \cdot F_2 \cdot \cos\gamma} \tag{18.1}$$

$$F_1 : F_2 : F = \sin\alpha : \sin\beta : \sin\gamma \tag{22.1}$$

$$F_1 = F \cdot \frac{\sin\alpha}{\sin\gamma} \qquad F_2 = F \cdot \frac{\sin\beta}{\sin\gamma} \qquad (22.2)\ (22.3)$$

Komponenten

$$F_v = F \cdot \sin\alpha \qquad F_h = F \cdot \cos\alpha \qquad (22.4)\ (22.5)$$

Resultierende

Lineares Kräftesystem

$$R = F_1 + F_2 + F_3 + \ldots. \tag{25.1}$$

$$R = \sum_1^n F \qquad R = \sum F_i \quad \text{mit} \quad i = 1,2,3,\ldots \tag{26.1}$$

$$\begin{aligned} &\leftarrow F_y = +F \cdot \cos\alpha \qquad \downarrow F_2 = +F \cdot \sin\alpha \\ &\rightarrow F_y = -F \cdot \sin\alpha \qquad \uparrow F_2 = -F \cdot \sin\alpha \end{aligned} \qquad (30.1 \ldots 30.4)$$

$$\begin{aligned} &R_y = \sum F_{iy} \qquad R_z = \sum F_{iz} \\ &R_y = \sum F_i \cdot \cos\alpha_i \qquad R_z = \sum F_i \cdot \sin\alpha_i \end{aligned} \qquad (30.5)\ (30.8)$$

$$R = \sqrt{R_y^2 + R_z^2} \qquad \tan\alpha_R = \frac{R_z}{R_y} \qquad (30.9)\ (30.10)$$

$$\sum F_{iv} = \sum V_i = 0 \quad \text{mit} \quad i = 1,2,3,\ldots \tag{33.1}$$

$$\sum F_{ih} = \sum H_i = 0 \tag{33.2}$$

Drehmoment $M = F \cdot a$ (39.1)

Gleichgewichtsbedingungen $\sum V_i = 0 \quad \sum H_i = 0 \quad \sum M_i = 0$ (41.1) ... (41.3)

$$\sum M_{(I)} = 0 \quad \sum M_{(II)} = 0 \quad \sum M_{(III)} = 0 \qquad (41.4)$$

Momentensatz $\sum F_i \cdot a_i = R \cdot a_0 \qquad a_0 = \frac{\sum F_i \cdot a_i}{R}$ mit $i = 1, 2, 3, \ldots$ (44.2) (44.3)

Kräfte im Raum

$$F = \sqrt{F_x^2 + F_y^2 + F_z^2} \qquad (47.1)$$

$$\cos\alpha_x = \frac{F_x}{F} \qquad \cos\alpha_y = \frac{F_y}{F} \qquad \cos\alpha_z = \frac{F_z}{F} \qquad (47.2) \ldots (47.4)$$

$$R_x = \sum F_{ix} \qquad R_y = \sum F_{iy} \qquad R_z = \sum F_{iz} \qquad (47.5) \ldots (47.7)$$

$$R = \sqrt{R_x^2 + R_y^2 + R_z^2} \qquad (47.8)$$

3. Bestimmung von Schwerpunkten

Parallelogramm $z_0 = \frac{h}{2}$ (51.1)

Dreieck $z_0 = \frac{h}{3}$ (51.2)

Trapez $z_0 = \frac{h}{3} \cdot \frac{a + 2b}{a + b} \qquad z_0' = \frac{h}{3} \cdot \frac{2a + b}{a + b}$ (51.3)

Kreisausschnitt $z_0 = \frac{2}{3} \cdot \frac{r \cdot s}{b}$ (51.4)

Halbkreis, Viertelkreis $z_0 = \frac{4}{3} \cdot \frac{r}{\pi} \qquad z_0 = 0{,}424\,r$ (52.1)

Kreisabschnitt $z_0 \approx \frac{2}{5} h$ (52.2)

Schwerpunktabstand $y_0 = \frac{\sum A_i \cdot y_i}{A} \qquad z_0 = \frac{\sum A_i \cdot z_i}{A}$ (53.3)

4. Belastung der Bauwerke

Schnee $s = k_s \cdot s_0$ (69.1)

Wind $W = c_f \cdot q \cdot A$ (72.2)

$w = c_p \cdot q$ (73.2)

hydrostatischer Druck $p_w = h \cdot \gamma_w$ (77.2)

Wasserdruckkraft $P_w = \frac{p_w \cdot h \cdot l}{2} \qquad P_w = 5\,h^2$ (78.1) (79.1)

Erddruck $$e_a = h \cdot \gamma \cdot K_a$$ (83.1)

Erddruckkraft $$E_a = \frac{e_a \cdot h \cdot l}{2} \qquad E_a = 3\,h^2 \qquad E_a' = p \cdot h/3$$ (83.2) ... (84.1)

5. Standsicherheit der Bauwerke

Kippsicherheit $$\eta_k = \frac{M_S}{M_K} \geqq 1{,}5$$ (104.1)

zulässige Ausmittigkeit $$\left(\frac{y_e}{b_y}\right)^2 + \left(\frac{z_e}{b_z}\right)^2 \leqq \frac{1}{9}$$ (104.2)

Reibungskraft $$F_R = \mu \cdot F_N$$ (106.1)

Gleitsicherheit $$\eta_g = \frac{F_R}{H} \geqq 1{,}5 \qquad \eta_g = \frac{H_s}{R_h} \geqq 1{,}5$$ (106.2)

Auftriebsicherheit $$\eta_a = \frac{G}{F_A} \geqq 1{,}5$$ (110.1)

Abhebsicherheit $$F_{\text{Anker}} \geqq 1{,}43\,W_{\text{sog}}^{-} - 1{,}18\,G_{\text{Dach}}$$ (111.1)

6. Statisch bestimmte Tragwerke

Stützweite bei gleichmäßig verteilter Stützkraft $l = l_w + t$

Stützweite bei dreieckförmig verteilter Stützkraft $l = l_w + \frac{2}{3}t$

$$l = 1{,}05\,l_w$$ (118.1) (118.2) (118.3)

Träger mit einer Einzellast $$A = \frac{F \cdot b}{l} \qquad B = \frac{F \cdot a}{l} \qquad \max M = \frac{F \cdot a \cdot b}{l}$$ (128.1) (128.2) (129.1)

Träger mit einer Einzellast in der Mitte $$A = B = \frac{F}{2} \qquad \max M = \frac{F \cdot l}{4}$$ (130.1) ... (131.1)

Träger mit gleichmäßig verteilter Belastung $$A = B = \frac{q \cdot l}{2} \qquad \max M = \frac{q \cdot l^2}{8}$$ (135.1) (137.1)

Träger mit Streckenlast $$x_0 = \frac{Q_A}{p} \qquad \max M = \frac{Q_A^2}{2p}$$ (142.2) (142.3)

$$M_1 = Q_A \cdot c - \frac{p \cdot c^2}{2}$$ (142.6)

schräge Träger mit vertikaler Belastung

$$\max Q_A = A_\perp = +\,A \cdot \cos\alpha \qquad \max Q_B = B_\perp = -\,B \cdot \cos\alpha$$ (158.1)

$$\max N_A = A_\parallel = -\,A \cdot \sin\alpha \qquad \max N_B = B_\parallel = +\,B \cdot \sin\alpha$$ (158.2)

schräge Träger mit Belastung rechtwinklig zur Stabachse

$$A_\perp = \frac{q \cdot l_s}{2} \qquad A_v = A_\perp \cdot \cos\alpha \qquad A_h = A_\perp \cdot \sin\alpha$$ (160.1)

$$B_\perp = \frac{q \cdot l_s}{2} \qquad B_v = B_\perp \cdot \cos\alpha \qquad B_h = B_\perp \cdot \sin\alpha$$ (160.2)

$$\max M = \frac{q \cdot l_s^2}{8} \qquad \max M = \frac{q \cdot l^2}{8} + \frac{q \cdot h^2}{8}$$ (160.3)

Freiträger, statische Länge $l = l_w + \frac{1}{6} t$ (182.2)

Freiträger mit Einzellast an der Spitze $M_A = -F \cdot l \qquad M_x = -F \cdot x$ (183.1)

Freiträger mit gleichmäßig verteilter Belastung $M_A = -\frac{q \cdot l^2}{2} \qquad M_x = -\frac{q \cdot x^2}{2}$ (185.4)

7. Statisch unbestimmte Tragwerke

Dreimomentengleichung:

$$\left.\begin{aligned} M_A \cdot l_1 + 2 M_B \cdot (l_1 + l_2) + M_C \cdot l_2 &= -\mathfrak{R}_1 \cdot l_1 - \mathfrak{L}_2 \cdot l_2 \\ M_B \cdot l_2 + 2 M_C \cdot (l_2 + l_3) + M_D \cdot l_3 &= -\mathfrak{R}_2 \cdot l_2 - \mathfrak{L}_3 \cdot l_3 \\ M_C \cdot l_3 + 2 M_D \cdot (l_3 + l_4) + M_E \cdot l_4 &= -\mathfrak{R}_3 \cdot l_3 - \mathfrak{L}_4 \cdot l_4 \end{aligned}\right\} \quad (193.2)$$

Belastungsglieder bei gleichmäßig verteilter Belastung $\mathfrak{R} = \mathfrak{L} = \frac{q \cdot l^2}{4}$ (194.1)

Belastungsglieder bei Einzellast in Feldmitte $\mathfrak{R} = \mathfrak{L} = \frac{3}{8} \cdot F \cdot l$ (194.2)

Zweifeldträger mit gleichmäßig verteilter Belastung

Stützmoment $M_B = -\frac{q_1 \cdot l_1^3 + q_2 \cdot l_2^3}{8 (l_1 + l_2)}$ (194.4)

Stützkräfte $A = \frac{q_1 \cdot l_1}{2} + \frac{M_B}{l_1} \qquad B = \frac{q_1 \cdot l_1}{2} + \frac{q_2 \cdot l_2}{2} - \frac{M_B}{l_1} - \frac{M_B}{l_2}$ (195.3) … (195.5)

$C = \frac{q_2 \cdot l_2}{2} + \frac{M_B}{l_2}$

Feldmomente $\max M_1 = \frac{A^2}{2 q_1} \qquad \max M_2 = \frac{C^2}{2 q_2}$ (196.1)

Dreifeldträger mit gleichmäßig verteilter Belastung

$2 M_B (l_1 + l_2) + M_C \cdot l_2 = -\mathfrak{R}_1 \cdot l_1 - \mathfrak{L}_2 \cdot l_2$ (197.3)

$M_B \cdot l_2 + 2 M_C (l_2 + l_3) = -\mathfrak{R}_2 \cdot l_2 - \mathfrak{L}_3 \cdot l_3$ (197.4)

$M_{B(1,2)} = b_1 \cdot q_1 + b_2 \cdot q_2 + b_3 \cdot g_3$ (202.1)
$M_{C(1,2)} = c_1 \cdot q_1 + c_2 \cdot q_2 + c_3 \cdot g_3$ (202.2) mit p_1 und p_2

$M_{B(2,3)} = b_1 \cdot g_1 + b_2 \cdot q_2 + b_3 \cdot q_3$ (202.3)
$M_{C(2,3)} = c_1 \cdot g_1 + c_2 \cdot q_2 + c_3 \cdot q_3$ (202.4) mit p_2 und p_3

Durchlaufende Stahlträger mit $\min l \geqq 0{,}8 \max l$

Endfelder	$M_E = q \cdot l^2/11$	(223.5)
Innenfelder	$M_I = q \cdot l^3/16$	(223.6)
Innenstützen	$M_S = -q \cdot l^2/16$	(223.7)
	$\max B = 1{,}25 \cdot q \cdot l$	(223.4)
einseitig eingespannte Einfeldträger	$M_B = -q \cdot l^2/8$	(226.1)
zweiseitig eingespannte Einfeldträger	$M_A = M_B = -q \cdot l^2/12$	(228.1)

14 Schrifttum

Nachfolgend werden einige Tabellenwerke genannt; ferner wird eine knappe Auswahl an Fachliteratur aufgeführt für die Leser, die ihre statischen und konstruktiven Kenntnisse erweitern und vertiefen wollen.

Beton-Kalender. Berlin 1996

Buchenau/Thiele: Stahlhochbau. Teil 2. 17. Aufl. Stuttgart 1985

Frick/Knöll/Neumann/Weinbrenner: Baukonstruktionslehre. Teil 1. 30. Aufl. 1992; Teil 2. 29. Aufl. Stuttgart 1993

Geiger, F.: Aufgabensammlung aus dem Gebiet der Statik. Bd. 1 bis 6. Düsseldorf 1964/1967

Gregor, A.: Der praktische Stahlbau. Bd. I, II, IV. Berlin 1970/1973

Heimeshoff, B.: Zur statischen Berechnung des Kehlbalkendaches mit unverschieblichen Kehlbalken. Die Bautechnik **6**/1969

Lohmeyer, G.: Stahlbetonbau – Bemessung, Konstruktion, Ausführung. 5. Aufl. Stuttgart 1994

Neuhaus, H.: Lehrbuch des Ingenieurholzbaus. Stuttgart 1994

Simmer, K.: Grundbau. Teil 1. 19. Aufl. 1994; Teil 2. 17. Aufl. Stuttgart 1992

Stahl im Hochbau: Handbuch für Entwurf, Berechnung und Ausführung von Stahlbauten. Bd. 1 bis 4. 15. Aufl. Düsseldorf 1994/1995

Thiele / Lohse: Stahlbau. Teil 1. 22. Aufl. Stuttgart 1993

Wagner/Erlhof: Praktische Baustatik. Teil 1. 19. Aufl. 1994; Teil 2. 14. Aufl. 1991; Teil 3. 8. Aufl. Stuttgart 1996

Wendehorst: Bautechnische Zahlentafeln. 27. Aufl. Stuttgart 1996

15 DIN-Normen zur Baustatik (Auswahl)

DIN	Titel
1045	Beton und Stahlbeton; Bemessung und Ausführung (07.88)
1052	Holzbauwerke; Berechnung und Ausführung (04.88)
1053	Mauerwerke; Berechnung und Ausführung T1 (02.90), T2 (07.84), T3 (02.90)
1054	Baugrund; zulässige Belastung des Baugrunds (11.76)
1055	Lastannahmen für Bauten. T1 (07.78), T3 (06.71), T4 (08.86), T5 (06.75)
1080	Begriffe, Formelzeichen und Einheiten im Bauingenieurwesen T2 (03.80)
18800	Teil 1: Stahlbauten; Bemessung und Konstruktion (11.90)
18800	Teil 2: Stahlbauten; Stabilitätsfälle; Knicken von Stäben und Stabwerken (11.90)
18801	Stahlhochbau; Bemessung, Konstruktion, Herstellung (09.83)

16 Sachverzeichnis

Wichtige Begriffe aus Teil 2 wurden aufgenommen und mit (2) gekennzeichnet. Zugehörige Seitenzahlen stehen im Sachweiser von Teil 2.